Cristina **Pignocchino Feyles**

ST

Scienze della Terra

primo biennio

con **eBook+**

eBook+

Questo volume è disponibile anche in versione digitale.
Per attivarlo segui le istruzioni presenti sul sito internet
www.seieditrice.com/libri-digitali

cx44p2wi6swgk0jo

SOCIETÀ EDITRICE INTERNAZIONALE - TORINO

07340

SEI

Coordinamento editoriale: Anna Maria Battaglini
Progetto editoriale e redazione: Cristina Godino
Coordinamento tecnico: Michele Pomponio
Progetto grafico: Sandra Soi - Milano
Impaginazione: LIV - Cascine Vica (TO)
Disegni: Studio Balbo-Gozzelino - Torino, Bluedit - Torino
Coordinamento multimediale: Nicola Prinetti
Redazione multimediale: Francesca Gatto
Copertina: Piergiuseppe Anselmo

Referenze fotografiche
Bereczky A.: 64 - Carboni Noel: 80(4a) - Credner T. & Kohle S., Bonn University, Calar Alto Observatory: 28(23) - ESA/GOCE: 2 - Figer D. (Space Telescope Science Institute) and NASA/ESA: 26 - Fujii A.: 18(6) - Gemini Observatory: 16(1), 22 - Macchiorlatti M.: 103(27) - Mela A.: 130(29) - NASA: 80(4b), 116 - NASA/Andrew Fruchter (STScI): 29(26) - NASA/Earth Observatory, R.B. Husar, Washington U -Terra- SeaWiFS Project-ESA Naval Oceanographic Office's Visualization Laboratory - SSEC, U. of Wisconsin: 1 - NASA/ESA: 29(28) - NASA/ESA and the Hubble Heritage (STScI/AURA):15, 28(24), 29(27) - NASA/ESA, A. Dye: 19(7) - NASA/ESA, JPL, and A. Feild (STScI): 37(2) - NASA/ESA, R. O'CONNELL - NASA/ESA, R. O'Connell (University of Virginia), F. Paresce (National Institute for Astrophysics, Bologna, Italy), E. Young (Universities Space Research Association/Ames Research Center), the WFC3 Science Oversight Committee, and the Hubble Heritage Team (STScI/AURA): 25 - NASA/ESA/STScI, J. Hester, P. Scowen (Arizona State University): 27 - NASA/ESA/SOHO: 35, 42, 43(16) - NASA/ESA, M. Robberto (STScI/ESA) and the Hubble Space Telescope Orion Treasury Project Team: 16(2) - NASA/GSFC:, 168(27, 28) - NASA/JPL: 17, 92(1a) - NASA/JPL/USGS: 79(2) - NASA/JPL-Caltech/Cornel: 92(1b) - NASA/JSC: 54 - NASA/STScI: 29(25) - NASA/The Clementine project: 79(3) - Neri G./Espenak F./SPL: 84(d) - Parker I./Evanescent Light Photography: 92(1s), 129(26), 136, 177 - Società Meteorologica Italiana-Nimbus: 150.
Le illustrazioni non citate provengono dall'archivio SEI

AZIENDA CON SISTEMA DI GESTIONE QUALITÀ CERTIFICATO DA DNV GL = ISO 9001 =

www.seieditrice.com

Prima edizione: 2014

Ristampa
4 5 6 7 8 9 10
2017 2018

Stampa: Bona S.p.A. - Torino

Indice

Come è fatto questo libro, VII

1 LA FORMA E L'ASPETTO DELLA TERRA, 1

1 La Terra: uno sguardo d'insieme, 2
2 La forma della Terra, 3
Il geoide, 3
3 La distribuzione delle acque e delle terre emerse, 4
Gli oceani, 5 - I mari, 5
4 La geografia e l'orientamento, 6
Paralleli e meridiani, 6 - Latitudine e longitudine, 7
LE PAROLE DELLA SCIENZA Che cosa significa distanza angolare, 7
5 Che cosa possiamo vedere della Terra, 8
L'orizzonte, 8 - I punti cardinali, 9
6 Le carte geografiche e la posizione dell'Italia, 10
Studio... in sintesi, 12
Verifica il tuo studio, 13

eBook+
Gli stati fisici della materia, 2
Il geoide, 3
Il reticolato e le coordinate geografiche, 7
L'orizzonte, 8
Le carte geografiche, 10
Costruisci la mappa, 12
Ascolta la sintesi, 12

2 L'UNIVERSO INTORNO A NOI, 15

1 Il posto della Terra nell'Universo, 16
FAQ Quanto è grande l'Universo osservabile?, 17
2 Osservare il cielo: la sfera celeste, 18
Le costellazioni, 19 - Gli elementi di riferimento sulla sfera celeste, 20
3 L'orizzonte astronomico e l'altezza delle stelle, 21
4 Le stelle sembrano muoversi intorno a noi, 22
5 Il cielo visto dall'Italia, 23
6 Che cosa sono le stelle?, 25
Le reazioni di fusione nucleare nelle stelle, 25 - Quali sono le differenze tra le stelle, 26
LE PAROLE DELLA SCIENZA La temperatura assoluta, 26
7 Le stelle nascono, si modificano nel tempo, muoiono, 27
La nascita delle stelle, 27 - La fase stabile, 28 - La fase instabile, 28 - La morte delle stelle, 29
GLI STRUMENTI DELLA SCIENZA Il telescopio spaziale Hubble, 29
Studio... in sintesi, 30
Verifica il tuo studio, 31

L'orizzonte astronomico e l'altezza delle stelle, 21
Mappe e carte del cielo interattive, 23
Il quarto stato fisico della materia, 25
La temperatura assoluta, 26
Costruisci la mappa, 30
Ascolta la sintesi, 30

3 IL SISTEMA SOLARE INTORNO A NOI, 35

1 Il Sistema Solare: composizione e caratteristiche, 36
I corpi del Sistema Solare, 36
PER SAPERNE DI PIÙ I corpi del Sistema Solare si sono formati insieme, 37
2 La forza di gravità unisce i corpi del Sistema Solare, 38
3 Il Sole: la fonte di energia del Sistema Solare, 39
L'energia del Sole, 39 - L'energia del Sole e la vita, 39
LE PAROLE DELLA SCIENZA Che cos'è la luce, 40
4 La struttura del Sole, 41
5 L'attività del Sole, 43
L'attività del Sole e la Terra, 43
GLI STRUMENTI DELLA SCIENZA L'osservatorio solare SOHO, 43
6 I pianeti hanno caratteristiche chimiche e fisiche differenti, 44
7 I pianeti sono corpi in movimento, 45
Le leggi di Keplero descrivono il moto di rivoluzione, 45 - Newton spiega le leggi di Keplero, 46
Studio... in sintesi, 47
Verifica il tuo studio, 48

L'attività del Sole, 43
L'esplorazione del Sistema Solare, 44
La prima legge di Keplero, 45
La seconda legge di Keplero, 46
La terza legge di Keplero, 46
Costruisci la mappa, 47
Ascolta la sintesi, 47

4 I MOTI DELLA TERRA E LE LORO CONSEGUENZE, 51

1 La Terra è un corpo in movimento, 52
PER SAPERNE DI PIÙ I moti dei pianeti, 52
2 Il moto di rotazione, 53
3 Giorno, dì, notte, 54
LE PAROLE DELLA SCIENZA Giorno e dì, 54
4 La forza centrifuga e la forza di Coriolis, 55
La forza centrifuga e la forma della Terra, 55 - La forza di Coriolis devia le masse d'aria e d'acqua, 55
5 Variazioni di accelerazione di gravità e peso dei corpi, 56
Il peso dei corpi e l'accelerazione di gravità, 56 - Massa e peso: grandezze diverse, 56
LE PAROLE DELLA SCIENZA Peso e legge di gravitazione universale, 56
PER SAPERNE DI PIÙ Guglielmini e Foucault dimostrano che la Terra ruota, 57
6 Il moto di rivoluzione, 58
LE PAROLE DELLA SCIENZA Parliamo di angoli, 59
7 Le conseguenze del moto di rivoluzione, 60
Il giorno solare, 60 - Il moto apparente annuo del Sole, 60
8 Le stagioni astronomiche, 61
9 Le stagioni astronomiche hanno effetti diversi in relazione alla latitudine, 62
10 Stagioni astronomiche, stagioni meteorologiche e zone termiche, 64
LE PAROLE DELLA SCIENZA Tempo, clima e stagioni, 65
11 I moti millenari, 66
Il moto conico dell'asse, 66 - La precessione degli equinozi, 66
12 L'astronomia e la misura del tempo, 68
Giorno solare e giorno civile, 68 - L'ora civile e il sistema dei fusi orari, 68 - L'anno civile e il calendario, 69
PER SAPERNE DI PIÙ L'ora di alba e tramonto, 69
Studio... in sintesi, 70
Verifica il tuo studio, 72

eBook+
- Il moto di rotazione, 53
- Il moto di rivoluzione, 58
- Le stagioni astronomiche, 62
- Gli altri moti millenari, 66
- Come usare i fusi orari, 68
- Calendari diversi, 69
- Costruisci la mappa, 70
- Ascolta la sintesi, 70

5 LA LUNA, 77

1 La Luna è l'unico satellite naturale della Terra, 78
FAQ In che modo Terra e Luna interagiscono?, 78
2 La Luna: un corpo molto diverso dalla Terra, 79
PER SAPERNE DI PIÙ La ricerca e la scoperta dell'acqua sulla Luna, 79
3 Guardando la Luna, 80
FAQ Perché ci sono tanti crateri sulla Luna?, 80
4 I moti della Luna, 81
Il moto di rotazione, 81 - Il moto di rivoluzione, 81 - Il moto di traslazione, 82
5 Le fasi lunari, 83
6 Le eclissi, 84
Eclissi di Luna, 85 - Eclissi di Sole, 85 - Le eclissi del passato, 86
FAQ Quando si verificano le eclissi?, 84
Studio... in sintesi, 87
Verifica il tuo studio, 88

- Come si è formata la Luna, 79
- Paesaggi lunari, 80
- I moti della Luna, 81
- Le fasi lunari, 83
- Le eclissi, 85
- Costruisci la mappa, 87
- Ascolta la sintesi, 87

6 LA TERRA, UN PIANETA CHE SI TRASFORMA, 91

1 La Terra: un pianeta unico nel Sistema Solare, 92
I processi geodinamici, 94
PER SAPERNE DI PIÙ Come si studia un paesaggio, 94
2 La struttura interna della Terra, 95
La temperatura all'interno della Terra, 95
3 La dinamica endogena ha origine nel mantello terrestre, 96
Il motore dell'attività endogena, 96
4 La dinamica endogena modella la litosfera, 97
I vulcani, 97 - Terremoti e faglie, 98 - A causa della dinamica endogena la litosfera cambia nel tempo, 99

- I vulcani, 98
- I terremoti, 98

5 L'Italia: il Paese dei vulcani e dei terremoti, 100
6 La dinamica esogena modella i paesaggi, 102
La varietà dei paesaggi italiani, 104
7 Il dissesto idrogeologico in Italia, 106
8 La storia della Terra è molto lunga, 108
FAQ Quanto è lunga la storia dell'uomo rispetto alla storia della Terra?, 108
PER SAPERNE DI PIÙ I dinosauri del Pelmetto, 109
Studio... in sintesi, 110
Verifica il tuo studio, 112

eBook+
I paesaggi dei vulcani in Italia, 100
I terremoti più devastanti in Italia, 101
Costruisci la mappa, 110
Ascolta la sintesi, 110

7 IL TEMPO E IL CLIMA, 115
1 L'atmosfera è un sistema dinamico, 116
2 La struttura dell'atmosfera 117
La troposfera, 118 - L'ozonosfera, 118
3 L'atmosfera e il calore del Sole, 119
La temperatura dell'aria non è costante, 120 - Le temperature in Italia, 120
LE PAROLE DELLA SCIENZA Escursioni termiche e valori medi, 119
4 L'umidità dell'aria e le precipitazioni, 121
Le nubi e le precipitazioni, 121 - La nebbia e la rugiada, 122
5 La pressione atmosferica e i venti, 123
Che cosa è il vento, 124
6 La Terra presenta una grande varietà di climi, 125
Il clima in Italia, 127
7 Il clima condiziona l'erosione delle rocce, 128
Le escursioni termiche, 128 - Le acque delle precipitazioni, 128 - I venti modellano il paesaggio, 129
PER SAPERNE DI PIÙ L'azione del vento e i depositi eolici, 130
Studio... in sintesi, 131
Verifica il tuo studio, 132

La struttura dell'atmosfera, 117
Il buco nell'ozonosfera, 118
Variazioni dell'ozono totale, 118
Il ciclo dell'ozono, 118
L'incremento dell'effetto serra, 119
Le anomalie termiche, 119
Il vento, 124
Clima e successioni vegetali, 125
Condizioni meteorologiche e clima in Italia, 127
Costruisci la mappa, 131
Ascolta la sintesi, 131

8 L'IDROSFERA E LE ACQUE CONTINENTALI, 135
1 Le caratteristiche dell'idrosfera, 136
FAQ Perché il ghiaccio galleggia, 137
2 Il ciclo idrogeologico, 138
Il bilancio del ciclo idrogeologico, 138
3 Le acque nel sottosuolo, 139
Le falde acquifere, 139 - I pozzi, 139 - Le sorgenti, 140 - Le falde: una riserva da preservare, 141
PER SAPERNE DI PIÙ Le risorgive, 140
4 I corsi d'acqua, 142
Bacino e reticolo idrografico, 142
5 Le caratteristiche di un corso d'acqua, 143
6 I laghi, 145
La classificazione dei laghi, 145 - Le caratteristiche dei laghi, 146 - I movimenti delle acque lacustri, 146
7 I ghiacciai, 147
Come si forma un ghiacciaio, 147 - Com'è fatto un ghiacciaio, 147
PER SAPERNE DI PIÙ La distribuzione attuale dei ghiacciai, 148
8 I ghiacciai delle zone temperate sono sistemi dinamici, 149
Il ghiacciaio si muove, 149
9 La situazione dei ghiacciai in Italia, 150
Studio... in sintesi, 151
Verifica il tuo studio, 153

I passaggi di stato, 138
Il ciclo idrogeologico, 138
I paesaggi dei fiumi italiani, 142
I paesaggi dei laghi italiani, 145
I ghiacciai italiani, 150
Costruisci la mappa, 151
Ascolta la sintesi, 151

9 I PAESAGGI DELLE ACQUE CONTINENTALI, 157

1 Le acque delle precipitazioni e il carsismo, 158
Il carsismo, 159
PER SAPERNE DI PIÙ La chimica del carsismo, 159
2 Il paesaggio carsico, 160
Le forme superficiali, 160 - Le forme sotterranee, 161
3 I paesaggi carsici in Italia, 162
4 L'azione di modellamento dei corsi d'acqua, 164
L'erosione, 164 - Il trasporto, 164 - La sedimentazione, 165 - Il profilo longitudinale del fiume, 165
5 La valle fluviale e la sua evoluzione, 166
Valli di erosione, 166 - Valli di deposito, 167 - I meandri, 167
6 Dove il fiume finisce, 168
Foce a delta, 168 - Foce a estuario, 168 - I conoidi alluvionali, 168
7 L'erosione e le valli glaciali, 169
L'erosione glaciale, 169 - Le forme dell'erosione glaciale, 169
8 Il ghiacciaio trasporta e sedimenta, 170
I depositi che restano sul posto, 170 - I depositi fluvioglaciali, 171 - La morfologia periglaciale, 171
Studio... in sintesi, 172
Verifica il tuo studio, 174

eBook+
I paesaggi delle valli fluviali italiane, 166
I paesaggi delle valli glaciali italiane, 170
Costruisci la mappa, 172
Ascolta la sintesi, 172

10 LE ACQUE DEL MARE, 177

1 La composizione delle acque del mare, 178
PER SAPERNE DI PIÙ La salinità di mari e oceani non è costante, 178
2 La densità e la temperatura delle acque del mare, 179
3 Le onde: movimenti irregolari, 180
4 Le correnti: movimenti lenti e costanti, 181
Le correnti orizzontali superficiali, 181 - Le correnti orizzontali profonde e le correnti verticali, 181 - Le principali correnti oceaniche, 182
5 Le maree: movimenti periodici, 183
Le cause delle maree, 183
PER SAPERNE DI PIÙ L'effetto del Sole sulle maree, 184
6 I fondali del mare, 185
La piattaforma continentale, 185 - La scarpata continentale, 185 - La pianura abissale, 185 - Le costruzioni coralline, 186
PER SAPERNE DI PIÙ Dolomiti: sui fondali di 250 milioni di anni fa, 187
7 La vita nel mare, 188
Studio... in sintesi, 189
Verifica il tuo studio, 190

La temperatura superficiale delle acque del mare, 179
I circuiti delle correnti oceaniche, 182
La marea nella baia di Fundy, 183
Costruisci la mappa, 189
Ascolta la sintesi, 189

11 I PAESAGGI DELLE ACQUE DEL MARE, 193

1 Il mare modella le coste, 194
Tipi di costa, 194 - La dinamica della linea di costa, 195
2 Le coste alte, 196
3 Le coste basse, 197
I cordoni litoranei, 197
4 La varietà delle coste italiane, 198
5 L'erosione delle spiagge, 199
Come si contrasta l'erosione delle spiagge?, 200
Studio... in sintesi, 201
Verifica il tuo studio, 202

I paesaggi costieri italiani, 198
Costruisci la mappa, 201
Ascolta la sintesi, 201

Indice analitico, 205

Come è fatto questo libro

Il tuo libro è anche un eBook+

L'**eBook+** è la versione **digitale interattiva** del libro cartaceo, scaricabile seguendo le istruzioni che trovi sul sito della casa editrice, alla pagina www.seieditrice.com/libri-digitali.
L'eBook+ è **leggero** e, una volta scaricato, è **sempre disponibile** sul PC fisso o portatile, sul netbook o sul tablet, anche in assenza di connessione alla rete.
Sul tuo eBook+ puoi **annotare**, **sottolineare**, **evidenziare** il testo e salvare il tuo lavoro, sincronizzandolo su diversi dispositivi.
L'**eBook+** è arricchito da numerosi **contenuti digitali** e **multimediali**, accessibili direttamente dalle pagine del testo **con un clic** sui punti sensibili. Sulle pagine del tuo libro trovi, infatti, una serie di **icone**, che segnalano i contenuti digitali e multimediali integrativi presenti nell'eBook+.

Le icone

- **espansione digitale**: integra e arricchisce i contenuti trattati nel paragrafo
- **animazione** di schemi e disegni: attraverso una spiegazione passo passo consente una migliore e più accurata comprensione del fenomeno descritto
- **percorso iconografico**: attraverso immagini e testi consente di ampliare la conoscenza dei paesaggi tipici del territorio italiano
  carta animata: consente di seguire l'andamento di un fenomeno nel tempo o di metter a confronto fenomeni diversi
  mappa interattiva: consente la costruzione della mappa riassuntiva dei contenuti dell'unità
- **ascolto**: file in formato audio scaricabili per l'ascolto della sintesi di ciascuna unità

Il corso è suddiviso in **11 unità** dedicate alla descrizione dei vari aspetti e delle caratteristiche della Terra. La pagina di apertura ti indica il **percorso** e i traguardi delle **competenze** che lo studio ti consente di raggiungere

Le unità sono articolate in **paragrafi brevi**, accompagnati da una **guida allo studio**, per un immediata verifica della comprensione

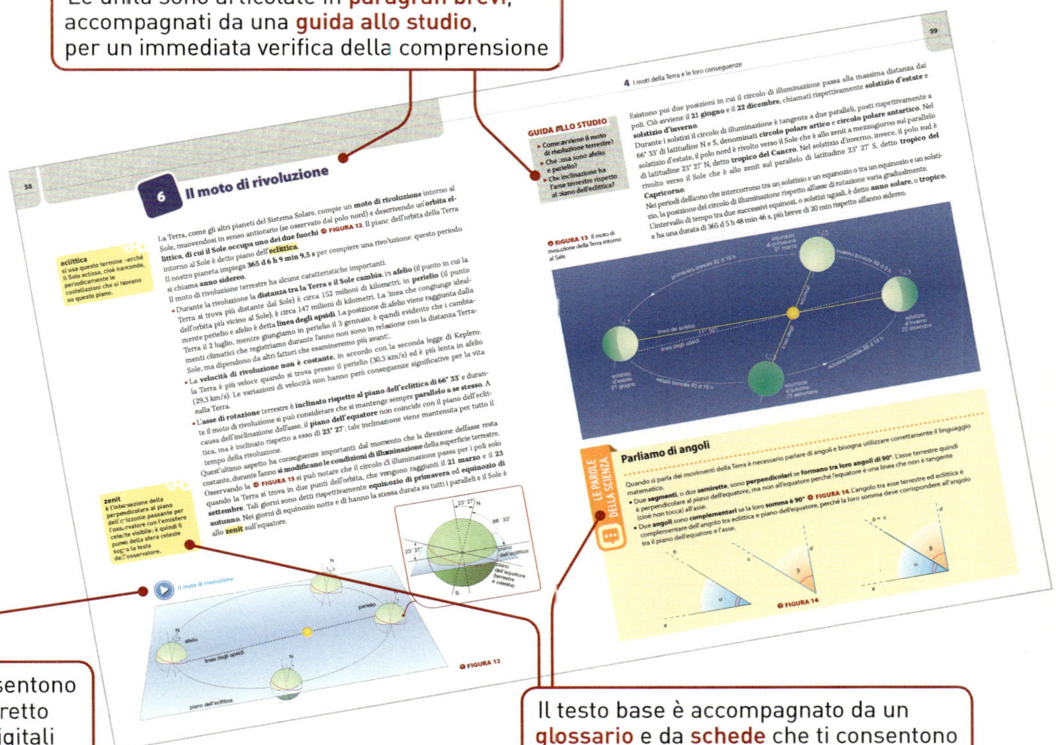

Le **icone** consentono un accesso diretto ai materiali digitali e multimediali sull'**eBook+**

Il testo base è accompagnato da un **glossario** e da **schede** che ti consentono di approfondire, comprendere il linguaggio, rispondere a domande...

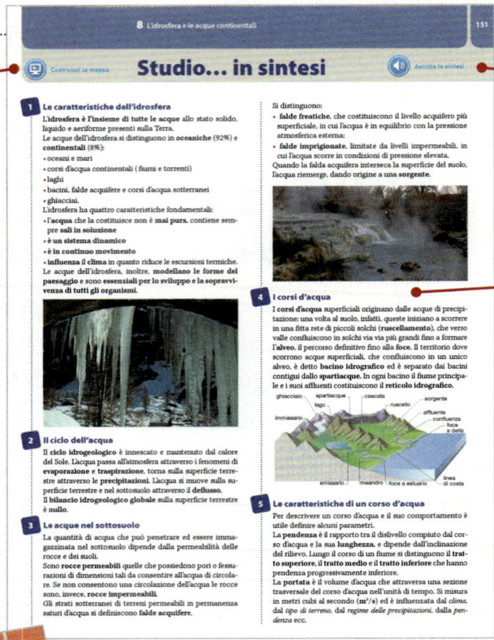

La **mappa interattiva** ti aiuta a cogliere i nessi e i rapporti causa-effetto tra i fenomeni studiati e ottenere un'immediata verifica della correttezza del tuo operato

Ogni unità si conclude con **Studio... in sintesi**, disponibile anche in **formato audio**

Verifica il tuo studio ti consente di valutare il tuo livello di apprendimento attraverso tre rubriche di esercizi

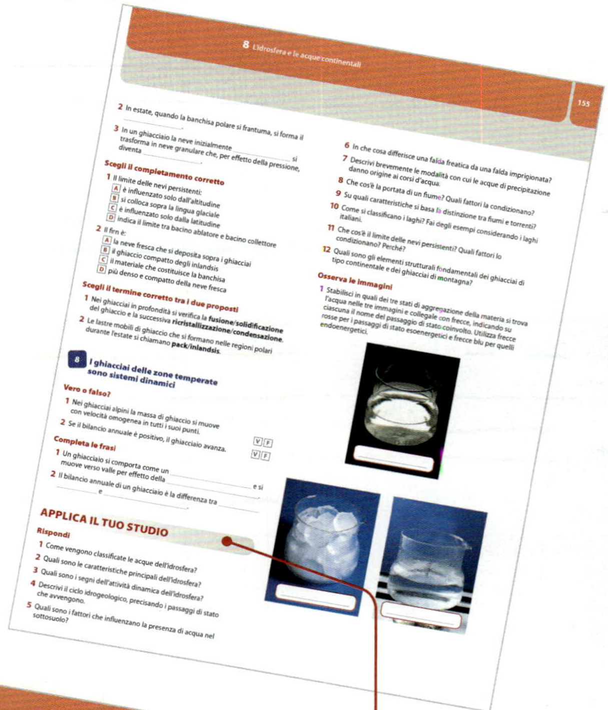

Fissa i concetti ti propone una serie di quesiti a risposta chiusa volti a testare le conoscenze acquisite in ciascun paragrafo

Applica il tuo studio ti propone domande aperte ed esercizi sulle immagini per affrontare i quali è necessaria la tua abilità di mettere in relazione quanto hai studiato nell'unità

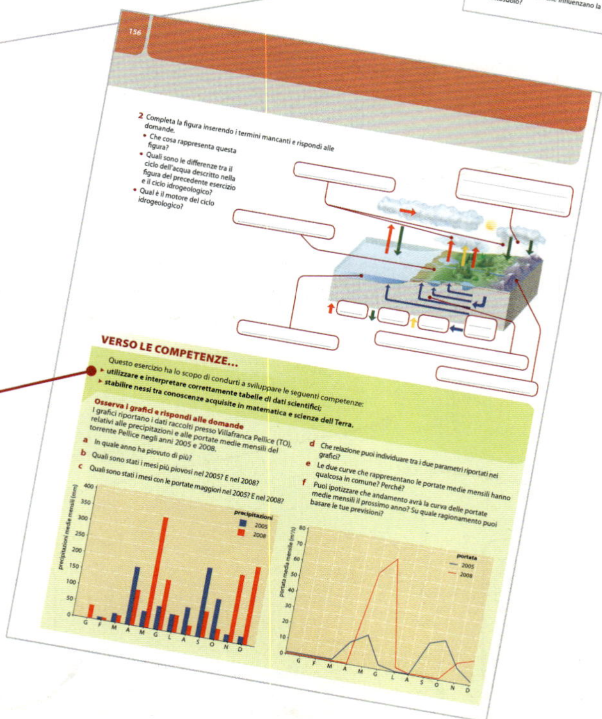

Verso le competenze... ti propone situazioni problematiche nuove il cui affronto ti consente di verificare il livello di competenza raggiunto

1 La forma e l'aspetto della Terra

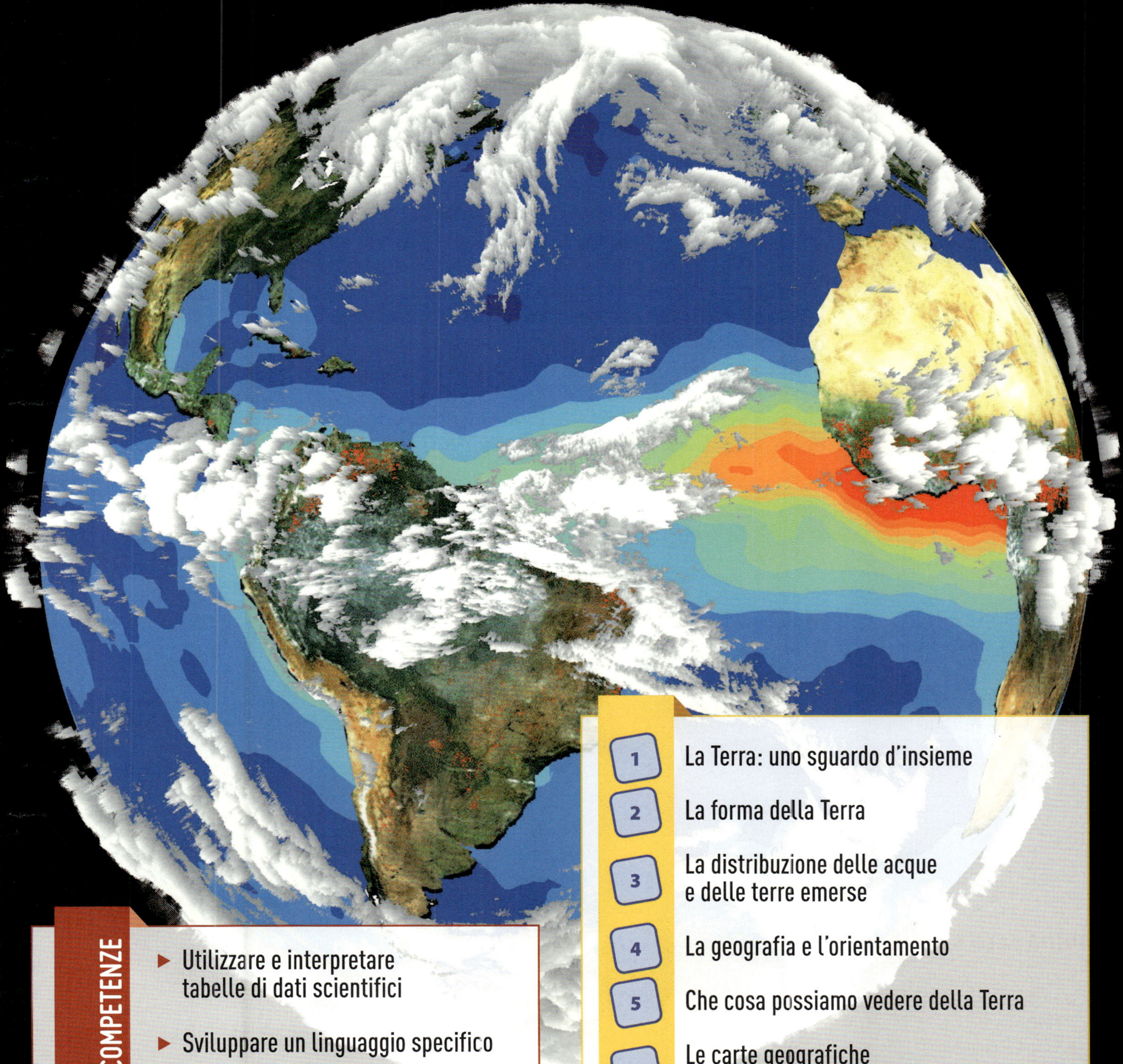

1 La Terra: uno sguardo d'insieme

2 La forma della Terra

3 La distribuzione delle acque e delle terre emerse

4 La geografia e l'orientamento

5 Che cosa possiamo vedere della Terra

6 Le carte geografiche e la posizione dell'Italia

COMPETENZE

- Utilizzare e interpretare tabelle di dati scientifici
- Sviluppare un linguaggio specifico
- Stabilire nessi tra conoscenze acquisite in ambiti disciplinari diversi

Gli stati fisici della materia

1 La Terra: uno sguardo d'insieme

La **Terra** è un corpo celeste molto complesso, caratterizzato da una grande varietà di fenomeni e dotato di proprietà particolari, che hanno permesso nel tempo lo sviluppo della vita. Osservata dallo spazio, appare come un **corpo solido di forma approssimativamente sferica**, dalla superficie intensamente colorata e circondato da un tenue involucro di gas.

La Terra non è particolarmente grande rispetto agli altri corpi celesti (ha un **raggio** di circa **6300 km**, 1/110 del raggio del Sole), ma gli strumenti di indagine di cui disponiamo attualmente ci permettono di osservarne direttamente soltanto la parte più superficiale.

L'involucro esterno del nostro pianeta, solido e rigido, è denominato **litosfera**. La litosfera è formata da materiali solidi, chiamati **rocce**.

Sulla superficie della litosfera sono presenti grandi quantità di **acqua** liquida e masse di *ghiaccio* solido. L'insieme di tutte le acque nei diversi stati fisici costituisce l'**idrosfera**. Non si tratta di un involucro di spessore uniforme che ricopre l'intera superficie terrestre, perché la litosfera presenta depressioni e rilievi. La maggior parte dell'acqua presente sulla Terra si trova negli oceani, nei mari, nei corsi d'acqua, nei laghi e nei ghiacciai, ma non dobbiamo dimenticare le acque del sottosuolo, che hanno una grande importanza per la vita dell'uomo.

La Terra possiede anche un'**atmosfera**, un tenue involucro di gas dello spessore di poche centinaia di kilometri.

La Terra ospita, inoltre, forme di vita di tutti i tipi e in tutti gli ambienti. L'insieme delle forme di vita costituisce la **biosfera** ➔ **FIGURA 1**.

GUIDA ALLO STUDIO

- Che cos'è la litosfera?
- Che cosa compone l'idrosfera?
- Come si chiama l'involucro di gas che circonda la Terra?
- Come si chiama l'insieme degli esseri viventi presenti sulla Terra?

FIGURA 1

2 La forma della Terra

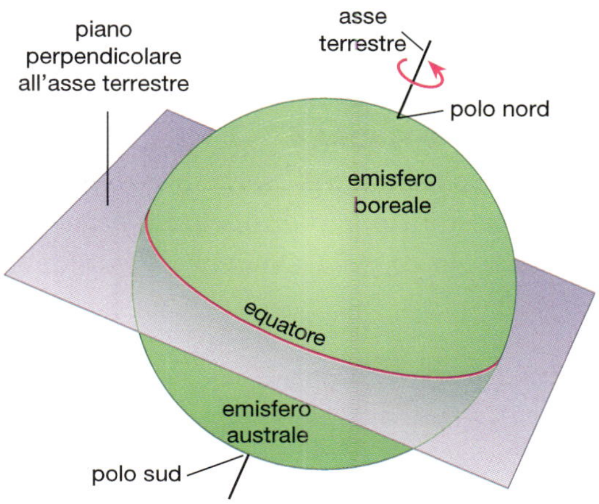

FIGURA 2

TABELLA 1 I numeri della Terra

raggio equatoriale (a)	6378,4 km
raggio polare (b)	6356,9 km
differenza raggi (a – b)	21,5 km
lunghezza dell'equatore	40 076,6 km
lunghezza del circolo meridiano	40 009,1 km
superficie totale	$5{,}1 \cdot 10^8$ km^2
superficie delle terre emerse	$1{,}5 \cdot 10^8$ km^2
superficie degli oceani	$3{,}6 \cdot 10^8$ km^2
volume	$1{,}083 \cdot 10^{12}$ km^3
massa	$5{,}976 \cdot 10^{24}$ kg
densità media	5,5 g/cm^3
densità media delle rocce superficiali	2,8 g/cm^3
lunghezza di 1° di longitudine all'equatore	111,3 km
lunghezza di 1° di latitudine sul 45° parallelo	111,1 km

In prima approssimazione la **Terra** può essere considerata come una sfera, la cui **superficie** è **accidentata** a causa delle depressioni e dei rilievi che caratterizzano sia le aree continentali sia le aree oceaniche.

Osservata dallo spazio, questa sfera appare in movimento: la **Terra ruota su se stessa** intorno a un asse immaginario, chiamato **asse terrestre**, che passa per il suo centro.

Sulla superficie terrestre è possibile identificare alcuni **elementi di riferimento**, utili sia per orientarsi sia per descrivere i fenomeni che studieremo:

- i **poli geografici**, denominati rispettivamente **polo nord** e **polo sud**, sono i due punti di intersezione dell'asse di rotazione con la superficie terrestre. Sono gli unici punti della superficie terrestre che *restano fermi durante la rotazione*;
- l'**equatore** è la circonferenza massima, tracciata sulla superficie terrestre, equidistante dai poli. Il **piano dell'equatore** è perpendicolare all'asse di rotazione e passa per il centro della Terra. Esso divide la Terra in due **emisferi**, l'*emisfero settentrionale*, o *boreale*, e l'*emisfero meridionale*, o *australe*.

Il geoide

Immaginiamo di trascurare le irregolarità della superficie e misuriamo la lunghezza del **raggio terrestre**, cioè la distanza dal centro della Terra, a livello del mare sia all'equatore sia ai poli. Così facendo si può rilevare che il *raggio equatoriale* è lungo 21,5 km di più rispetto al *raggio polare* ➔ **TABELLA 1**. La differenza è minima (meno di 4 millesimi!), ma sufficiente per affermare che la Terra è **schiacciata ai poli** e presenta un **rigonfiamento equatoriale**. La Terra non è quindi una sfera perfetta.

La forma che la Terra assume se la immaginiamo coperta uniformemente dalle acque dell'idrosfera, priva di rilievi e depressioni, si chiama **geoide**. Il geoide non corrisponde a nessuna figura geometrica regolare ➔ **FIGURA 3**, non solo a causa della presenza del rigonfiamento equatoriale, ma anche perché:

- l'equatore non è una circonferenza perfetta;
- lo schiacciamento al polo nord è diverso da quello rilevato al polo sud.

Il geoide

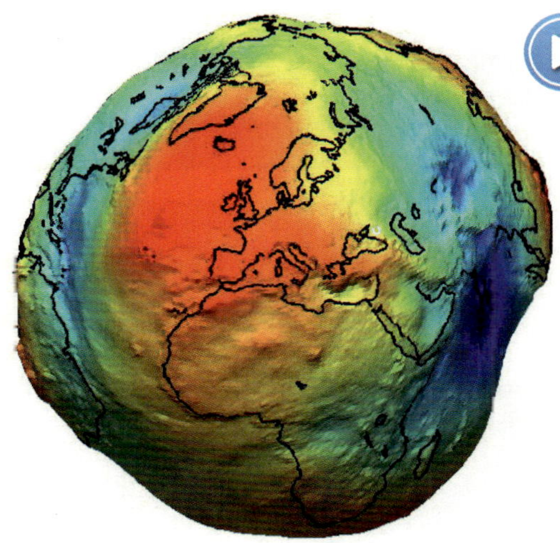

FIGURA 3
Modello del geoide terrestre, frutto dell'elaborazione dei dati raccolti tra il 2009 e il 2013 dal satellite GOCE (*Gravity field and steady-state Ocean Circulation Explorer*) dell'ESA (*European Space Agency*).

GUIDA ALLO STUDIO

- Che cosa sono i poli geografici? E l'equatore?
- Che cosa si intende per moto di rotazione?
- Quali sono i valori della lunghezza minima e della lunghezza massima del raggio terrestre?
- Che cos'è il geoide?

3 La distribuzione delle acque e delle terre emerse

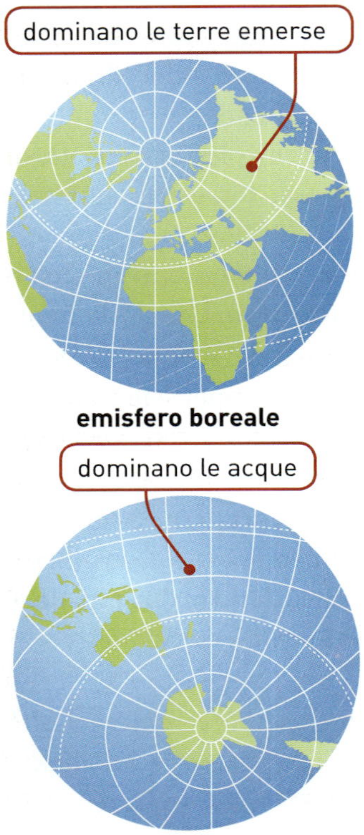

FIGURA 4 Distribuzione degli oceani e delle terre emerse.

Come abbiamo osservato nel precedente paragrafo, la superficie terrestre non ha un aspetto regolare. Le zone più depresse sono invase dalle **acque**, mentre le terre emerse formano i **continenti**. La maggior parte delle acque si concentra nell'emisfero australe, mentre le masse continentali sono per lo più concentrate nell'emisfero boreale **FIGURA 4**.

I continenti hanno estensione differente e forma irregolare e su ognuno di essi si riconoscono importanti catene montuose. Per convenzione si distinguono tre grandi **oceani**, *Pacifico*, *Atlantico* e *Indiano*, e **cinque continenti**, *America*, *Eurasia*, *Africa*, *Asia*, *Oceania* e *Antartide* **FIGURA 5**.

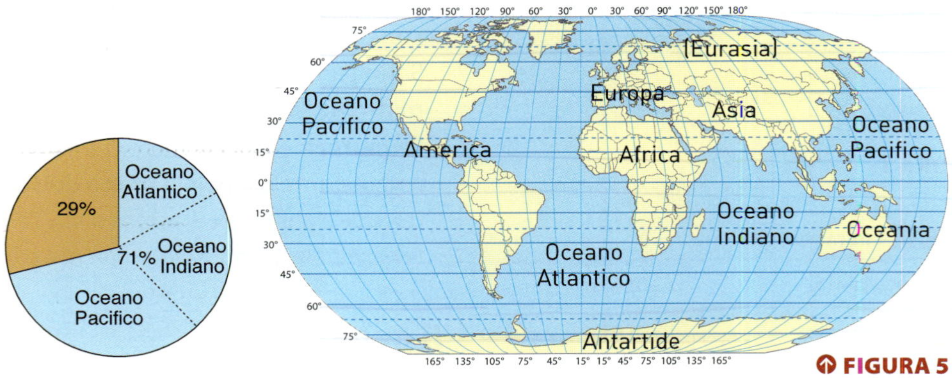

FIGURA 5

Le acque dei mari e degli oceani ricoprono una superficie due volte più grande di quella delle terre emerse: 3,6 miliardi di km^2 sono ricoperti da distese di acqua, mentre 1,5 miliardi di km^2 sono occupati dalle terre emerse, sulle quali comunque sono in movimento notevoli quantità di acqua. Le acque dei fiumi, dei laghi, dei ghiacciai e le acque sotterranee sono nel complesso chiamate **acque continentali**.

Sui continenti il valore di altitudine maggiore si registra in corrispondenza del monte **Everest** a **8848 m** sul livello del mare **FIGURA 6**, mentre il punto più lontano dal centro della Terra è la cima del monte **Chimborazo** in Ecuador: qui il raggio terrestre è lungo 6384,4 km **FIGURA 7**.

FIGURA 6

FIGURA 7

Gli oceani

Le distese d'acqua tra i continenti sono chiamate **oceani**:

- l'**Oceano Pacifico**, compreso tra le Americhe, l'Asia e l'Australia, è più esteso di tutte le terre emerse e più profondo di quanto siano elevate le maggiori vette; contiene poco più della metà di tutta l'acqua degli oceani;
- l'**Oceano Atlantico**, compreso tra l'America, l'Europa e l'Africa, forma una gigantesca S, lunga circa 13 000 km; comprende molti mari poco profondi (Mar dei Caraibi, Golfo del Messico);
- l'**Oceano Indiano**, il bacino oceanico più piccolo, esteso a sud dell'Asia e del tropico del Capricorno, bagna le coste della penisola arabica, dell'India, delle isole della Sonda e dell'Australia.

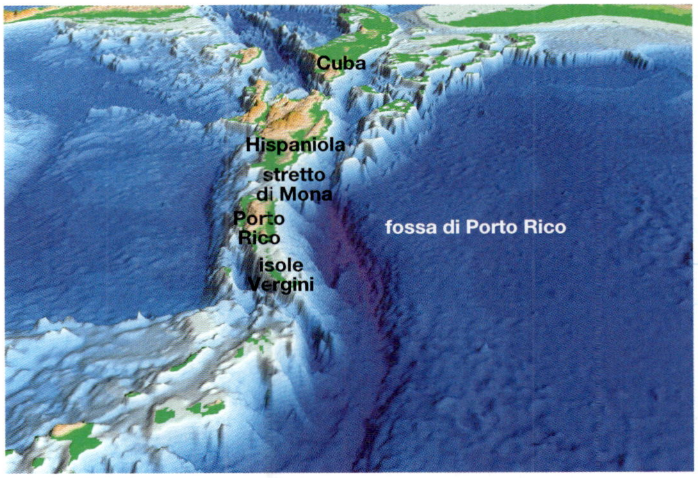

FIGURA 8 Mappa del fondale oceanico nel Mar dei Caraibi dove la fossa di Porto Rico raggiunge una profondità di circa 8 km.

Anche le distese d'acqua a nord del circolo polare artico e intorno al continente antartico vengono considerate da alcuni autori come oceani, e chiamati rispettivamente: **Oceano Polare Artico** e **Oceano Polare Antartico**. Tali denominazioni non sono del tutto corrette, poiché il bacino artico è chiuso, poco esteso e poco profondo, come i mari, mentre il bacino antartico in realtà è costituito dalle propaggini più meridionali degli oceani Atlantico, Pacifico e Indiano.

I **fondali** oceanici sono costituiti da rocce e hanno un aspetto accidentato, come la superficie dei continenti: si osservano depressioni, rilievi, vere e proprie catene montuose e vulcani sottomarini ➲ **FIGURA 8**. Il punto più profondo nei fondali oceani è il **Challenger Deep** situato nell'Oceano Pacifico, nella fossa delle Marianne, a una profondità compresa tra 10 898 m e 10 944 m sotto il livello del mare ➲ **FIGURA 9**; il punto più vicino al centro della Terra è il fondale del **Mar Glaciale Artico**: qui il raggio terrestre misura 6353 km ➲ **FIGURA 10**.

I mari

Il termine **mare** viene adottato per indicare diversi tipi di bacini parzialmente chiusi che si insinuano tra le masse continentali o al loro interno. In alcuni casi si tratta di **mari costieri**, come il Mare del Nord, il Mar delle Antille, il Mar della Cina, il Mar del Giappone ecc.; in altri casi ci si riferisce a **mari interni**, o *mari continentali*, che comunicano con gli oceani attraverso *stretti* e *canali*, come il Mar Mediterraneo, il Mar Baltico, il Mar Rosso, il Mar Nero ecc. Infine, il termine mare è usato per indicare il **Mar Caspio** e il **Mar Morto**, che sono resti di antichi mari, privi di comunicazione con l'oceano, alimentati soltanto dalle precipitazioni e dai fiumi. Si tratta di *laghi* a tutti gli effetti, ma il termine "mare" è rimasto a indicare la salinità molto elevata delle loro acque.

GUIDA ALLO STUDIO

- Qual è la distribuzione dei continenti nei due emisferi?
- Qual è la differenza tra mari e oceani?

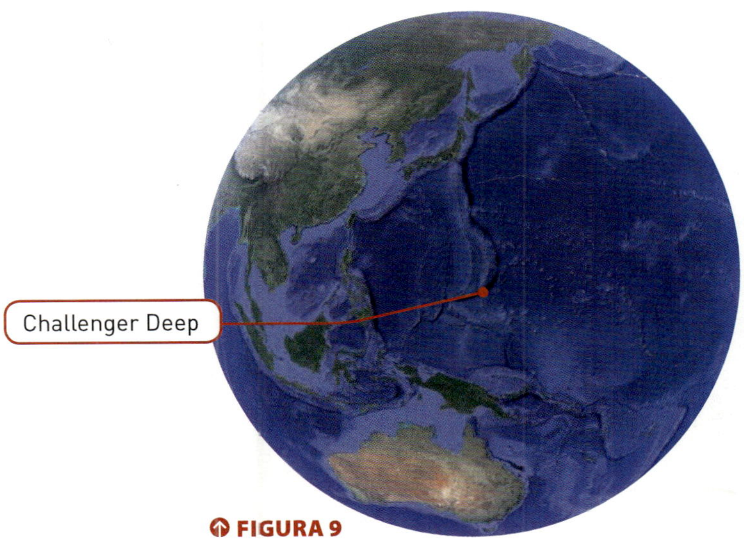

FIGURA 9

FIGURA 10

4 La geografia e l'orientamento

L'asse terrestre, i poli geografici e l'equatore sono elementi di riferimento fondamentali per orientarsi e costruire le carte geografiche. Grazie a essi è possibile tracciare sulla sfera terrestre un sistema ideale di linee di riferimento, costituito dai paralleli e dai meridiani geografici.

Paralleli e meridiani

I **paralleli geografici** sono i *circoli* prodotti dell'intersezione con la superficie terrestre di piani ➲ **FIGURA 11**:

- paralleli al piano dell'equatore;
- perpendicolari all'asse di rotazione.

In teoria i paralleli sono infiniti, ma normalmente si considerano solo i circoli posti alla distanza angolare di 1° uno dall'altro. I paralleli di riferimento sono quindi 180, **90 a nord** e **90 a sud dell'equatore**, che è il **parallelo 0**; hanno diametro sempre minore via via che ci si avvicina ai poli, dove non sono più circoli, ma punti.
Oltre all'equatore, sono importanti paralleli di riferimento il **circolo polare artico** e il **tropico del Cancro** nell'emisfero boreale; il **tropico del Capricorno** e il **circolo polare antartico** nell'emisfero australe.

I **meridiani geografici** sono le *semicirconferenze* passanti per i poli, prodotte dall'intersezione con la superficie terrestre di un piano che contiene l'asse di rotazione ➲ **FIGURA 12**. Anche i meridiani sono infiniti, ma convenzionalmente si considerano meridiani di riferimento quelli posti a una distanza angolare di 1° uno dall'altro: sono quindi **360**. Vengono numerati a partire dal **meridiano di Greenwich**, presso Londra, assunto come *meridiano fondamentale* o **meridiano 0** ➲ **FIGURA 13**. Partendo dal meridiano di Greenwich si contano **179 meridiani a est** e **179 a ovest**; il meridiano numero 180 è detto *antimeridiano di Greenwich*. Ogni meridiano ha un suo **antimeridiano**, posto a una distanza angolare di 180°: meridiano e antimeridiano formano una circonferenza (*circolo meridiano*) passante per i poli.

➲ **FIGURA 11**

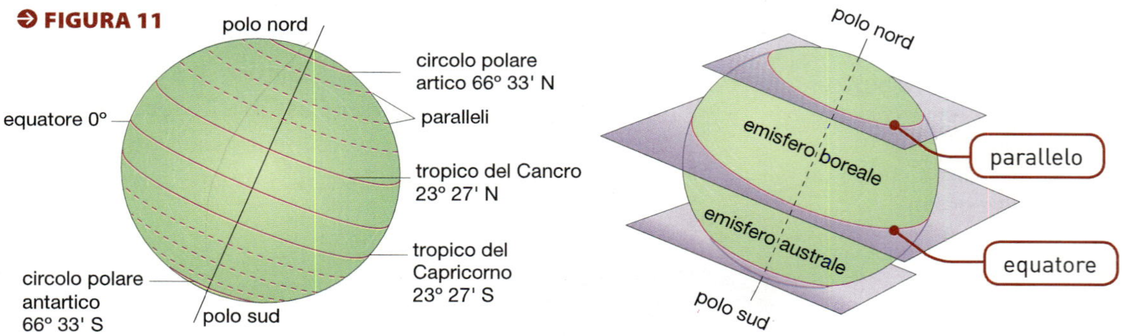

➲ **FIGURA 13** Il meridiano che passa per l'Osservatorio di Greenwich, presso Londra, è stato scelto come meridiano fondamentale nel 1884.

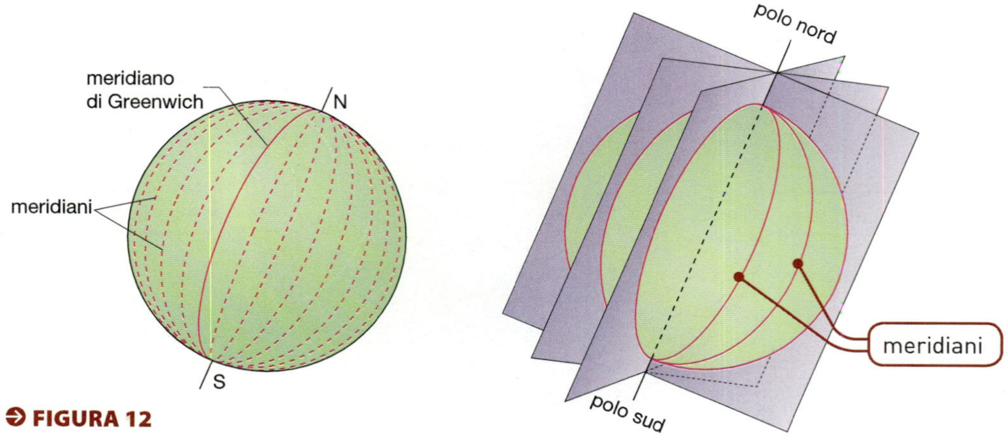

➲ **FIGURA 12**

Latitudine e longitudine

Sulle carte che rappresentano la superficie terrestre, l'intersezione di meridiani e paralleli forma un reticolato ideale, detto **reticolato geografico**.

La posizione di un punto *P* sul reticolato geografico viene definita utilizzando le **coordinate geografiche**: *latitudine* e *longitudine* ➔ **FIGURA 14**.

- La **latitudine** di un punto *P* è la distanza angolare tra il parallelo passante per *P* e l'equatore. La latitudine si misura in gradi o frazioni di grado e varia da **0°** (equatore) a **90° N** (polo nord) nell'emisfero boreale, da **0°** a **90° S** (polo sud) nell'emisfero australe. Tutti i punti che si trovano sul medesimo parallelo hanno la stessa latitudine.
- La **longitudine** di un punto *P* è la distanza angolare tra il meridiano passante per *P* e il meridiano di Greenwich. La longitudine varia da **0°** a **180°** E (*antimeridiano di Greenwich*), per i punti posti a est del meridiano di Greenwich, e da **0°** a **180° O** (*antimeridiano di Greenwich*), per i punti che si trovano a ovest. Tutti i punti che si trovano sullo stesso meridiano hanno la stessa longitudine.

Il reticolato e le coordinate geografiche

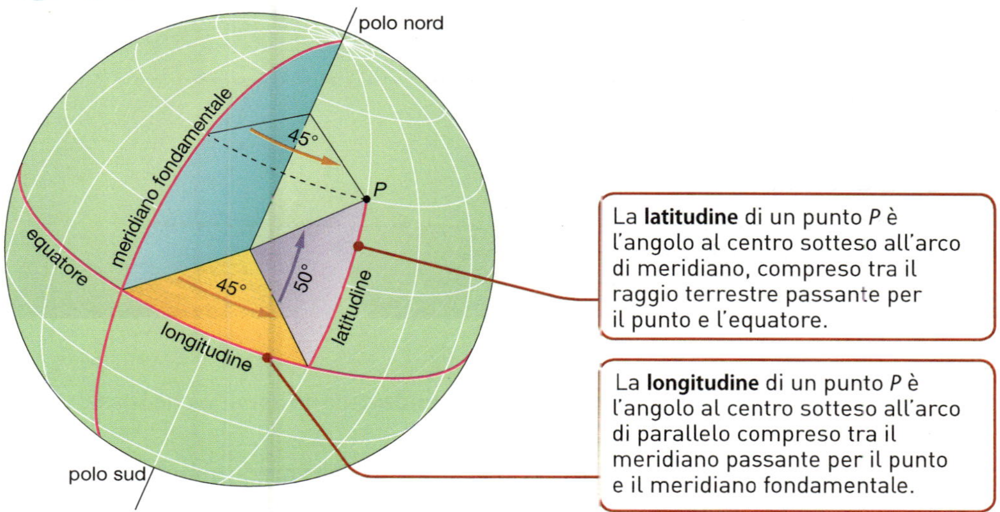

FIGURA 14

GUIDA ALLO STUDIO

- Che cosa sono i meridiani e i paralleli?
- Che cos'è la latitudine?
- Che cos'è la longitudine?
- Qual è la latidudine dei tropici?
- Qual è la latidudine dei circoli polari?

LE PAROLE DELLA SCIENZA

Che cosa significa distanza angolare

Parlando delle coordinate geografiche, abbiamo utilizzato l'espressione **distanza angolare**. La distanza angolare non è una misura di lunghezza e non si esprime in metri o multipli del metro ➔ **FIGURA 15**.
È un **angolo**, misurato utilizzando regole precise:

1. si definisce un *piano di riferimento* (come il piano dell'equatore nel caso della latitudine);
2. si traccia un segmento che unisca il centro del piano in questione al punto *P* che si sta osservando;
3. si misura l'angolo compreso tra il segmento e il piano.

La distanza angolare non serve per indicare i kilometri che separano il piano di riferimento dal punto considerato. Conoscere la latitudine di Roma, per esempio, non significa sapere quanti kilometri occorre percorrere per raggiungere l'equatore o il polo.
La distanza angolare, inoltre, è del tutto indipendente dalle dimensioni del raggio della sfera che si considera: la latitudine di Roma, per esempio, ha lo stesso valore sia quando la si misura direttamente sulla Terra, sia quando la si misura su un globo.

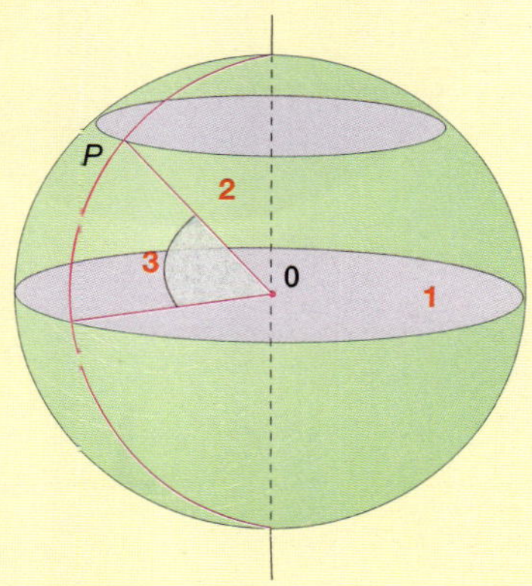

FIGURA 15

5 Che cosa possiamo vedere dalla Terra

L'orizzonte

Indipendentemente dalla latitudine e dalla longitudine del luogo, ogni osservatore ha sempre l'impressione di trovarsi al centro di un piano delimitato da una *linea circolare*, che sembra separare la Terra, o il mare, dal cielo. Questa linea è detta **linea dell'orizzonte**, o **orizzonte visivo**, e delimita la porzione della superficie terrestre che si può vedere in un dato luogo ➲ **FIGURA 16**.

➲ **FIGURA 16**

L'orizzonte

➲ **FIGURA 17**

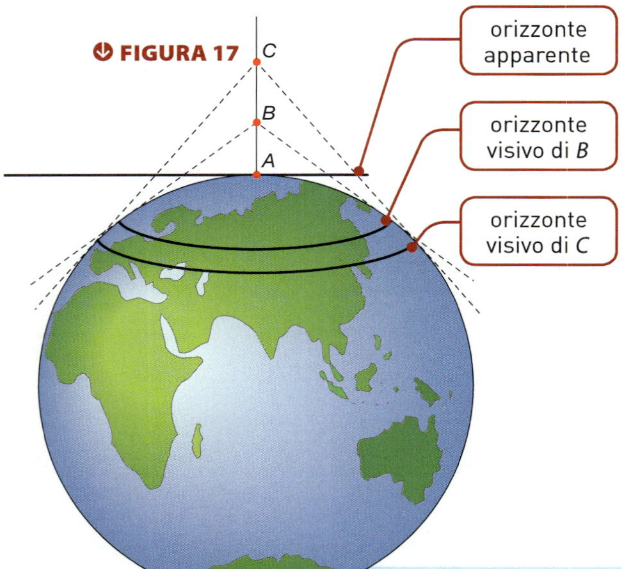

L'orizzonte visivo si espande a mano a mano che l'osservatore sale in quota ➲ **FIGURA 17**.

Questa osservazione ha avuto una grande importanza nell'antichità perché è una prova (oggi possiamo considerarla una conseguenza) della sfericità della Terra: se la Terra fosse piatta, ciò non avverrebbe. Dalla sfericità della Terra dipende un'altra caratteristica dell'orizzonte visivo: quando un corpo, per esempio una nave, è lontano sull'orizzonte e si avvicina verso di noi, non appare semplicemente come un corpo piccolo che si ingrandisce al diminuire della distanza; dapprima si distinguono le parti sommitali (nel caso di una nave l'albero e le vele), poi quelle inferiori ➲ **FIGURA 18**. Se la Terra fosse piatta, la nave sarebbe interamente visibile anche quando è lontana.

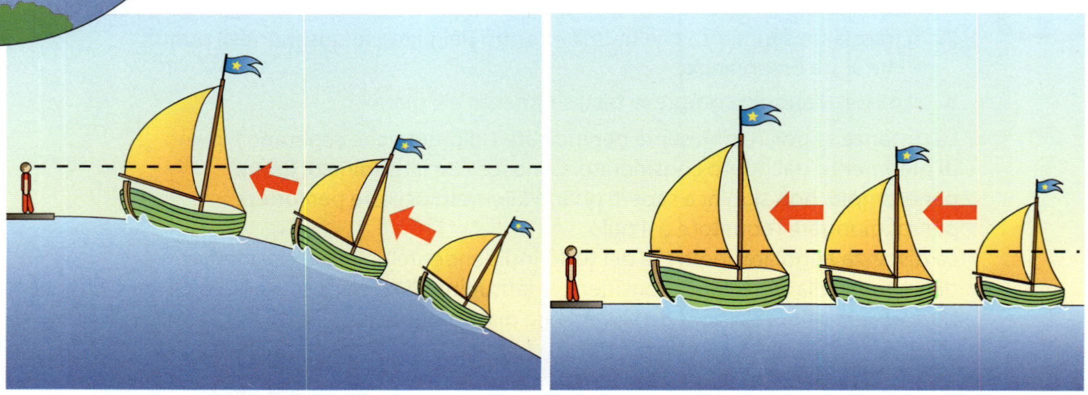

➲ **FIGURA 18**

Per evitare confusione, per descrivere la posizione di un corpo sulla superficie terreste si prende come riferimento il **piano dell'orizzonte apparente**, cioè il piano tangente alla superficie terrestre nel punto in cui si trova l'osservatore. Inoltre, si definisce **verticale del luogo** la retta immaginaria che passa per il punto in cui si trova l'osservatore e per il centro della Terra. La posizione del piano dell'orizzonte varia in relazione alla latitudine e alla longitudine del luogo in cui si trova l'osservatore. Quanto detto vale anche per la verticale del luogo. Solo per un osservatore che si trovi esattamente al polo nord o al polo sud la verticale del luogo coincide con l'asse terrestre ➲ **FIGURA 19**.

FIGURA 19

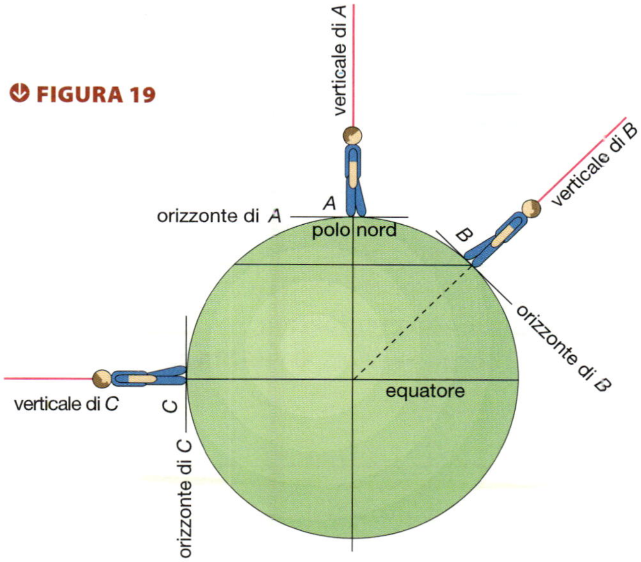

FIGURA 20 Come trovare i punti cardinali alle nostre latitudini.

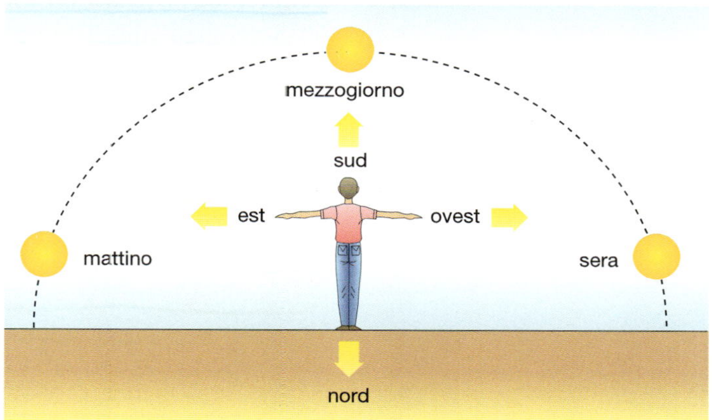

I punti cardinali

Sull'orizzonte, è possibile identificare **quattro punti cardinali**: nord, sud, est e ovest. Essi individuano due linee ortogonali, che passano per il punto in cui si trova l'osservatore, detto *punto di stazione*. La linea nord-sud è perpendicolare alla linea est-ovest, quindi è sufficiente stabilire la posizione di un punto cardinale sull'orizzonte per individuare la collocazione di tutti gli altri.

Per il momento diamo una *definizione operativa* dei punti cardinali che ha valore per chi si trova in Italia ➲ **FIGURA 20**:

- l'**est** è il punto dell'orizzonte su cui sorge il Sole nei giorni di equinozio (21 marzo e 23 settembre);
- l'**ovest** è il punto dell'orizzonte su cui tramonta il Sole nei giorni di equinozio (21 marzo e 23 settembre);
- il **nord** è il punto che identifica la direzione in cui si trova il polo nord terrestre;
- il **sud** è il punto dell'orizzonte che identifica la direzione in cui procedere per raggiungere il polo sud.

GUIDA ALLO STUDIO

- Che cos'è l'orizzonte visivo?
- Che cos'è il piano dell'orizzonte apparente?
- Come si trovano i punti cardinali?

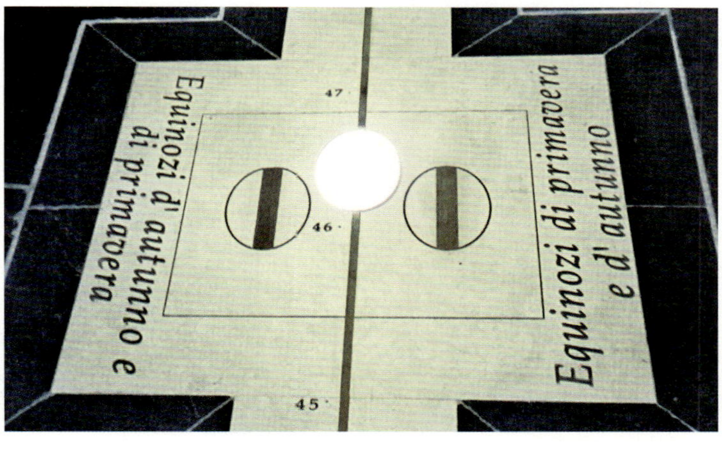

➲ **FIGURA 21** La particolare orientazione con cui sono state realizzate alcune opere architettoniche fa sì che nei giorni degli equinozi si verifichino al loro interno particolari fenomeni dovuti all'inclinazione dei raggi solari. Nella foto, la meridiana della Chiesa della Madonna della Visitazione a Perinaldo (Imperia). Nei giorni di equinozio i raggi del Sole si posizionano sulla linea meridiana, indicando il mezzogiorno per quella data.

Le carte geografiche

6 Le carte geografiche e la posizione dell'Italia

Saper "leggere" correttamente latitudine e longitudine sulle carte geografiche è fondamentale. Le **carte geografiche** che utilizziamo comunemente hanno infatti un limite: la superficie curva della Terra viene riportata sulla superficie piana del foglio, così risultano distorti più o meno evidentemente dati importanti, come dimensioni, confini e correlazioni con le altre regioni della Terra. Utilizzando i dati relativi a longitudine e latitudine si possono interpretare meglio queste distorsioni.

Per convenzione, nelle carte geografiche il **nord** si trova in alto, l'**est** alla destra di chi guarda e **meridiani** e **paralleli** sono rappresentati come rette che si intersecano formando angoli di 90°. I paralleli quindi hanno tutti la medesima lunghezza (mentre nella realtà diminuiscono in lunghezza procedendo verso i poli) e i meridiani non convergono verso i poli.

Questa distorsione non crea gravi problemi quando la regione considerata è di piccola estensione e non è molto vicina al polo, come accade per l'**Italia**, che si trova nell'**emisfero boreale**, nella fascia compresa tra il circolo polare artico (latitudine 66° 33' N) e il tropico del Cancro (latitudine 23° 27' N). Questa fascia è chiamata anche **zona temperata**.

Esaminiamo le coordinate dei punti estremi della nostra penisola ➲ **FIGURA 22**.

➲ **FIGURA 22**

FIGURA 23

FIGURA 24

- Il **punto più a nord** è la **Testa Gemella Occidentale** nelle Alpi Aurine in Alto Adige, con latitudine **47° 05' 31" N**.
- Il **punto più a sud** è **Punta Pesce Spada** nell'isola di Lampedusa, con latitudine **35° 29' 24" N**.

L'Italia quindi ha un'estensione massima in latitudine di circa 12°.

- Il **punto più a est** è **Capo d'Otranto** in Puglia, con longitudine **18° 31' 18" E** ➔ **FIGURA 23**.
- Il **punto più a ovest** è **Rocca Bernauda** nelle Alpi Cozie in Piemonte, con longitudine **6° 37' 38" E** ➔ **FIGURA 24**.

L'estensione massima dell'Italia in longitudine è quindi simile a quella in latitudine (circa 12°) e, contrariamente a quanto si pensa comunemente, non è disposta secondo una linea che va da nord a sud.

Un riferimento importante per la penisola italiana è l'**osservatorio di Monte Mario** a Roma, che ha coordinate latitudine 41° 55' 25,51" N e longitudine 12° 27' 8,40" E.

Osservando la carta si nota inoltre che il territorio italiano è attraversato dai meridiani 10 e 15 a est di Greenwich, e dai paralleli 40 e 45 a nord dell'equatore. Il fatto che passi per l'Italia il **45° parallelo** ci dice che il nostro Paese è posto al centro dell'emisfero boreale, equidistante dall'equatore e dal polo nord ➔ **FIGURA 25**.

➔ **FIGURA 25**

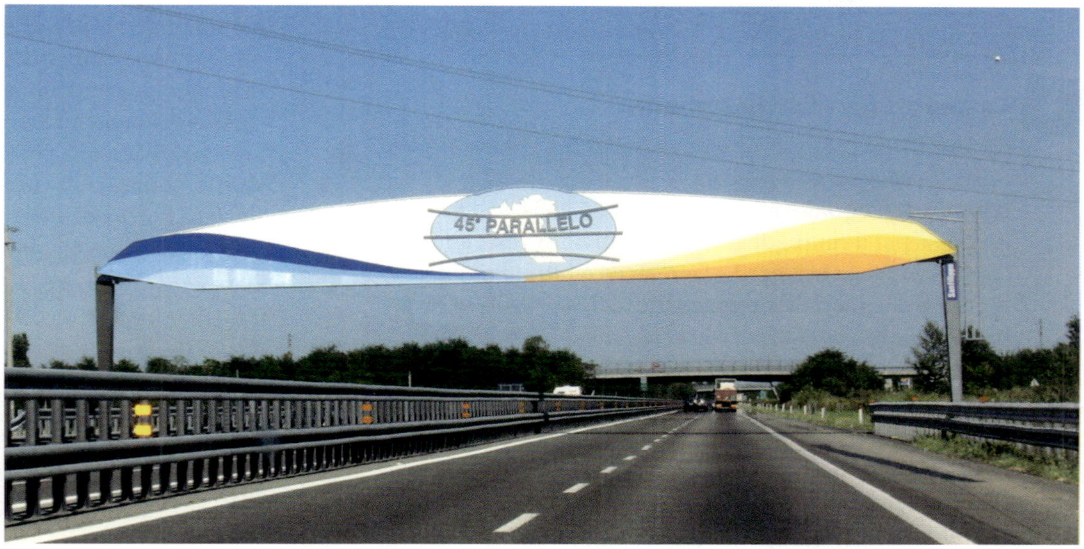

GUIDA ALLO STUDIO

- Qual è la massima latitudine dell'Italia?
- Qual è la minima latitudine in Italia?
- Qual sono i valori estremi di longitudine in Italia?
- Dove si colloca la zona temperata dell'emisfero boreale?

Costruisci la mappa

Studio... in sintesi

Ascolta la sintesi

1 La Terra: uno sguardo d'insieme

La **Terra** è un corpo celeste di piccole dimensioni.
La Terra è un corpo solido, nella cui parte più esterna distinguiamo:

- **litosfera**
- **idrosfera**
- **atmosfera**
- **biosfera**.

2 La forma della Terra

La Terra ha forma quasi sferica, ma è caratterizzata da uno **schiacciamento polare** e da un **rigonfiamento equatoriale**.
La forma della Terra, considerata priva di rilievi e depressioni, si chiama **geoide**.

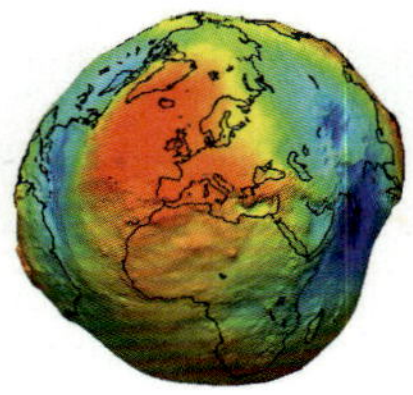

3 La distribuzione delle acque e delle terre emerse

La superficie terrestre non ha un andamento regolare. Le depressioni sono occupate dalle acque di **oceani** e **mari**, mentre le terre emerse formano i **continenti**.
Le acque degli oceani e dei mari occupano il 71% della superficie terrestre, mentre le terre emerse il 29%.
Sulle terre emerse sono presenti le acque dei fiumi, dei laghi, dei ghiacciai e le acque sotterranee, che nel loro complesso sono chiamate **acque continentali**.

emisfero boreale

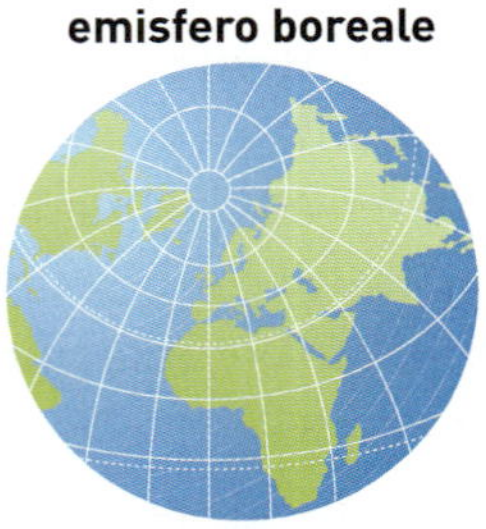

dominano le terre emerse

emisfero australe

dominano le acque

4 La geografia e l'orientamento

I punti di riferimento principali sulla Terra sono il **polo nord**, il **polo sud** e l'**equatore**.
Il **piano dell'equatore** è perpendicolare all'asse di rotazione, passa per il centro della Terra e la divide in due emisferi: l'**emisfero boreale** a nord e l'**emisfero australe** a sud.
A partire dai punti di riferimento principali si può costruire un **reticolato geografico**, costituito da:

- **paralleli**, circonferenze parallele all'equatore (90 a nord e 90 a sud dell'equatore stesso);
- **meridiani**, semicirconferenze passanti per i poli, sono 180 e il più importante è quello di Greenwich (**meridiano fondamentale**).

Sul reticolato geografico, la posizione di un punto *P* sulla superficie terrestre viene definita utilizzando le **coordinate geografiche**:

- la **latitudine** di un punto *P* è la distanza angolare tra il parallelo passante per *P* e l'equatore.
- la **longitudine** di un punto *P* è la distanza angolare tra il meridiano passante per *P* e il meridiano di Greenwich.

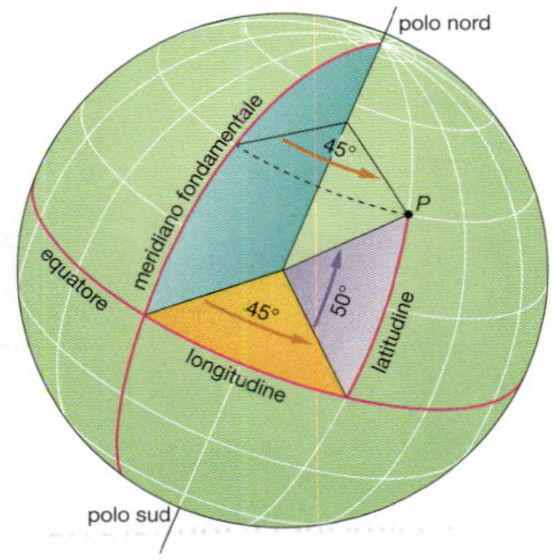

5 Che cosa possiamo vedere della Terra

La linea circolare che delimita la porzione di superficie terrestre visibile da un punto *P* si chiama **linea dell'orizzonte** o **orizzonte visivo**.
L'orizzonte visivo, in uno stesso punto, si espande salendo in quota; per questo si usa come riferimento il **piano dell'orizzonte apparente**.
Sull'orizzonte si possono individuare quattro **punti cardinali**:

- **est** è il punto in cui sorge il Sole nei giorni di equinozio;
- **ovest** è il punto in cui tramonta il Sole nei giorni di equinozio;
- **nord** è il punto che identifica la posizione del polo nord;
- **sud** è il punto che identifica la direzione in cui procedere per raggiungere il polo sud.

6 Le carte geografiche e la posizione dell'Italia

Nelle **carte geografiche** la superficie curva della Terra viene riportata sulla superficie piana del foglio, così **risultano distorti** più o meno evidentemente **dimensioni**, **confini** e **correlazioni** con le altre regioni della Terra. Utilizzando i dati relativi a longitudine e latitudine si possono interpretare meglio queste distorsioni.
Nelle carte geografiche di norma il **nord** si trova in alto e l'**est** alla destra di chi guarda.
I **meridiani** e i **paralleli** sono rappresentati come rette che si intersecano formando angoli di 90°. I paralleli quindi hanno tutti la medesima lunghezza (mentre nella realtà diminuiscono in lunghezza procedendo verso i poli) e i meridiani non convergono verso i poli.
Questa distorsione non crea gravi problemi quando la regione considerata è di piccola estensione e non è molto vicina al polo, come accade per l'**Italia**, che si trova al centro dell'**emisfero boreale**, nella **zona temperata**, la fascia compresa tra il circolo polare artico e il tropico del Cancro.

Verifica il tuo studio

FISSA I CONCETTI

1 La Terra: uno sguardo d'insieme

Completa le frasi

1 Fiumi, laghi, ghiacciai, acque del sottosuolo e mari costituiscono ....

2 Il .... della Terra misura circa 6370 km.

3 La litosfera è formata da ....

4 La litosfera ha un profilo ....

2 La forma della Terra

Scegli il termine corretto fra i due proposti

1 Il piano dell'equatore è **parallelo/perpendicolare** all'asse di rotazione terrestre.

2 L'emisfero settentrionale è separato da quello meridionale dall'**equatore/asse terrestre**.

3 L'emisfero australe è quello **meridionale/settentrionale**.

4 La Terra presenta un rigonfiamento **equatoriale/polare**.

3 La distribuzione delle acque e delle terre emerse

Scegli il termine corretto fra i due proposti

1 La maggior parte dei continenti si trova nell'emisfero **australe/boreale**

2 Il punto più vicino al centro della Terra è situato **nell'Oceano Pacifico/nel Mare Glaciale Artico**.

3 Il punto più distante dal centro della Terra si trova **tra Cina e Nepal /in Ecuador**.

4 Oceani e mari coprono i $\frac{2}{3}$/$\frac{1}{3}$ della superficie della litosfera.

4 La geografia e l'orientamento

Scegli il termine corretto fra i due proposti

1 I **paralleli/meridiani** passano per i poli.

2 La latitudine si misura in **gradi/km**.

3 La longitudine dell'antimeridiano di Greenwich è **180°/90°**.

4 Tutti i punti che si trovano sul medesimo **meridiano/parallelo** hanno la stessa latitudine.

5 L'equatore ha **latitudine/longitudine** 0°.

6 Nell'emisfero **boreale/australe** la latitudine varia da 0° a 90° S.

7 I **meridiani/paralleli** sono semicirconferenze.

8 Il parallelo con latitudine 23° 27' N è il tropico del **Cancro/Capricorno**.

9 Il parallelo con latitudine 66° 33' S è circolo polare **antartico/artico**.

Vero o falso?

1 Il piano dell'equatore passa per il centro della Terra. V F

2 Tutti i punti con longitudine 0° si trovano sull'equatore. V F

3 I paralleli sono circonferenze di uguale lunghezza. V F

4 Il polo sud ha latitudine 90° S. V F

5 I punti che si trovano sullo stesso meridiano hanno diversa latitudine e uguale longitudine. V F

Scegli il completamento corretto

I meridiani:

A si incontrano in due punti

B sono 180

C sono 270

D si incontrano in un punto

5 Che cosa possiamo vedere della Terra

Scegli il termine corretto fra i due proposti

1 Il piano dell'orizzonte **apparente/visivo** è tangente alla superficie terrestre.

2 Il piano dell'orizzonte apparente di un osservatore al polo è **perpendicolare/parallelo** all'asse terrestre.

3 Il piano dell'orizzonte apparente di un osservatore all'equatore è **perpendicolare/parallelo** all'asse terrestre.

4 La verticale dell'osservatore **al polo sud/all'equatore** coincide con l'asse terrestre.

6 Le carte geografiche e la posizione dell'Italia

Scegli il termine corretto fra i due proposti

1 Il punto più a nord in Italia si trova **sotto/sopra** il 45° parallelo.

2 Il punto più a est dell'Italia ha **latitudine/longitudine** 18° 31' 18'' E.

3 L'Italia ha un'estensione in latitudine di circa **12°/12'**.

4 L'estensione in latitudine dell'Italia è **simile a/diversa da** quella in longitudine.

APPLICA IL TUO STUDIO

Rispondi

1 Qual è la forma della Terra? Perché la Terra non può essere considerata una sfera?

2 Spiega come viene costruito il reticolato geografico.

3 Cerca su una carta geografica la latitudine di New York e identifica le città italiane che si trovano sul medesimo parallelo della città americana.

Leggi e rispondi

La Sardegna è compresa tra 38° 51' 52" e 41° 15' 42" di latitudine nord e tra 8° 8' e 9° 50' di longitudine est. Ciò significa che:

- il punto più a nord della Sardegna si trova a una latitudine **superiore/inferiore** rispetto a Roma.
- il punto più a sud della Sardegna si trova a una distanza angolare dal tropico del Cancro di **meno/più** di 10°.
- la Sardegna ha un'estensione in latitudine **superiore/inferiore** all'estensione in longitudine.

Osserva le immagini

1 Inserisci il nome degli elementi di riferimento relativi al reticolato geografico.

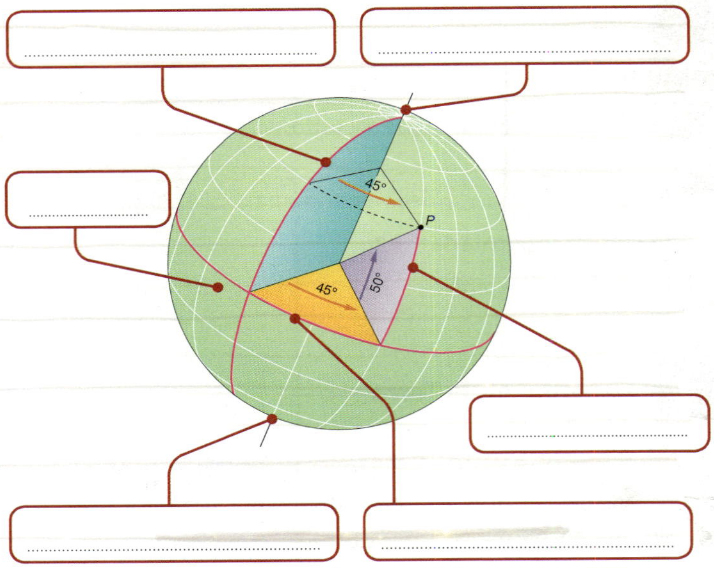

VERSO LE COMPETENZE...

Questo esercizio ha lo scopo di condurti a sviluppare le seguenti competenze:

- **utilizzare e interpretare correttamente tabelle di dati scientifici;**
- **sviluppare un linguaggio specifico caratteristico delle scienze sperimentali;**
- **stabilire nessi tra conoscenze acquisite in diversi capitoli del testo o in diversi ambiti scientifici (matematica, fisica, chimica).**

Esamina la ➲TABELLA 1 e utilizza per rispondere, se necessario, anche le informazioni fornite nel capitolo.

a Nella tabella sono riportate diverse grandezze: elencale e cerca la definizione di ciascuna di esse.

b Che cosa sono le grandezze? Che cosa sono le unità di misura?

c Quali tra i dati riportati sono relativi a grandezze fondamentali, quali a grandezze derivate?

d Alcuni dati sono espressi con la notazione scientifica: cerca il significato dell'espressione "notazione scientifica" e spiega perché viene utilizzata per indicare massa, volume, superficie della Terra.

e Quanti miliardi di kilometri quadrati misura la superficie terrestre?

f Utilizza i dati relativi a massa e volume per calcolare la densità media della Terra in kg/m^3.

g Confronta il dato che hai ottenuto con la densità riportata nella tabella e verifica l'equivalenza tra i due dati.

TABELLA 1 I numeri della Terra

raggio equatoriale (*a*)	6378,4 km
raggio polare (*b*)	6356,9 km
differenza raggi (*a* – *b*)	21,5 km
lunghezza dell'equatore	40 076,6 km
lunghezza del circolo meridiano	40 009,1 km
superficie totale	$5{,}1 \cdot 10^8$ km^2
superficie delle terre emerse	$1{,}5 \cdot 10^8$ km^2
superficie degli oceani	$3{,}6 \cdot 10^8$ km^2
volume	$1{,}083 \cdot 10^{12}$ km^3
massa	$5{,}976 \cdot 10^{24}$ kg
densità media	5,5 g/cm^3
densità media delle rocce superficiali	2,8 g/cm^3
lunghezza di 1° di longitudine all'equatore	111,3 km
lunghezza di 1° di latitudine sul 45° parallelo	111,1 km

2 L'Universo intorno a noi

COMPETENZE

- Utilizzare e interpretare correttamente tabelle di dati scientifici
- Stabilire nessi tra conoscenze acquisite in matematica e scienze
- Utilizzare le conoscenze acquisite e applicarle in un contesto diverso

1 Il posto della Terra nell'Universo
2 Osservare il cielo: la sfera celeste
3 L'orizzonte astronomico e l'altezza delle stelle
4 Le stelle sembrano muoversi intorno a noi
5 Il cielo visto dall'Italia
6 Che cosa sono le stelle?
7 Le stelle nascono, si modificano nel tempo, muoiono

1 Il posto della Terra nell'Universo

Anticamente si pensava che la Terra si trovasse al centro dell'Universo e che non avesse la stessa natura degli altri corpi celesti, che venivano considerati eterni e immutabili.
Oggi sappiamo che l'**Universo**, inteso come la *regione di spazio e tempo accessibile alle nostre osservazioni*, ha avuto un inizio e si modifica nel tempo, sia nella composizione sia nelle dimensioni, e che anche le stelle sono fatte di materia, nascono, evolvono, si spengono. Sappiamo, inoltre, che le particolari caratteristiche del nostro pianeta dipendono dal luogo, dal modo e dal momento in cui si è formato ➔ **FIGURA 1**.

In quale regione dell'Universo si trova il nostro pianeta?
La **Terra** fa parte del **Sistema Solare**, l'insieme dei corpi che gravitano intorno al Sole, cioè che ruotano intorno al Sole attratti dalla forza di gravità.
Il **Sole** è una **stella**, cioè un corpo celeste di grande massa che produce ed emana energia sotto forma di luce.
Come la Terra fanno parte del Sistema Solare anche la **Luna**, i **pianeti**, le **comete** e gli **asteroidi**.
Le **dimensioni** del Sistema Solare, per quanto grandi rispetto alla Terra, sono molto ridotte rispetto allo spazio circostante, che è popolato da un gran numero di stelle. Lo spazio tra una stella e l'altra non è del tutto vuoto: spesso si osservano gas e polveri che formano le nebulose ➔ **FIGURA 2**.

FIGURA 1 Il sistema laser dell'osservatorio sul monte Mauna Kea nelle Hawaii indica la Via Lattea, la galassia in cui si trova la Terra.

FIGURA 2 Molte nebulose, come la nebulosa di Orione, visibile nel cielo invernale, sono regioni dello spazio in cui si formano nuove stelle. Orione, nell'immagine ripresa dal telescopio spaziale Hubble, dista 1500 anni luce dalla Terra ed è la regione dell'Universo in cui si formano nuove stelle più vicina a noi.

FIGURA 3 Rappresentazione della Via Lattea, la nostra Galassia. Essa ha un diametro di 100 000 anni luce e si stima contenga 100 miliardi di stelle.

Le stelle sono raggruppate in sistemi, chiamati **galassie**. La galassia cui appartiene il Sistema Solare è denominata **Via Lattea**, o semplicemente *Galassia*. Essa contiene centinaia di miliardi di stelle che si muovono intorno al centro galattico molto lentamente.

Il Sistema Solare si trova in una posizione periferica della Galassia e compie una rivoluzione, cioè un giro intorno al centro in 225 milioni di anni **FIGURA 3**.

Oltre alla Via Lattea, esistono moltissime altre galassie che contengono un numero immenso di stelle e di corpi celesti di varia natura.

In questo capitolo cercheremo di capire come la storia del nostro pianeta è legata alla storia di corpi celesti così distanti e apparentemente diversi dalla Terra. Un primo importante aspetto per comprendere queste relazioni è imparare a osservare il cielo.

GUIDA ALLO STUDIO

- **Che cos'è il Sistema Solare?**
- **Che cosa sono le galassie?**
- **Come si chiama la galassia a cui appartiene il Sistema Solare?**

FAQ ?

Quanto è grande l'Universo osservabile?

L'Universo osservabile ha **dimensioni** tanto grandi da rendere difficile qualunque paragone con le misure che ci sono familiari. La **FIGURA 4** consente di rendersi conto della sproporzione tra le dimensioni della Terra e lo spazio intorno a noi. Per dare un'idea di quanto siano distanti le stelle, immaginiamo che il Sole sia grande come una pastiglia di aspirina: la stella più vicina sarebbe un'altra pastiglia a più di 100 km di distanza!

Per esprimere **distanze** così grandi è conveniente utilizzare **unità di misura** più grandi rispetto al kilometro. Le unità di misura più utilizzate in astronomia sono due:

- l'**unità astronomica** (UA) che corrisponde alla distanza media Terra-Sole, 150 milioni di km. È un'unità di misura utilizzata soprattutto per i corpi del Sistema Solare;
- l'**anno luce** (**al**) che è la distanza percorsa nel vuoto dalla luce in 1 anno; equivale a poco meno di 10 000 miliardi di km. È l'unità di misura adottata per esprimere la distanza delle stelle e delle galassie.

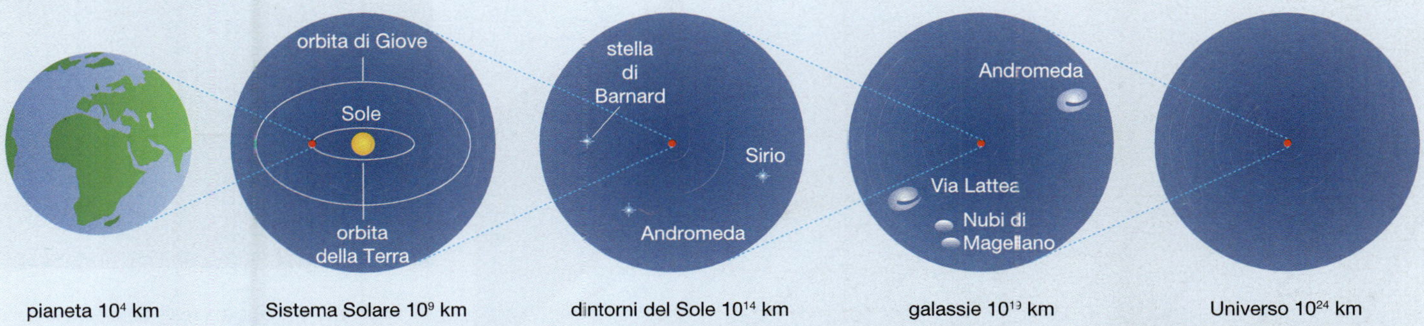

FIGURA 4 Le dimensioni dell'Universo conosciuto sono così grandi da rendere difficile il paragone con le misure che ci sono familiari. Nella figura, ogni circonferenza ingrandisce la precedente centomila volte.

2 Osservare il cielo: la sfera celeste

Se in una notte serena guardiamo il cielo da un qualsiasi luogo della Terra, esso ci appare come una grande cupola cosparsa da innumerevoli punti più o meno luminosi. Abbiamo così l'impressione di trovarci sempre al centro di una *sfera cava, di raggio infinito*, detta **sfera celeste**, sulla cui superficie sono disposti tutti i corpi celesti. Stelle, pianeti, galassie ci appaiono come punti collocati tutti alla stessa distanza dalla Terra e si perde completamente la percezione della profondità dello spazio ➔ **FIGURA 5**.

Le dimensioni della *Terra* rispetto a quelle della sfera celeste sono del tutto insignificanti, tanto che il nostro pianeta può essere considerato come un punto, collocato al centro di questa immensa superficie cava.

FIGURA 5 Osservando il cielo di notte si possono scorgere migliaia di stelle, e si ha l'impressione di essere al centro di un'enorme sfera cosparsa di punti luminosi.

La sfera celeste non esiste realmente: i corpi celesti, infatti, non si trovano tutti alla stessa distanza dalla Terra, ma la nostra vista non riesce a percepire e a misurare le distanze che ci separano dagli altri corpi celesti. Nonostante questo limite, la sfera celeste è utile perché ci permette di descrivere ciò che vediamo quando osserviamo il cielo.

Sulla sfera celeste sono visibili a occhio nudo circa 6000 *astri*, ma con i telescopi è stato possibile verificare che si tratta di un numero di gran lunga inferiore rispetto al numero reale di stelle che popolano lo spazio intorno alla Terra.

I corpi più luminosi sono *Luna* e *Sole*, gli unici di cui possiamo apprezzare dimensioni e forma a occhio nudo; gli altri corpi celesti invece appaiono come puntini luminosi visibili in genere solo di notte.

Non tutte le **stelle** sono ugualmente brillanti e le più visibili sembrano delineare sulla volta buia figure particolari, la cui forma è tale solo per un osservatore posto sulla superficie terrestre. Fin dall'antichità, queste figure immaginarie furono chiamate **costellazioni** ➔ **FIGURA 6**.

In virtù della lontananza e della nostra percezione limitata della profondità, le stelle di una costellazione ci appaiono vicine le une alle altre, anche se nella realtà sono poste nello spazio a distanze molto diverse; esse non sono vincolate in alcun modo le une alle altre e hanno storie differenti.

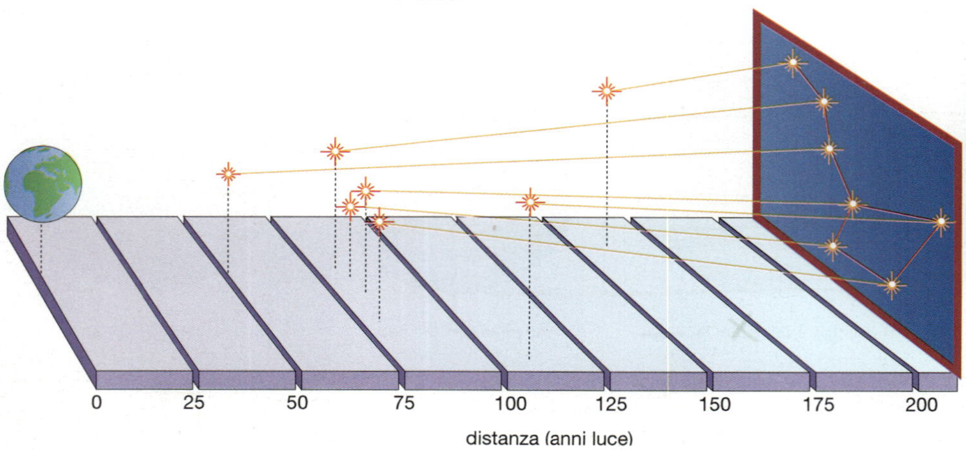

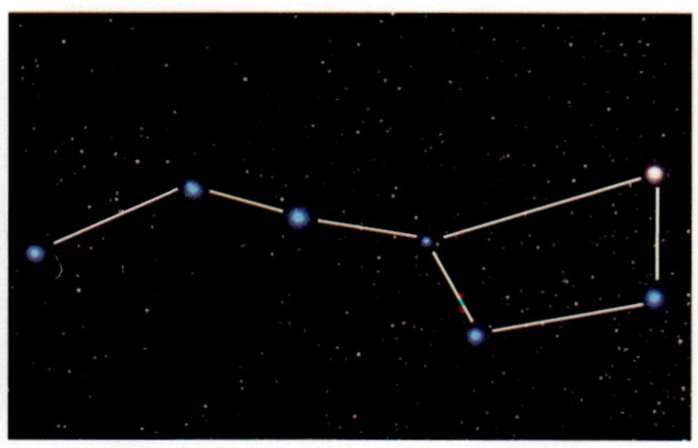

FIGURA 6 Posizioni reali nello spazio delle stelle del Grande Carro nella costellazione dell'Orsa Maggiore. Nella fotografia si distinguono le stelle del Grande Carro viste dalla Terra.

Le costellazioni

Nonostante siano associazioni fittizie, le costellazioni sono lo strumento migliore per orientarsi: esse, infatti, non si modificano sostanzialmente nel tempo, perché l'enorme distanza non ci consente di percepire in modo significativo i moti reali delle stelle.

La consuetudine di suddividere la volta celeste in settori, immaginando su di essa figure di esseri umani, animali, eroi è molto antica ed è legata alla tradizione mitologica: Cinesi, Greci, Egizi "vedevano" rappresentati nel cielo storie e miti differenti, perciò avevano costellazioni diverse.

Il *catalogo delle costellazioni*, introdotto nel 1930 dall'*Unione Astronomica Internazionale*, riprende in massima parte il modello del mondo greco e il *catalogo di Tolomeo* (*almagesto*), nel quale erano elencate **48 costellazioni**, visibili sulla porzione di sfera celeste osservabile dal bacino del Mediterraneo; esse erano indicate con nomi fantastici e le stelle più brillanti avevano un nome proprio.

Il catalogo di Tolomeo fu completato tra il XVI e il XVIII secolo, quando le grandi esplorazioni geografiche portarono gli occidentali alla scoperta delle regioni più remote dell'emisfero australe ➔ **FIGURA 7**.

➔ **FIGURA 7** Le costellazioni dello zodiaco in una rappresentazione del XVI secolo. Caprarola, Palazzo Farnese.

Oggi il termine costellazione viene usato in astronomia per indicare una data regione della sfera celeste, mentre l'insieme di stelle che "disegna" in cielo la figura tipica della costellazione è detto **asterisma della costellazione**.

Gli astronomi distinguono nel cielo ben **88 costellazioni**. All'interno di ciascuna di esse le stelle vengono indicate con una lettera greca (in ordine alfabetico secondo la luminosità), seguita dal nome della costellazione (in genere in latino). Le stelle più brillanti conservano però anche i nomi tradizionali: *Antares*, il rivale di Marte; *Arturo*, il guardiano dell'Orsa; *Sirio*, la splendente; *Vega*, l'uccello cadente; *Betelgeuse* e *Rigel*, la spalla e la gamba di Orione ecc. ➔ **FIGURA 8**.

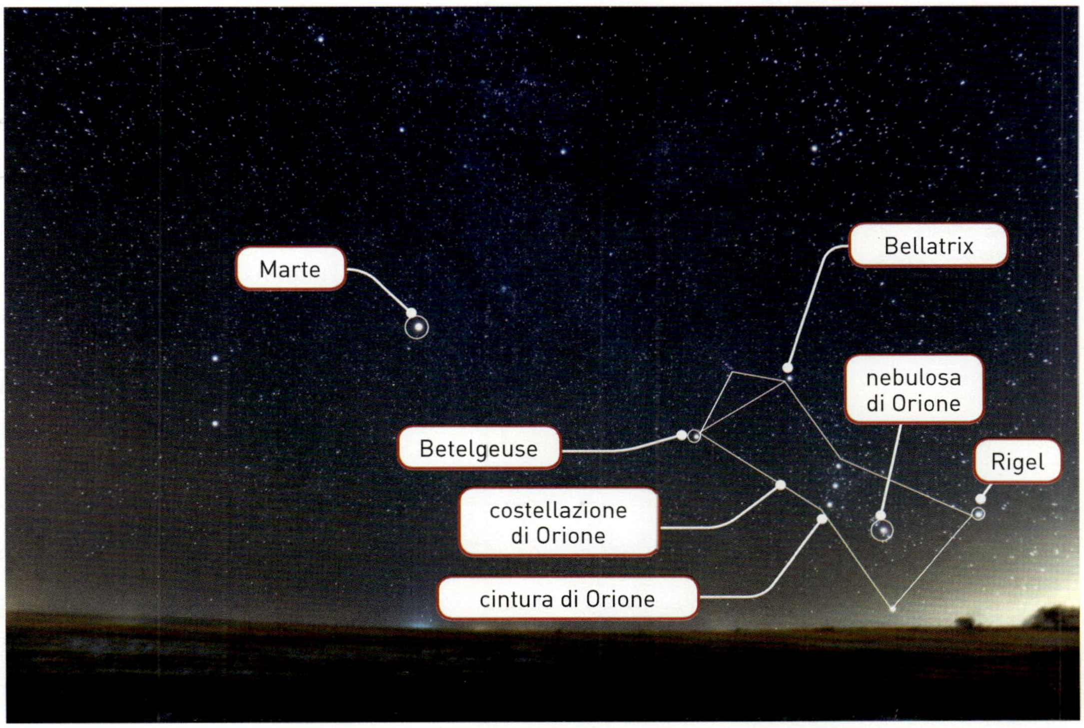

➔ **FIGURA 8** La costellazione di Orione è forse la più conosciuta, grazie alle sue stelle brillanti e alla sua posizione vicino all'equatore celeste, che la rende visibile dalla maggior parte del mondo. La costellazione consta di circa 130 stelle visibili ed è riconoscibile dall'allineamento di tre stelle che formano la cintura di Orione e da due stelle molto brillanti. La sagoma dell'eroe è delineata da nove stelle.

Gli elementi di riferimento sulla sfera celeste

Sulla sfera celeste, come sulla Terra, è possibile identificare alcuni elementi di riferimento:

- l'**asse del mondo** è la linea ideale che si ottiene prolungando all'infinito l'asse di rotazione della Terra,
- l'**equatore celeste** è il circolo massimo equidistante dai poli; si trova sul medesimo piano dell'equatore terrestre.

L'asse del mondo interseca la sfera celeste in corrispondenza di due punti, denominati **polo nord celeste** e **polo sud celeste**; il polo nord celeste si trova in prossimità della *Stella Polare*, nella costellazione dell'Orsa Minore; il polo sud celeste, invece, si trova nella costellazione dell'Ottante, vicino alla stella *s Oct* (una stella poco brillante e difficilmente osservabile) ➲ **FIGURA 9**.

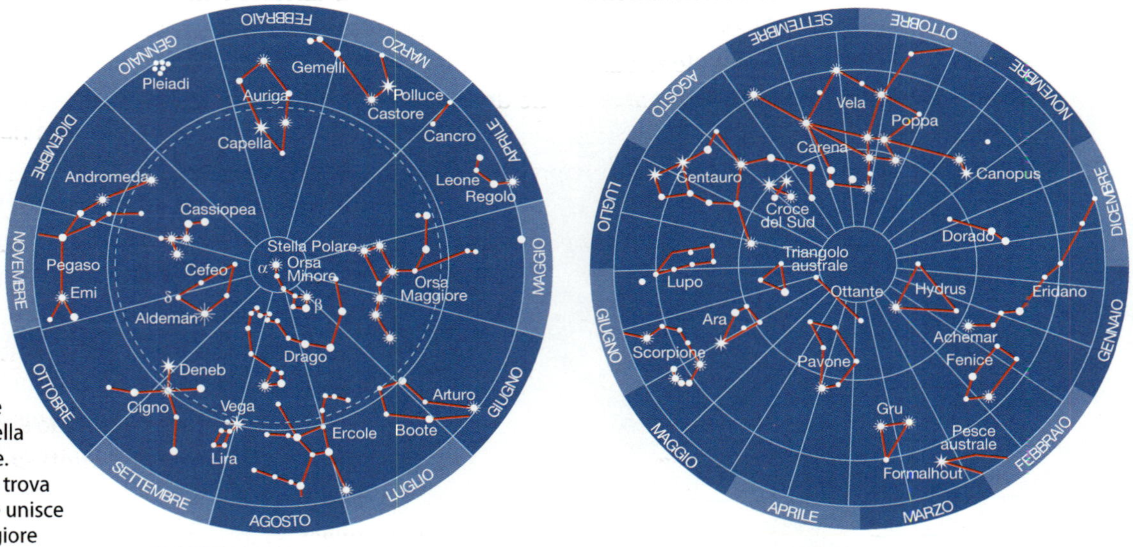

EMISFERO BOREALE

EMISFERO AUSTRALE

➲ **FIGURA 9** Le costellazioni polari dei due emisferi terrestri. Nell'emisfero boreale il nord è indicato dalla Stella Polare, nella costellazione dell'Orsa Minore. Nell'emisfero australe il sud si trova prolungando il segmento che unisce le due stelle del braccio maggiore della Croce del Sud.

Come sulla Terra, si può immaginare anche sulla sfera celeste un *reticolo*, formato da paralleli e meridiani. I **paralleli celesti** sono circoli paralleli all'equatore, i **meridiani celesti** sono i semicerchi che uniscono il polo nord e il polo sud celesti ➲ **FIGURA 10**.

Il parallelo celeste fondamentale è l'**equatore celeste**; il meridiano celeste fondamentale passa per il **punto γ**, cioè il punto della sfera celeste in cui si trova il Sole nel giorno di equinozio di primavera.

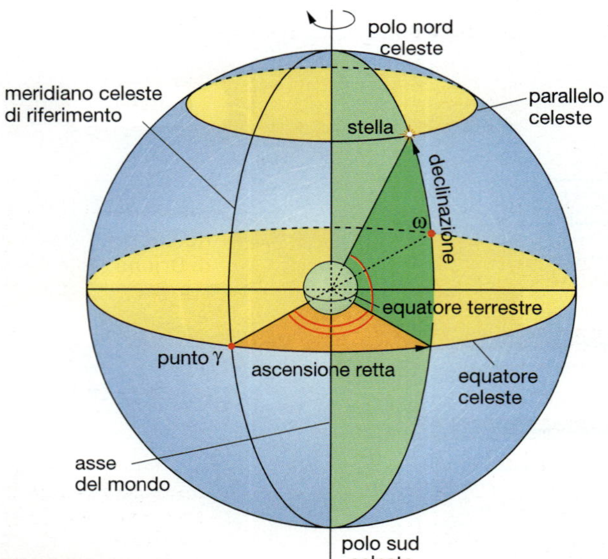

➲ **FIGURA 10**

La posizione di un astro rispetto ai meridiani e ai paralleli celesti è definita dalla misura di due angoli, la *declinazione* e l'*ascensione retta*:

- la **declinazione** (δ) è la latitudine celeste di un astro;
- l'**ascensione retta** (α) è la longitudine celeste di un astro.

Per quanto riguarda il lavoro che porteremo avanti nelle prossime pagine è importante soprattutto conoscere i valori che può assumere la declinazione che può variare da 0° a +90° o –90°.

Il polo nord celeste ha declinazione +90°, l'equatore 0°, il polo sud celeste –90°.

GUIDA ALLO STUDIO

- Qual è la differenza tra galassie e costellazioni?
- Che cos'è la sfera celeste?
- Come si chiama la latitudine celeste? Quali valori può assumere?

3 L'orizzonte astronomico e l'altezza delle stelle

Nel capitolo 1 abbiamo visto che ogni osservatore può vedere solo una parte della superficie terrestre, in relazione all'orientamento del suo orizzonte apparente. Quando si osserva il cielo, le dimensioni della Terra sono trascurabili, perché le distanze che ci separano dagli astri sono molto più grandi del diametro terrestre. Ciò significa che un qualunque osservatore vede in ogni istante metà della sfera celeste (come se la Terra fosse un corpo puntiforme). La parte di sfera celeste osservabile, però, varia in relazione alla latitudine, perché dalla latitudine dipendono l'orientamento dell'osservatore e la direzione in cui si colloca la verticale del luogo. È ovvio, per esempio, che un osservatore può avere sulla sua verticale la Stella Polare solo se si trova al polo nord.

Per capire quale porzione del cielo si può vedere da un dato luogo, si fa riferimento al **piano dell'orizzonte astronomico**, cioè al piano passante per il centro della Terra e parallelo al piano dell'orizzonte apparente: l'osservatore può vedere gli astri che si trovano sopra questo piano.

La **verticale del luogo** è perpendicolare al piano dell'orizzonte astronomico, passa per l'osservatore e per il centro della Terra e interseca la sfera celeste in due punti: lo **zenit**, sopra la testa dell'osservatore, e il **nadir**, sotto i piedi dell'osservatore.

L'orizzonte astronomico e l'altezza delle stelle

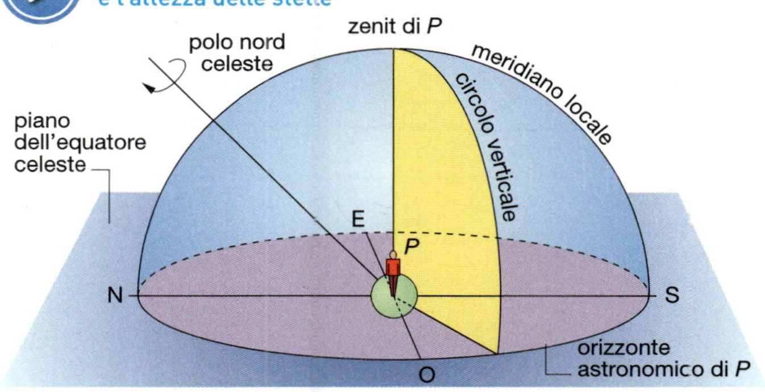

FIGURA 11 Elementi di riferimento locali. La figura si riferisce a un osservatore posto a una latitudine di 45° N.

Sull'orizzonte astronomico poi è possibile identificare i quattro **punti cardinali** ➔ **FIGURA 11**.

Dal punto di vista geometrico, quando si parla della sfera celeste e dell'orizzonte astronomico, i punti cardinali possono essere definiti come segue:

- l'**est** e l'**ovest** sono i punti in cui l'equatore celeste interseca il piano dell'orizzonte astronomico;
- il **nord** e il **sud** sono i punti dell'orizzonte astronomico posti in direzione del polo corrispondente.

Quando si cerca una stella in cielo non basta indicare la sua posizione rispetto ai punti cardinali; occorre stabilire anche la sua altezza.

L'**altezza** (*h*) è la distanza angolare di un astro dal piano dell'orizzonte astronomico. Essa può variare da 0° (se un corpo si trova sul piano dell'orizzonte) a 90° (se l'astro si trova allo zenit) ➔ **FIGURA 12**. È importante notare che l'altezza di una stessa stella varia in relazione alla latitudine dell'osservatore, mentre la declinazione è sempre la stessa.

GUIDA ALLO STUDIO

- Che cos'è il piano dell'orizzonte astronomico?
- Che cos'è l'altezza di un astro?
- Come si trovano i punti cardinali sul piano dell'orizzonte astronomico?

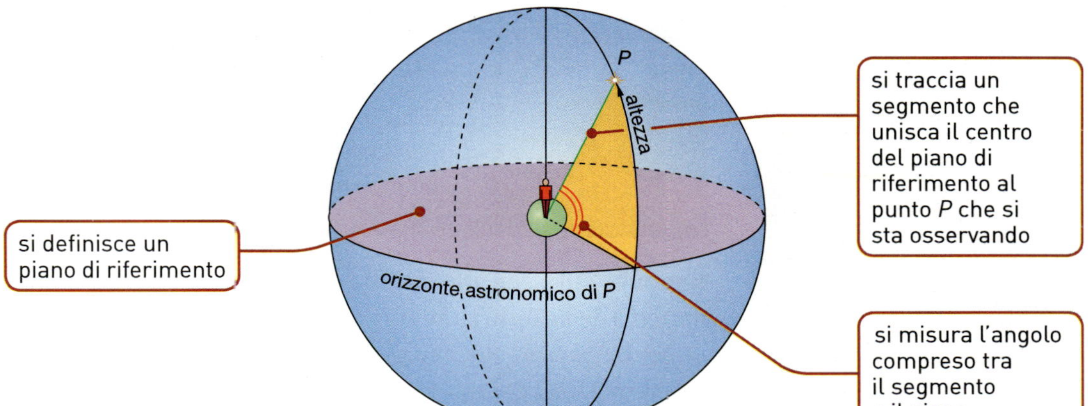

➔ **FIGURA 12**

4 Le stelle sembrano muoversi intorno a noi

Tutti sappiamo che la Terra compie un moto di rotazione sul proprio asse e un moto di rivoluzione intorno al Sole. Il moto di rotazione si completa in un giorno, il moto di rivoluzione in un anno. Questi movimenti non vengono percepiti dall'uomo, ma hanno effetti significativi quando osserviamo il cielo. Se infatti proviamo a osservare una costellazione per un certo intervallo di tempo, scopriamo che tutte le stelle sembrano muoversi, senza mai modificare le loro posizioni relative (infatti la forma della costellazione non cambia anche se si sposta).
Quanto osservato vale per tutti gli astri: ogni giorno le **stelle** compiono sulla sfera celeste un **movimento circolare intorno all'asse del mondo**, muovendosi **in senso orario** (osservato dal polo nord celeste) e completano il loro tragitto giornaliero in **23 h 56 min**. Trascorso questo intervallo di tempo, le stelle si ritrovano nella medesima posizione del giorno precedente. Tutta la sfera celeste quindi sembra ruotare intorno a noi facendo perno sui poli celesti che restano fermi. Per questo la *Stella Polare* appare nel nostro emisfero come l'unico punto di riferimento fermo nel cielo (in realtà compie anch'essa una piccola circonferenza, poiché la sua posizione non coincide esattamente con il polo nord celeste) ➲ **FIGURA 13**.

➲ **FIGURA 13** A causa del moto apparente della volta celeste, nel nostro emisfero le stelle visibili descrivono circonferenze concentriche intorno alla Stella Polare. Il moto apparente delle stelle intorno al polo celeste può essere messo in evidenza con foto a lunga esposizione.

Il **movimento** che abbiamo descritto è **apparente** ed è conseguenza della rotazione in verso opposto della Terra su se stessa. Ogni giorno anche i **pianeti**, la **Luna** e il **Sole** girano apparentemente intorno alla Terra, ma il loro tragitto si modifica giornalmente. Per spiegare queste differenze tra il comportamento della Luna, dei pianeti, del Sole e quello delle altre stelle bisogna considerare il moto di rivoluzione della Terra.

GUIDA ALLO STUDIO

- Spiega perché il moto diurno delle stelle è un moto apparente giornaliero delle stelle sulla sfera celeste.
- Dove si colloca la Stella Polare sulla sfera celeste?
- Quanto tempo deve trascorrere perché una stella si trovi nello stesso punto della sfera celeste del giorno precedente?

Mappe e carte del cielo interattive

5 Il cielo visto dall'Italia

Per imparare a osservare il cielo notturno alle nostre latitudini è bene tener presenti tre dati importanti.

- In ogni località si vede una semisfera celeste in cui il polo nord celeste occupa una posizione diversa a seconda della latitudine. Il polo sud celeste non è mai visibile. Un semplice calcolo geometrico permette di dimostrare che l'altezza del **polo nord celeste** è uguale alla latitudine del luogo. Perciò chi osserva il cielo dal Trentino ha la **Stella Polare** più alta nel cielo di chi osserva il cielo dalla Sicilia. È possibile identificare il polo nord celeste (e quindi la Stella Polare) perché è l'unico punto del cielo notturno che non si muove.
- Ogni osservatore vede anche una porzione del cielo dell'emisfero celeste australe. Per esempio, nel cielo italiano la stella notturna più brillante è una stella dell'emisfero australe: **Sirio**, che ha una **declinazione** di circa **–16°43'**. La porzione visibile dell'emisfero australe corrisponde a un angolo complementare della latitudine del luogo.
- Come abbiamo osservato, le stelle completano il loro moto giornaliero in **23 h 56 min**, ma il giorno civile dura 24 h (per capire perché, vedi capitolo 4).

Quest'ultima osservazione è importante. Infatti, se osserviamo il cielo notturno per diversi giorni alla medesima ora, possiamo notare che le stelle risultano tutte spostate verso ovest di circa 1° ogni giorno. Di conseguenza ogni notte sorgono nuove stelle e ne tramontano altre. Solo le stelle più vicine alla Stella Polare restano visibili tutto l'anno, ma la loro posizione si modifica. Lo scenario notturno si ripresenta identico dopo un anno. Alle nostre latitudini si può notare che molte stelle percorrono in una notte un arco di circonferenza in cielo, procedendo in senso orario (osservato dal polo nord celeste): esse sorgono e raggiungono il punto massimo dell'arco, detto *culminazione*. Queste stelle sono dette **stelle occidue**. Invece, altre stelle, denominate **stelle circumpolari**, percorrono una circonferenza in cielo, restando sopra l'orizzonte per tutto il giorno senza tramontare mai. Nel cielo italiano si osservano molte **costellazioni circumpolari**, cioè visibili ogni notte per tutto l'anno, perché si trovano a una distanza angolare dalla Stella Polare non superiore alla latitudine del luogo. Per esempio, a Venezia (lat. = 45° 25' N) sono circumpolari le stelle fino a una distanza angolare dalla Stella Polare pari a 45° 25', mentre a Catania (lat. = 37° 50' N) sono circumpolari le stelle fino a una distanza angolare di 37° 50'. Per questo, osservando il cielo per esempio il 21 dicembre alle ore 21, a Catania le ultime stelle della costellazione del Cane Maggiore sono sotto la linea dell'orizzonte, mentre a Venezia sono visibili ➲ **FIGURA 14**.

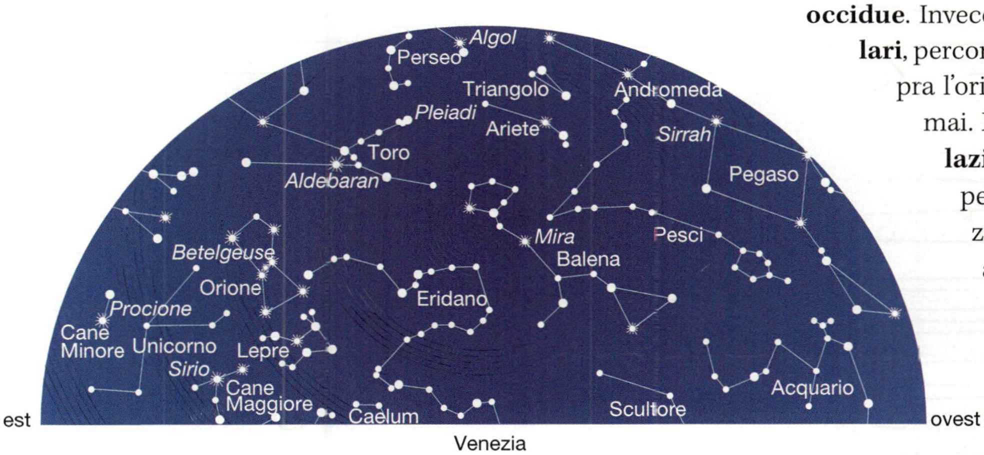

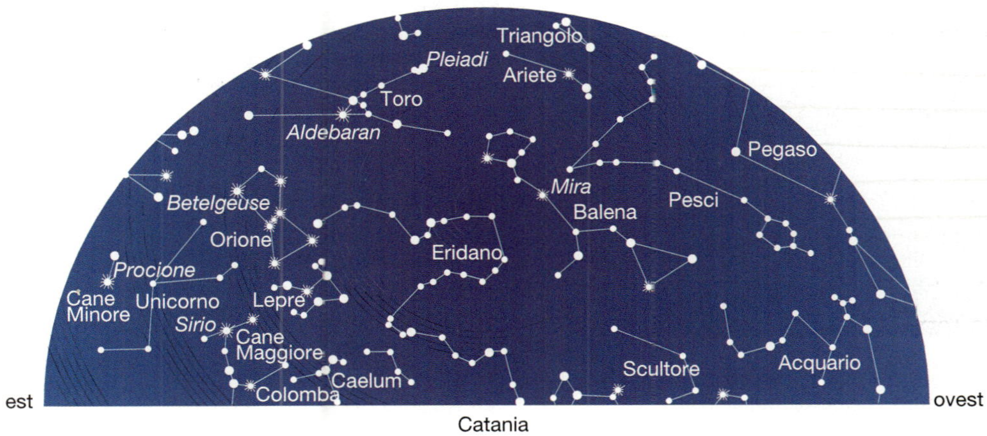

➲ **FIGURA 14** Mappe del cielo (quadrante sud) di Venezia e Catania il 21 dicembre alle 21.

Le costellazioni circumpolari in Italia in linea di massima sono comunque le stesse. Le più facilmente riconoscibili sono l'*Orsa Maggiore* e l'*Orsa Minore*, *Cassiopea*, *Cefeo* e *Perseo*. Anche se queste costellazioni sono sempre visibili, nel corso dell'anno appaiono in posizioni diverse e sembrano percorrere (come tutte le altre costellazioni) un cerchio intorno al polo celeste. Le diverse posizioni si possono apprezzare nella ➲ **FIGURA 15**, che descrive il cielo stagionale di Roma (lat = 42° N). L'Orsa Maggiore, inoltre, è la costellazione che ci consente di trovare la Stella Polare, e quindi la direzione del nord, a tutte le latitudini nell'emisfero boreale ➲ **FIGURA 16**.

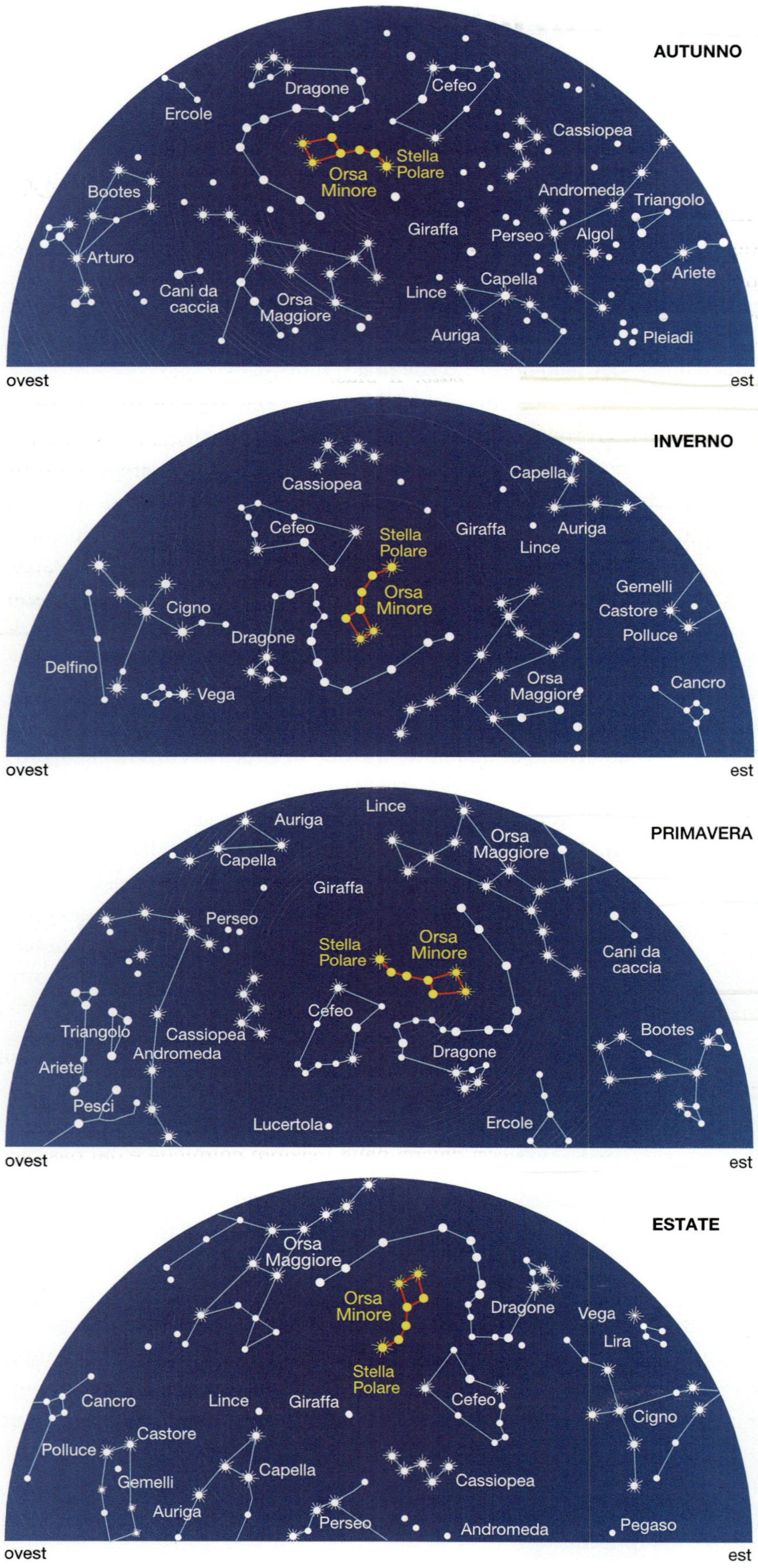

FIGURA 15 Il quadrante nord del cielo di Roma, nelle quattro stagioni dell'anno: si può notare il percorso della costellazione dell'Orsa Minore intorno alla Stella Polare.

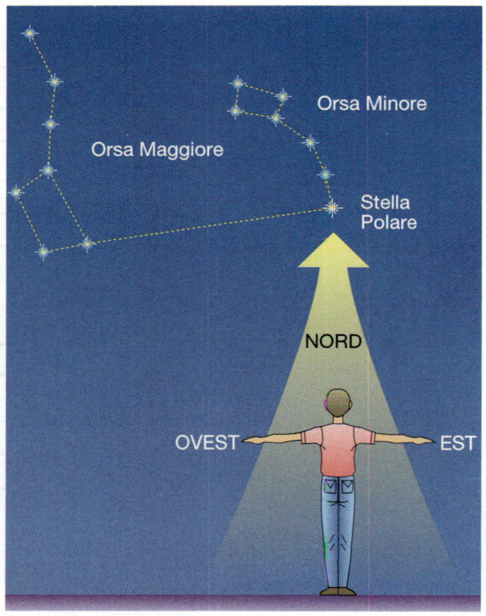

FIGURA 16 Per individuare la direzione del nord durante la notte, basta trovare in cielo l'Orsa Maggiore e prolungare di cinque volte il segmento immaginario che congiunge le due stelle anteriori della costellazione.

GUIDA ALLO STUDIO

- **Qual è la relazione tra l'altezza della Stella Polare e la latitudine del luogo in Italia?**
- **Che cosa significa la definizione "costellazione circumpolare"?**
- **Che cosa sono le "stelle occidue"?**

Il quarto stato fisico della materia

6 Che cosa sono le stelle?

Tutte le **stelle** hanno in comune alcune proprietà.

- Le stelle sono **sfere di gas caldissimo, composte prevalentemente di idrogeno** e al loro interno la **pressione** e la **temperatura** raggiungono valori elevatissimi ➔ **FIGURA 17**.
- Nella parte centrale delle stelle, chiamata **nòcciolo**, o **nucleo**, la materia si trova in uno stato fisico denominato plasma. Il **plasma** è costituito da nuclei atomici e da elettroni, che però si trovano separati gli uni dagli altri e dunque si muovono in modo indipendente. I nuclei sono quindi trasformati in ioni e per questo si usa dire che il plasma è un *gas ionizzato*. Il plasma non è presente sulla Terra perché sul nostro pianeta non si verificano le condizioni necessarie alla sua formazione: si tratta infatti di uno stato di aggregazione che la materia assume solo se i valori di temperatura e pressione sono elevatissimi.
- Le stelle hanno una massa e un volume enormi ed **emettono energia**, sotto forma di **luce**. Tale energia viene prodotta nel nòcciolo mediante **reazioni di fusione nucleare**.

➔ **FIGURA 17** Gruppo di giovani stelle circondato da nubi di polveri e gas, a 20 000 al dalla costellazione Carina, ripreso dal telescopio spaziale Hubble. La maggior parte di queste stelle si è formata nello stesso momento, ma esse differiscono per massa, volume, temperatura e colore.

Le reazioni di fusione nucleare nelle stelle

Le **reazioni di fusione nucleare** sono trasformazioni in cui due o più nuclei atomici si uniscono originando un nucleo più complesso.

Sono processi diversi dalle reazioni chimiche e dai passaggi di stato per tre ragioni:

- avvengono solo in condizioni di temperatura e pressione molto elevate, come quelle che si verificano nel nòcciolo delle stelle;
- trasformano gli elementi reagenti in elementi diversi;
- trasformano una piccola quantità di massa in un'enorme quantità di energia.

Le reazioni di fusione nucleare che si innescano per prime in tutte le stelle sono le **reazioni di fusione dell'idrogeno**, durante le quali *4 nuclei di idrogeno* vengono utilizzati per produrre *1 nucleo di elio* ➔ **FIGURA 18**. Queste reazioni avvengono se la temperatura raggiunge almeno i 10 milioni di gradi. Tutte le altre reazioni di fusione richiedono temperature più elevate.

➔ **FIGURA 18**

La temperatura assoluta

Quali sono le differenze tra le stelle?

Oggi sappiamo che le stelle sono diverse l'una dall'altra sia per caratteristiche fisiche sia per la distanza dalla Terra.
I tre parametri fisici di base che le differenziano sono: massa, volume, colore.

La **massa** varia in genere da valori pari a 1/10 della massa del Sole a valori 60-80 volte superiori. Il **volume** invece è molto variabile: esistono stelle minuscole, di raggio simile alla Terra, e stelle enormi, 100 volte più grandi del Sole.

Il **colore** delle stelle può variare dal blu-azzurro al rosso, passando per i diversi colori dell'arcobaleno ➲ **FIGURA 19**. Il colore è molto importante perché dipende dalla temperatura superficiale: le stelle più calde sono quelle blu-azzurro, le più fredde sono quelle rosse ➲ **TABELLA 1**. Il Sole è una stella gialla.

Per quanto riguarda la **distanza** bisogna tener presente che l'unità di misura adottata per esprimerla è l'**anno luce (al)**: **1 al** è la distanza percorsa nel vuoto dalla luce in 1 anno; equivale a poco meno di 10 000 miliardi di km. Il Sole dista dalla Terra circa 8 minuti luce; la stella più vicina al Sole è Proxima Centauri.

TABELLA 1

temperatura (K)	colore della stella
28 000 - 50 000	blu-azzurro
9600 - 28 000	bianco-azzurro
7100 - 9600	bianco
5700 - 7100	bianco-giallastro
4600 - 5700	giallo
3200 - 4600	arancione
1700 - 3200	rosso

➲ **FIGURA 19** Le stelle rosse sono le più fredde, quelle blu e bianche sono le più calde. L'ammasso stellare Quintupletto, ripreso da Hubble, ospita la stella Pistola, la più brillante della Via Lattea, a circa 25 000 al dalla Terra. La stella deve il suo nome alla forma della nebulosa che illumina.

GUIDA ALLO STUDIO

- Quali sono le caratteristiche comuni a tutte le stelle? Quali sono le differenze?
- Qual è l'unità di misura adottata per esprimere la distanza delle stelle? A quanti miliardi di kilometri equivale?
- Che cosa sono le reazioni di fusione nucleare?

LE PAROLE DELLA SCIENZA

La temperatura assoluta

Il **simbolo K** indica la temperatura espressa secondo la **scala Kelvin**, detta **temperatura assoluta**. Il kelvin è l'unità di misura prevista dal sistema internazionale di unità SI. La temperatura in kelvin si indica con T, mentre la temperatura espressa in gradi Celsius (°C) si indica con t ➲ **FIGURA 20**. Per passare dai gradi Celsius ai kelvin e viceversa si utilizzano le seguenti relazioni:

$$t = T - 273{,}16$$
$$T = t + 273{,}16$$

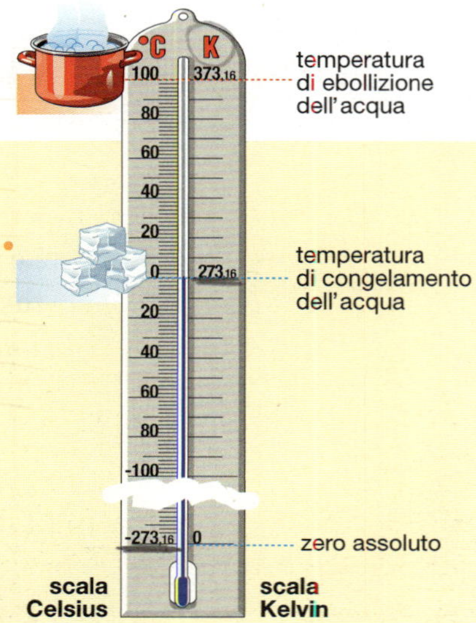

➲ **FIGURA 20**

7 Le stelle nascono, si modificano nel tempo, muoiono

contrazione gravitazionale
contrazione di un corpo verso il proprio centro, causata dalla massa del corpo stesso; se la massa è maggiore, il corpo sarà interessato da una contrazione gravitazionale più intensa.

Le stelle nascono e muoiono e nel corso della loro esistenza attraversano diverse fasi. Si definisce **evoluzione stellare** l'insieme di tutti gli eventi compresi tra la nascita e la morte di una stella. La durata e le modalità con cui si realizzano le diverse fasi non sono uguali per tutte le stelle, ma dipendono dalla loro **massa**. Le stelle di massa maggiore si sviluppano e muoiono più rapidamente di quelle di massa minore, perché la **contrazione gravitazionale** è più intensa e le reazioni di fusione nucleare al loro interno si svolgono più velocemente, rispetto a una stella di piccola massa.

Le fasi principali dell'evoluzione delle stelle sono in ogni caso: nascita, fase stabile, fase instabile e morte. La massa determina come queste fasi si svolgono ➜ **FIGURA 21**.

➜ **FIGURA 21**

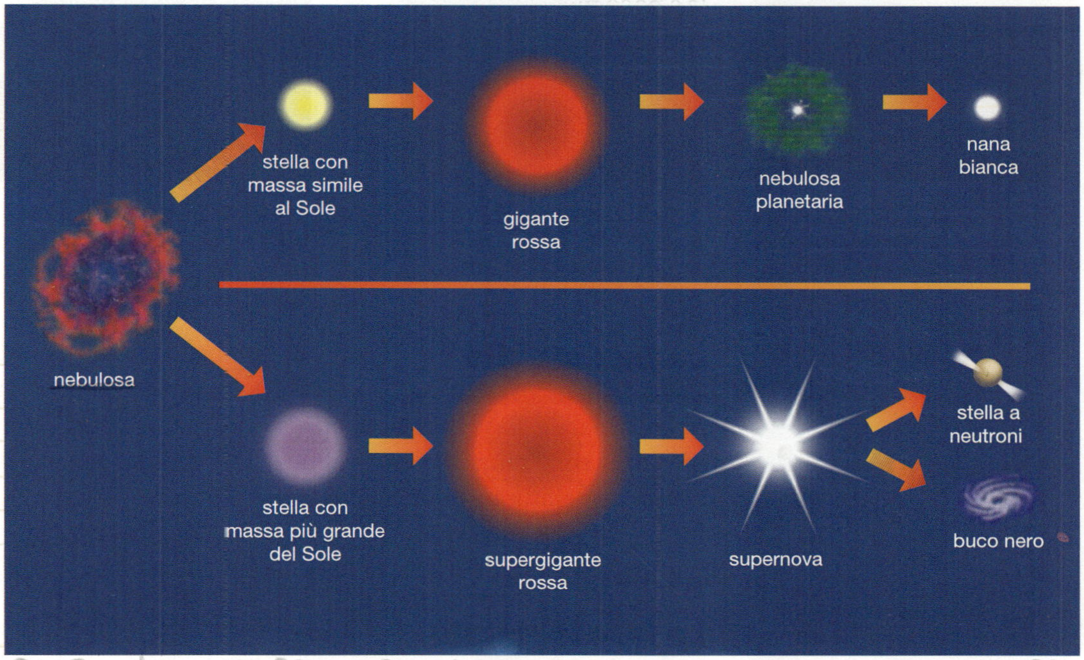

FIGURA 22 Questa colonna di idrogeno molecolare e polveri rappresenta un'incubatrice di stelle nella nebulosa Aquila (M 16), distante dalla Terra 7000 al, in direzione della costellazione del Serpente. All'interno della colonna, lunga pochi anni luce, il gas interstellare è abbastanza denso da collassare, formando giovani stelle.

quando nascono le stelle si formano molti nuclei chiamati globuli di Bok

La nascita delle stelle

Le stelle si formano a partire da **nebulose** di polveri e gas che si contraggono per effetto della forza di gravità: all'interno della nebulosa casualmente si forma un "grumo" di materia più denso, che si accresce attirando a sé una quantità di materia sempre maggiore. La nube si contrae e va incontro a una fase di **collasso gravitazionale** ➜ **FIGURA 22**. Si forma così una **protostella**, un corpo poco luminoso che si accresce gradualmente, mentre la temperatura al suo interno aumenta per effetto della forza di gravità, che comprime e riscalda le regioni interne. Quando la temperatura nel nòcciolo della protostella supera i 10 milioni di gradi, si innescano le reazioni di fusione nucleare dell'idrogeno. Il calore prodotto genera una pressione, "una spinta verso l'esterno" che sostiene il corpo celeste, che non si contrae più e inizia a emanare luce. La protostella diventa una **stella**.

FIGURA 23 L'ammasso stellare NGC 2266 dista 11 000 al dalla Terra verso la costellazione dei Gemelli ed è formato da stelle relativamente vecchie, formatesi circa 1 miliardo di anni fa, che nell'immagine, ripresa da Terra, appaiono nello stadio di giganti rosse.

FIGURA 24 La super gigante rossa V838 Monocerotis, ripresa dal telescopio spaziale Hubble.

La fase stabile

A questo punto le stelle entrano in una **fase stabile**: emettono luce e mantengono costanti le loro dimensioni per un periodo variabile. Esse hanno massa e **temperatura superficiale** diverse. Le stelle con massa maggiore sono più calde (anche 50-60 000 K), le più piccole sono le più fredde (circa 3000 K). Dalla temperatura superficiale dipende il **colore** delle stelle: le più calde sono *azzurre*, le più fredde *rosse* ➲ **FIGURA 23**. Le stelle *gialle*, come il Sole, hanno una temperatura superficiale medio-bassa (circa 6000 K) e massa relativamente piccola.

La fase instabile

Le stelle si mantengono stabili finché tutto l'*idrogeno* del nòcciolo si è trasformato in *elio*, poi riprendono a contrarsi, perché viene a mancare il calore interno che le sosteneva.
La contrazione gravitazionale riscalda nuovamente il nòcciolo e quasi sempre si raggiungono temperature sufficienti per avviare nuove reazioni di fusione nucleare che consumano l'elio del nòcciolo e lo trasformano in *carbonio*. Se ciò accade, la stella diventa una **gigante rossa** o una **supergigante rossa**, a seconda della massa: stelle di volume enorme, fredde esternamente e caldissime nel nòcciolo, dove la temperatura supera i 100 milioni di K ➲ **FIGURA 24**.
Quando anche l'elio del nòcciolo è consumato, le stelle con **massa simile al Sole** muoiono.
Le stelle che hanno una massa maggiore attraversano, invece, fasi di contrazione gravitazionale, alternate a fasi in cui si innescano le reazioni di fusione che producono *elementi* via via *più pesanti*, a temperature sempre più elevate ➲ **FIGURA 25**. In tutti i casi si raggiunge un limite oltre il quale le reazioni terminano e la stella muore.

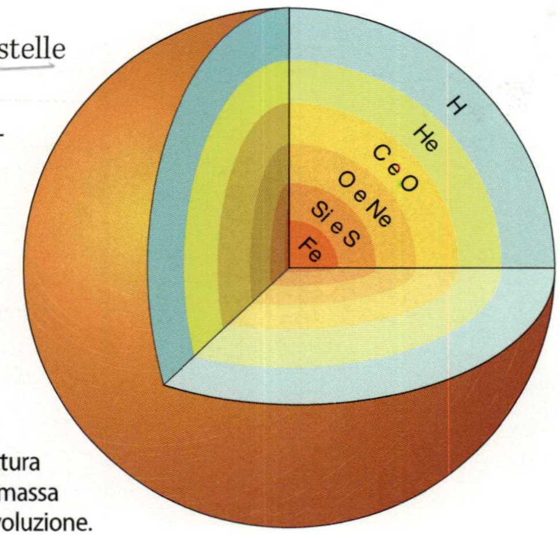

➲ FIGURA 25 Modello della struttura del nòcciolo di una stella di grande massa nella fase finale della sua evoluzione.

La morte delle stelle

Nella fase finale della loro evoluzione, le stelle con **massa inferiore a 8 masse solari** si trasformano in **nane bianche**, passando quasi sempre attraverso uno stadio, detto **nebulosa planetaria**, in cui espellono gli involucri esterni ➲ **FIGURA 26**.
Una nana bianca è un corpo caldo e molto denso che non produce più energia, perciò si spegne raffreddandosi lentamente.
Le stelle con **massa superiore a 8 masse solari** attraversano una fase catastrofica e si trasformano in **supernovae**: si verifica un'esplosione che disperde nello spazio la parte esterna della stella, producendo nuovi elementi chimici ➲ **FIGURA 27**. Il residuo della supernova va incontro a una contrazione e si trasforma in una stella a neutroni o in un buco nero. Le **stelle a neutroni** sono corpi di dimensioni simili alla Terra, soggetti a rapidissima rotazione, in cui la materia è costituita solo da neutroni e la densità è enorme.
Se il residuo della supernova ha una massa molto grande, si trasforma in un **buco nero**, nel quale nulla può vincere la forza di attrazione gravitazionale.

➲ **FIGURA 27** Resti dell'esplosione di una supernova nella Grande Nube di Magellano. Nascosta tra i filamenti si trova una stella a neutroni che ruota velocissima.

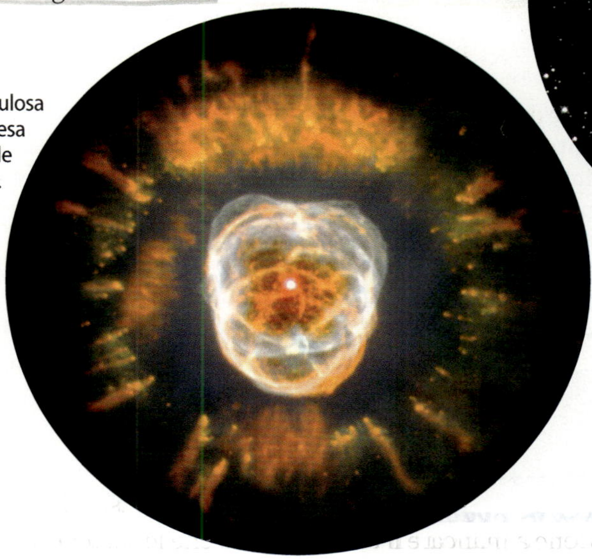

➲ **FIGURA 26** Nebulosa planetaria Eskimo, ripresa dal telescopio spaziale Hubble.

GUIDA ALLO STUDIO
- Come si formano le stelle?
- Che cosa sono le giganti rosse?
- Come muoiono le stelle?

GLI STRUMENTI DELLA SCIENZA

Il telescopio spaziale Hubble

Il più noto telescopio spaziale è l'Hubble Space Telescope (HTS), un osservatorio orbitante costruito dalla NASA e dall'Agenzia Spaziale Europea (ESA), messo in orbita a 600 km di distanza dalla Terra nel 1990 ➲ **FIGURA 28**. Hubble ha permesso agli astrofisici di studiare meglio oggetti astronomici già noti e scoprirne altri, non rilevabili con i telescopi terrestri. Perciò ha ampliato il nostro orizzonte astronomico e ci ha permesso di spingere lo sguardo lontano, ben oltre i limiti imposti dagli strumenti convenzionali. Il telescopio è dotato di due specchi dei quali il primario ha diametro di 2,4 m, e il secondario di 50 cm, grazie ai quali fornisce immagini cinque volte più dettagliate di quelle riprese dalla Terra. Due pannelli solari forniscono l'elettricità, per alimentare la strumentazione di bordo che è in grado di fornire immagini e dati sulla composizione e sulla natura dei corpi celesti.

➲ **FIGURA 28**

Costruisci la mappa

Studio... in sintesi

Ascolta la sintesi

2 Osservare il cielo: la sfera celeste

Le stelle, osservate dalla Terra, sembrano trovarsi sulla superficie interna di una sfera cava, il cui centro è occupato dalla Terra; tale sfera viene chiamata **sfera celeste**.
Le stelle, per via della grande distanza a cui si trovano, formano raggruppamenti apparenti: le **costellazioni**.
Sulla sfera celeste si possono individuare alcuni elementi di riferimento: l'**asse del mondo**, che interseca la sfera celeste in due punti, detti **polo nord** e **polo sud celesti**, e l'**equatore celeste**. Si possono definire anche **paralleli** e **meridiani celesti**. La posizione degli astri è definita da due angoli, la **declinazione** e l'**ascensione retta**.

3 L'orizzonte astronomico e l'altezza delle stelle

Ogni osservatore può vedere solo la parte della sfera celeste che si trova sopra il **piano dell'orizzonte astronomico**, da cui si può tracciare una verticale che interseca la sfera celeste in due punti opposti: lo **zenit** (sopra la testa dell'osservatore) e il **nadir** (sotto i piedi dell'osservatore).
L'equatore celeste interseca il piano dell'orizzonte in corrispondenza dei punti cardinali **est** e **ovest**; i punti cardinali **nord** e **sud**, invece, sono punti dell'orizzonte posti in direzione dei due poli. L'**altezza** di un astro è la sua distanza angolare dal piano dell'orizzonte.

4 Le stelle sembrano muoversi intorno a noi

A causa del moto di rotazione terrestre le stelle sembrano ruotare intorno all'asse del mondo senza modificare le loro posizioni relative. Questo movimento, chiamato **rotazione apparente** della sfera celeste, si completa in 23h 56' e si svolge in senso orario (osservato dal polo nord celeste). Anche Sole, Luna, pianeti sembrano ruotare giornalmente intorno alla Terra, ma il loro moto apparente è più complesso, perché non dipende solo della rotazione terrestre.

5 Il cielo visto dall'Italia

In ogni località italiana si vede una semisfera celeste in cui il polo nord celeste occupa una posizione diversa a seconda della latitudine. L'altezza del polo nord è uguale alla latitudine del luogo. Il polo sud celeste non è mai visibile.
Alle nostre latitudini si osservano:

- stelle occidue che sorgono, culminano, tramontano;
- stelle circumpolari che restano sopra l'orizzonte e non tramontano mai.

Nel cielo italiano sono **circumpolari**, cioè visibili ogni notte per tutto l'anno, le stelle che si trovano a una distanza angolare dalla Stella Polare non superiore alla latitudine del luogo.

6 Che cosa sono le stelle?

Le **stelle** sono corpi celesti, sfere di **gas caldissimi**, composte prevalentemente di **idrogeno**.
Le stelle emettono **energia**, sotto forma di luce e altre radiazioni elettromagnetiche, prodotta nel nòcciolo, dove la temperatura e la densità raggiungono valori elevatissimi e avvengono le **reazioni di fusione nucleare**. In queste reazioni due o più nuclei atomici si uniscono a formare un nuovo nucleo atomico la cui massa è leggermente inferiore alla somma dei nuclei reagenti. In queste reazioni infatti una piccola quantità di massa viene trasformata in un'enorme quantità di energia.
I tre parametri fisici di base che differenziano le stelle sono: **massa**, **volume**, **colore**.

7 Le stelle nascono, si modificano nel tempo, muoiono

Le fasi dell'**evoluzione stellare** sono:

- **nascita**, a partire dalle **nebulose**, per effetto della gravità, si formano le **protostelle**;
- **fase stabile**, inizia quando si avviano le **reazioni di fusione nucleare** (temperature superiori a 10 milioni di K nel nòcciolo); in questa fase dimensioni e temperatura della stella restano costanti;
- **fase instabile**, le stelle diventano **giganti** o **supergiganti rosse** e ciò si verifica quando tutto l'idrogeno è stato consumato e iniziano reazioni nucleari che producono elementi sempre più pesanti;
- **morte**, se la stella ha massa simile al Sole, diventa una **nebulosa planetaria** e poi una **nana bianca** che si spegne lentamente. Se ha massa superiore, prima esplode diventando una **supernova**, poi si trasforma in una **stella a neutroni** o in un **buco nero**.

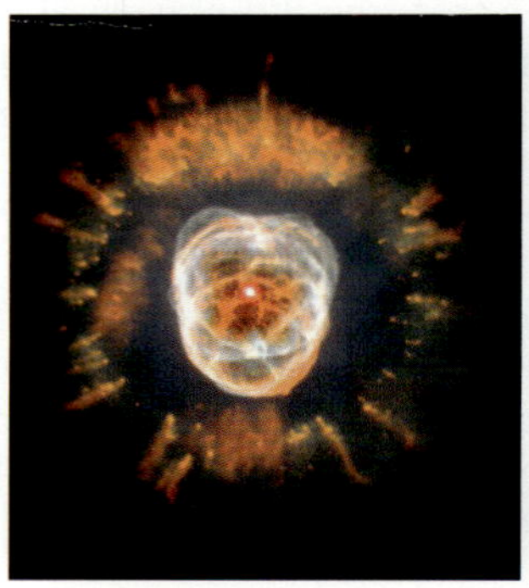

Verifica il tuo studio

FISSA I CONCETTI

2 Osservare il cielo: la sfera celeste

Scegli il completamento corretto

1 La declinazione:
A è la longitudine celeste di un astro
B è 0° per gli astri che si trovano sull'equatore celeste
C è una misura della distanza delle stelle dalla Terra
D si misura in kilometri

2 Sulla sfera celeste:
A il polo nord celeste coincide con il polo nord terrestre
B l'equatore celeste si trova sullo stesso piano dell'equatore terrestre
C la declinazione misura la distanza angolare di un astro dal polo nord celeste
D l'ascensione retta è la latitudine celeste degli astri

3 Il parallelo celeste fondamentale:
A passa per il punto gamma
B è il prolungamento dell'equatore terrestre
C è l'insieme dei punti che hanno declinazione 90° N
D passa per il centro della sfera celeste

4 Il punto gamma ha declinazione:
A 90° N
B 90° S
C 180° E
D 0°

Completa le frasi

1 L'asse del mondo è la .... che si ottiene prolungando all'infinito ....
2 L'equatore celeste è .... dai poli.
3 La declinazione è la .... di un astro.
4 L'ascensione retta è la .... di un astro.

3 L'orizzonte astronomico e l'altezza delle stelle

Scegli il completamento corretto

1 L'orizzonte astronomico di un osservatore:
A al polo nord passa per l'asse terrestre
B all'equatore coincide con il piano dell'equatore
C varia con la latitudine
D varia con l'altitudine

2 L'altezza di una stella sul piano dell'orizzonte astronomico:
A può variare da 0° a 180°
B è 90° quando la stella si trova sul polo nord celeste
C è uguale all'angolo tra la direzione dell'astro e il piano dell'orizzonte apparente
D è 0° per le stelle che si trovano sull'equatore celeste

Scegli il termine corretto fra i due proposti

1 Il piano dell'orizzonte astronomico è **perpendicolare/parallelo** alla retta che congiunge zenit e nadir.
2 Il punto cardinale nord **si trova sul/è perpendicolare al** piano dell'orizzonte astronomico.
3 La verticale del piano dell'osservatore passa per il **nadir/punto cardinale nord**.
4 Lo zenit è un punto che si trova **sulla sfera celeste/sul piano dell'orizzonte**.
5 L'altezza di un astro allo zenit è **90°/180°**.
6 L'altezza del punto cardinale sud è **–90°/0°**.

4 Le stelle sembrano muoversi intorno a noi

Scegli il completamento corretto

1 Per ritrovare una stella nel medesimo punto del cielo del giorno precedente devono trascorrere:
A 24 h 50 min
B 23 h 50 min
C 23 h 56 s
D 23 h 56 min

2 Poiché il moto diurno apparente è conseguenza del moto di rotazione della Terra, deve necessariamente essere vero che:
A la Terra ruota su se stessa nello stesso verso delle stelle
B il tempo di rotazione della Terra è di 23 h 56 min
C la Terra ruota su se stessa a velocità più elevata della sfera celeste
D le stelle girano intorno al Sole come la Terra

5 Il cielo visto dall'Italia

Scegli il completamento corretto

Da ogni località italiana si osservano le stelle percorrere delle circonferenze:
A intorno a un punto che ha un'altezza inferiore a 90°
B intorno allo zenit del luogo
C intorno a un punto che ha altezza 90°
D intorno a un punto con declinazione pari alla latitudine

6 Che cosa sono le stelle?

Scegli il termine corretto fra i due proposti

1 Le stelle che hanno **colore/volume** diverso hanno temperatura superficiale diversa.
2 Le stelle trasformano i nuclei atomici in nuclei di elementi diversi mediante reazioni **chimiche/nucleari**.
3 Una stella come il Sole è **più/meno** calda di una stella rossa.

4 Il plasma è uno stato **fisico**/**chimico** della materia.

5 L'involucro esterno di una stella è allo stato di **gas**/**plasma**.

6 La temperatura del nòcciolo di una stella è sempre **superiore**/**inferiore** al milione di kelvin.

7 L'elemento che viene **consumato**/**prodotto** nei processi nucleari iniziali di una stella è l'idrogeno.

7 Le stelle nascono, si modificano nel tempo, muoiono

Scegli il termine corretto tra i due proposti

1 Nel nòcciolo delle stelle l'idrogeno subisce una reazione di **fusione**/**fissione** nucleare.

2 Le modalità e le fasi dell'evoluzione di ciascuna stella dipendono **dalla sua massa**/**dal suo volume**.

Abbina ogni termine alla definizione corretta

1 stella
2 evoluzione stellare
3 contrazione gravitazionale

a contrazione di un corpo causata dalla sua massa
b tutti gli eventi compresi tra la nascita e la morte di una stella
c corpo celeste costituito da un'enorme sfera di gas incandescente che emette luce

1. C 2. B 3. A

Completa le frasi

1 Le stelle si formano a partire da nebulose che si contraggono per effetto della forza di gravità ....

2 La fase stabile di una stella dura finché tutto l'idrogeno del nòcciolo non è trasformato in elio

Scegli il termine corretto tra i due proposti

1 Le stelle derivano da **nebulose**/**supernove** che collassano.

2 Il Sole oggi è una stella stabile; tra 5 miliardi di anni diventerà una **gigante rossa**/**protostella**.

3 Il Sole finirà la sua esistenza come **nana bianca**/**stella a neutroni**.

4 Il colore delle stelle dipende dalla loro temperatura superficiale: le più fredde sono **rosse**/**azzurre**.

APPLICA IL TUO STUDIO

Rispondi

1 Che cosa sono le costellazioni?

2 Qual è la differenza tra una costellazione e una galassia?

3 Una stella ha declinazione 89° N, quale altezza avrà sull'orizzonte di un osservatore all'equatore?

4 Un astro che ha declinazione 0°, per un osservatore che si trova all'equatore, ha un'altezza di .... sul piano dell'orizzonte; invece, per un osservatore che si trova al polo nord ha un'altezza di ....

5 Due osservatori posti in due diversi Paesi osservano la Stella Polare alla medesima altezza sull'orizzonte. Le due località si trovano sullo stesso meridiano o sullo stesso parallelo terrestre?

6 Spiega qual è la differenza tra orizzonte astronomico e orizzonte apparente.

7 Spiega la differenza tra declinazione e altezza degli astri.

8 Descrivi il moto diurno delle stelle sulla sfera celeste indicandone la durata, il verso e spiegane le cause.

9 Mentre le stelle compiono il moto diurno apparente intorno alla Terra:
a modificano la loro declinazione?
b vengono a trovarsi su paralleli celesti diversi?
c cambiano costellazione?
Motiva la tua risposta.

10 Descrivi il moto apparente giornaliero delle stelle sulla sfera celeste.

11 Da che cosa dipende il modo in cui si svolge l'evoluzione di una stella?

12 Quali sono le fasi principali dell'evoluzione stellare?

13 Come avviene la nascita di una stella?

14 Come muore una stella con massa simile al Sole?

Scegli il completamento corretto

Un osservatore che si trovi alla latitudine di Roma (42° N):

A può vedere numerose stelle dell'emisfero celeste australe
B può osservare solo le stelle dell'emisfero boreale
C ha la Stella Polare allo zenit
D vede sorgere il Sole sempre a est

Osserva la figura e rispondi

a Le stelle del Grande Carro sono tutte alla medesima distanza dalla Terra?
b Quanto impiega la luce a giungere alla Terra dalla stella più vicina del Grande Carro?
c Esprimi la distanza di ciascuna stella in miliardi di kilometri.

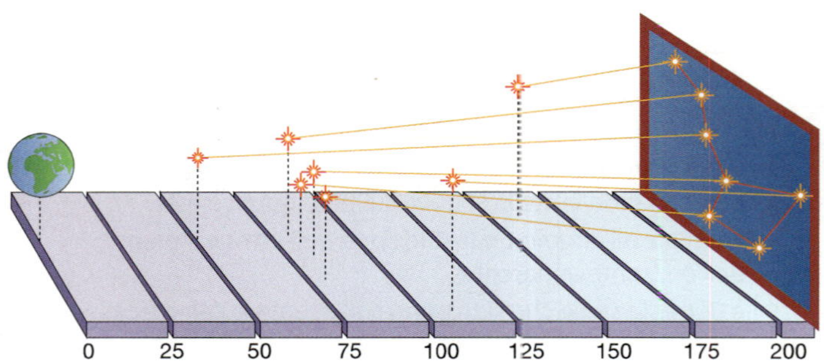

Rappresenta con un disegno

1 Disegna la Terra e intorno a essa rappresenta la sfera celeste; disegna gli elementi del reticolato geografico e l'analogo sistema di riferimento sulla fera celeste; spiega brevemente le analogie e le relazioni tra i due sistemi di riferimento.

2 Rappresenta con un disegno la sfera celeste e la posizione del piano dell'osservatore alla latitudine della tua città; stabilisci quindi quanti gradi dell'emisfero celeste australe puoi osservare.

Completa l'immagine, collocando i riquadri mancanti nella posizione corretta

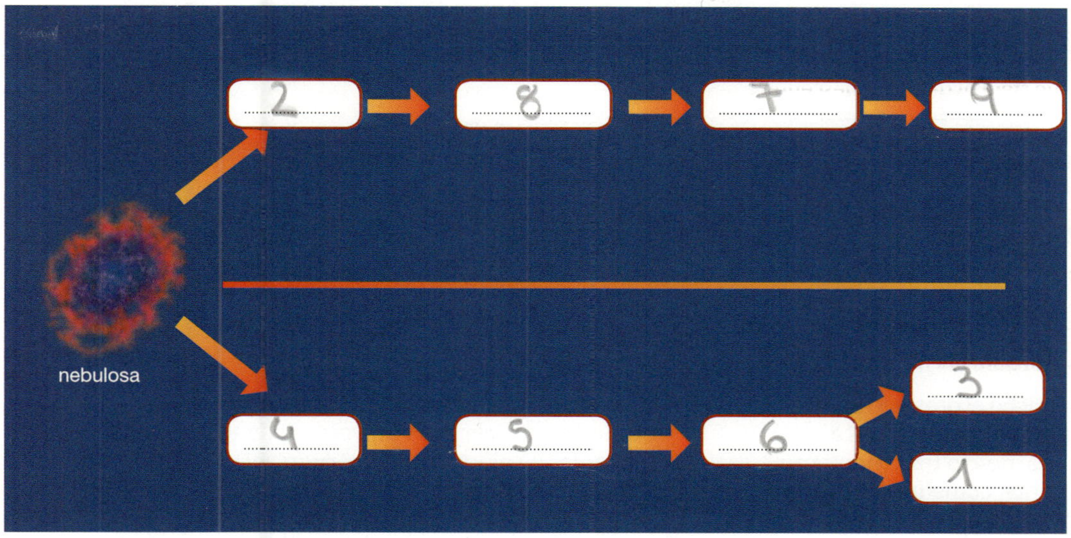

1

buco nero

2
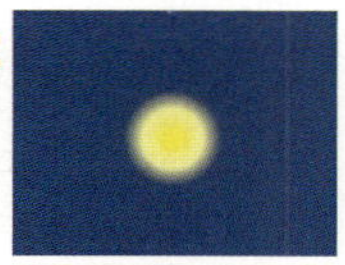
stella con massa simile al Sole

3

stella a neutroni

9
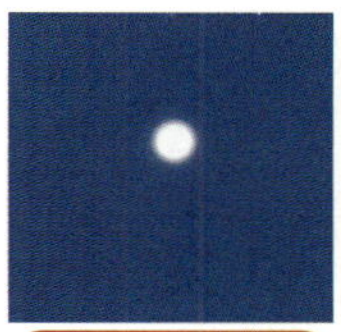
nana bianca

8
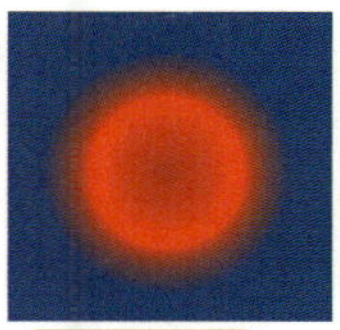
gigante rossa

7
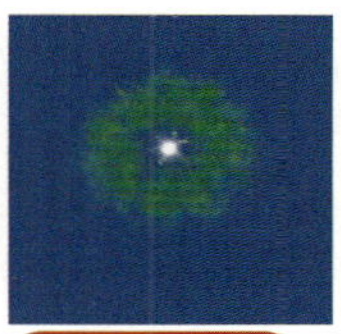
nebulosa planetaria

6

supernova

5
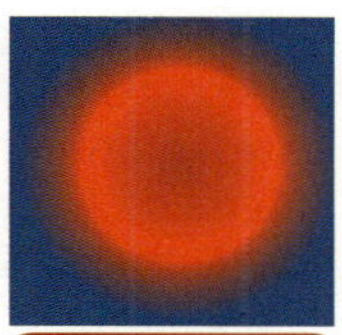
supergigante rossa

4
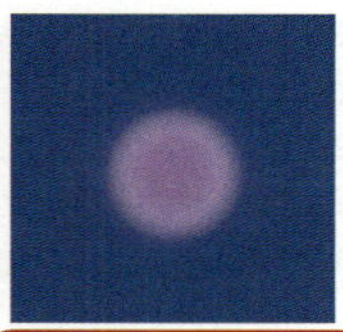
stella con massa più grande del Sole

VERSO LE COMPETENZE...

Questi esercizi hanno lo scopo di condurti a sviluppare le seguenti competenze:

- **utilizzare e interpretare correttamente tabelle di dati scientifici;**
- **stabilire nessi tra conoscenze acquisite in matematica e scienze.**

1 Disegna la sfera celeste indicando

a la posizione dell'asse del mondo e dell'equatore celeste;

b la posizione del piano dell'orizzonte astronomico per un osservatore che si trovi a una latitudine di 45° N;

c l'altezza della Stella Polare sul piano dell'orizzonte che hai disegnato;

d la porzione dell'emisfero australe osservabile dall'osservatore indicato al punto **b**.

2 Considera la tabella, compilala e rispondi alle domande

stella	declinazione	emisfero	
		boreale	australe
Sirio	–16° 40'	....	....
Arturo	+19° 20'	....	....
Capella	+45° 48'	....	....
Vega	+38° 45'	....	....
Rigel	–8° 14'	....	....
Altair	+ 8° 47'	....	....
Antares	–26° 22'	....	....
Beta Centauri	–60° 14'	....	....

a Quali stelle appartengono all'emisfero celeste boreale?

b Quali stelle appartengono all'emisfero celeste australe?

c Quali stelle sono visibili in cielo alle nostre latitudini? Perché?

d Quale delle stelle indicate si trova a una minore distanza angolare dall'equatore celeste?

e Quale delle stelle indicate si trova a una minore distanza angolare dal polo nord celeste?

Questo esercizio ha lo scopo di condurti a sviluppare la seguente competenza:

- **utilizzare le conoscenze acquisite e applicarle in un contesto diverso.**

3 Leggi il brano e rispondi alle domande

La misura delle distanze astronomiche espressa in anni luce offre lo spunto per un'interessante constatazione. La luce non viaggia a velocità infinita, perciò tra il momento in cui viene emessa da una sorgente, come una stella, e l'istante in cui l'osservatore la registra, trascorre sempre un certo tempo. Guardando il cielo, un osservatore ignaro pensa di osservare i corpi celesti così come sono in quel dato istante, in realtà egli vede sempre eventi passati e neppure contemporanei. Sulla Terra, infatti, giungono insieme le immagini generate dalla luce partita 26 anni fa da *Vega* (d = 25,3 al) e 323 anni fa dalla *Stella Polare* (d = 323 al). Spostando idealmente il riferimento, se un osservatore potesse guardare la Terra da Andromeda (d = 2 500 000 al), la vedrebbe oggi come era 2,5 milioni di anni fa, prima della comparsa dell'uomo.

L'Universo che possiamo osservare non è dunque l'Universo attuale, ma l'Universo di un tempo passato. Più lontano spingiamo lo "sguardo", più ci allontaniamo anche nel tempo.

a Quale grandezza si esprime in anni luce? Qual è l'unità di misura del SI per lo stesso tipo di grandezza?

b Quando osserviamo gli astri, li vediamo come sono nel momento in cui guardiamo? Perché?

c Perché osservando Vega e la Stella Polare affermiamo che le vediamo come erano in momenti diversi della loro esistenza?

d Perché se osserviamo i corpi più lontani dalla Terra possiamo studiare l'Universo nelle sue fasi primordiali?

3 Il Sistema Solare intorno a noi

1 Il Sistema Solare: composizione e caratteristiche

2 La forza di gravità unisce i corpi del Sistema Solare

3 Il Sole: la fonte di energia del Sistema Solare

4 La struttura del Sole

5 L'attività del Sole

6 I pianeti hanno caratteristiche chimiche e fisiche differenti

7 I pianeti sono corpi in movimento

COMPETENZE

- Riconoscere e stabilire relazioni, leggendo un testo che rappresenta un approfondimento rispetto alle conoscenze acquisite
- Leggere e interpretare formule relative a leggi scientifiche, attribuendo il corretto significato a costanti e variabili
- Utilizzare formule e dati per risolvere problemi quantitativi

1 Il Sistema Solare: composizione e caratteristiche

Il **Sistema Solare** comprende numerosi **corpi celesti**, diversi l'uno dall'altro per dimensioni, forma e composizione. Questi corpi sono posti a distanze notevoli l'uno dall'altro e **si muovono**, ma non si allontanano dal Sistema Solare, perché si attirano reciprocamente per effetto della **forza di gravità**, una forza attrattiva che dipende dalla massa dei corpi.

Il corpo dotato di massa maggiore è il **Sole**, che costituisce circa il 99,8% della materia presente: questo fa sì che la sua forza di attrazione sia notevole e determini in massima parte i movimenti degli altri corpi, anche se si trova a distanza considerevole da ciascuno di essi. Possiamo quindi dire che il Sistema Solare comprende **tutti i corpi che risentono dell'attrazione gravitazionale del Sole**.

Le **dimensioni** del Sistema Solare sono difficilmente definibili: in ogni direzione dello spazio il Sistema Solare "finisce" dove inizia l'attrazione gravitazionale di un'altra stella.

Approssimativamente lo si può considerare come una *sfera irregolare* con un diametro di circa 200 000 **UA**. Le regioni più esterne (oltre 50 UA) sono poco conosciute ma, in base ai dati finora raccolti, sembrano popolate solo da corpi di piccole dimensioni. Le dimensioni del Sistema Solare sono molto ridotte rispetto allo spazio circostante, in cui si trova un gran numero di stelle. Tra il Sole e le stelle più vicine ci sono distanze considerevoli, perciò un immenso spazio quasi totalmente vuoto ci separa dagli altri sistemi stellari.

unità astronomica UA
1 UA corrisponde alla distanza media tra la Terra e il Sole ed è pari a 150 000 000 km.

GUIDA ALLO STUDIO
- Che cos'è il Sistema Solare?
- Quali corpi compongono il Sistema Solare?
- Quali sono le caratteristiche principali dei pianeti?

I corpi del Sistema Solare

I corpi celesti che formano il Sistema Solare possono essere raggruppati in poche grandi categorie: il **Sole**, i **pianeti** con i loro **satelliti**, i **pianeti nani**, i corpi minori (**asteroidi** e **comete**).

Il **Sole** è l'unica **stella** quindi è la fonte di luce ed energia del sistema; ha un diametro circa 110 volte più grande di quello della Terra e una massa circa 300 000 volte superiore. Dista dalla Terra poco più di **150 milioni di km**.

Intorno al Sole si muovono 8 **pianeti**, corpi di dimensioni ridotte rispetto al Sole che non producono luce.

In ordine di distanza crescente dal Sole, essi sono: **Mercurio**, **Venere**, **Terra**, **Marte**, **Giove**, **Saturno**, **Urano** e **Nettuno** ➲ **FIGURA 1**.

FIGURA 1 I pianeti del Sistema Solare.

FIGURA 2 I pianeti nani con i loro satelliti, a confronto con la Terra.

I pianeti sono molto diversi tra loro per dimensioni e composizione, ma hanno alcune caratteristiche comuni:

- hanno forma quasi sferica e una massa abbastanza grande, anche se di gran lunga inferiore a quella del Sole;
- esercitano una forza di gravità significativa, grazie alla quale hanno ripulito lo spazio circostante dai corpi minori, attraendoli e facendoli collassare sulla propria superficie;
- spesso hanno uno o più **satelliti**;
- presentano un **moto di rotazione** intorno a un asse immaginario, l'*asse di rotazione*;
- presentano un **moto di rivoluzione** intorno al Sole e le loro *orbite* sono quasi *complanari*, cioè giacciono sullo stesso piano.

Nel Sistema Solare sono presenti anche i **pianeti nani**. Essi hanno forma sferica, possono avere satelliti, ma hanno massa decisamente più piccola dei pianeti, quindi non hanno "ripulito" lo spazio circostante, che risulta popolato da corpi minori. Al momento sono stati classificati come pianeti nani cinque corpi **FIGURA 2**.

Nel Sistema Solare, infine, si trovano una serie di **corpi minori**, dotati di movimenti che non possono essere descritti semplicemente come quelli dei pianeti.

Gli **asteroidi** sono piccoli corpi rocciosi di forma e dimensioni molto varie. Ne sono stati scoperti migliaia, in particolare in una zona tra Marte e Giove, la **fascia degli asteroidi**. Gli asteroidi si trovano anche nella **fascia di Kuiper**, una vasta zona in gran parte ancora sconosciuta che circonda la zona dei pianeti.

I **meteoriti** sono frammenti solidi, spesso derivanti dagli asteroidi, che occasionalmente precipitano al suolo, dopo aver attraversato l'atmosfera. I meteoriti hanno massa variabile da pochi grammi a decine di tonnellate. Le **meteore** sono simili ai meteoriti: si tratta di frammenti di asteroidi o di comete che si incendiano entrando nell'atmosfera a causa dell'attrito, lasciando tracce luminose.

I pianeti e la fascia di Kuiper sono avvolti da un'enorme zona sferica, la **nube di Oort** **FIGURA 3**, nella quale hanno origine le **comete**, corpi di piccole dimensioni formati da polveri, ghiaccio e gas che si muovono nel Sistema Solare.

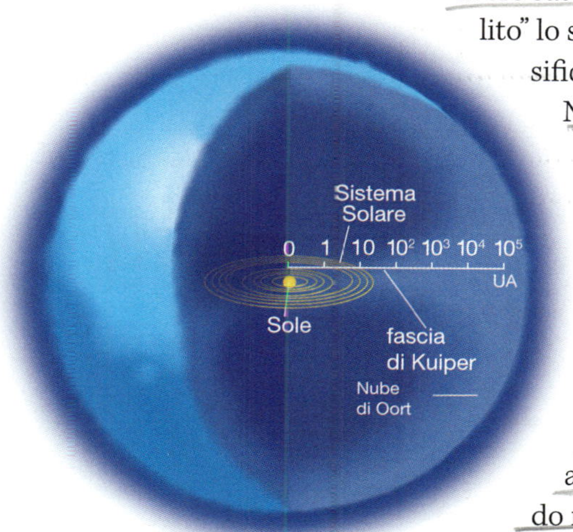

FIGURA 3 Modello della nube di Oort.

PER SAPERNE DI PIÙ

I corpi del Sistema Solare si sono formati insieme

Attualmente si ritiene che il Sole e i pianeti abbiano un'origine comune e che si siano formati da una nebulosa in contrazione, in un periodo di tempo compreso tra 5 e 4,6 miliardi di anni fa **FIGURA 4**. Questa nebulosa primordiale aveva una temperatura molto bassa ed era costituita non solo da *idrogeno* ed *elio*, ma anche da una grande varietà di *elementi chimici più pesanti* e da *polveri*. Attraverso meccanismi ancora da chiarire, circa 5 miliardi di anni fa, la *nebulosa avrebbe cominciato a contrarsi*. In pochi milioni di anni, nella zona centrale, la densità e la temperatura sarebbero aumentate e si sarebbe formato il proto-Sole circondato da un disco di polveri e gas, disposto intorno all'equatore con diametro di circa 10 miliardi di kilometri e dello spessore di 100 milioni di kilometri.
Mentre il nucleo del proto-Sole si riscaldava fino a raggiungere le temperature necessarie per le *reazioni di fusione nucleare*, nel disco circostante cominciavano a condensarsi i primi frammenti dei futuri pianeti (proto-planetesimi).

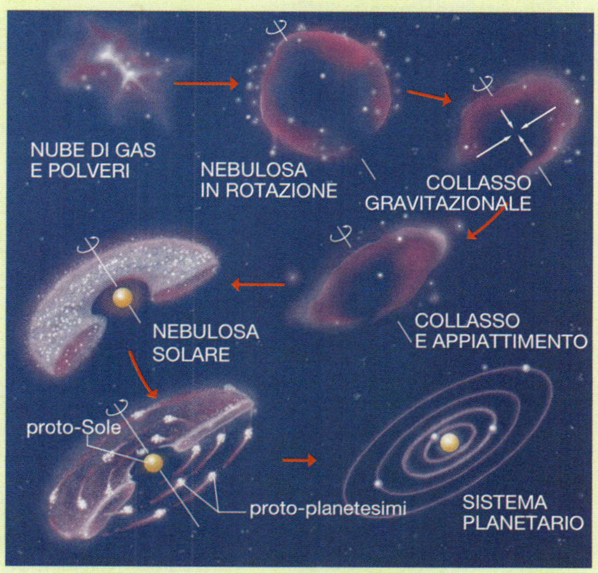

FIGURA 4 Formazione di un sistema planetario, come il Sistema Solare, a partire da una nebulosa in lenta rotazione che inizia a collassare, per instabilità gravitazionale.

2 La forza di gravità unisce i corpi del Sistema Solare

I corpi del Sistema Solare si attirano reciprocamente per effetto della **forza di gravità**, scoperta dal fisico inglese **Isaac Newton** (1643 - 1727). Egli comprese che i movimenti dei pianeti sono causati dalla stessa forza che fa cadere verso il basso i corpi sulla Terra. Nel 1687, Newton enunciò la **legge di gravitazione universale** che spiega come agisce la forza di gravità: due corpi di massa m_1 e m_2 si attraggono con una forza F, direttamente proporzionale al prodotto delle loro masse e inversamente proporzionale al quadrato della loro distanza, d ➲ FIGURA 5.
In termini matematici questa legge è espressa così:

$$F = G\frac{m_1 \cdot m_2}{d^2}$$

dove:

G **(costante di gravitazione universale)** = $6{,}67 \cdot 10^{-11}$ N m^2 kg^{-2}

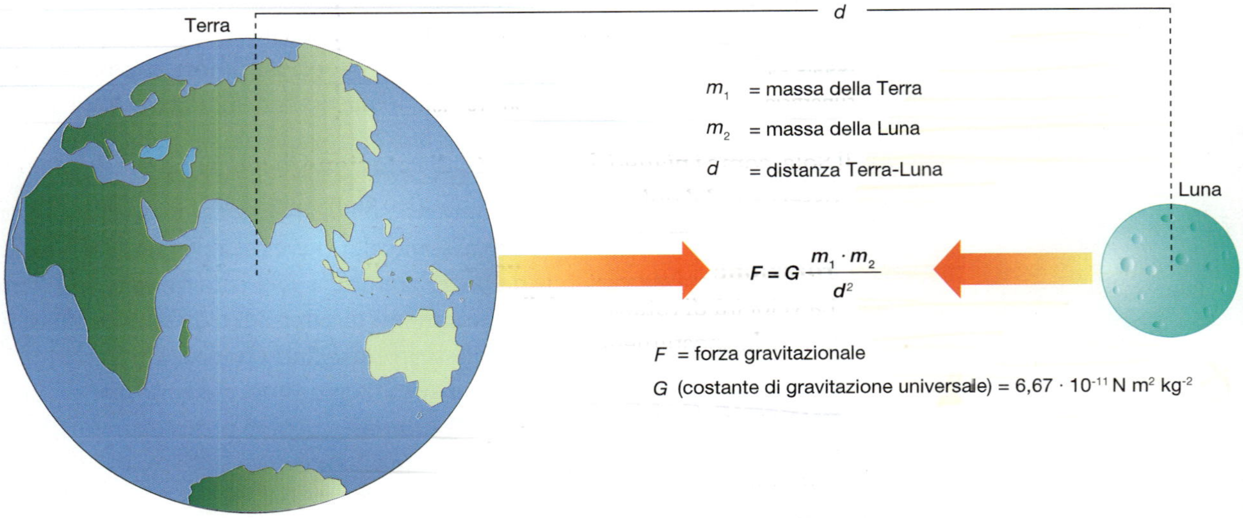

FIGURA 5

baricentro
in fisica si chiama anche **centro di massa** ed è il punto in cui si può immaginare sia concentrata tutta la massa di un corpo o di un sistema fisico.

In base alla legge di gravitazione universale, tutti i corpi si attirano reciprocamente, perché hanno una massa. Tuttavia, la forza di attrazione che agisce tra corpi di piccola massa è insignificante, perche G è un numero molto piccolo (G = 0,0000000000667 N m^2 kg^2). Non riusciamo per esempio a vedere quale forza di attrazione c'è tra due biglie di ferro di massa 1 kg, ma se usiamo strumenti adatti, possiamo osservare che si attirano reciprocamente e tendono ad avvicinarsi.

La **forza di gravità** ha tre caratteristiche importanti.

1. **Comporta un'attrazione reciproca**: la Terra attira il Sole, come il Sole attira la Terra.
2. **È tanto più intensa quando più grandi sono le masse dei corpi coinvolti**.

Nel Sistema Solare, come abbiamo detto, la massa del Sole supera di gran lunga quella di tutti gli altri corpi e per questo abbiamo l'impressione che l'intero sistema giri intorno al Sole. In realtà il Sistema Solare (Sole compreso) gira intorno a un **baricentro comune**, che si trova all'interno del Sole.

3. **Diminuisce al crescere della distanza al quadrato**. Ciò significa che raddoppiando la distanza, la forza non si riduce a 1/2, ma si riduce a 1/4 ($1/2^2$), triplicando la distanza, la forza non diventa 1/3, ma 1/9 ($1/3^2$) ecc. In ogni caso non si annulla mai. Per questo si può dire che il Sistema Solare finisce solo dove comincia l'attrazione di altre stelle.

GUIDA ALLO STUDIO

- Che cos'è la forza di gravità?
- Da chi fu scoperta la forza di gravità?
- Che cosa afferma la legge di gravitazione universale?

3 Il Sole: la fonte di energia del Sistema Solare

Il Sole è una **stella gialla** che ha un **volume** superiore a più di 1 milione di volumi terrestri e una **massa** di 2 miliardi di miliardi di tonnellate, equivalente a circa 333 000 volte la massa della Terra. La sua **densità media** è 1,4 g/cm^3, circa 1/4 di quella terrestre.
La parte esterna, cioè quella che possiamo osservare, è composta di gas: il Sole quindi non è un corpo solido e la sua superficie appare fluida e in movimento. **Idrogeno** ed **elio** sono i componenti principali, anche se non mancano elementi più pesanti, come il *calcio*.
La **temperatura superficiale** del Sole è di poco inferiore a 6000 K e la **pressione esterna** è più bassa di quella dell'atmosfera terrestre ➔ **TABELLA 1**.

TABELLA 1 **I numeri del Sole**

età	$5 \cdot 10^9$ anni	volume	$1{,}14 \cdot 10^{18}$ km^3
distanza minima Sole-Terra	$147{,}1 \cdot 10^6$ km	massa	$1{,}99 \cdot 10^{30}$ kg
distanza massima Sole-Terra	$152{,}1 \cdot 10^6$ km	densità media	1,4 g/cm^3
distanza media Sole-Terra (UA)	$149{,}6 \cdot 10^6$ km	temperatura superficiale	5777 K
raggio equatoriale	$6{,}95 \cdot 10^5$ km	energia irradiata nell'unità di tempo	$3{,}9 \cdot 10^{26}$ W
superficie	$6{,}08 \cdot 10^{12}$ km^2		

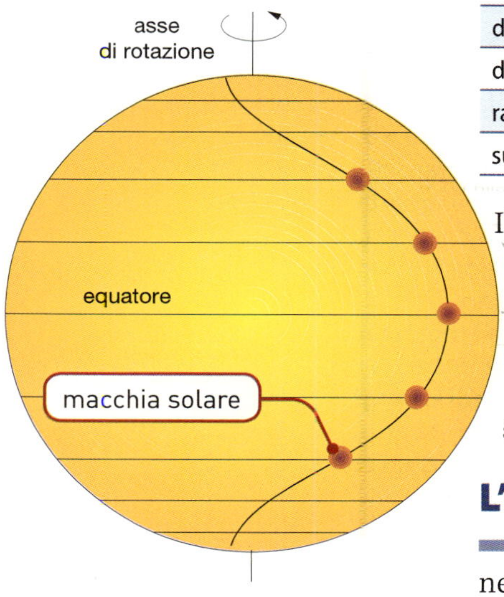

FIGURA 6 Spostamento di una macchia solare sulla superficie del Sole. Le macchie solari equatoriali si spostano più rapidamente delle macchie prossime ai poli a causa della diversa velocità di rotazione.

Il Sole, come i pianeti, ha un **moto di rotazione** in direzione ovest-est, in senso antiorario, se osservato dal polo nord celeste, intorno al proprio asse, che è quasi perpendicolare al piano dell'orbita terrestre. La rotazione del Sole avviene a *velocità diverse alle varie latitudini*: una **rotazione completa** dura **25 giorni all'equatore e 34 giorni ai poli**.
La velocità di rotazione delle varie zone del Sole può essere controllata rilevando, giorno per giorno, lo spostamento di una macchia solare sulla superficie del disco ➔ **FIGURA 6**.

L'energia del Sole

Il **Sole** è l'unica **fonte di energia** del Sistema Solare e irradia luce e calore in tutte le direzioni dello spazio. Solo una frazione minima di queste radiazioni raggiunge la superficie esterna della atmosfera terrestre. Tale frazione corrisponde circa a ½ miliardesimo dell'energia totale emessa dal Sole nella stessa unità di tempo ($3{,}9 \cdot 10^{26}$ W). Dall'energia solare che giunge sulla Terra dipendono clima, luce, cicli biologici e, direttamente o indirettamente, tutte le attività umane.
La **luce solare impiega circa 8 minuti a raggiungere la Terra**. L'atmosfera terrestre assorbe e riflette parte delle radiazioni a maggiore energia, che potrebbero essere pericolose per la vita.

L'energia del Sole e la vita

Il **Sole** è una **stella** abbastanza **vecchia** e **stabile**. Ha un'età di **circa 5 miliardi di anni** e in tutto questo tempo ha irradiato energia senza sostanziali variazioni di quantità e qualità. È proprio grazie a questo lungo periodo di stabilità della nostra stella che le condizioni ambientali sulla Terra si sono mantenute pressoché costanti, così da permettere lo sviluppo e l'evoluzione di forme di vita.
Per la vita sono importanti anche altri fattori connessi con l'energia solare.

- La distanza della Terra dal Sole è ottimale per quanto riguarda la possibilità di trattenere *acqua liquida*, poiché tale distanza condiziona la temperatura superficiale del pianeta. Se infatti un pianeta si trova troppo vicino al Sole (come Mercurio), l'acqua eventualmente presente evapora totalmente e, se il pianeta non ha una massa abbastanza grande da trattenere le molecole di vapore, questo si allontana. Se, invece, un pianeta è troppo lontano dal Sole (come Giove o Saturno), la temperatura scende sotto gli 0 °C e l'acqua si trasforma in ghiaccio.

GUIDA ALLO STUDIO

- Quali sono le caratteristiche del Sole?
- Quali sono i moti del Sole?
- Quali effetti ha l'energia solare sulla Terra?

- L'atmosfera terrestre blocca le radiazioni solari più dannose e lascia passare solo quelle che hanno energia intermedia. Le radiazioni ad alta energia distruggerebbero le molecole biologiche; quelle a bassa energia da sole non consentirebbero lo svolgimento di processi vitali, come la fotosintesi.

LE PAROLE DELLA SCIENZA

Che cos'è la luce

In fisica il termine **radiazione** viene utilizzato per indicare una forma di energia che si propaga anche nel vuoto, partendo da una sorgente e muovendosi in tutte le direzioni dello spazio. La **luce** è un insieme di radiazioni che presenta tre caratteristiche fondamentali:

- l'energia associata alla luce è **energia elettromagnetica**;
- la luce è formata da un insieme di radiazioni che possono essere separate facilmente. Se si fa passare un raggio di luce attraverso un prisma di vetro, le diverse radiazioni si manifestano come un insieme di colori ordinati in una sequenza definita ➔ **FIGURA 7**;
- la **velocità della luce** (simbolo ***c***) è **costante** e **nel vuoto** è circa **300 000 km/s**.

FIGURA 7

Ogni radiazione luminosa può essere rappresentata come un'**onda**, distinguibile dalle altre per i valori della *frequenza* (ν, si legge *ni*) e della *lunghezza d'onda* (λ, si legge lamda).
La **frequenza** di un'onda è il numero di oscillazioni complete che un punto dell'onda compie nell'unità di tempo e si misura in **hertz** (**Hz**). La **lunghezza d'onda** è la distanza tra due massimi (*creste*) o due minimi (*gole*) successivi dell'onda e si misura in multipli e sottomultipli del **metro** (**m**) ➔ **FIGURA 8**.
La **luce visibile**, cioè la luce che il nostro occhio può percepire, è solo una piccola frazione delle radiazioni elettromagnetiche esistenti. La luce visibile, infatti, comprende solo le radiazioni elettromagnetiche con **lunghezze d'onda** comprese **tra 400 e 700 nm** circa. In questo intervallo di valori, il nostro occhio percepisce i cambiamenti di lunghezza d'onda delle radiazioni sotto forma di cambiamenti di colore che, in ordine di lunghezza d'onda decrescente, sono *rosso*, *arancio*, *giallo*, *verde*, *azzurro*, *indaco*, *violetto*.
Il campo delle radiazioni elettromagnetiche si estende ben oltre l'intervallo di lunghezze d'onda visibili e comprende **raggi ultravioletti** (UV), **raggi** X, **raggi γ** (radiazioni con lunghezza d'onda inferiore al violetto), **raggi infrarossi**, **microonde**, **onde radio** (radiazioni con lunghezza d'onda superiore al rosso) ➔ **FIGURA 9**.

FIGURA 8

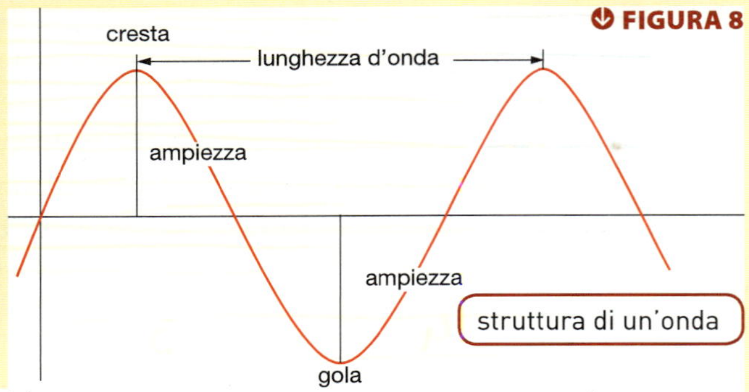

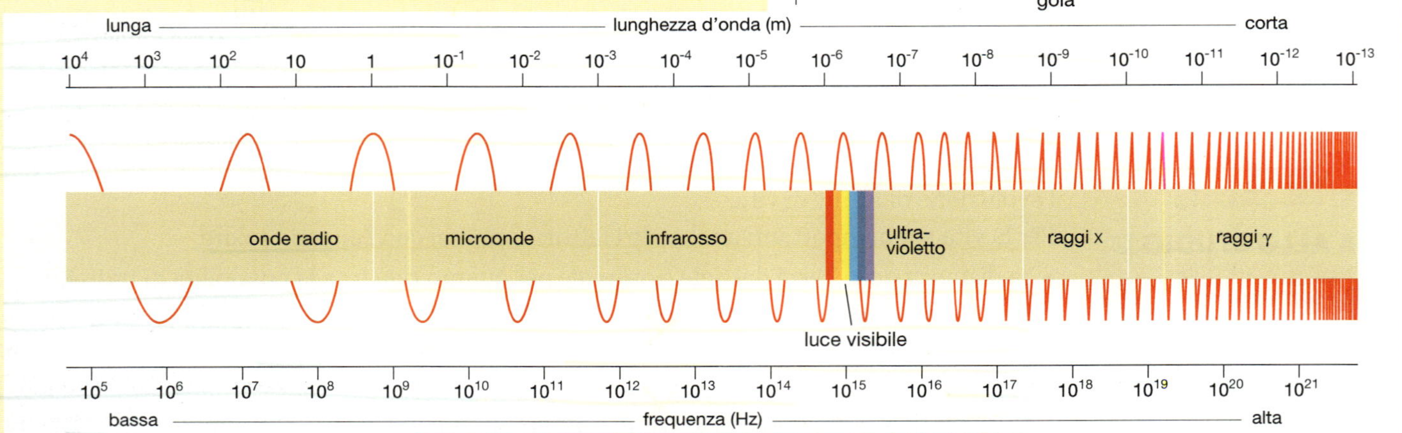

spettro completo delle radiazioni elettromagnetiche

FIGURA 9

4 La struttura del Sole

I nostri strumenti ci consentono di studiare e di osservare le zone esterne e visibili, ma non possono fornire informazioni sull'interno del Sole.
Per quanto riguarda la **struttura interna**, il Sole può essere considerato una sfera suddivisa in una serie di **involucri concentrici**, caratterizzati da specifiche condizioni fisiche, descritti di seguito dal più interno al più esterno ➔ **FIGURA 10**.
Il **nòcciolo**, o **nucleo**, è la regione centrale e ha un *raggio* pari a circa 1/4 del raggio totale. La *temperatura* si aggira intorno ai 15 milioni di K e la *pressione* è 300 miliardi di volte più alta di quella dell'atmosfera terrestre.
Come nelle altre stelle, nel nòcciolo la materia si trova allo stato di **plasma** e qui avvengono le **reazioni di fusione nucleare** che trasformano l'*idrogeno* in *elio* e producono energia, emessa come calore, luce e altre radiazioni elettromagnetiche.

- La **zona radiativa** assorbe l'energia prodotta nel nucleo e la trasmette agli strati più esterni per **irraggiamento**: le radiazioni vengono cioè assorbite e riemesse dalle particelle presenti che trattengono una parte della loro energia. La zona radiativa ha uno *spessore* di circa 500 000 km. *Temperatura* e *densità* diminuiscono lentamente, procedendo verso l'esterno: al limite superiore della zona radiativa la temperatura si aggira intorno ai 500 000 K e la densità è circa 1/100 di quella dell'acqua. In questa zona la materia è ancora allo stato di *plasma*, ma la temperatura è troppo bassa perché avvengano reazioni di fusione nucleare.

irraggiamento
modalità di propagazione dell'energia per mezzo di onde elettromagnetiche. Avviene anche nel vuoto perché non comporta la presenza di materia.

FIGURA 10 La struttura del Sole.

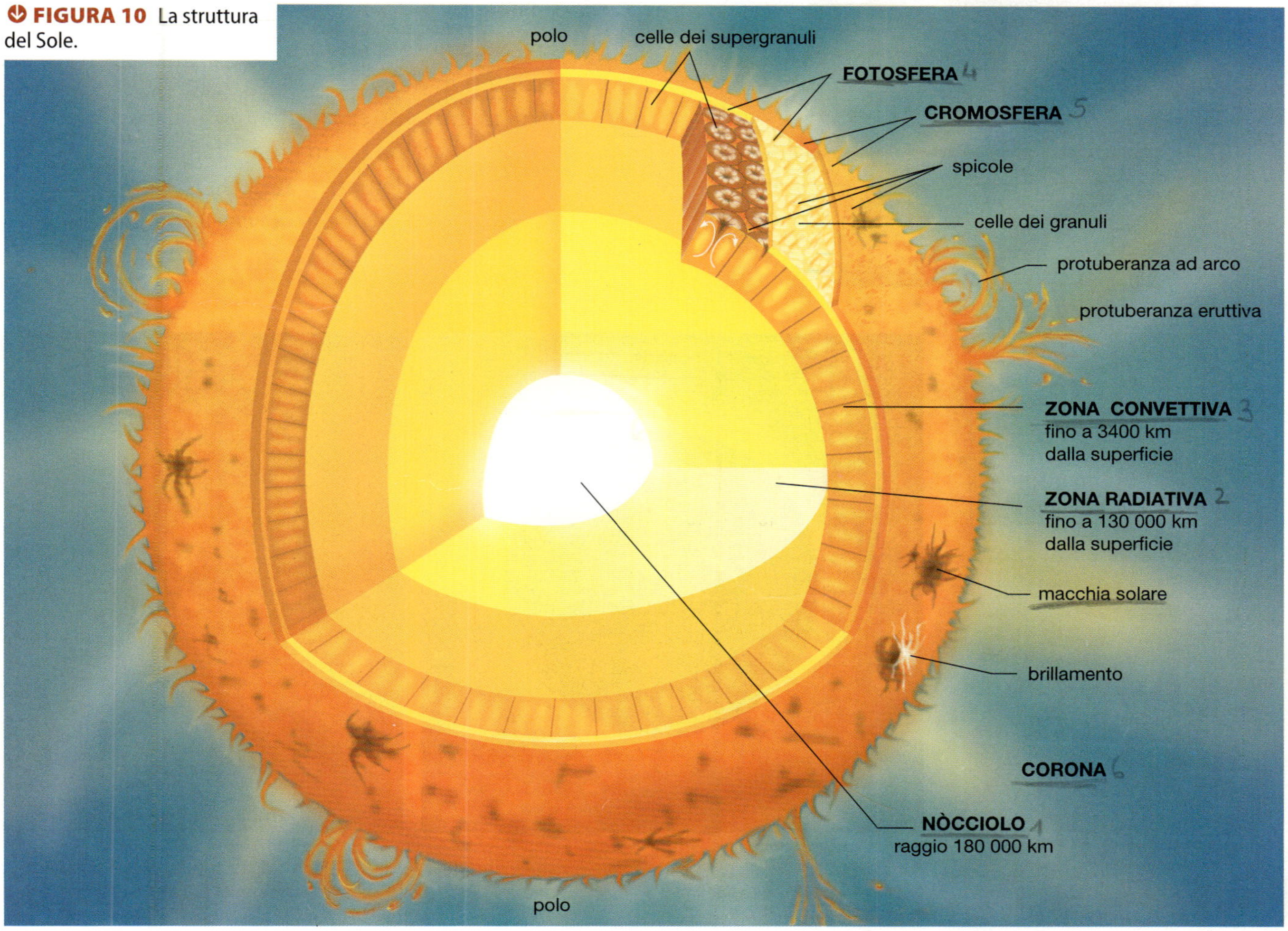

convezione
modalità di propagazione del calore in cui i materiali più caldi, che si trovano negli strati inferiori, risalgono verso gli strati superiori a causa della minore densità, mentre i materiali superficiali più freddi scendono a causa della maggiore densità. Se il riscaldamento degli strati inferiori è continuo, il movimento diventa regolare e compie un percorso circolare. Questo percorso si chiama **cella convettiva.**

- La **zona convettiva** è uno strato interessato da movimenti di enormi masse di gas, che trasferiscono il calore dalla zona radiativa verso la superficie del Sole, per **convezione**. Si generano correnti, dette **correnti convettive**, che trasportano l'energia dall'interno verso le zone più esterne. La zona convettiva si estende da una profondità di 10 000 km circa fino alla superficie visibile del Sole. In questa regione *pressione* e *temperatura* si riducono, perciò la materia non è più allo stato di plasma, ma si comporta come un *gas caldo*, formato da ioni e atomi liberi di muoversi.
- La **fotosfera** è uno strato gassoso che ha uno spessore di 300 km circa e corrisponde alla *superficie visibile del Sole*. Riceve e filtra la grande quantità di energia proveniente dagli strati più interni. Ha una pressione media pari a 1/10 di quella dell'atmosfera terrestre e una *temperatura media* di circa 6000 K. La regione più superficiale non è liscia né uniformemente luminosa, ma su di essa sono visibili i **granuli**, cioè zone più luminose di diametro notevole (anche 1000 km) e più calde rispetto alle zone circostanti. I granuli hanno vita breve, in pochi minuti scompaiono e vengono rimpiazzati. Questo continuo movimento fa sì che la fotosfera sembri in costante ebollizione ➔ **FIGURA 11**. Sulla superficie della fotosfera sono visibili anche le cosiddette **macchie solari**, aree depresse più scure e più fredde, spesso circondate da creste brillanti, dette *facole*, costituite da *gas* fortemente *ionizzati* (i cui atomi sono ioni), ad altissima temperatura.
- La **cromosfera** è un sottile involucro di colore rossastro costituito di *gas rarefatto*, trasparente alla luce che proviene dalla sottostante fotosfera ➔ **FIGURA 12**. Ha uno *spessore irregolare* (in media di circa 10 000 km) ed è interessata da grandiosi fenomeni di turbolenza, le *protuberanze* e i *brillamenti*. La *temperatura* media si aggira intorno ai 10 000 K.
- La **corona** è costituita da *gas fortemente ionizzati*, distribuiti in modo irregolare, e diventa via via più rarefatta man mano che ci si allontana dalla superficie del Sole ➔ **FIGURA 13**. Non ha un limite definito e si estende per decine di milioni di kilometri. Lungo la frangia esterna, grazie alle alte temperature, le particelle dei gas ionizzati acquistano velocità e sfuggono in tutte le direzioni dello spazio. Questo flusso prende il nome di **vento solare**.

FIGURA 11 Immagine del Sole, ripresa dallo spazio.

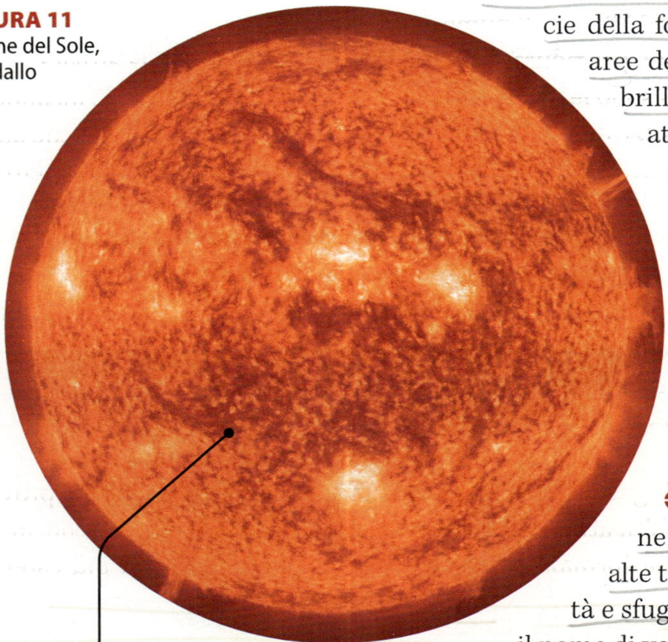

ogni granulo corrisponde a una corrente ascendente, che porta verso la superficie i gas caldi provenienti dalla zona convettiva. I gas giunti in superficie si raffreddano, diventano più densi e ridiscendono verso gli strati sottostanti

GUIDA ALLO STUDIO

- Quali sono gli involucri concentrici di cui è formato il Sole?
- In quale strato il Sole produce energia?
- Quali caratteristiche ha la superficie del Sole?

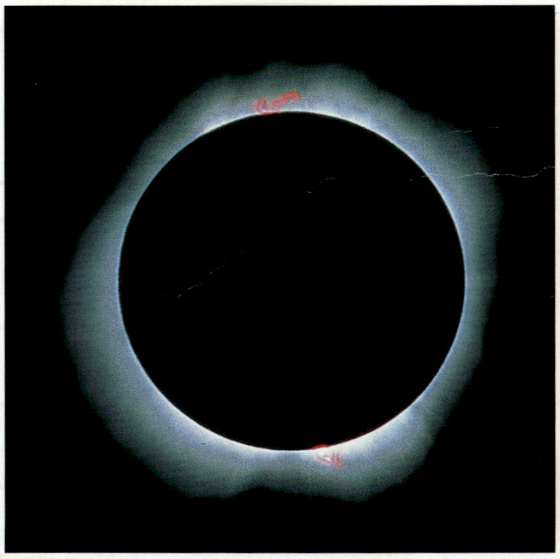

FIGURA 12 La cromosfera solare è visibile durante le eclissi totali di Sole. Nella foto si notano due grandi protuberanze.

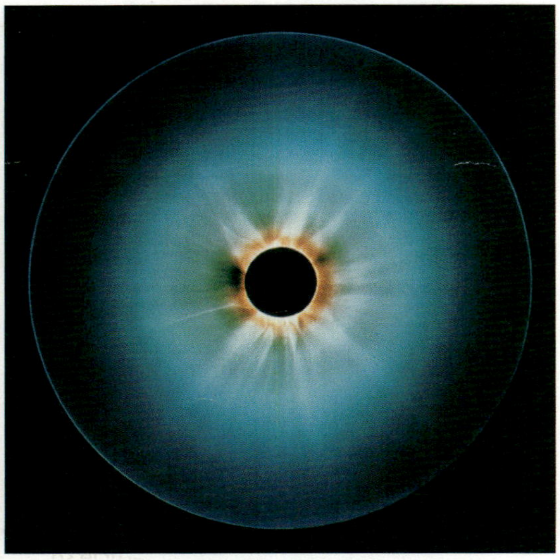

FIGURA 13 La corona solare si estende per migliaia di kilometri intorno al Sole, che nell'immagine è nascosto dalla Luna.

L'attività del Sole

5 L'attività del Sole

La superficie solare è interessata da numerosi fenomeni: movimenti, variazioni locali e improvvise di luminosità e temperatura. Questi fenomeni forniscono molte informazioni sull'interno del Sole e influenzano in vario modo il nostro pianeta. Per questo l'attività del Sole viene studiata con attenzione, anche grazie ai dati inviati dalle sonde, come la sonda SOHO. L'intensità di tali eventi non è costante nel tempo: periodi tranquilli (in cui l'attività solare è ridotta, ma non assente), detti di *Sole quieto*, si alternano con periodi di *attività solare*, caratterizzati da perturbazioni intense e violente.

Le manifestazioni dell'attività solare più conosciute sono le **macchie solari**, aree di perturbazione molto vaste, visibili anche a occhio nudo, attraverso un filtro scuro ➔ **FIGURA 14**.

FIGURA 14

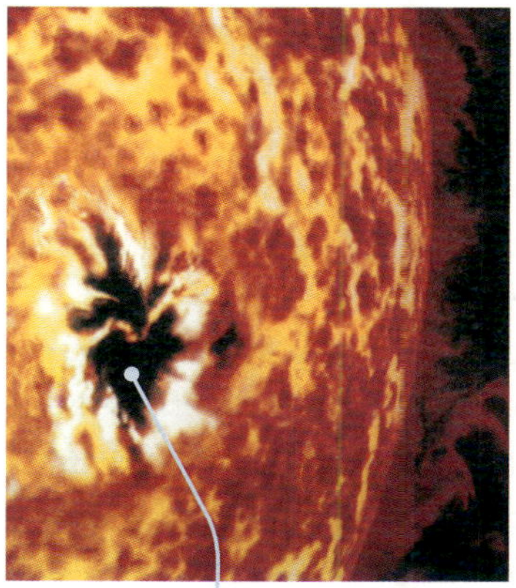

le macchie solari appaiono scure perché sono zone in cui la temperatura è minore rispetto alle aree circostanti (circa 4000 K) e sono generalmente associate a regioni molto attive e turbolente della fotosfera

Il *numero* delle macchie non è costante nel tempo e varia da un minimo a un massimo con una *periodicità caratteristica*. Dal 1750 a oggi, l'intervallo medio tra due massimi successivi (**ciclo solare**) è stato di circa 11,2 anni. Il numero delle macchie può raggiungere il centinaio nei periodi di massima attività, per ridursi a una decina in quelli di minima attività.

Particolarmente spettacolari sono le **protuberanze**, enormi getti di materiale incandescente che possono raggiungere altezze di 400 000 km, e i **brillamenti**, eventi esplosivi che appaiono come un improvviso intensificarsi della luminosità della fotosfera in corrispondenza di un gruppo di macchie solari.

L'attività del Sole e la Terra

Alcuni **fenomeni terrestri** sono **direttamente collegati con l'attività solare**. Gli esempi più significativi sono le *tempeste magnetiche* e le *aurore polari*.

Le **tempeste magnetiche** sono alterazioni del campo magnetico terrestre, causate dalle particelle del vento solare. Si verificano in seguito ai brillamenti e sono collegate con la periodicità delle macchie solari.

Le **aurore polari** sono conseguenze spettacolari dell'interazione tra particelle provenienti dal Sole e i gas presenti nell'alta atmosfera. L'arrivo dal Sole di particelle cariche, in seguito ai brillamenti, provoca la trasformazione in ioni degli atomi nella zona più esterna dell'atmosfera e l'emissione di una luce tenue e colorata. Il fenomeno si osserva solo nelle zone polari ➔ **FIGURA 15**.

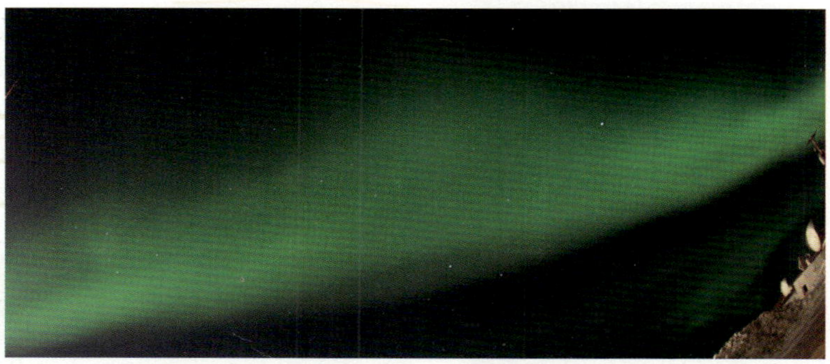

➔ **FIGURA 15** Le aurore polari assumono la forma di archi e festoni e si estendono da ovest verso est.

GUIDA ALLO STUDIO

- Come varia l'attività solare nel tempo?
- Che cosa sono le macchie solari?
- Che cosa sono le protuberanze e i brillamenti?

GLI STRUMENTI DELLA SCIENZA

L'osservatorio solare SOHO

Il SOHO, *Solar & Heliospheric Observatory* ➔ **FIGURA 16**, è un telescopio spaziale lanciato alla fine del 1995 per studiare il Sole. È un progetto congiunto dell'Agenzia Spaziale Europea (ESA) e della NASA. Lo strumento SOHO che ha prodotto i risultati più spettacolari è sicuramente l'*Extreme ultraviolet Imaging Telescope* (EIT). Esso è in grado di riprendere immagini dettagliate dell'intera superficie solare in luce ultravioletta; in questo modo, è facile individuare protuberanze e brillamenti, fenomeni altamente energetici che influenzano l'intera atmosfera solare.

➔ **FIGURA 16**

L'esplorazione del Sistema Solare

6 I pianeti hanno caratteristiche chimiche e fisiche differenti

In base alle *caratteristiche fisico-chimiche* i pianeti si possono dividere in due gruppi:

- i **pianeti di tipo terrestre**, cioè simili alla Terra, *Mercurio*, *Venere*, *Terra* e *Marte*;
- i **pianeti di tipo gioviano**, cioè simili a Giove, *Giove*, *Saturno*, *Urano* e *Nettuno*.

I **pianeti di tipo terrestre** ➔ **FIGURA 17** hanno un involucro esterno costituito di rocce e nel complesso si comportano come *corpi solidi*. Hanno *piccole dimensioni*, ma sono *molto densi*, perché sono costituiti prevalentemente da *metalli* ed *elementi pesanti*. La Terra è il più denso e ha massa e volume simili a Venere; Marte e Mercurio sono i più piccoli.

ATMOSFERA= involucro gassoso che avvolge la terra e altri pianeti.

L'*atmosfera* ha caratteristiche variabili: densa su Venere, del tutto assente su Mercurio. In generale è più rarefatta rispetto ai pianeti gioviani e non contiene quantità significative di elementi leggeri, come idrogeno ed elio, perché nessuno di questi pianeti ha gravità sufficiente per trattenerli. Solo l'atmosfera terrestre contiene ossigeno.

La struttura dei pianeti terrestri probabilmente è simile a quella della Terra, ma Mercurio, Venere e Marte non presentano vulcani attivi e terremoti a testimoniare la presenza di energia interna.

Tra i pianeti terrestri, la Terra è l'unico su cui sono presenti distese di acqua liquida e forme di vita.

➔ **FIGURA 17**

GUIDA ALLO STUDIO

- Quali sono i tipi di pianeti presenti nel Sistema Solare?
- Quali sono le caratteristiche dei pianeti terrestri?
- Quali sono le caratteristiche dei pianeti gioviani?

I **pianeti gioviani** ➔ **FIGURA 18** sono *molto grandi*, ma *poco densi*. Il più massiccio è Giove, la cui massa è circa 1 millesimo di quella solare ed equivale a circa 318 masse terrestri. La *densità* di questi pianeti è molto bassa a causa dell'enorme volume e della loro composizione. Infatti, sono costituiti prevalentemente da *gas leggeri*, come idrogeno ed elio. Da questo punto di vista assomigliano al Sole più dei pianeti terrestri. Non hanno un involucro esterno solido formato da rocce e la loro struttura interna è probabilmente molto diversa da quella della Terra. Si ritiene che contengano un piccolo nucleo centrale roccioso, circondato da uno strato di idrogeno metallico e più esternamente da un oceano liquido, composto di idrogeno ed elio. Tutti presentano un'*atmosfera* di notevole spessore formata in prevalenza da gas leggeri, che riescono a trattenere grazie alla notevole forza di gravità che esercitano.

Infine, i pianeti gioviani, diversamente da quelli terrestri, hanno un numero elevato di *satelliti*.

➔ **FIGURA 18**

7 I pianeti sono corpi in movimento

Raggio equatoriale Terrestre 6378 Raggio medio Terrestre 6371

Tutti i **pianeti** compiono un **moto di rotazione** intorno al proprio asse e un **moto di rivoluzione** intorno al Sole.

Il **tempo impiegato** da un pianeta per compiere una **rotazione** intorno al proprio asse si chiama **giorno**; il tempo impiegato da un pianeta per compiere una **rivoluzione** completa intorno al Sole è detto **anno**.

Le **orbite** dei pianeti intorno al Sole sono quasi **complanari** con l'orbita terrestre. Inoltre, tutti i pianeti girano intorno al Sole muovendosi nel medesimo verso della Terra, cioè **da ovest verso est in senso antiorario** (se osservato dal polo nord celeste). Anche la rotazione della maggior parte dei pianeti si svolge in questo verso (*moto diretto*); solo Venere e Urano hanno verso di rotazione opposto (*moto retrogrado*).

L'inclinazione dell'asse di rotazione rispetto al piano orbitale è, per tutti i pianeti, abbastanza simile a quella terrestre e non si discosta di molto dalla perpendicolare. L'unica eccezione è Urano, che ruota curiosamente "coricato" sul piano dell'orbita ➔ **FIGURA 19**.

FIGURA 19 Le orbite dei pianeti del Sistema Solare sono ellittiche e quasi complanari al piano dell'orbita terrestre.

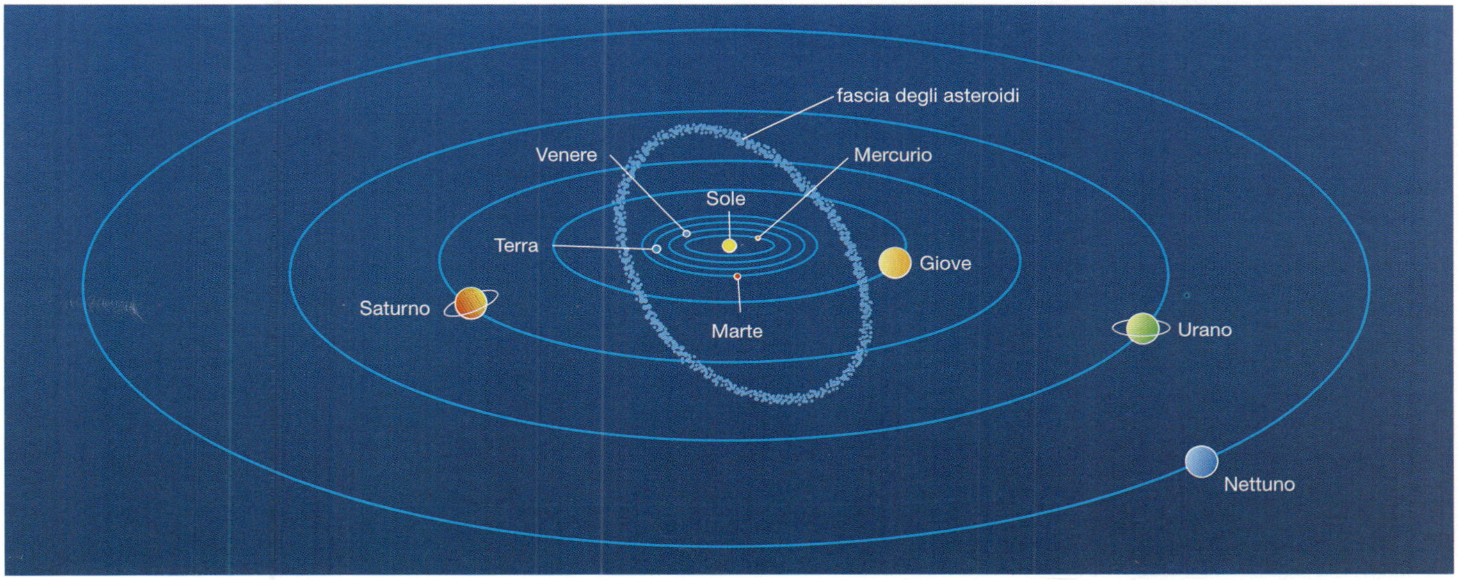

La prima legge di Keplero

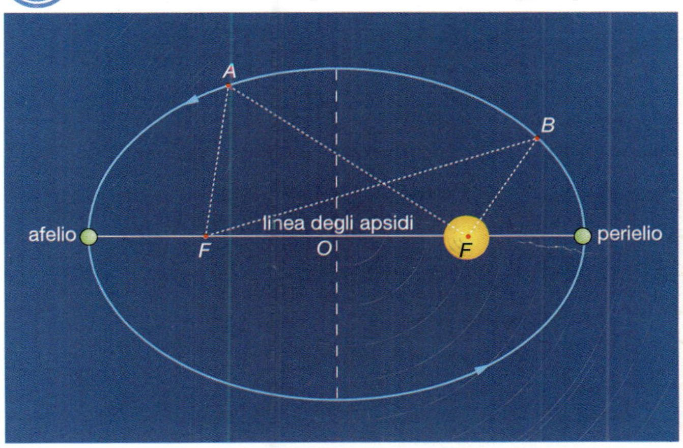

FIGURA 20 Un'ellisse è una figura piana curva in cui si riconoscono due fuochi (*F* ed *F'*) situati sull'asse maggiore. La somma delle distanze dai due fuochi di ciascun punto dell'ellisse è costante. Nel disegno, è accentuata la distanza tra i fuochi dell'ellisse per evidenziare le caratteristiche dell'orbita del pianeta.

Le leggi di Keplero descrivono il moto di rivoluzione

La prima descrizione del moto dei pianeti in termini di leggi matematiche si deve a **Keplero**. Le sue leggi, formulate all'inizio del Seicento, vengono utilizzate ancora oggi quando si studia un qualunque sistema di corpi celesti in movimento intorno a un baricentro.

La **prima legge di Keplero** riguarda la *forma dell'orbita*: **i pianeti si muovono intorno al Sole su orbite ellittiche, di cui il Sole occupa uno dei fuochi** ➔ **FIGURA 20**.

Le orbite dei pianeti quindi non sono circonferenze e il centro del Sole non è il centro del Sistema Solare.

A causa della forma ellittica dell'orbita e della posizione del Sole, la distanza dal Sole dei pianeti durante la rivoluzione cambia continuamente. Il punto dell'orbita più vicino al Sole è detto **perielio**, il punto più distante è detto **afelio**. La linea che congiunge perielio e afelio coincide con l'asse maggiore dell'ellisse e viene detta **linea degli apsidi**.

La seconda legge di Keplero

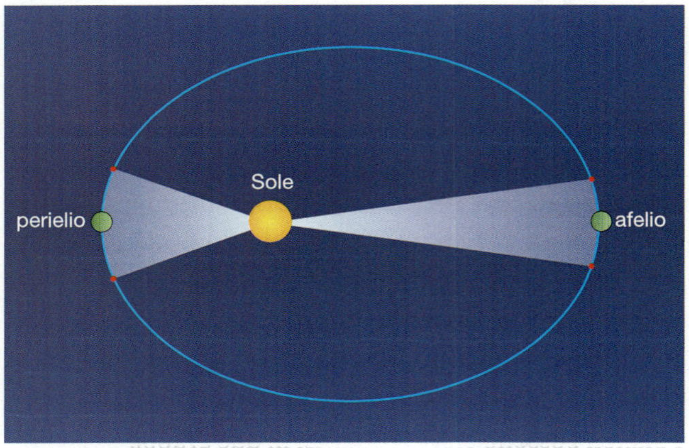

FIGURA 21 Le superfici chiare corrispondono a due aree percorse dal raggio vettore in momenti diversi, ma in tempi uguali.

La **seconda legge di Keplero** riguarda la *velocità* con la quale i pianeti si muovono sulla loro orbita: **ogni pianeta si muove sulla sua orbita in modo tale che la linea che lo congiunge idealmente al Sole** (*raggio vettore*) **spazza aree uguali in tempi uguali**.
A causa della forma ellittica dell'orbita, la linea che congiunge il pianeta al Sole non ha lunghezza costante, ma varia da un minimo in perielio a un massimo in afelio. Se l'area dei triangoli ideali coperti dal raggio vettore in un dato tempo deve essere sempre uguale, il pianeta, in un uguale intervallo di tempo, deve percorrere un arco di orbita tanto minore quanto più è vicino all'afelio **FIGURA 21**. Pertanto, la **velocità di rivoluzione** dei pianeti **non è costante**, ma varia tra un valore massimo, raggiunto in perielio, e un valore minimo, raggiunto in afelio.

La **terza legge di Keplero** mette in relazione la distanza di un pianeta dal Sole con il tempo necessario a percorrere l'intera orbita: **il rapporto tra il quadrato dei tempi di rivoluzione dei pianeti e il cubo della loro distanza media dal Sole è costante**:

La terza legge di Keplero

$$\frac{t^2}{d^3} = k$$

dove:
t = tempo di rivoluzione del pianeta
d = distanza media del pianeta dal Sole

La legge dimostra che la velocità di rivoluzione di un pianeta è tanto minore quanto più esso è lontano dal Sole: il pianeta più lento è Nettuno, il più veloce è Mercurio **TABELLA 2**.

TABELLA 2

pianeta	distanza dal Sole (UA)	periodo di rivoluzione (anni)
Mercurio	0,39	0,24
Venere	0,72	0,62
Terra	1,00	1
Marte	1,52	1,88
Giove	5,20	11,86
Saturno	9,54	29,46
Urano	19,18	84,01
Nettuno	30,06	164,80

Newton spiega le leggi di Keplero

Le **leggi di Keplero** descrivono i movimenti dei pianeti, ma non ne spiegano le cause. La spiegazione venne data da **Newton**, con la **legge di gravitazione universale** secondo la quale tra il Sole e ciascun pianeta si stabilisce un'**attrazione reciproca**: come il Sole attrae il pianeta, così quest'ultimo attrae con una forza uguale e contraria il Sole. Perciò Sole e pianeta si muovono intorno a un baricentro comune. A causa della grande diversità di massa, tale baricentro si trova all'interno del Sole, a circa 450 000 km dal suo centro. Anche le **accelerazioni** dei due corpi non sono identiche: il pianeta, a causa della sua piccola massa, subisce una grande accelerazione, mentre il Sole subisce un'accelerazione tanto piccola da sembrare fermo.
Secondo Newton, inoltre, l'**orbita** di ciascun pianeta è la risultante dell'azione di due forze: la *forza inerziale* (per la quale il pianeta tenderebbe in ogni istante a procedere in linea retta a velocità costante) e la *forza di gravità* (che lo attrae verso il Sole). Poiché la distanza del pianeta dal Sole non è costante, la forza di gravità aumenta quando il pianeta si avvicina al perielio: il pianeta deve quindi aumentare la sua accelerazione. Il fenomeno contrario si verifica in prossimità dell'afelio **FIGURA 22**.

GUIDA ALLO STUDIO

- Quali sono i moti dei pianeti?
- Che cosa affermano le leggi di Keplero?
- In che modo Newton ha spiegato le leggi di Keplero?

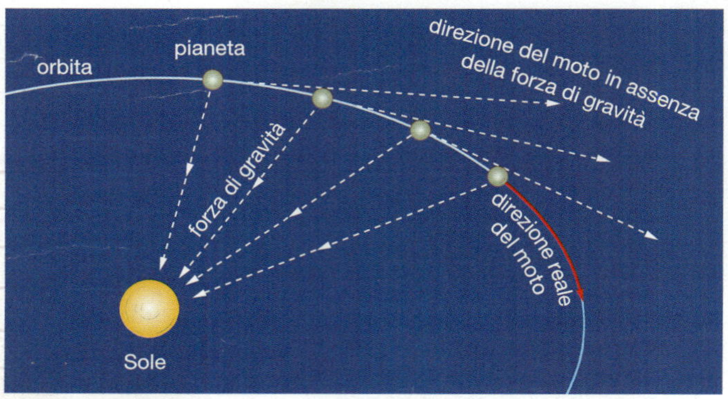

FIGURA 22 Componenti del moto dei pianeti intorno al Sole.

Costruisci la mappa

Studio... in sintesi

Ascolta la sintesi

1 Il Sistema Solare: composizione e caratteristiche

Il **Sistema Solare** è un sistema formato dai **corpi celesti** che risentono dell'**attrazione gravitazionale** del Sole e si muovono intorno a esso.
Il Sistema Solare può essere considerato una sfera di circa 200 UA di diametro.
Intorno al Sole si muovono 8 **pianeti** con i loro **satelliti** e molti **corpi minori** (pianeti nani, asteroidi, comete, meteore e meteoriti).

2 La forza di gravità unisce i corpi del Sistema Solare

I corpi del Sistema Solare si attirano reciprocamente per effetto della **forza di gravità**, scoperta da **Isaac Newton**.
La **legge di gravitazione universale** spiega come agisce la forza di gravità: due corpi di massa m_1 e m_2 si attraggono con una forza, F, direttamente proporzionale al prodotto delle loro masse e inversamente proporzionale al quadrato della loro distanza, d.

$$F = G\frac{m_1 \cdot m_2}{d^2}$$

3 Il Sole: la fonte di energia del Sistema Solare

Il Sole è una **stella gialla** di massa relativamente **piccola**, vecchia e stabile da 5 miliardi di anni, con una temperatura superficiale di circa 6000 K.
Il Sole compie un moto di **rotazione** su se stesso che dura da 25 giorni (all'equatore) e 24 giorni (ai poli).
Il Sole è l'unica fonte di **energia** del Sistema Solare e irradia luce e calore.
L'energia del Sole che arriva sulla Terra condiziona clima, luce, cicli biologici e tutte le attività umane.

4 La struttura del Sole

Il Sole ha una struttura a involucri concentrici, che dall'interno verso l'esterno sono:

- **nòcciolo**, dove avvengono le reazioni di fusione nucleare;
- **zona radiativa**, in cui l'energia viene trasmessa verso l'esterno per irraggiamento;
- **zona convettiva**, in cui l'energia viene trasmessa verso l'esterno per convezione;
- **fotosfera**, che costituisce la superficie visibile del Sole;
- **cromosfera**, un involucro di gas rarefatti;
- **corona**, costituita da gas fortemente ionizzati.

5 L'attività del Sole

La superficie del Sole è interessata da fenomeni turbolenti, come **macchie solari**, **protuberanze**, **brillamenti**.
Questi fenomeni forniscono informazioni sulle zone interne e hanno ripercussioni sulla Terra (*tempeste magnetiche* e *aurore polari*).

6 I pianeti hanno caratteristiche chimiche e fisiche differenti

I pianeti possono essere suddivisi in due gruppi:

- i **pianeti di tipo terrestre** (o **pianeti interni**, **Mercurio**, **Venere**, **Terra**, **Marte**) hanno un involucro esterno solido, costituito da rocce;

- i **pianeti di tipo gioviano** (o **pianeti esterni**: **Giove**, **Saturno**, **Urano** e **Nettuno**) sono privi di un involucro esterno solido.

7 I pianeti sono corpi in movimento

Il moto di un pianeta su se stesso è detto **rotazione** e si compie in un **giorno**.
Il moto di un pianeta intorno al Sole è detto **rivoluzione**, avviene su un'orbita ellittica e si compie in un **anno**. Il moto di rivoluzione dei pianeti è descritto dalle tre **leggi di Keplero**.
1ª legge di Keplero: i pianeti percorrono intorno al Sole un'orbita ellittica in cui il Sole occupa uno dei due fuochi.
2ª legge di Keplero: nel moto di un pianeta lungo l'orbita la linea che lo congiunge al Sole spazza aree uguali in tempi uguali.
3ª legge di Keplero: il rapporto tra il quadrato del tempo di rivoluzione di un pianeta e il cubo della sua distanza media dal Sole è costante.
Le leggi di Keplero sono state spiegate da Newton con la **legge di gravitazione universale**.

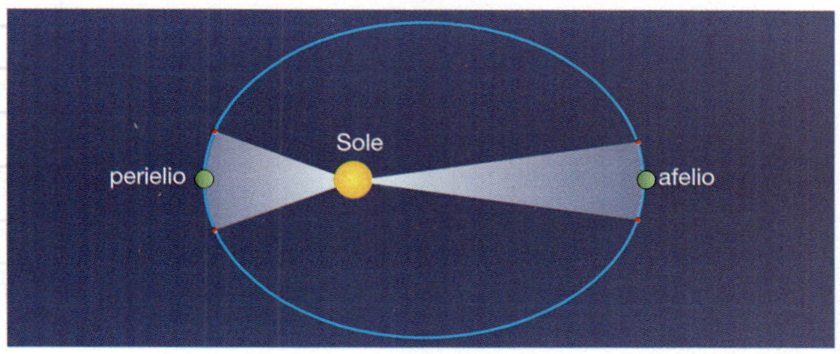

Verifica il tuo studio

FISSA I CONCETTI

1 Il Sistema Solare: composizione e caratteristiche

Abbina ogni termine alla definizione corretta

1 unità astronomica
2 pianeta
3 pianeta nano
a corpo celeste opaco e relativamente freddo che non produce energia e non emette luce.
b unità di misura che corrisponde alla distanza media Terra-Sole; equivale a 150 milioni di km.
c corpo celeste opaco e relativamente freddo che non produce energia e non emette luce, il cui spazio circostante è popolato da corpi minori.

1. ☐ 2. ☐ 3. ☐

Scegli il completamento corretto

La distanza media Terra-Sole è:
A 1 anno luce
B 149,6 milioni di kilometri
C 2 unità astronomiche
D 384 mila kilometri

Completa le frasi

1 La Terra è .... del Sistema Solare e insieme agli altri .... pianeti compie un moto di .... intorno al ....
2 Il Sole è una ...., ha un diametro .... più grande di quello della Terra e una massa .... maggiore.

2 La forza di gravità unisce i corpi del Sistema Solare

Scegli il completamento corretto

1 In base alla legge di gravitazione universale, la forza di gravità che agisce tra due corpi:
A agisce solo se uno dei due corpi ha una massa molto grande
B dimezza il suo valore se la loro distanza raddoppia
C quadruplica il suo valore se la loro distanza si dimezza
D agisce solo se i due corpi sono allo stato solido

2 Secondo la legge di Newton:
A la forza di attrazione tra due corpi è inversamente proporzionale al prodotto delle loro masse
B la forza di attrazione tra due corpi è direttamente proporzionale alla loro distanza
C la forza di attrazione tra due corpi dipende dalla velocità di rotazione dei due corpi intorno al proprio asse
D la forza di attrazione tra due corpi è direttamente proporzionale al prodotto delle loro masse

3 Il Sole: la fonte di energia del Sistema Solare

Vero o falso?

1 Il Sole è una stella giovane di massa molto grande e dunque stabile. V F
2 Il Sole ha un moto di rotazione in direzione ovest-est. V F
3 Il Sole ha una densità inferiore rispetto a quella della Terra. V F
4 La durata del moto di rotazione del Sole è uguale su tutta la sua superficie. V F

Individua il completamento sbagliato

Le radiazioni prodotte dal Sole:
A si diffondono in tutte le direzioni dello spazio
B influenzano il clima sulla Terra
C impiegano circa 20 minuti a raggiungere la Terra
D vengono filtrate dall'atmosfera terrestre

4 La struttura del Sole

Completa le frasi

1 La superficie del Sole ha una temperatura di circa ....
2 Nel nòcciolo del Sole avvengono le reazioni di fusione nucleare che trasformano .... in .... e producono energia sotto forma di .... e ....

Scegli il completamento corretto

1 La zona radiativa del Sole:
A si trova tra la zona convettiva e la fotosfera
B produce energia elettromagnetica mediante fenomeni radioattivi
C è costituita da ioni e presenta moti convettivi
D è costituita da plasma, ma non avvengono reazioni di fusione nucleare

2 La fotosfera:
A è la superficie solida del Sole
B è formata di gas turbolenti
C è formata di plasma
D ha una temperatura uniforme

Individua il completamento sbagliato

Nel Sole le reazioni di fusione nucleare:
A producono energia sotto forma di onde elettromagnetiche
B riducono la massa del nòcciolo
C modificano la composizione del nòcciolo
D interessano il 50% del volume

5 L'attività del Sole

Completa le frasi

1 L'intensità .... non è costante nel tempo: periodi tranquilli, detti di ...., si alternano a periodi caratterizzati da .... intense e violente.

2 Le .... sono enormi getti di materiale incandescente che possono raggiungere altezze di 400 000 km, mentre i .... sono eventi esplosivi che appaiono come un improvviso intensificarsi della luminosità della fotosfera in corrispondenza di macchie solari.

Leggi il brano, trova gli errori e correggili (3 errori)

Le aurore polari sono conseguenze dell'interazione tra particelle provenienti dal Sole e i gas presenti nelle regioni basse della nostra atmosfera. Il fenomeno si osserva solo nelle zone tropicali, dove le particelle, a causa della forma del campo gravitazionale terrestre, riescono a penetrare l'atmosfera.

6 I pianeti hanno caratteristiche chimiche e fisiche differenti

Scegli il completamento corretto

1 Sono pianeti con una crosta solida:
- A Venere e Luna
- B Marte e Mercurio
- C Saturno e Giove
- D Urano e Nettuno

2 Indica quale tra i seguenti non è un pianeta gioviano:
- A Urano
- B Giove
- C Saturno
- D Marte

3 I pianeti gioviani:
- A non hanno tutti un'atmosfera
- B hanno tutti un'atmosfera di gas leggeri
- C hanno tutti un'atmosfera sottile
- D hanno pochi satelliti

Completa le frasi

1 I pianeti di tipo gioviano hanno .... dimensioni, un'atmosfera .... e .... satelliti.

2 I pianeti di tipo terrestre sono, in ordine di distanza dal Sole, ..., ..., ... e ....

3 I pianeti di tipo gioviano sono, in ordine di distanza dal Sole ...., ..., ..., e ....

4 I pianeti di tipo terrestre hanno involucro esterno costituito da .... e hanno .... dimensioni.

5 I pianeti di tipo terrestre sono .... densi, perché sono costituiti di ....

7 I pianeti sono corpi in movimento

Completa le frasi

1 La velocità di rivoluzione dei pianeti è .... proporzionale alla loro distanza dal Sole.

2 Il tempo impiegato da un pianeta per compiere una rotazione si chiama ...., mentre il tempo impiegato per compiere una rivoluzione si chiama ....

Scegli il completamento corretto

1 Secondo le leggi di Keplero:
- A l'orbita dei pianeti è un'ellisse, al centro della quale si trova il Sole.
- B la velocità di rivoluzione di un pianeta non è costante
- C il pianeta nella sua orbita di rivoluzione percorre aree uguali in tempi uguali
- D il cubo del periodo di rivoluzione di un pianeta è direttamente proporzionale al quadrato della sua distanza dal Sole

2 Indica quale tra i seguenti pianeti ha il tempo di rivoluzione più lungo:
- A Venere
- B Giove
- C Saturno
- D Urano

3 La seconda legge di Keplero afferma che:
- A tutti i pianeti percorrono l'orbita nello stesso tempo
- B i pianeti più vicini al Sole ruotano a velocità minore
- C i pianeti percorrono l'orbita a velocità variabile
- D il periodo di rivoluzione di ciascun pianeta non è costante

4 I pianeti percorrono la loro orbita intorno al Sole con velocità:
- A direttamente proporzionale alla loro distanza dal Sole
- B costante
- C maggiore in perielio, minore in afelio
- D minore in perielio, maggiore in afelio

APPLICA IL TUO STUDIO

Rispondi

1 Descrivi sinteticamente la struttura del Sistema Solare.

2 Descrivi come si compie il moto di rivoluzione dei pianeti intorno al Sole e che cosa significa che la legge di gravitazione universale spiega le leggi di Keplero.

3 Descrivi le principali differenze tra i pianeti terrestri e i pianeti gioviani.

4 Descrivi le parti visibili del Sole e la sua struttura interna.

Osserva le immagini

1 Completa l'immagine inserendo i termini mancanti.

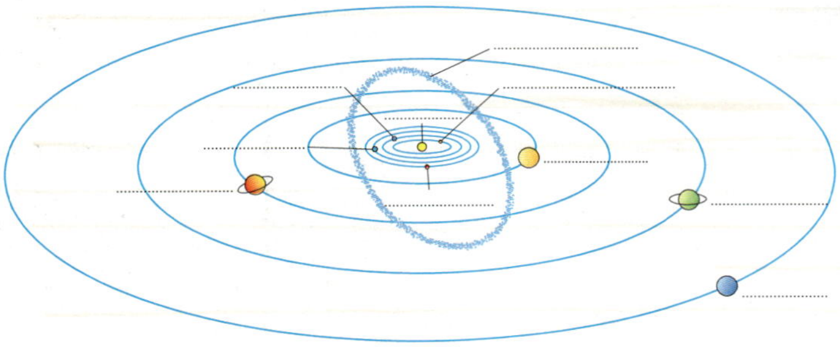

2 Completa l'immagine inserendo i termini mancanti.

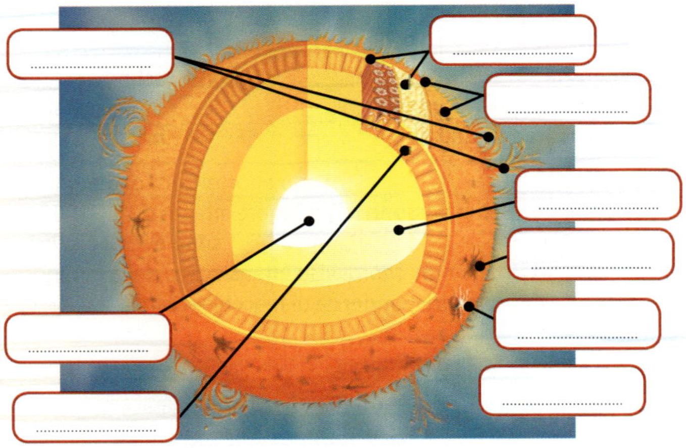

VERSO LE COMPETENZE...

Questo esercizio ha lo scopo di condurti a sviluppare le seguenti competenze:

- **riconoscere e stabilire relazioni, leggendo un testo che rappresenta un approfondimento rispetto alle conoscenze acquisite;**
- **leggere e interpretare formule relative a leggi scientifiche, attribuendo il corretto significato a costanti e variabili;**
- **utilizzare formule e dati per risolvere problemi quantitativi.**

La terza legge di Keplero può essere applicata a qualunque sistema planetario o ai satelliti naturali o artificiali di un pianeta qualunque. In generale si può applicare la legge a queste condizioni:

- deve essere trascurabile la massa dei corpi in rivoluzione rispetto a quella del corpo intorno a cui gravitano;
- deve essere trascurabile l'attrazione gravitazionale reciproca tra i corpi (per esempio pianeti o satelliti) in rivoluzione.

In queste condizioni si può constatare che il valore della costante k può essere considerato in prima approssimazione indipendente dalla massa dei corpi in rivoluzione (proprio perché sono molto piccoli rispetto alla massa centrale).

Il valore di k invece varia sicuramente in relazione alla massa del corpo celeste attorno a cui avviene la rivoluzione: per i pianeti in rivoluzione intorno al Sole il valore di k è diverso da quello che troviamo, se consideriamo i satelliti del pianeta Giove.

La legge peraltro non ci dice qual è il valore di k, che in molti calcoli può anche essere trascurato. Se per esempio conosciamo il tempo di rivoluzione e la distanza dal Sole (o meglio il semiasse maggiore dell'orbita) di un qualsiasi pianeta, possiamo calcolare il tempo di rivoluzione di un qualunque altro pianeta in base alla sua distanza. Infatti, dalla terza legge possiamo anche scrivere la formula:

$$\frac{t^2}{r^3} = \frac{t'^2}{r'^3}$$

a Considera la legge di gravitazione universale e spiega perché la terza legge di Keplero ha valore, nella forma espressa nel testo, solo nel caso di pianeti con massa trascurabile rispetto al Sole.

b Spiega come si ricava la formula **1** dalla terza legge di Keplero e come può essere utilizzata per calcolare il tempo di rivoluzione di un pianeta.

c Spiega quali dati devi conoscere per utilizzare la formula **1** per calcolare la distanza media di un pianeta dal Sole.

d Indica quale valore assume k, se utilizzi come pianeta di riferimento la Terra e i seguenti dati:

- distanza media Terra-Sole = $1{,}5 \cdot 10^{11}$ m
- periodo di rivoluzione = 365,26 d.

e Indica quale valore assume k, se utilizzi come pianeta di riferimento la Terra e i seguenti dati:

- distanza media Terra-Sole = 1 UA
- periodo di rivoluzione = 1 anno.

f Utilizza i dati della ➲ **TABELLA 2** a pag. 46 per dimostrare la validità della terza di Keplero e spiega, alla luce di quanto hai studiato a proposito della legge di gravitazione universale, perché i risultati non sono identici tra loro.

4 I moti della Terra e le loro conseguenze

1 La Terra è un corpo in movimento

2 Il moto di rotazione

3 Giorno, dì, notte

4 La forza centrifuga e la forza di Coriolis

5 Variazioni di accelerazione di gravità e peso dei corpi

6 Il moto di rivoluzione

7 Le conseguenze del moto di rivoluzione

8 Le stagioni astronomiche

9 Le stagioni astronomiche hanno effetti diversi in relazione alla latitudine

10 Stagioni astronomiche, stagioni meteorologiche e zone termiche

11 I moti millenari

12 L'astronomia e la misura del tempo

COMPETENZE

- Utilizzare correttamente il linguaggio specifico della disciplina
- Analizzare quantitativamente un fenomeno complesso stabilendo le opportune relazioni tra variabili

1 La Terra è un corpo in movimento

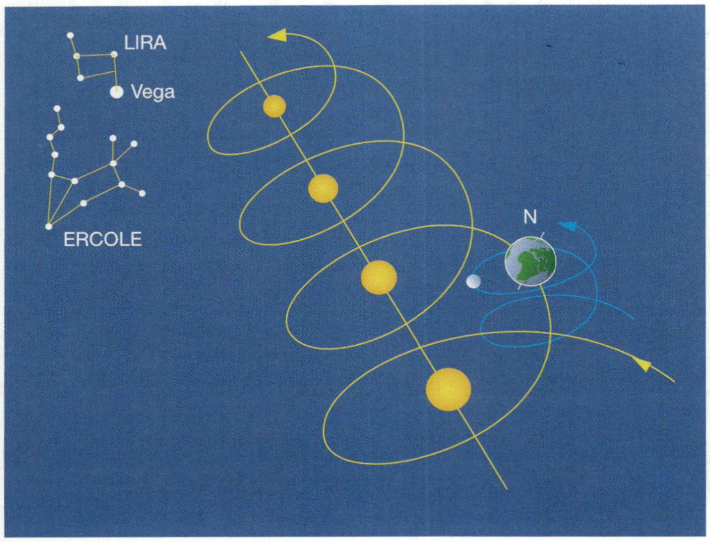

FIGURA 1 L'insieme dei moti in cui è coinvolta la Terra nello spazio.

La Terra, come gli altri pianeti del Sistema Solare, è un corpo in movimento.
I suoi movimenti principali sono il **moto di rotazione** intorno al proprio asse e il **moto di rivoluzione** intorno al Sole. Tali movimenti hanno per la vita dell'uomo effetti importanti e facilmente osservabili: da essi dipendono l'alternarsi del *dì* e della *notte*, il succedersi delle *stagioni*, le *differenze climatiche* tra le zone polari e quelle equatoriali. Su di essi, inoltre, si basano la *misura del tempo* (giorno e anno) e la possibilità di *orientarsi*.
La Terra è coinvolta anche in una serie di *movimenti minori*, chiamati **moti millenari**, dovuti principalmente all'attrazione gravitazionale esercitata dagli altri corpi del Sistema Solare (in particolare il Sole e la Luna). Si tratta di movimenti lentissimi di cui è difficile notare gli effetti. Tra questi il più importante è il *moto di precessione degli equinozi*.
Infine, la Terra si muove con tutto il Sistema Solare intorno al centro della Via Lattea e con essa nell'Universo. Questi movimenti sono molto veloci, ma difficilmente rilevabili, poiché coinvolgono tutti i corpi celesti vicini a noi.
Tutti i movimenti della Terra si svolgono contemporaneamente e si compongono in un **moto unico e complesso** ➔ **FIGURA 1**, il che ha una conseguenza curiosa: la Terra non si trova mai per due volte esattamente nello stesso punto dell'Universo.

GUIDA ALLO STUDIO
- In quali moti è coinvolta la Terra?
- Quali sono i moti principali della Terra?
- Quali sono i moti minori della Terra?

PER SAPERNE DI PIÙ

I moti dei pianeti

Tutti i pianeti del Sistema Solare compiono un moto di rotazione intorno al proprio asse e un moto di rivoluzione intorno al Sole. Questi moti non hanno durata uguale per tutti i pianeti ➔ **TABELLA 1**.

La **diversa durata del moto di rivoluzione** dei pianeti intorno al Sole si spiega con la 3ª *legge di Keplero*: affermare che il rapporto tra il quadrato dei tempi di rivoluzione dei pianeti e il cubo della loro distanza media dal Sole è costante implica che i pianeti interni percorrano la propria orbita più velocemente di quelli esterni.
Le differenze relative al **moto di rotazione** sono più difficili da spiegare, perché entrano in gioco numerosi fattori. Innanzitutto bisogna considerare le *condizioni di formazione* del pianeta e la *velocità di rotazione* dei materiali a partire dai quali esso si è formato. In secondo luogo bisogna tenere presente la velocità di contrazione. In terzo luogo, possono influire sulla rotazione anche *impatti* con altri corpi, come gli asteroidi che, se sufficientemente grandi, possono averne fatto variare la velocità.

TABELLA 1 Periodi di rivoluzione e rotazione dei pianeti

	periodo di rivoluzione (in giorni o anni terrestri)	periodo di rotazione (in giorni terrestri)
Mercurio	87,97 giorni	58,64 giorni
Venere	224,70 giorni	–243 giorni (rotazione retrograda)
Terra	365,24 giorni	23 h 56 min 4 s
Marte	686,93 giorni	24 h 37 min 23 s
Giove	11,86 anni	9 h 55 min 30 s
Saturno	29,4 anni	10 h 15 min
Urano	84,02 anni	–17 h 14 min (rotazione retrograda)
Nettuno	164,8 anni	16 h 06 min

2 Il moto di rotazione

Il moto di rotazione

La **Terra ruota su se stessa**, da ovest verso est, intorno all'**asse di rotazione**, che passa per il polo nord e il polo sud. Il movimento si compie in senso antiorario, se osservato dal polo nord, e in senso orario, se osservato dal polo sud ➔ **FIGURA 2**.

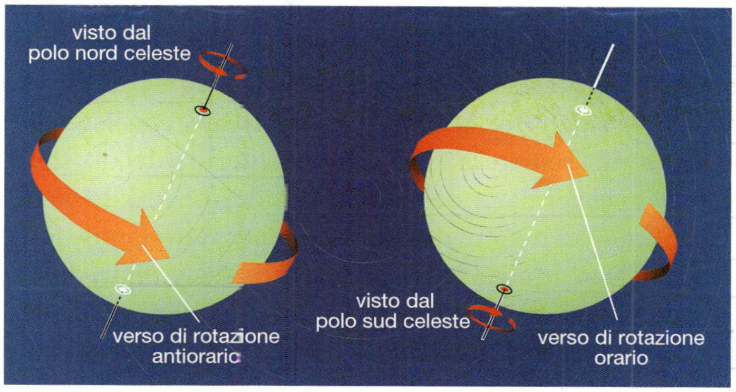

FIGURA 2

In astronomia, il tempo di rotazione di un pianeta è chiamato **giorno**. Ogni pianeta ha una durata del giorno propria e caratteristica. Nel caso della Terra, il periodo di rotazione si misura prendendo come riferimento il moto apparente diurno della sfera celeste, esaminato nel capitolo 2. Si sceglie una stella qualunque, la si osserva una notte e si calcola l'intervallo di tempo necessario per ritrovarla in cielo nel medesimo punto. Per questo il giorno terrestre viene denominato **giorno sidereo**, dal latino *sidera*, che significa stelle. Il metodo adottato per misurare la durata del giorno è simile a quello che possiamo utilizzare quando ci troviamo su una giostra e vogliamo capire se abbiamo finito un giro: prendiamo come riferimento una persona ferma, oppure un albero o una casa e aspettiamo di vederla ricomparire davanti a noi.

Il **giorno sidereo** ha una durata di circa **23 h 56 min**.

In questo intervallo di tempo ogni punto della superficie terrestre percorre una circonferenza ideale che coincide con il parallelo su cui si trova, spostandosi di **1° ogni 4 minuti**. Lo spostamento angolare è costante per ogni punto della Terra, ma il numero di kilometri percorsi varia, perché ciascun punto della superficie terrestre percorre in un giorno una circonferenza di lunghezza variabile, a seconda della latitudine e dell'altitudine a cui si trova. In altre parole si può dire che la **velocità angolare di rotazione** (cioè l'*angolo* corrispondente allo spostamento di un punto in un'unità di tempo) è costante per tutti i punti della Terra, mentre varia la **velocità lineare di rotazione** (cioè i *metri* percorsi nell'unità di unità).

Osservando la ➔ **FIGURA 3** risulta evidente che ogni punto della superficie terrestre compie un giro di **360° in 1 giorno**. Ogni punto della superficie terrestre ha quindi una **velocità angolare** pari a 15°/ora, equivalente a 1°/4 minuti. La **velocità lineare** di rotazione, invece, è massima all'equatore e nulla ai poli; inoltre alla stessa latitudine aumenta con la quota. All'equatore, a livello del mare, ogni punto si muove a una velocità di circa 465 m/s, ai tropici la velocità è circa 420 m/s e ai circoli polari diventa 187 m/s.

GUIDA ALLO STUDIO

- In che verso avviene il moto di rotazione terrestre?
- Quanto dura il giorno sidereo?
- A che velocità lineare avviene il moto di rotazione terrestre?

Il moto di rotazione della Terra ha 5 conseguenze importanti:

- è la ragione dell'alternarsi del dì e della notte
- è la causa del moto diurno apparente dei corpi celesti (Sole, Luna, stelle)
- determina una forza centrifuga, che ha deformato la Terra
- modifica i valori dell'accelerazione di gravità *g* e quindi influenza il peso dei corpi
- produce un effetto chiamato *forza di Coriolis* che condiziona i movimenti delle masse d'aria e d'acqua

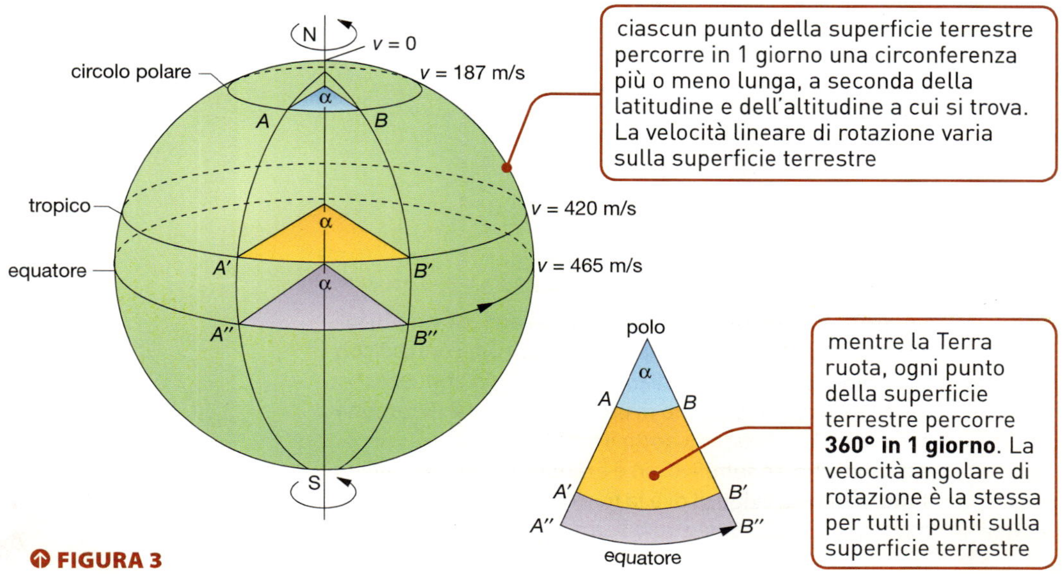

FIGURA 3

3 Giorno, dì, notte

La Terra ha forma pressoché sferica, per cui in ogni istante solo metà della sua superficie riceve luce e calore dal Sole. Essa risulta quindi divisa in una *zona illuminata* e in una *zona buia*, separate da una linea, detta **circolo di illuminazione**. Ogni punto della superficie terrestre, a causa della rotazione, passa da una zona all'altra e vede alternarsi ogni **giorno** un periodo di luce, il **dì**, e un periodo di buio, la **notte** ➲ **FIGURA 4**. Anche se il circolo di illuminazione divide sempre la Terra a metà, la **durata del dì** e **della notte** sulla maggior parte dei paralleli varia nel corso dell'anno. Solo all'*equatore* dì e notte durano 12 ore per tutto l'anno. Sugli *altri paralleli* la situazione è più complessa: nei giorni di equinozio dì e notte hanno la stessa durata; per sei mesi l'anno il dì dura più di 12 ore, per 6 mesi dura meno di 12 ore. Come vedremo nelle prossime pagine, questo fenomeno è una conseguenza del moto di rivoluzione della Terra.

A causa della *presenza dell'atmosfera*, che provoca fenomeni di **diffusione**, il passaggio dal dì alla notte non avviene bruscamente, ma gradualmente. Il circolo di illuminazione di conseguenza non è una linea netta, ma una **fascia** in cui la luminosità compare o si attenua progressivamente: notte e dì sono infatti separati da un periodo di debole chiarore, detto **crepuscolo**.

FIGURA 4 Immagine dell'Europa nordoccidentale, realizzata elaborando i dati ottenuti con strumenti diversi, in cui è reso evidente il circolo di illuminazione, che separa la notte dal dì.

Inoltre, a causa della deviazione che i raggi solari subiscono attraversando l'atmosfera, il Sole è visibile sull'orizzonte già un po' prima del sorgere reale e ancora un po' dopo il vero tramonto. La *durata del crepuscolo aumenta con la latitudine*, perché i raggi solari sono più inclinati e devono attraversare uno spessore maggiore di atmosfera a mano a mano che ci si allontana dall'equatore ➲ **FIGURA 5**.

GUIDA ALLO STUDIO

- Qual è la differenza tra giorno e dì?
- Che cosa è il circolo di illuminazione?

diffusione
fenomeno che si verifica quando le radiazioni luminose che colpiscono la superficie di un corpo vengono riflesse in tutte le direzioni.

FIGURA 5

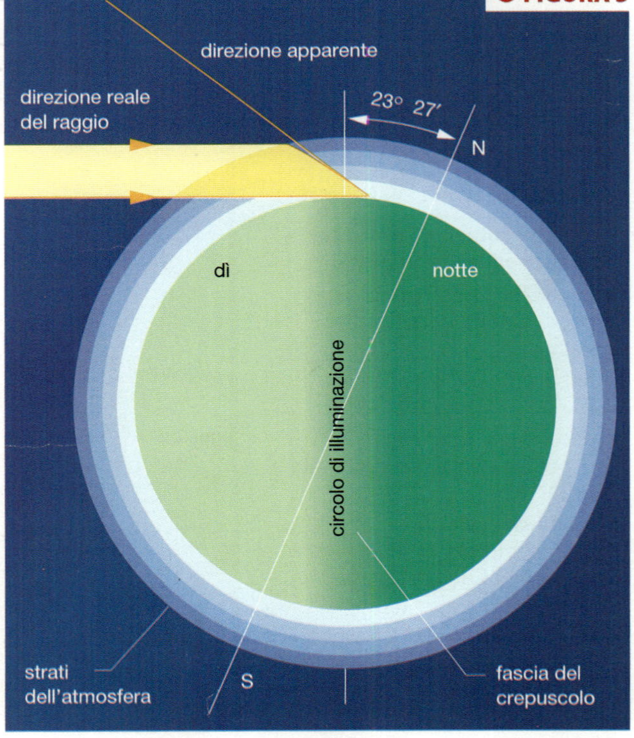

LE PAROLE DELLA SCIENZA

Giorno e dì

È importante notare che Il linguaggio degli astronomi in questo contesto è molto preciso: il **dì** non va confuso con il **giorno**. Nella vita quotidiana invece siamo abituati a utilizzare il termine *giorno* in contrapposizione al termine *notte*: il giorno finisce quando il Sole tramonta.
Nel linguaggio scientifico ciò è errato; il giorno identifica il tempo di rotazione, il dì è la frazione del giorno in cui si può osservare il Sole sopra l'orizzonte.

4 La forza centrifuga e la forza di Coriolis

GUIDA ALLO STUDIO

- Che cos'è la forza centrifuga?
- Qual è il principale effetto della forza centrifuga legata al moto di rotazione?
- Che cos'è la forza di Coriolis?

In fisica sono chiamate **forze apparenti** quelle forze di cui risentono solo i corpi che si muovono lungo una traiettoria curva, ma che non sono causate da agenti esterni o da interazioni tra corpi.

La rotazione terrestre genera due importanti forze apparenti: la *forza centrifuga* e la *forza di Coriolis*.

La forza centrifuga e la forma della Terra

La **forza centrifuga** è la forza apparente che agisce su un corpo che si muove di moto circolare, spingendo il corpo verso l'esterno rispetto alla traiettoria curva su cui si muove.

Dal momento che la Terra ruota su se stessa, tutti i corpi che si trovano sulla sua superficie sono soggetti all'azione della forza centrifuga, che agisce in direzione *perpendicolare all'asse di rotazione* ed è diretta verso l'esterno. Come abbiamo detto, si tratta di una forza apparente: anche se i corpi che si trovano sulla superficie terrestre sembrano "proiettati" verso l'esterno, su di essi non agisce alcuna spinta reale e il loro movimento apparente è causato dal fatto che tendono a mantenere, per inerzia, la direzione che avevano precedentemente. Un effetto simile si verifica quando in macchina si fa una curva e noi abbiamo l'impressione di essere schiacciati verso il finestrino: in realtà su di noi non agisce alcuna forza, ma noi tendiamo a mantenere la posizione che avevamo in precedenza e l'effetto apparente è una spinta verso l'esterno. L'**intensità** della forza centrifuga **aumenta allontanandosi dall'asse di rotazione**, perciò cresce con l'altitudine e diminuisce con la latitudine.

A livello del mare, la forza centrifuga:

- è **nulla ai poli**, poiché sono situati sull'asse di rotazione;
- è **massima all'equatore**, dove la distanza dall'asse è massima.

La forza centrifuga ha modellato la forma della Terra, provocando la formazione di un **rigonfiamento equatoriale** nelle zone che si muovono più rapidamente (un punto all'equatore ruota a una velocità di 1670 km/h circa) e uno **schiacciamento polare** dove la forza centrifuga è nulla ➔ **FIGURA 6**.

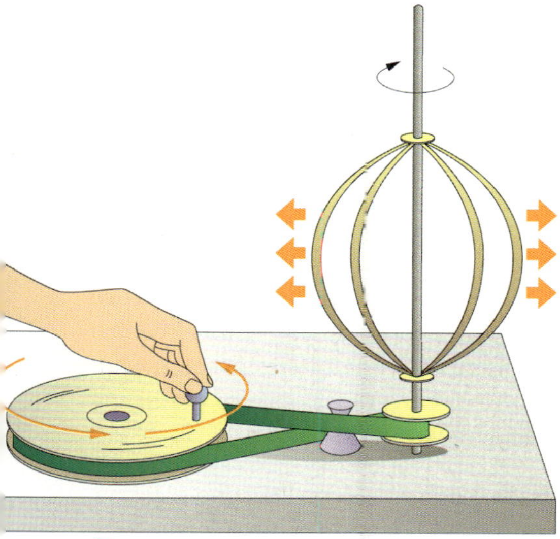

FIGURA 6 Il dispositivo permette di verificare gli effetti della forza centrifuga su un corpo in rotazione.

La forza di Coriolis devia le masse d'aria e d'acqua

La rotazione terrestre produce un'altra forza apparente, la **forza di Coriolis**, o *effetto Coriolis*.

A causa di questa forza, ogni corpo che sulla superficie terrestre si muova liberamente dall'equatore ai poli viene deviato dalla sua direzione iniziale: verso la sua destra (nell'emisfero settentrionale) o verso la sua sinistra (nell'emisfero meridionale), nello stesso verso del movimento. È bene chiarire che la destra e la sinistra sono quelle di un osservatore che guardi nella stessa direzione e nel medesimo verso del corpo che si muove ➔ **FIGURA 7**.

È importante osservare che la forza di Coriolis provoca la deviazione anche sui corpi che si muovono lungo i paralleli, invece non ha alcun effetto quando un corpo si muove lungo l'equatore.

La forza di Coriolis ha una notevole influenza sulla direzione dei grandi circuiti delle *correnti oceaniche* e della *circolazione atmosferica*.

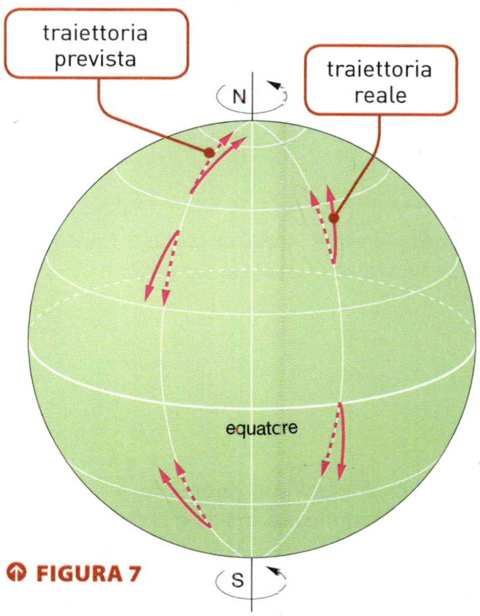

FIGURA 7

5 Variazioni di accelerazione di gravità e peso dei corpi

Il peso dei corpi e l'accelerazione di gravità

La Terra ha una massa pari a circa 5 miliardi di miliardi di tonnellate. Si tratta di una massa considerevole, anche se di gran lunga inferiore rispetto a quella di altri corpi presenti nello spazio intorno a noi, come Giove o il Sole. A causa della sua grande massa, la Terra attira verso il suo centro qualunque corpo fermo o in movimento che si trovi sulla sua superficie, con una **forza** che è uguale al prodotto della massa del corpo (m) per l'accelerazione di gravità (g). Tale forza corrisponde al **peso** del corpo:

$$P = mg$$

Questa formula rappresenta in altra forma quanto è espresso dalla legge di gravitazione di Newton. La scheda ti aiuta a scoprire la relazione tra le due formule.

Il valore dell'**accelerazione di gravità** g dipende sostanzialmente da due fattori: la **massa** della Terra e la **distanza dal centro** della Terra (per capire perché puoi leggere la scheda). Per questo il valore di g varia con l'altitudine: più ci si allontana dal centro della Terra, più si riduce l'attrazione gravitazionale della Terra e il valore di g diminuisce.

Se la Terra fosse ferma e avesse una forma perfettamente sferica il valore dell'accelerazione di gravità g a livello del mare sarebbe lo stesso ovunque. Invece, a livello del mare il **valore di g cresce spostandosi dall'equatore verso i poli**, che sono i punti della superficie terrestre più vicini al centro della Terra. In corrispondenza del rigonfiamento equatoriale, invece, il valore di g si riduce, perché la forza di gravità è meno intensa (dal momento che il raggio equatoriale è più lungo del raggio polare) ➲ **FIGURA 8**.

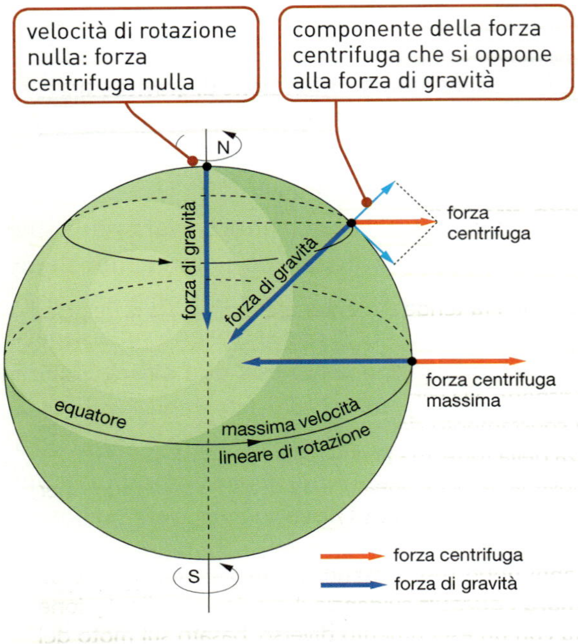

FIGURA 8

Massa e peso: grandezze diverse

Le variazioni di g causate dai fattori descritti sono minime, ma hanno un effetto importante quando si misura con strumenti molto precisi il *peso di un corpo*, il cui valore, come abbiamo visto, è dato dal prodotto $P = mg$.

In generale quindi il peso di un corpo qualunque, misurato sulla Terra a livello del mare, non è costante: il valore massimo si ha ai poli, il minimo all'equatore. Tra l'altro bisogna tenere presente che il peso di un corpo è condizionato, anche se in minima misura, dalla rotazione terrestre. La forza centrifuga, generata da questo movimento, infatti, riduce gli effetti della forza di gravità, perché è diretta dall'asse di rotazione verso l'esterno, mentre la forza di gravità è diretta verso il centro della Terra. La componente della forza centrifuga che si oppone alla

LE PAROLE DELLA SCIENZA

Peso e legge di gravitazione universale

La formula: $P = mg$ esprime in altro modo la stessa forza descritta dalla legge di gravitazione universale. Infatti, un corpo di massa m che si trova sulla superficie terrestre è attratto dalla Terra, che ha massa M_T e raggio r, con una forza F uguale al suo peso:

$$F = P \quad \text{da cui si ricava} \quad F = G\frac{M_T \cdot m}{r^2} = mg$$

Poiché in entrambi i membri compare la massa m del corpo, possiamo ricavare che:

$$g = G\frac{M_T \cdot \cancel{m}}{r^2 \cdot \cancel{m}} = G\frac{M_T}{r^2}$$

Possiamo ora capire meglio il diverso significato dei valori rappresentati da g e G:

- ***g*** è l'*accelerazione di gravità* ed esprime la variazione di velocità nel tempo di un corpo in caduta. Il suo valore non è costante, come si può notare osservando la formula, ma cambia da pianeta a pianeta in relazione alla massa e al raggio. Sulla Terra le variazioni sono insignificanti dal punto di vista pratico;
- ***G*** è la *costante di gravitazione universale*, cioè ha sempre lo stesso valore, in qualsiasi punto dell'Universo.

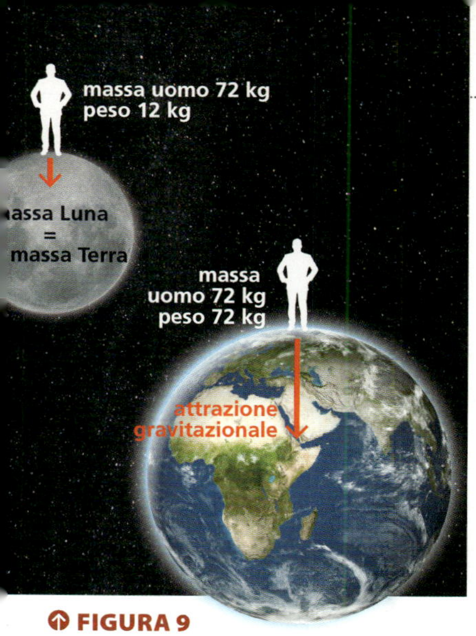

FIGURA 9

forza di gravità varia però con la latitudine: ai poli è nulla (e quindi non modifica il valore di g), mentre all'equatore ha il valore massimo. Ciò contribuisce ad accentuare le differenze tra i valori di peso registrati alle diverse latitudini.

È perciò importante **non confondere la massa di un corpo con il suo peso**: il **peso** è una forza di entità variabile, perché dipende dalla posizione che il corpo occupa, la **massa** invece è costante e dipende solo dalla quantità di materia presente nel corpo. Il peso, inoltre, varia se spostiamo un oggetto su un corpo celeste di massa e raggio diversi. Sulla Luna, per esempio, il peso si riduce a 1/6 del peso sulla Terra **FIGURA 9**.

GUIDA ALLO STUDIO

- Che cos'è il peso di un corpo?
- Che cos'è l'accelerazione di gravità?
- Come varia l'accelerazione di gravità sulla superficie terrestre?

PER SAPERNE DI PIÙ

Gugliemini e Foucault dimostrano che la Terra ruota

Il primo esperimento scientifico che ha dimostrato il movimento di rotazione terrestre risale al XVIII secolo, è stato condotto dall'italiano **Giovanni Battista Guglielmini** e riguarda la **caduta dei gravi** (cioè dei corpi dotati di massa). Lasciando cadere diversi oggetti dall'alto di una torre, Guglielmini ha dimostrato che i gravi non cadono in direzione verticale ma deviano sempre verso est **FIGURA 10**. Come si spiega questo fatto? Se la Terra fosse ferma, il corpo sarebbe soggetto alla sola *forza di gravità* e cadrebbe in direzione verticale. Poiché la Terra ruota intorno al suo asse, il corpo viene trascinato, insieme alla torre, in questo movimento e possiede, anche prima di cadere, una velocità lineare di rotazione. Tale velocità ha direzione orizzontale e il suo valore aumenta al crescere della latitudine e della quota del luogo. Perciò un corpo che si trovi sulla sommità di una torre si sposta da ovest a est più velocemente di un corpo alla base (perché la sommità della torre è a una distanza maggiore dall'asse di rotazione terrestre). Un corpo in caduta libera tende a mantenere per inerzia la velocità lineare di rotazione iniziale, perciò giungerà al suolo (che si muove con velocità di rotazione minore) in un punto spostato verso est rispetto alla verticale. La velocità lineare, quindi l'entità dello spostamento dalla verticale, non dipende soltanto dall'altezza della torre, ma anche dalla latitudine: a 45° di latitudine, dove la velocità lineare è 329 m/s, la deviazione per una caduta di 100 m è di circa 17 mm.

Circa 60 anni dopo l'esperimento di Guglielmini, il francese **Jean Bernard Foucault** evidenziò il movimento di rotazione della Terra con un esperimento diverso, basato sul moto del pendolo. Nel 1851 Foucault, dovendo costruire un orologio di grande precisione per determinare la velocità della luce, si dedicò allo studio del **moto del pendolo**. Egli verificò che il piano di oscillazione del pendolo rimane costante, anche quando il pendolo viene fatto ruotare.

Appese alla volta del *Panthéon* a Parigi un pendolo molto lungo, dotato di oscillazioni molto lente. In alto il pendolo era collegato a un perno girevole quasi privo di attrito, in basso la punta del pendolo sfiorava un sottile strato di sabbia, lasciandovi una traccia. Dopo un certo tempo osservò che la punta del pendolo non ripassava mai nel solco prodotto durante una delle oscillazioni precedenti, ma tracciava nuovi solchi, come se il piano di oscillazione ruotasse da est verso ovest rispetto al suolo. Tenendo presente che il piano di oscillazione del pendolo non si sposta, se ne deve dedurre che era il suolo a spostarsi da ovest verso est. Dopo 24 ore ottenne una rotazione di 272° rispetto al piano dell'orizzonte **FIGURA 11**. Se l'esperimento fosse stato allestito *ai poli*, la traccia del pendolo avrebbe compiuto una rotazione completa di 360°, perché ai poli l'asse di sospensione del pendolo coincide con l'asse di rotazione. *All'equatore* la traccia del pendolo non avrebbe compiuto alcuna rotazione, poiché il piano di oscillazione è perpendicolare all'asse di rotazione.

FIGURA 10

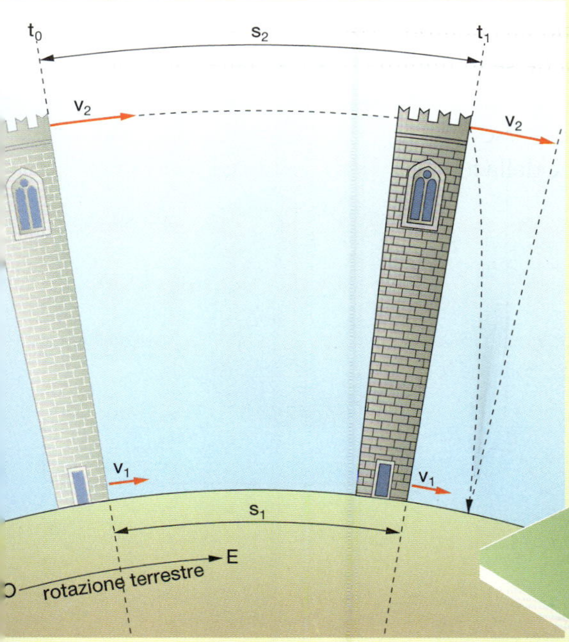

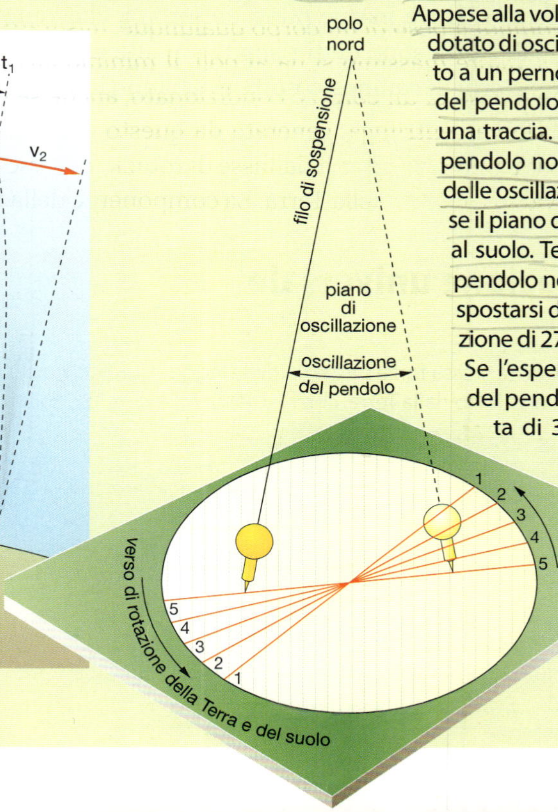

FIGURA 11

6 Il moto di rivoluzione

eclittica
si usa questo termine perché il Sole *eclissa*, cioè nasconde, periodicamente le costellazioni che si trovano su questo piano.

La Terra, come gli altri pianeti del Sistema Solare, compie un **moto di rivoluzione** intorno al Sole, muovendosi in senso antiorario (se osservato dal polo nord) e descrivendo un'**orbita ellittica, di cui il Sole occupa uno dei due fuochi** ➲ **FIGURA 12**. Il piano dell'orbita della Terra intorno al Sole è detto piano dell'**eclittica**.

Il nostro pianeta impiega **365 d 6 h 9 min 9,5 s** per compiere una rivoluzione: questo periodo si chiama **anno sidereo**.

Il moto di rivoluzione terrestre ha alcune caratteristiche importanti.

- Durante la rivoluzione la **distanza tra la Terra e il Sole cambia**: in **afelio** (il punto in cui la Terra si trova più distante dal Sole) è circa 152 milioni di kilometri; in **perielio** (il punto dell'orbita più vicino al Sole), è circa 147 milioni di kilometri. La linea che congiunge idealmente perielio e afelio è detta **linea degli apsidi**. La posizione di afelio viene raggiunta dalla Terra il 2 luglio, mentre giungiamo in perielio il 3 gennaio: è quindi evidente che i cambiamenti climatici che registriamo durante l'anno non sono in relazione con la distanza Terra-Sole, ma dipendono da altri fattori che esamineremo più avanti.
- La **velocità di rivoluzione non è costante**, in accordo con la seconda legge di Keplero: la Terra è più veloce quando si trova presso il perielio (30,3 km/s) ed è più lenta in afelio (29,3 km/s). Le variazioni di velocità non hanno però conseguenze significative per la vita sulla Terra.
- L'**asse di rotazione** terrestre è **inclinato rispetto al piano dell'eclittica di 66° 33'** e durante il moto di rivoluzione si può considerare che si mantenga sempre **parallelo a se stesso**. A causa dell'inclinazione dell'asse, il **piano dell'equatore** non coincide con il piano dell'eclittica, ma è inclinato rispetto a esso di **23° 27'**; tale inclinazione viene mantenuta per tutto il tempo della rivoluzione.

zenit
è l'intersezione della perpendicolare al piano dell'orizzonte passante per l'osservatore con l'emisfero celeste visibile; è quindi il punto della sfera celeste sopra la testa dell'osservatore.

Quest'ultimo aspetto ha conseguenze importanti: dal momento che la direzione dell'asse resta costante, durante l'anno **si modificano le condizioni di illuminazione** della superficie terrestre. Osservando la ➲ **FIGURA 13** si può notare che il circolo di illuminazione passa per i poli solo quando la Terra si trova in due punti dell'orbita, che vengono raggiunti il **21 marzo** e il **23 settembre**. Tali giorni sono detti rispettivamente **equinozio di primavera** ed **equinozio di autunno**. Nei giorni di equinozio notte e dì hanno la stessa durata su tutti i paralleli e il Sole è allo **zenit** sull'equatore.

punto opposto
NADIR

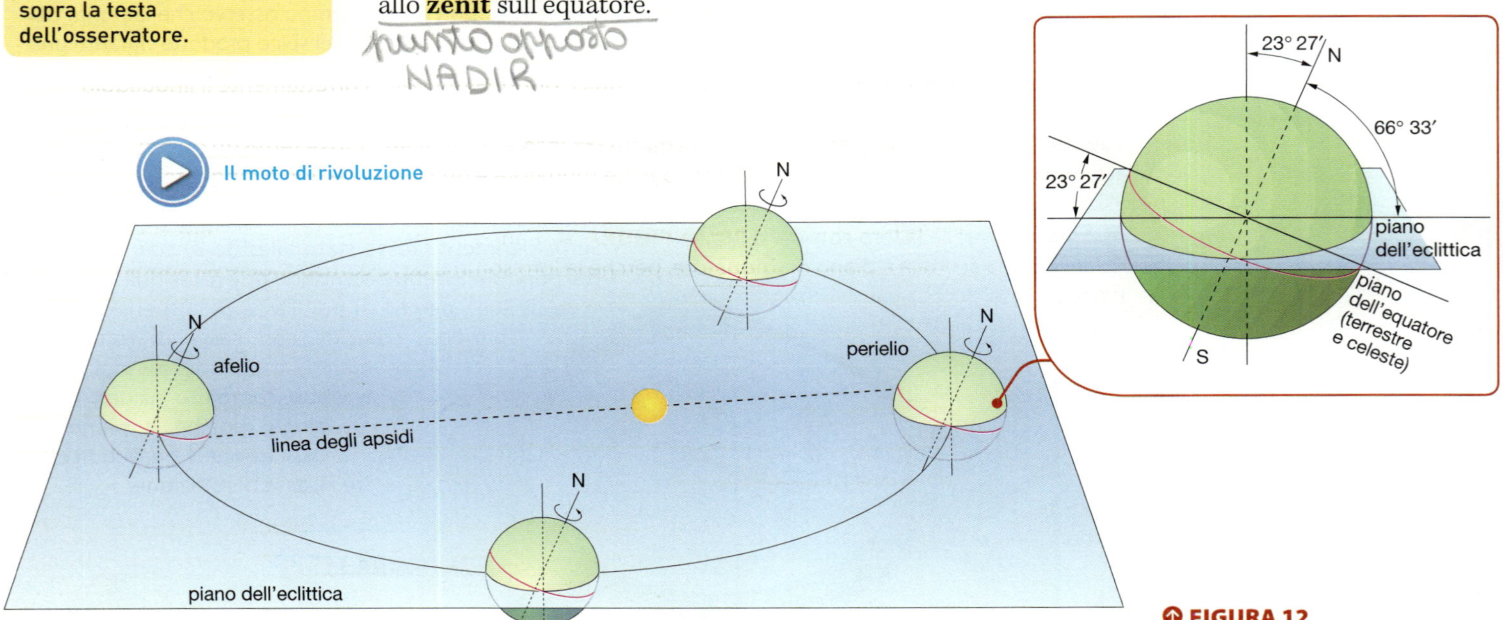

⮉ **FIGURA 12**

GUIDA ALLO STUDIO

- Come avviene il moto di rivoluzione terrestre?
- Che cosa sono afelio e perielio?
- Che inclinazione ha l'asse terrestre rispetto al piano dell'eclittica?

Esistono poi due posizioni in cui il circolo di illuminazione passa alla massima distanza dai poli. Ciò avviene il **21 giugno** e il **22 dicembre**, chiamati rispettivamente **solstizio d'estate** e **solstizio d'inverno**.

Durante i solstizi il circolo di illuminazione è tangente a due paralleli, posti rispettivamente a 66° 33' di latitudine N e S, denominati **circolo polare artico** e **circolo polare antartico**. Nel solstizio d'estate, il polo nord è rivolto verso il Sole che è allo zenit a mezzogiorno sul parallelo di latitudine 23° 27' N, detto **tropico del Cancro**. Nel solstizio d'inverno, invece, il polo sud è rivolto verso il Sole che è allo zenit sul parallelo di latitudine 23° 27' S, detto **tropico del Capricorno**.

Nei periodi dell'anno che intercorrono tra un solstizio e un equinozio o tra un equinozio e un solstizio, la posizione del circolo di illuminazione rispetto all'asse di rotazione varia gradualmente. L'intervallo di tempo tra due successivi equinozi, o solstizi uguali, è detto **anno solare**, o **tropico**, e ha una durata di 365 d 5 h 48 min 46 s, più breve di 20 min rispetto all'anno sidereo.

FIGURA 13 Il moto di rivoluzione della Terra intorno al Sole.

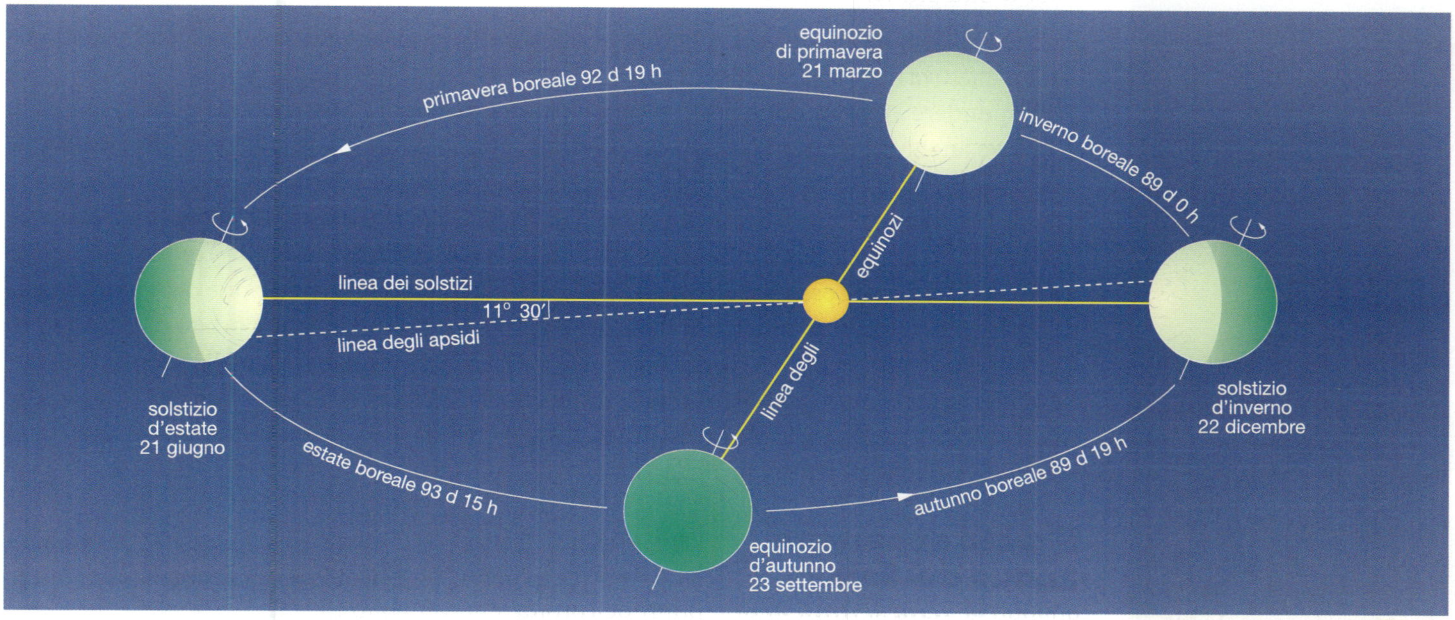

LE PAROLE DELLA SCIENZA

Parliamo di angoli

Quando si parla dei movimenti della Terra è necessario parlare di angoli e bisogna utilizzare correttamente il linguaggio matematico.

- Due **segmenti**, o due **semirette**, sono **perpendicolari** se **formano tra loro angoli di 90°**. L'asse terrestre quindi è perpendicolare al *piano* dell'equatore, ma non all'equatore perché l'equatore è una linea che non è tangente (cioè non tocca) all'asse.
- Due **angoli** sono **complementari** se la loro **somma è 90°** ➔ **FIGURA 14**. L'angolo tra asse terrestre ed eclittica è complementare dell'angolo tra eclittica e piano dell'equatore, perché la loro somma deve corrispondere all'angolo tra il piano dell'equatore e l'asse.

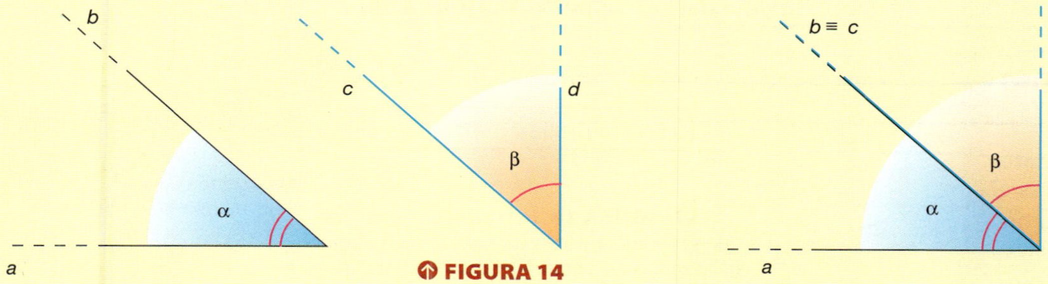

FIGURA 14

7 Le conseguenze del moto di rivoluzione

A causa del moto di rivoluzione, la Terra modifica periodicamente la sua posizione rispetto al Sole. Gli effetti più significativi di questo cambiamento di posizione sono:

- la diversa durata del giorno solare e del giorno sidereo
- il moto apparente annuo del Sole
- il fenomeno delle stagioni.

FIGURA 15 La velocità di rotazione della Terra è 360° al 1 d, che è uguale a 1° al 4 min.

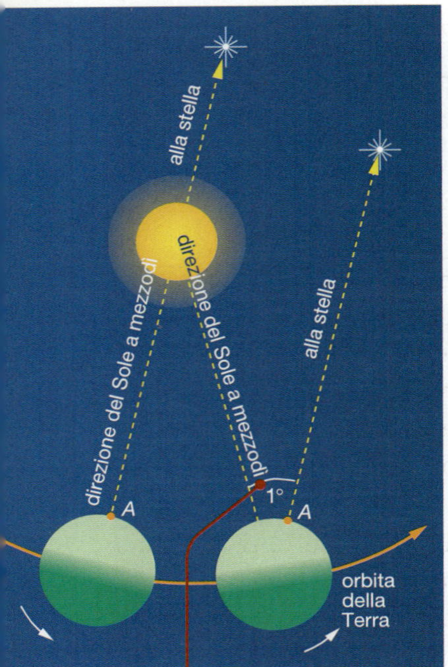

angolo di rotazione che deve compiere la Terra per trovarsi nella stessa posizione rispetto al Sole dopo un giorno

Il giorno solare

Il Sole sembra girare intorno a noi ogni giorno a causa del moto di rotazione della Terra. L'intervallo di tempo in cui avviene questo *moto apparente* si chiama **giorno solare** e si compie in **24 ore**, mentre le stelle compiono il loro giro apparente intorno alla Terra in 23 h 56 min (*giorno sidereo*).

Perché il giorno solare dura circa 4 min in più rispetto al giorno sidereo, che corrisponde alla durata effettiva della rotazione terrestre?

Per rispondere a questa domanda, bisogna considerare che la Terra, mentre ruota su se stessa, si muove anche intorno al Sole, spostandosi ogni giorno di un angolo di circa 1° **FIGURA 15**. Questo spostamento non è apprezzabile quando il punto di riferimento è una stella molto lontana. Se invece il punto di riferimento è il Sole (molto più vicino a noi), allora lo spostamento della Terra lungo la sua orbita non è più trascurabile. Quando, infatti, la Terra ha compiuto un'intera rotazione, l'osservatore non si trova più nella medesima posizione del giorno precedente rispetto al Sole, dal momento che la Terra si è mossa lungo la sua orbita di rivoluzione. Perché l'osservatore possa vedere il Sole nella stessa direzione del giorno precedente, è necessario che la Terra ruoti su se stessa di 1° circa. Poiché la Terra impiega 4 min per compiere la rotazione di 1°, **il giorno solare risulta più lungo del giorno sidereo di 4 min** e non corrisponde al periodo di rotazione della Terra.

Il moto apparente annuo del Sole

Dal momento che il giorno solare è più lungo del giorno sidereo, il moto apparente del Sole non è sincronizzato con quello della volta celeste: il Sole ritarda ogni giorno di 4 min e ogni mese di 2 h circa rispetto allo sfondo delle stelle e nel giro di 1 anno si ritrova di nuovo nella posizione iniziale. Se, giorno dopo giorno, fissiamo la posizione del Sole a mezzogiorno sullo sfondo celeste, osserveremo che in un anno il Sole descrive in cielo una linea chiusa, inclinata di 23° 27' rispetto al piano dell'equatore.

Lo sfondo di stelle lungo il quale il Sole si muove nell'arco dell'anno si chiama **zodiaco**. Lo zodiaco occupa una fascia larga circa 20° intorno al piano dell'eclittica e comprende **12 costellazioni** che nel corso dell'anno vengono "attraversate" una dopo l'altra dal Sole. Quando il Sole si trova in una costellazione, questa ovviamente non è visibile (come tutte le stelle durante il dì), mentre di notte saranno visibili le costellazioni che si trovano dal lato opposto **FIGURA 16**.

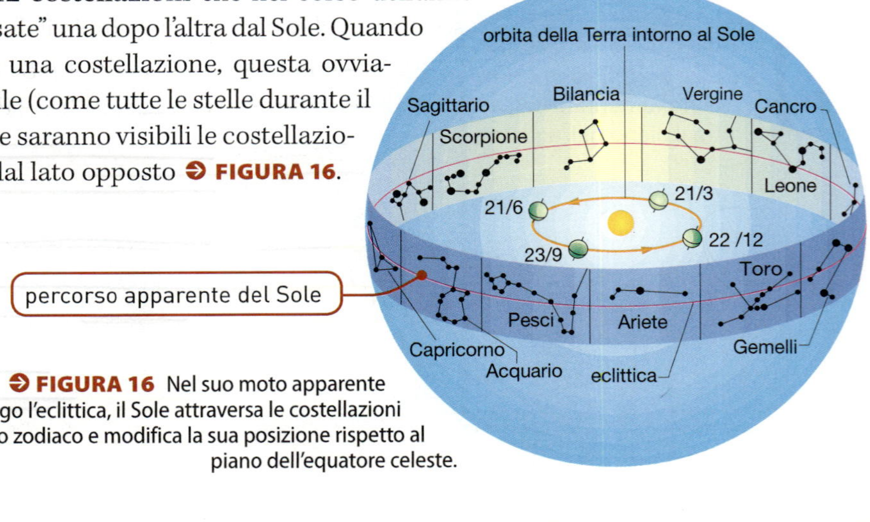

FIGURA 16 Nel suo moto apparente lungo l'eclittica, il Sole attraversa le costellazioni dello zodiaco e modifica la sua posizione rispetto al piano dell'equatore celeste.

GUIDA ALLO STUDIO

- Quali sono le conseguenze del moto di rivoluzione terrestre?
- Quanto durano giorno solare e giorno sidereo?
- Che cos'è lo zodiaco?

8 Le stagioni astronomiche

Durante l'anno in tutti i luoghi della superficie terrestre si osservano mutamenti periodici delle condizioni di illuminazione e riscaldamento. Osservando tali variazioni, è possibile suddividere l'anno in quattro periodi, le **stagioni astronomiche**: *primavera, estate, autunno, inverno*.

Ogni stagione ha inizio con il solstizio o con l'equinozio che prende il suo nome:

- la **primavera** inizia con l'*equinozio di primavera* (21 marzo) e termina con il *solstizio d'estate* (21 giugno);
- l'**estate** inizia con il *solstizio d'estate* e termina con l'*equinozio di autunno* (23 settembre);
- l'**autunno** inizia con l'*equinozio di autunno* e termina con il *solstizio d'inverno* (22 dicembre);
- l'**inverno** inizia con il *solstizio d'inverno* e termina con l'*equinozio di primavera*.

A determinare il susseguirsi delle stagioni concorrono alcune importanti **cause**:

- il moto di **rivoluzione** della Terra intorno al Sole;
- l'**inclinazione dell'asse** di rotazione terrestre rispetto al piano dell'eclittica;
- l'**asse di rotazione** che si mantiene **parallelo a se stesso** durante il moto di rivoluzione.

Le stagioni, dunque, non dipendono tanto dal fatto che la Terra si muove intorno al Sole (condizione comunque necessaria), quanto piuttosto dal particolare orientamento dell'asse di rotazione durante la rivoluzione. L'asse terrestre, infatti, mantiene la sua inclinazione rispetto al piano dell'eclittica (66° 33') e la sua direzione durante il moto di rivoluzione. Di conseguenza la posizione del Sole rispetto al piano equatoriale e la posizione del circolo di illuminazione (che è sempre perpendicolare alla direzione dei raggi solari) oscillano durante l'anno tra due situazioni estreme, corrispondenti ai due solstizi.

Ciò ha **due conseguenze**:

- la **durata del dì** subisce periodiche variazioni. Più ci si allontana dall'equatore (unico parallelo della Terra in cui la durata del dì è sempre uguale a quella della notte), più tali variazioni diventano evidenti;
- l'**altezza del Sole** varia nel corso dell'anno, in ogni luogo della Terra (anche all'equatore) e in modo diverso a seconda della latitudine **FIGURA 17**.

La diversa durata del dì e della notte e la diversa altezza del Sole sull'orizzonte sono i principali responsabili dell'alternarsi di periodi caldi e freddi sulla Terra. Dalla durata del dì, infatti, dipende la *quantità di raggi solari* che ogni luogo riceve giornalmente, mentre dall'altezza del Sole dipende l'*angolo di incidenza* dei raggi solari sulla superficie terrestre: quanto più i raggi sono inclinati tanto meno viene riscaldato il suolo, perché è più ampia la superficie colpita **FIGURA 18**. Quest'ultimo aspetto è molto più importante di quanto possa sembrare. All'equatore per esempio il dì dura 12 ore tutto l'anno, ma la temperatura si mantiene in media più elevata rispetto a regioni, come quelle del Nord Italia, dove per sei mesi l'anno il dì dura molto di più. Ciò è dovuto proprio alla diversa inclinazione dei raggi solari.

FIGURA 17 Alle nostre latitudini, il Sole raggiunge l'altezza massima il giorno del solstizio d'estate e l'altezza minima il giorno del solstizio d'inverno. L'altezza massima del Sole viene raggiunta sempre in direzione sud. Durante l'anno varia anche la lunghezza dell'arco percorso dal Sole sopra l'orizzonte (cioè la durata del dì).

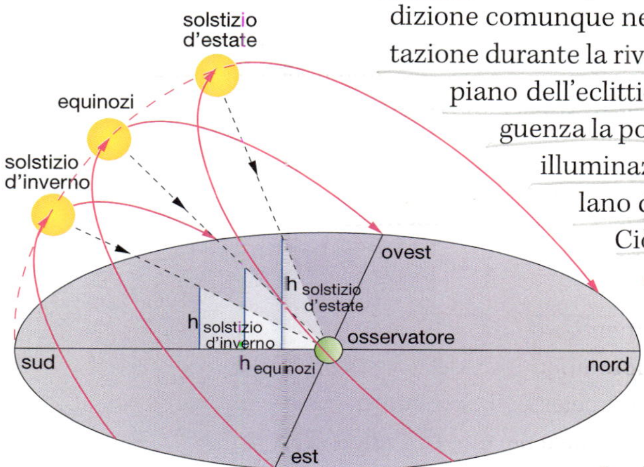

altezza (*h*)
distanza angolare di un astro dal piano dell'orizzonte.

GUIDA ALLO STUDIO

- Che cosa sono equinozi e solstizi?
- Che cosa sono le stagioni astronomiche?
- Quali sono le cause delle stagioni astronomiche?

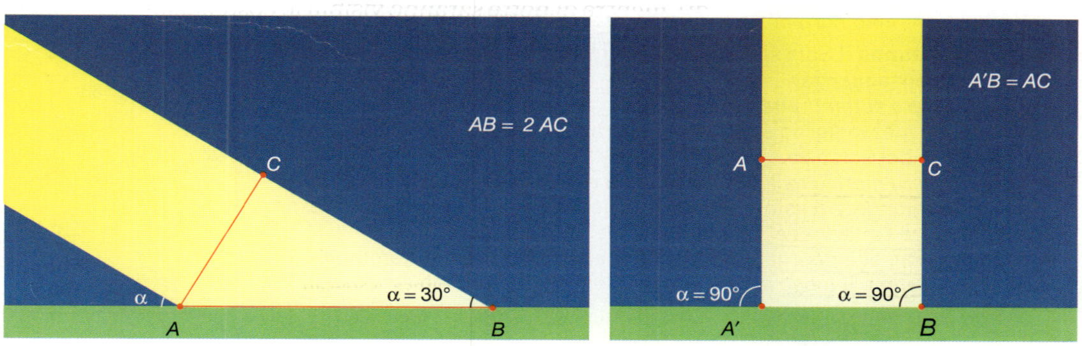

FIGURA 18 Un fascio di luce solare che giunge obliquo sulla Terra si disperde su una superficie più ampia rispetto a un fascio perpendicolare. Per questo il riscaldamento della superficie terrestre dipende dall'altezza del Sole sull'orizzonte.

9 Le stagioni astronomiche hanno effetti diversi in relazione alla latitudine

Le stagioni astronomiche non hanno effetti uguali su tutta la superficie terrestre: nel medesimo giorno, infatti, l'altezza del Sole e la durata del dì variano a seconda della latitudine. Descriviamo quindi ciò che accade durante le stagioni utilizzando come riferimento i tropici, l'equatore, i poli e i circoli polari, cioè alcuni paralleli particolarmente rappresentativi. In particolare ricordiamo che **l'equatore è l'unico parallelo sul quale la durata del dì è costante per tutto l'anno ed è uguale alla durata della notte**, perché è sempre diviso a metà dal circolo di illuminazione.

Le stagioni astronomiche

Nella descrizione che segue consideriamo innanzitutto la situazione che si verifica su questi particolari paralleli nel giorno di inizio di ciascuna stagione (perché è il momento più caratteristico) e analizziamo successivamente le variazioni di altezza del Sole e di durata del dì che caratterizzano la stagione in questione ➔ **FIGURA 19**.

FIGURA 19

ESTATE

Nel giorno del **solstizio di estate (21 giugno)**, il Sole è allo *zenit* sul *tropico del Cancro* e l'*altezza del Sole* diminuisce allontanandosi dal tropico del Cancro. Nell'*emisfero settentrionale*, la zona compresa tra il circolo polare artico e il polo nord è illuminata per tutto il giorno, mentre nell'*emisfero meridionale*, la zona compresa tra il polo sud e il circolo polare antartico resta al buio per tutto il giorno.

SOLSTIZIO D'ESTATE

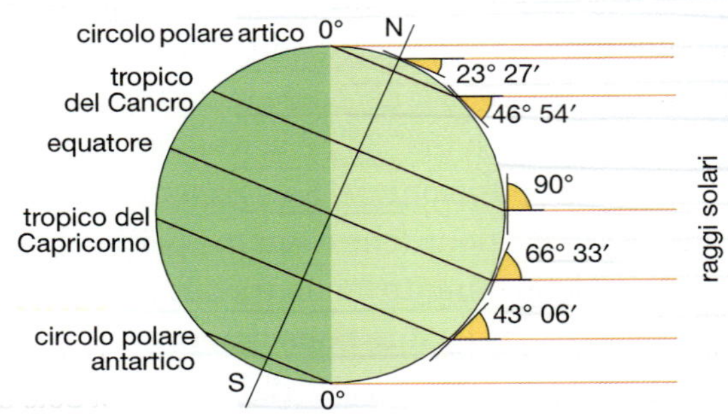

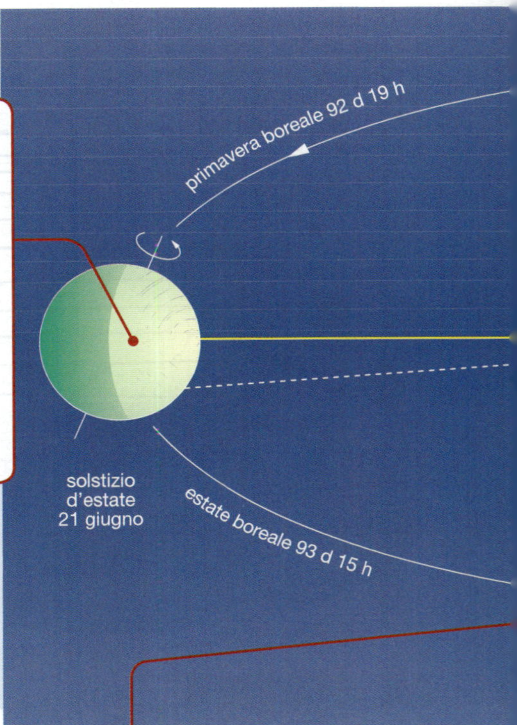

Durante l'estate:

- nell'*emisfero settentrionale*, il dì si accorcia progressivamente, e l'altezza del Sole a mezzogiorno diminuisce fino a raggiungere, nel giorno di equinozio di autunno, i medesimi valori che aveva il 21 marzo;
- nell'*emisfero meridionale la situazione è invertita*: il dì si allunga (ma dura sempre meno di 12 ore) e l'altezza del Sole aumenta (ma è sempre e ovunque inferiore rispetto a quella dell'equinozio);
- all'*equatore*, la durata del dì e della notte sono uguali, e l'altezza del Sole cresce.

AUTUNNO

Nel giorno di **equinozio di autunno (23 settembre)** si ripete la situazione osservata nell'equinozio di primavera: il dì dura 12 ore in tutti i luoghi della Terra. Al polo nord inizia la *lunga notte* e al polo sud inizia il *lungo dì*.

Durante l'autunno il Sole si "sposta" apparentemente a sud dell'equatore celeste; di conseguenza:

- nell'*emisfero settentrionale*, il dì si accorcia progressivamente e l'altezza del Sole a mezzogiorno si riduce fino a raggiungere il valore minimo nel giorno del solstizio d'inverno;
- nell'*emisfero meridionale*, il dì si allunga e l'altezza del Sole aumenta fino a raggiungere il valore più elevato nel giorno del solstizio d'inverno;
- all'equatore l'altezza del Sole diminuisce nuovamente;
- il polo nord è al buio, mentre il *polo sud* è costantemente illuminato. La *lunga notte* e il *lungo dì* progressivamente si estendono sui paralleli prossimi ai poli.

EQUINOZIO D'AUTUNNO

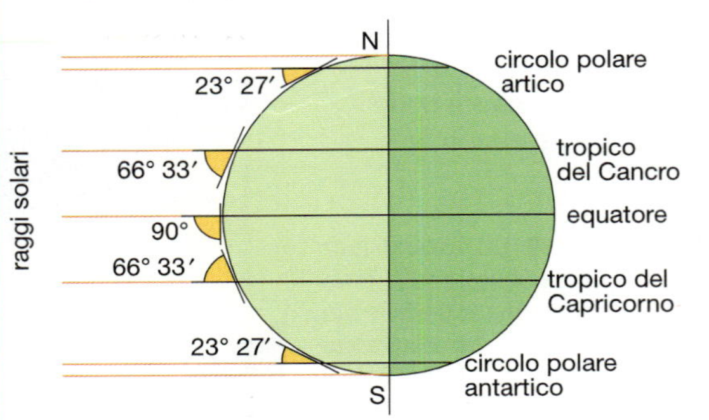

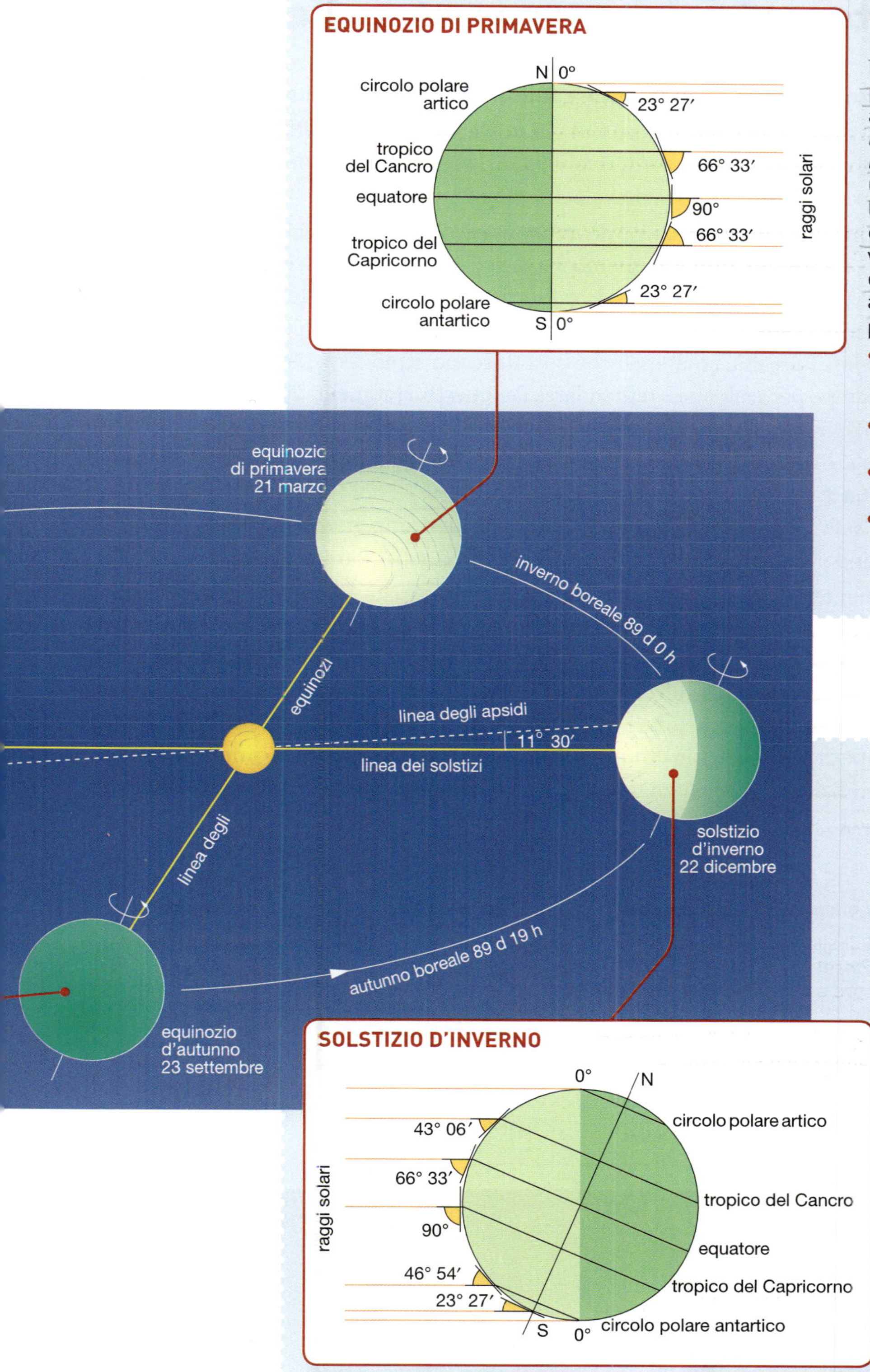

PRIMAVERA

Nel giorno di **equinozio di primavera (21 marzo)**, la durata del dì è uguale a quella della notte in ogni punto della Terra. I raggi solari a mezzogiorno sono allo *zenit* sull'*equatore mentre sugli altri paralleli l'altezza del Sole diminuisce al crescere della latitudine*.

Ciò significa che la quantità di calore che riceve l'equatore è comunque superiore rispetto a quella che ricevono le altre regioni, in particolare quelle vicine ai poli. Al polo infatti il Sole si trova sul limite dell'orizzonte: mentre al polo nord inizia il lungo dì, al polo sud il Sole tramonta e inizia la lunga notte.

Durante la primavera:

- nell'*emisfero settentrionale* il dì si allunga progressivamente e l'altezza del Sole a mezzogiorno aumenta;
- nell'*emisfero meridionale*, le giornate si accorciano e l'altezza del Sole diminuisce;
- all'equatore la durata del dì e della notte restano invariate e l'altezza del Sole diminuisce;
- il *polo nord* è costantemente illuminato, il polo sud è sempre al buio. La *lunga notte* e il *lungo dì* si estendono progressivamente sui paralleli prossimi ai poli.

INVERNO

Nel giorno del **solstizio d'inverno (22 dicembre)**, il Sole a mezzogiorno si trova allo *zenit* sul *tropico del Capricorno*. In questo giorno le *condizioni di illuminazione* sono invertite, rispetto a quelle del solstizio estivo: tutte le terre comprese tra il circolo polare artico e il polo nord rimangono al buio per tutto il giorno, mentre nell'emisfero australe la zona compresa tra il polo sud e il circolo polare antartico è illuminata. L'*altezza raggiunta dal Sole* diminuisce via via che ci si allontana in latitudine dal tropico del Capricorno.

Durante l'inverno:

- nell'*emisfero settentrionale*, il dì si allunga progressivamente e l'altezza del Sole a mezzogiorno aumenta;
- nell'*emisfero meridionale*, le giornate si accorciano e l'altezza del Sole diminuisce;
- solo all'*equatore* la durata del dì è uguale a quella della notte e l'altezza del Sole cresce nuovamente fino a raggiungere il valore di 90° nel giorno di equinozio; continuano la *lunga notte* al polo nord e il *lungo dì* al polo sud.

GUIDA ALLO STUDIO

- ▸ **Come varia la durata del dì nel corso dell'anno?**
- ▸ **Come varia l'altezza del Sole nel corso dell'anno?**
- ▸ **Che cosa accade durante la primavera e l'estate nell'emisfero boreale?**
- ▸ **Che cosa accade durante l'inverno e l'autunno nell'emisfero australe?**

10 Stagioni astronomiche, stagioni meteorologiche e zone termiche

Dopo aver descritto le stagioni astronomiche è utile fare tre considerazioni.

1. Le 4 stagioni astronomiche non hanno tutte la medesima durata, perché nel primo semestre la Terra avanza lungo la sua orbita di rivoluzione a velocità più moderata (afelio), mentre durante il secondo semestre procede con velocità maggiore (perielio).

2. Il momento culminante di ogni stagione dovrebbe essere il momento iniziale, ma in realtà non è così. Per esempio, durante l'estate il momento in cui nell'emisfero settentrionale il Sole raggiunge la massima altezza sull'orizzonte e il dì ha la massima durata corrisponde al solstizio estivo (21 giugno). Teoricamente, quindi, il solstizio dovrebbe essere il giorno più caldo nel nostro emisfero e alle nostre latitudini. In realtà, i materiali che costituiscono atmosfera, idrosfera e litosfera impiegano un certo tempo per scaldarsi o raffreddarsi. Per questo, i momenti di maggiore calura o di freddo più intenso non coincidono con i solstizi, ma si verificano circa 1 mese dopo.

Per queste ragioni si è deciso di distinguere le stagioni astronomiche dalle **stagioni meteorologiche** ➲ **TABELLA 2**.

Per convenzione, si fa iniziare la stagione meteorologica il primo giorno del mese in cui cade il solstizio o l'equinozio, che segnano l'inizio della stagione astronomica.

3. Indipendentemente dai criteri scelti per distinguere stagioni astronomiche e meteorologiche, è evidente che i climi, la vita animale e vegetale e le attività umane sono principalmente condizionati dalla durata del dì, che varia con la latitudine e il periodo dell'anno ➲ **FIGURA 20**. Poiché in corrispondenza dei **tropici** e dei **circoli polari** si hanno particolari **condizioni di illuminazione** e **di inclinazione dei raggi solari** nel corso dell'anno, per convenzione si è stabilito che essi dividano la superficie terrestre in **cinque zone astronomiche**, o **zone termiche**, caratterizzate da diverse condizioni di riscaldamento e da specifiche situazioni climatiche ➲ **FIGURA 21**.

TABELLA 2 Stagioni astronomiche e meteorologiche a confronto

emisfero settentrionale			emisfero meridionale		
stagione	**astronomica**	**meteorologica**	**stagione**	**astronomica**	**meteorologica**
primavera	21 marzo - 21 giugno (93 gg)	1 marzo - 1 giugno (92 gg)	**primavera**	23 settembre - 22 dicembre (90 gg)	1 settembre - 1 dicembre (91 gg)
estate	21 giugno - 23 settembre (93 gg)	1 giugno - 1 settembre (92 gg)	**estate**	22 dicembre - 21 marzo (89 gg)	1 dicembre - 1 marzo (90 gg)
autunno	23 settembre - 22 dicembre (90 gg)	1 settembre - 1 dicembre (91 gg)	**autunno**	21 marzo - 21 giugno (93 gg)	1 marzo - 1 giugno (92 gg)
inverno	22 dicembre - 21 marzo (89 gg)	1 dicembre - 1 marzo (90 gg)	**inverno**	21 giugno - 23 settembre (93 gg)	1 giugno - 1 settembre (92 gg)

➲ **FIGURA 20** A nord del circolo polare artico, nel giorno del solstizio estivo, il Sole non tramonta mai: le immagini, riprese a intervalli di due ore, illustrano il percorso apparente del Sole durante il solstizio d'estate (Sole di mezzanotte) in una località della Norvegia settentrionale.

GUIDA ALLO STUDIO

- Che cosa sono le stagioni meteorologiche?
- Che differenze ci sono tra stagioni astronomiche e stagioni meteorologiche?
- Che cosa sono le zone astronomiche?

Le **calotte polari** si estendono **oltre i due circoli polari**. Qui il Sole non è mai molto alto e in certi momenti dell'anno non sale neanche sopra il piano dell'orizzonte. Il riscaldamento è quindi molto scarso, mentre la durata del dì e della notte subiscono notevoli variazioni. Nel giorno dell'equinozio di primavera, il Sole sorge sul polo nord e tramonta sul polo sud. Per tutta la primavera si mantiene sopra il piano dell'orizzonte al polo nord, fino a raggiungere la sua massima altezza nel giorno del solstizio estivo. Nello stesso periodo, al polo sud, il Sole rimane sempre sotto il piano dell'orizzonte. Al polo nord, dal solstizio estivo, il Sole si abbassa sull'orizzonte fino a tramontare nel giorno dell'equinozio d'autunno, giorno in cui, invece, sorge al polo sud. Nel semestre successivo la situazione si inverte nei due emisferi.

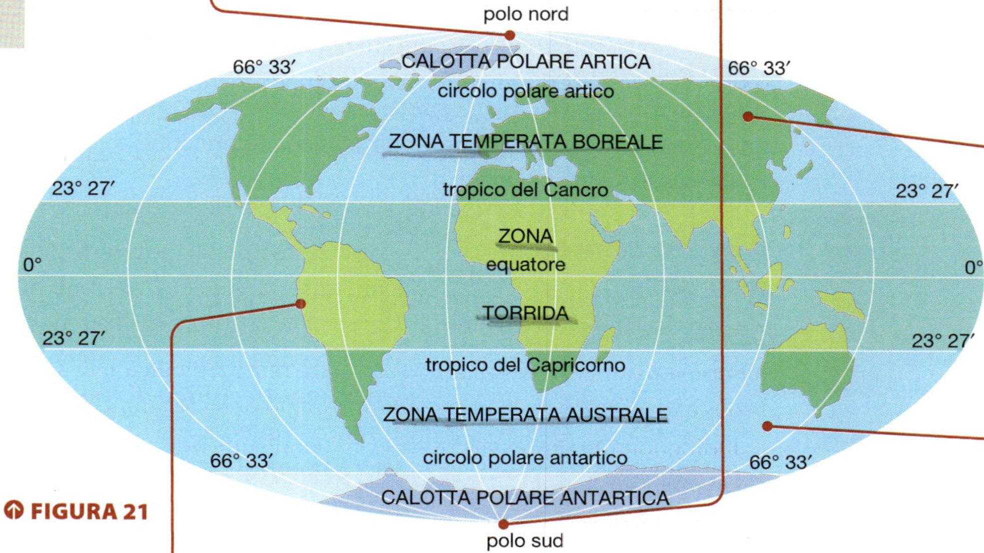

FIGURA 21

La **zona torrida**, o **intertropicale**, è compresa tra i due tropici ed è divisa in due dall'equatore. Qui la durata del dì varia poco nel corso dell'anno, anzi all'equatore è sempre costante. Tutti i paralleli della zona vedono il Sole allo zenit due volte l'anno, tranne i due tropici, sui quali i raggi solari arrivano perpendicolari una volta sola. Il Sole, inoltre, è sempre molto alto sull'orizzonte, per cui il riscaldamento è molto intenso e **non si può parlare di vere e proprie stagioni**.

La **zona temperata australe** e la **zona temperata boreale** sono comprese tra i tropici e i circoli polari. In queste zone la durata del dì e della notte varia molto, secondo le stagioni e la latitudine e il Sole non è mai allo zenit, quindi anche il riscaldamento varia parecchio durante l'anno. Diversamente da quanto accade nella zona torrida, l'ampiezza della variazione tra l'altezza massima e minima del Sole sul piano dell'orizzonte è di circa 47°. Si ha perciò una **netta distinzione fra le varie stagioni**.

LE PAROLE DELLA SCIENZA

Tempo, clima e stagioni

Nella vita quotidiana non si parla di stagioni senza parlare di tempo meteorologico e clima. Che cosa sono *tempo* e *clima*? Che legami ci sono tra tempo, clima e stagioni?
Innanzitutto diamo una definizione dei termini.
Il **tempo meteorologico** è l'insieme dei *dati fisici* (temperatura, umidità, pressione) e dei *fenomeni atmosferici* (precipitazioni, venti) che caratterizzano un dato luogo in un certo giorno e varia di giorno in giorno, anche nella stessa località.
Il **clima**, invece, è la *media delle condizioni meteorologiche* verificatesi in un dato luogo in un periodo di tempo di 30 anni. Non corrisponde dunque alla situazione reale osservabile in un dato luogo in un certo momento: una regione può avere un clima piovoso, ma può trovarsi ad affrontare un periodo anche lungo di siccità.
Conoscere il clima non permette di prevedere le condizioni meteorologiche che si verificheranno in futuro in una certa regione: un'estate può essere, per esempio, molto piovosa, ma l'estate successiva può essere, al contrario, priva di precipitazioni.

Il clima varia in relazione alle zone astronomiche, perché variando la latitudine cambiano l'angolo d'incidenza dei raggi solari, la durata del periodo di illuminazione e le oscillazioni di questi due parametri nel corso dell'anno.
Altri dati però sono significativi. Tra questi ricordiamo:

- l'*altitudine*, perché la temperatura decresce salendo in quota;
- la *presenza di grandi distese d'acqua*, perché le acque assorbono grandi quantità di calore, che poi restituiscono lentamente all'atmosfera, perciò le regioni vicine ai grandi bacini d'acqua hanno escursioni termiche meno accentuate, con estati più fresche e inverni più miti;
- le *correnti marine*, poiché gli spostamenti di grandi masse d'acqua superficiali dai mari caldi ai mari freddi e viceversa esercitano una grande influenza sul clima delle zone costiere;
- la *presenza di rilievi* che possono alterare i movimenti delle grandi masse d'aria e le precipitazioni.

Per queste ragioni nella stessa zona astronomica possiamo trovare regioni con clima assai differente anche se le condizioni astronomiche sono simili.

Gli altri moti millenari

11 I moti millenari

Osservando anno dopo anno il cielo notturno o gli spostamenti del Sole, possiamo avere l'impressione che i cicli di rotazione e di rivoluzione si ripetano sempre uguali, ma in realtà si verificano piccoli cambiamenti, i cui effetti sono evidenti solo in tempi molto lunghi. Lo studio di questi lievi mutamenti ha permesso di scoprire i movimenti della Terra, noti come **moti millenari**.
I moti millenari sono importanti perché, in tempi lunghissimi, influenzano il fenomeno delle stagioni, modificandone gli effetti e sono perciò in parte responsabili dei cambiamenti climatici avvenuti in passato. Prenderemo in considerazione solo il moto millenario più significativo da questo punto di vista: il *moto conico dell'asse.*

Il moto conico dell'asse

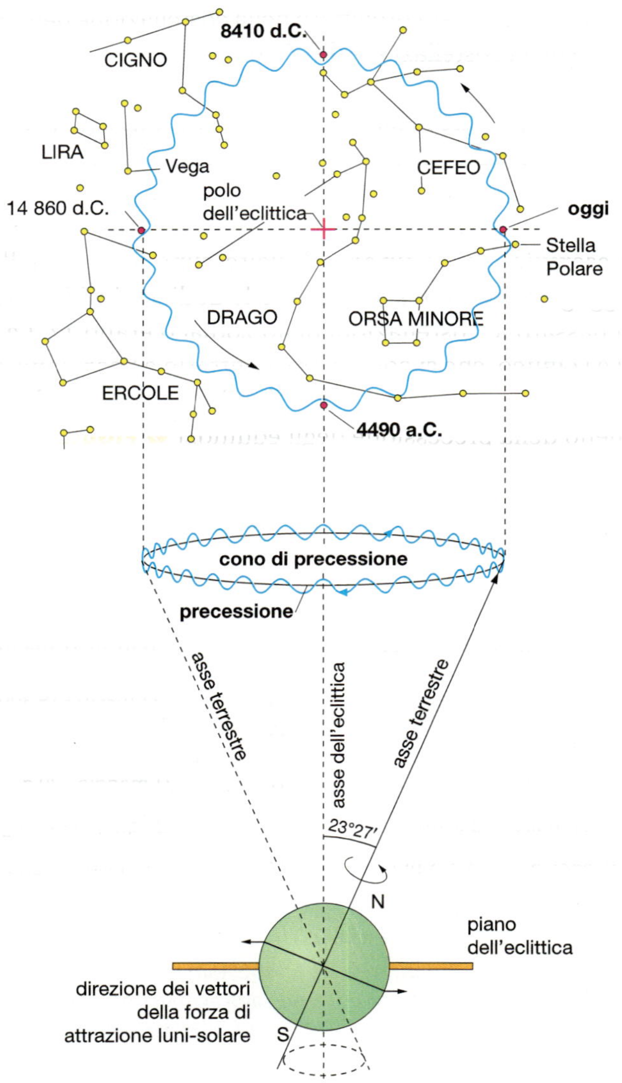

FIGURA 22 La posizione del polo nord celeste, oggi indicata dalla Stella Polare, era indicata nel 3000 a.C. da α Draconis, mentre tra 13 000 anni sarà indicata da Vega.

L'asse terrestre nel tempo *modifica la sua direzione* senza però cambiare la sua inclinazione. In tal modo la Terra oscilla, come una trottola, e l'asse descrive idealmente un doppio cono, compiendo un giro ogni 26 000 anni circa: questo moto è detto **moto conico dell'asse**.
Il moto conico è dovuto all'attrazione che la Luna e il Sole esercitano sul rigonfiamento equatoriale. Questa attrazione provoca il movimento di oscillazione dell'asse di rotazione della Terra: l'asse ruota intorno alla perpendicolare e descrive nello spazio un doppio cono con i vertici al centro della Terra, mantenendo costante l'inclinazione rispetto al piano dell'eclittica e variando solo la direzione.
Il moto conico ha diverse **conseguenze**:

- la **posizione del polo nord** non è stata e non sarà sempre indicata dalla *Stella Polare*; tra 13 000 anni il nord sarà indicato dalla stella *Vega*, per tornare solo tra 25 700 anni a coincidere con la Stella Polare ➲ **FIGURA 22**;
- gli **equinozi anticipano ogni anno di circa 20 min**, perché il movimento cambia anche la posizione dell'equatore. Il fenomeno prende il nome di **precessione degli equinozi**, anche se in realtà non riguarda solo gli equinozi, ma anche i solstizi e tutte le altre posizioni astronomiche.

La precessione degli equinozi

La **precessione degli equinozi** è la conseguenza più rilevante del moto conico dell'asse ed è nota fin dall'antichità, per gli effetti sull'osservazione del cielo e sulle misure del tempo ➲ **FIGURA 23**.
A causa della precessione degli equinozi l'**anno solare**, o **anno tropico**, calcolato come intervallo tra due successivi equinozi, ha una durata di **365 d 5 h 48 min 46 s**, cioè circa 20 min in meno rispetto all'anno sidereo, che misura la durata di una rivoluzione completa.
L'anno solare è utilizzato come riferimento per stabilire la durata dell'**anno civile**, adottato per le attività umane. Per noi quindi gli equinozi e i solstizi cadono all'incirca sempre nelle

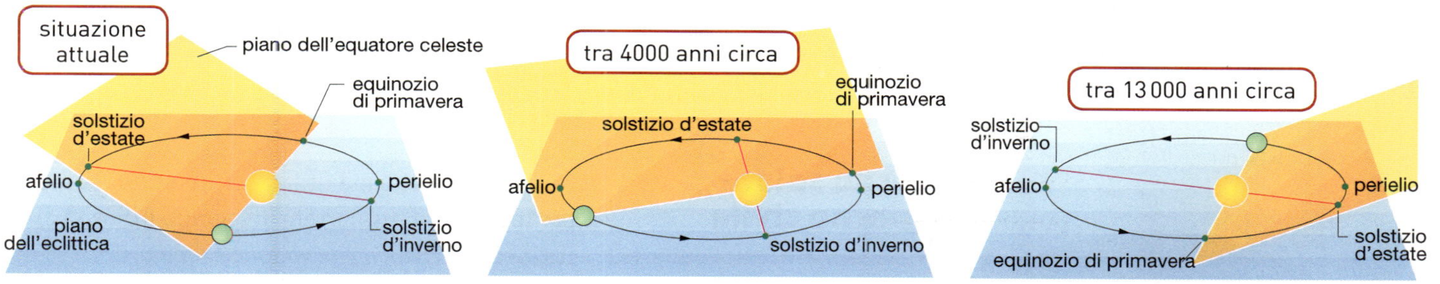

FIGURA 23

stesse date, ma se osserviamo attentamente il cielo possiamo notare il lento cambiamento delle posizioni annue del Sole sullo sfondo dello zodiaco, dovuto al fenomeno della precessione degli equinozi.

Attualmente, per esempio, quando la Terra si trova nel *solstizio d'estate*, il Sole è nella costellazione dei Gemelli, mentre 2000 anni fa nel solstizio d'estate il Sole era nella costellazione del Cancro (di qui deriva il nome del *tropico del Cancro*).

Così, quando la Terra è nella posizione dell'*equinozio di primavera*, il Sole appare proiettato nella costellazione dei Pesci, mentre 2000 anni fa si trovava nella costellazione dell'Ariete. Tra 2000 anni (su tempi più brevi il fenomeno è meno evidente a causa della lentezza del moto conico), all'*equinozio di primavera* il Sole si troverà proiettato nella costellazione dell'Acquario e il *solstizio estivo* troverà il Sole nella costellazione del Toro.

Nella **TABELLA 3** sono riportate le date (indicative) del passaggio del Sole in ciascuna **costellazione zodiacale**. Lo zodiaco astronomico è l'insieme delle costellazioni attraversate dal Sole nel suo movimento apparente annuo sulla sfera celeste. Le costellazioni hanno dimensioni diverse: la Vergine, per esempio, copre un'area 5 volte superiore a quella dello Scorpione. Oggi gli astronomi suddividono lo zodiaco in 13 costellazioni, mentre in passato le costellazioni dello zodiaco erano 12. La costellazione in più è l'Ofiuco, che si colloca tra Sagittario e Scorpione. Le date del passaggio del Sole sono diverse da quelle rilevate nel mondo antico a causa del fenomeno della precessione degli equinozi **FIGURA 24**.

FIGURA 24 I segni zodiacali dell'orologio in Piazza dei Signori a Padova.

TABELLA 3 **Costellazioni zodiacali**

Costellazione	Simbolo	Date in astronomia (J2000 = 12 PM 1° gennaio 2000)	Durata (giorni)	Date in astrologia
Ariete	♈	19 aprile - 13 maggio	25	21 marzo - 19 aprile
Toro	♉	14 maggio - 19 giugno	37	20 aprile - 20 maggio
Gemelli	♊	20 giugno - 20 luglio	31	21 maggio - 20 giugno
Cancro	♋	21 luglio - 9 agosto	20	21 giugno - 22 luglio
Leone	♌	10 agosto - 15 settembre	37	23 luglio - 22 agosto
Vergine	♍	16 settembre - 30 ottobre	45	23 agosto - 22 settembre
Bilancia	♎	31 ottobre - 22 novembre	23	23 settembre - 22 ottobre
Scorpione	♏	23 novembre - 29 novembre	7	23 ottobre - 21 novembre
Ofiuco	–	30 novembre - 17 dicembre	18	–
Sagittario	♐	18 dicembre - 18 gennaio	32	22 novembre - 21 dicembre
Capricorno	♑	19 gennaio - 15 febbraio	27	22 dicembre - 19 gennaio
Acquario	♒	16 febbraio - 11 marzo	24/25	20 gennaio - 18 febbraio
Pesci	♓	12 marzo - 18 aprile	38	19 febbraio - 20 marzo

GUIDA ALLO STUDIO

- Qual è il principale tra i moti millenari?
- Che cos'è la precessione degli equinozi?
- Quanto durano l'anno solare e l'anno sidereo?

Come usare i fusi orari

12 L'astronomia e la misura del tempo

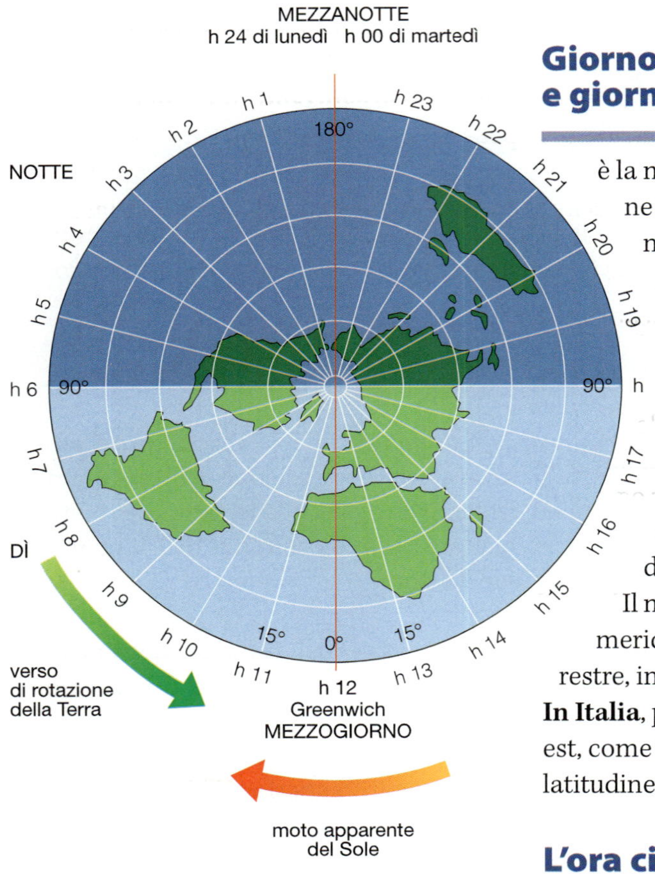

Giorno solare e giorno civile

Nella vita quotidiana utilizziamo come riferimento per misurare il trascorrere del tempo il giorno civile Il **giorno civile** è il *giorno solare medio*, il cui valore è la media della durata di tutti i giorni solari di un anno, diviso per convenzione in **24 ore**. Poiché l'ora è suddivisa in **60 min** e il minuto in **60 s**, 1 s astronomico corrisponde a 1/86 400 del giorno.

I due momenti più significativi del giorno civile sono: la **mezzanotte**, cioè il momento che segna il passaggio da un giorno a un altro, e il **mezzogiorno**.

Il *mezzogiorno astronomico* è il momento in cui il Sole culmina sul meridiano del luogo in cui ci troviamo; la *mezzanotte astronomica* coincide con l'istante in cui il Sole culmina sull'antimeridiano. Tutte le località che si trovano sul medesimo meridiano hanno il mezzogiorno astronomico nello stesso istante, anche se il Sole sorge e tramonta in momenti diversi a seconda della latitudine.

Il mezzogiorno astronomico e la mezzanotte astronomica variano invece da meridiano a meridiano (quindi con la longitudine): a causa della rotazione terrestre, infatti, il Sole culmina su ogni meridiano in momenti diversi. **In Italia**, per esempio, il mezzogiorno astronomico si verifica prima nelle località a est, come Trieste, e poi, con un certo ritardo, nelle località a ovest, come Torino. La latitudine del luogo non influisce in alcun modo sul mezzogiorno astronomico.

L'ora civile e il sistema dei fusi orari

L'**ora astronomica** è l'ora determinata prendendo come riferimento il mezzogiorno astronomico e varia quindi con la longitudine. L'ora astronomica non può essere utilizzata nella vita civile: se così fosse si verificherebbero continui inconvenienti nei rapporti e negli scambi tra località diverse, anche della stessa Nazione. Per facilitare i rapporti e le comunicazioni tra tutti i Paesi del mondo, fin dal XIX secolo, è stato fissato un **sistema orario comune convenzionale**, basato sui fusi orari.

La Terra compie una rotazione di 360° in circa 24 ore, quindi in 1 ora ruota di 15° di longitudine. Questo vuol dire che in 1 ora passano davanti al Sole 15 meridiani in successione. Sulla superficie terrestre, quindi, sono stati tracciati 24 spicchi immaginari, chiamati **fusi orari**. Ognuno ha un'ampiezza di 15° in longitudine e comprende 15 meridiani (15 × 24 = 360°) **➲ FIGURA 25**.

Tutti i luoghi della Terra compresi in un determinato fuso orario assumono per convenzione l'ora astronomica del meridiano passante per il centro del fuso (**ora civile convenzionale**). In ogni luogo della Terra possiamo quindi distinguere un'*ora astronomica* determinata in base alla posizione del Sole, e un'*ora civile convenzionale*. Torino, Milano e Trieste, per esempio, non hanno la stessa ora astronomica, ma hanno la stessa ora civile, che è quella di tutta l'Italia, cioè l'ora del **meridiano dell'Europa centrale**, che passa per Termoli e per l'Etna.

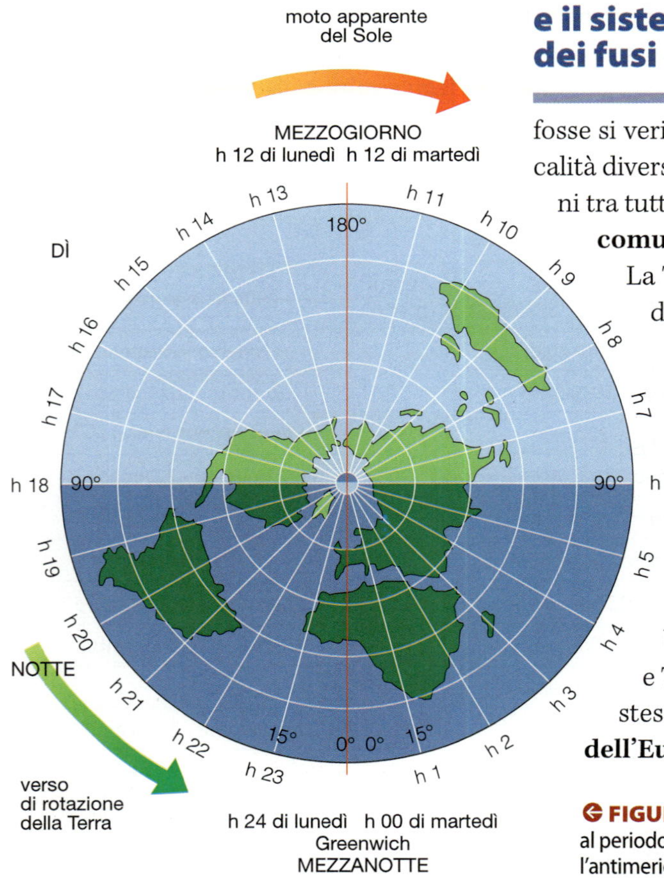

FIGURA 25 Per stabilire l'ora civile la superficie terrestre è stata divisa in 24 fusi orari in base al periodo di rotazione. Il fuso di riferimento è il fuso attraversato dal meridiano di Greenwich; l'antimeridiano di Greenwich è stato scelto come linea del cambiamento di data.

Calendari diversi

L'anno civile e il calendario

Dal momento che le variazioni stagionali regolano l'illuminazione e la quantità di calore ricevuta dalla Terra, è utile misurare il tempo riferendosi all'**anno solare** che dura **365 d 5 h 48 min 46 s**. L'anno solare però non comprende un numero intero di giorni, quindi non è possibile basare il calendario su di esso. Si ricorre perciò all'**anno civile** che, secondo il calendario adottato nel mondo occidentale (**calendario gregoriano**), dura **365 giorni**, 6 ore circa in meno rispetto all'anno solare ➲ **FIGURA 26**.

Per risolvere il problema della differenza tra la durata dell'anno civile e quella dell'anno solare, ogni 4 anni si aggiunge all'anno civile 1 giorno (6 h × 4 = 24 h). Si alternano così 3 anni della durata di 365 giorni e 1 **anno bisestile** che dura **366 giorni**.

Tuttavia, neanche l'anno bisestile ripetuto ogni 4 anni permette di sincronizzare perfettamente anno civile e anno solare. La differenza di durata infatti non è 6 ore esatte, ma 5 h 48 min 46 s. L'anno civile successivo a quello bisestile inizia quindi in ritardo rispetto all'anno solare (6 h – 5 h 48 min 46 s = 11 min 14 s di ritardo per ogni anno).

FIGURA 26 Miniatura che raffigura la commissione per la riforma del calendario, presieduta da papa Gregorio XII nel 1582, che introdusse l'uso del calendario gregoriano.

Per garantire una migliore corrispondenza tra anno civile e anno solare, nel calendario gregoriano tra gli *anni secolari* (1600, 1700, 1800 ecc.), sono bisestili solo quelli le cui cifre siano divisibili per 400. Il 2000 quindi è stato un anno bisestile, mentre il 1900 no.

GUIDA ALLO STUDIO

- Che cos'è il giorno solare medio?
- Che cos'è l'ora civile convenzionale?
- Quanti sono i fusi orari?
- Quanto dura l'anno civile?
- Quale calendario si usa nel mondo occidentale?
- A che cosa servono gli anni bisestili?

PER SAPERNE DI PIÙ

L'ora di alba e tramonto

L'Italia ha un'estensione di circa 12° sia in latitudine sia in longitudine.

Le differenze di longitudine e latitudine tra una località e l'altra si riflettono in una variazione significativa della durata del dì e della notte nel corso dell'anno. Anche le ore di alba e tramonto sono piuttosto diverse tra una zona e l'altra ➲ **FIGURA 27**.

Prima di analizzare i dati di alcune località italiane occorre fare due considerazioni.

Il Sole sorge quando il limite superiore del disco solare diventa visibile sulla linea all'orizzonte e tramonta quando il disco scompare sotto la medesima linea. L'ora dell'alba e del tramonto, e quindi la **durata del dì**, dipendono non soltanto dalla **latitudine** e dalla **longitudine**, ma anche dall'**altitudine** sul livello del mare e dalla **rifrazione** atmosferica.

In generale la durata del dì aumenta al crescere dell'altitudine a causa della forma sferica della Terra: salendo aumenta l'ampiezza dell'orizzonte e quindi la possibilità di osservare il Sole. Per questa ragione un osservatore in una località a 750 m di quota vede l'alba e il tramonto rispettivamente circa 5 minuti prima e dopo rispetto a un osservatore posto al livello del mare (il dì quindi dura 10 minuti di più).

Il calcolo esatto dell'ora dell'alba e dell'ora del tramonto è condizionato anche dalla rifrazione atmosferica, che non ha sempre il medesimo valore, poiché dipende dalla temperatura, dalla pressione e dalla densità della parte di atmosfera attraversata dalla radiazione solare.

Le ore di alba e tramonto della carta sono relative al crepuscolo civile.

Il **crepuscolo civile** è il periodo in cui il Sole si trova tra 0° e 6° sotto l'orizzonte (si può ancora leggere senza usare illuminazione artificiale).

rifrazione
fenomeno per cui le onde passando da un mezzo a un altro con caratteristiche diverse subiscono cambiamenti nella direzione e nella velocità di propagazione.

FIGURA 27 L'ora di alba e tramonto in alcune località italiane il 1° gennaio 2014 (crepuscolo civile).

Costruisci la mappa

Studio... in sintesi

Ascolta la sintesi

1 La Terra è un corpo in movimento

La **Terra** è coinvolta in vari movimenti che si compongono in un **moto unico e complesso**. I moti principali sono la rotazione e la rivoluzione.

2 Il moto di rotazione

Il **moto di rotazione** avviene da ovest verso est, in verso antiorario (osservato dal polo nord celeste), intorno all'asse terrestre. Il tempo di rotazione è il **giorno sidereo** e dura **23 h 56 min**.

La **velocità lineare** di un punto della superficie terrestre **varia a seconda della latitudine e della quota**: è massima all'equatore e nulla ai poli e a una stessa latitudine aumenta con la quota.

Le **conseguenze** più importanti del moto di rotazione sono: l'*alternarsi del dì e della notte*, il *moto diurno apparente dei corpi celesti* (stelle, Sole, Luna, pianeti) intorno alla Terra, l'esistenza della *forza centrifuga* e della *forza di Coriolis*.

3 Giorno, dì, notte

In ogni istante la Terra è divisa a metà dal circolo di illuminazione e ogni punto della Terra vede l'alternarsi durante il **giorno** del **dì** e della **notte**. Solo all'*equatore* dì e notte hanno la medesima durata per tutto l'anno.

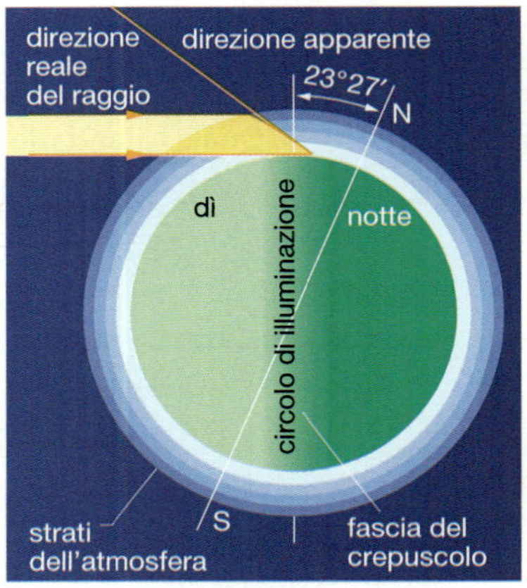

4 La forza centrifuga e la forza di Coriolis

Per effetto della rotazione sulla Terra agiscono due **forze apparenti**:

- la **forza centrifuga** agisce in direzione *perpendicolare all'asse* di rotazione ed è diretta verso l'esterno e la sua intensità diminuisce con l'altitudine e la latitudine;
- la **forza di Coriolis** causa la deviazione dei corpi in movimento sulla superficie terrestre dall'equatore verso i poli o viceversa.

La forza centrifuga è la causa del *rigonfiamento equatoriale*; per effetto della forza di Coriolis le masse di acqua e di aria che si muovono dall'equatore verso i poli sono deviate verso destra (nell'emisfero settentrionale) o verso sinistra (nell'emisfero meridionale), nello stesso verso del movimento.

5 Variazioni di accelerazione di gravità e peso dei corpi

La Terra attira verso il centro qualunque corpo che si trovi sulla sua superficie, con una forza, chiamata peso (P), il cui valore è uguale al prodotto della massa del corpo (m) per l'accelerazione di gravità (g): $\boldsymbol{P = mg}$.

Il valore dell'accelerazione di gravità g cresce, anche se di poco, spostandosi dall'equatore verso i poli perché:

- la **forza di gravità** ha intensità maggiore ai poli (i punti della superficie terrestre più vicini al centro della Terra) e minore all'equatore;
- la **forza centrifuga** riduce gli effetti della forza di gravità soprattutto all'equatore (ai poli la forza centrifuga è nulla).

6 Il moto di rivoluzione

Il **moto di rivoluzione** è il moto che la Terra compie intorno al Sole, percorrendo un'*orbita ellittica* sul piano dell'eclittica. Il Sole occupa uno dei due fuochi dell'ellisse, perciò la distanza Terra-Sole non è costante e varia da un minimo (**perielio**) a un massimo (**afelio**). La *velocità di rivoluzione* è massima in perielio e minima in afelio. Il tempo di rivoluzione è detto **anno sidereo** e dura **365 d 6 h 9 min 9,5 s**.

L'*asse terrestre* forma un angolo di 66° 33' con il piano dell'eclittica e mantiene sempre la stessa inclinazione e la stessa direzione. Sull'orbita di rivoluzione si riconoscono quattro posizioni particolari: **equinozio di primavera** ed **equinozio d'autunno**; **solstizio d'inverno** e **solstizio d'estate**.

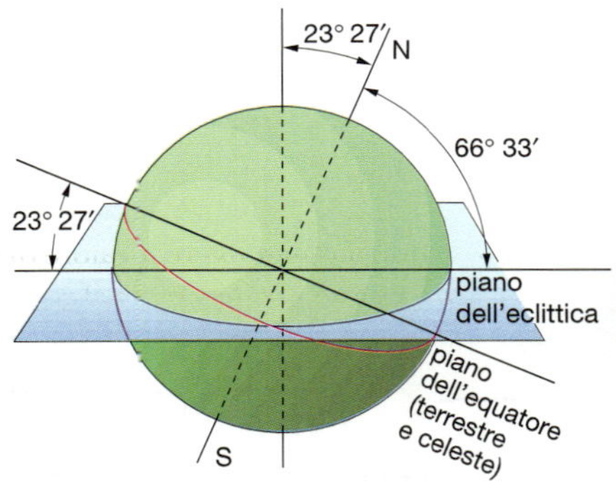

7 Le conseguenze del moto di rivoluzione

Le **conseguenze** del moto di rivoluzione sono:

- il *moto apparente annuo del Sole sullo sfondo dello zodiaco*, in verso contrario rispetto alla sfera celeste;
- la *minore durata del giorno sidereo rispetto al giorno solare* (intervallo di tempo in cui avviene il moto apparente diurno del Sole, pari a 24 h);
- l'alternarsi delle *stagioni astronomiche*.

8 Le stagioni astronomiche

Durante l'anno in tutti i luoghi della superficie terrestre si osservano mutamenti periodici delle condizioni di illuminazione e riscaldamento. Osservando tali variazioni, è possibile suddividere l'anno in quattro periodi, le **stagioni astronomiche**: *primavera, estate, autunno, inverno.*

Ogni stagione ha inizio con il solstizio o con l'equinozio che prende il suo nome.

Le stagioni si verificano perché l'asse terrestre è inclinato (66° 33') rispetto al piano dell'eclittica e si mantiene parallelo a se stesso durante il moto di rivoluzione. Da ciò dipendono due effetti, di entità diversa a seconda della latitudine:

- le durate del dì e della notte variano nel corso dell'anno (tranne all'equatore);
- l'altezza del Sole non è costante, ma varia da giorno a giorno.

9 Le stagioni astronomiche hanno effetti diversi in relazione alla latitudine

Durante la primavera nell'*emisfero settentrionale* il dì si allunga e l'altezza del Sole a mezzogiorno aumenta fino a raggiungere il valore massimo; nell'*emisfero meridionale la situazione è invertita*; all'*equatore* la durata del dì e della notte resta invariata e l'altezza del Sole diminuisce; il *polo nord* è costantemente illuminato, il polo sud è sempre al buio.

Durante l'estate nell'*emisfero settentrionale*, il dì si accorcia e l'altezza del Sole a mezzogiorno diminuisce fino a tornare ai valori dell'equinozio; nell'*emisfero meridionale la situazione è invertita*; all'*equatore* la durata del dì e della notte è uguale, l'altezza del Sole cresce.

Durante l'autunno nell'*emisfero settentrionale*, il dì si accorcia, l'altezza del Sole a mezzogiorno si riduce al valore minimo; nell'*emisfero meridionale la situazione è invertita*; all'*equatore* l'altezza del Sole diminuisce nuovamente; il *polo nord* è al buio, mentre il *polo sud* è costantemente illuminato.

Durante l'inverno nell'*emisfero settentrionale*, il dì si allunga progressivamente e l'altezza del Sole a mezzogiorno aumenta fino a tornare ai valori dell'equinozio; nell'*emisfero meridionale la situazione è invertita*; solo all'*equatore* la durata del dì è uguale a quella della notte, e l'altezza del Sole cresce nuovamente fino a raggiungere il valore di 90° nel giorno di equinozio; continuano la *lunga notte* al polo nord e il *lungo dì* al polo sud.

10 Stagioni astronomiche, stagioni meteorologiche e zone termiche

Studiando le **stagioni astronomiche** bisogna ricordare che:

- il periodo autunno-inverno ha durata più breve del periodo primavera-estate;
- le stagioni astronomiche non coincidono perfettamente con **le stagioni meteorologiche**, che sono i quattro periodi (**primavera**, **estate**, **autunno**, **inverno**) compresi tra il primo giorno del mese in cui cade il solstizio o l'equinozio che segna l'inizio della stagione astronomica e il primo giorno del mese in cui cade il solstizio o l'equinozio che segna l'inizio della stagione astronomica successiva;
- i circoli polari e i tropici dividono la Terra in cinque **zone astronomiche** caratterizzate da condizioni di illuminazione molto diverse fra loro: una **zona torrida**, due **zone temperate** (**australe** e **boreale**) e le **calotte polari**.

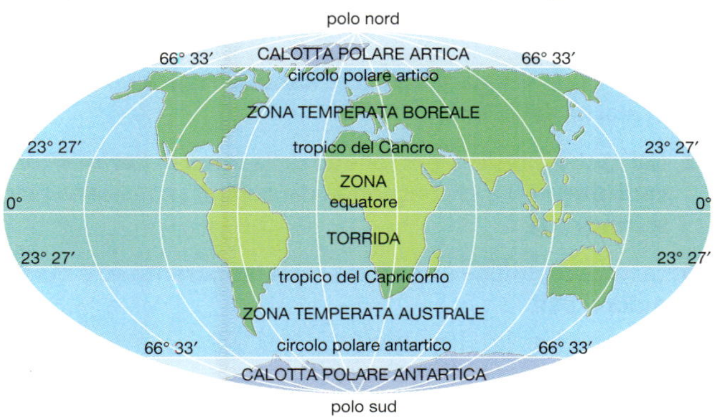

11 I moti millenari

La Terra è soggetta a movimenti minori e lentissimi, detti **moti millenari**, tra i quali il più importante è il **moto conico dell'asse terrestre**, provocato dall'attrazione combinata del Sole e della Luna sul rigonfiamento equatoriale. L'asse terrestre modifica la sua direzione, pur mantenendo costante l'inclinazione rispetto al piano dell'eclittica, e descrive nello spazio un *doppio cono*, ritornando nella posizione originaria dopo circa 26 000 anni. La conseguenza più importante di questo moto è il fenomeno della **precessione degli equinozi**, a causa del quale l'*anno solare*, misurato come intervallo tra due equinozi di primavera, è *più breve rispetto all'anno sidereo*.

12 L'astronomia e la misura del tempo

Il **giorno solare medio** è la media della durata di tutti i giorni solari nel corso dell'anno e ha una durata di **24 h**.

Per determinare nell'arco della giornata il valore dell'ora si fa riferimento al **mezzogiorno astronomico**, che corrisponde al momento in cui il Sole culmina sul meridiano del luogo. Tutte le località che si trovano sullo stesso meridiano terrestre hanno lo stesso mezzogiorno e la medesima ora astronomica.

Per convenzione, l'**ora civile** non viene calcolata basandosi sull'ora astronomica, ma sull'**ora civile convenzionale**, stabilita in base ai fusi orari. La Terra è stata idealmente suddivisa in **24 fusi orari** comprendenti ciascuno 15 meridiani. I luoghi della Terra compresi in un certo fuso hanno per convenzione l'ora stabilita sulla base del mezzogiorno astronomico del meridiano centrale del fuso.

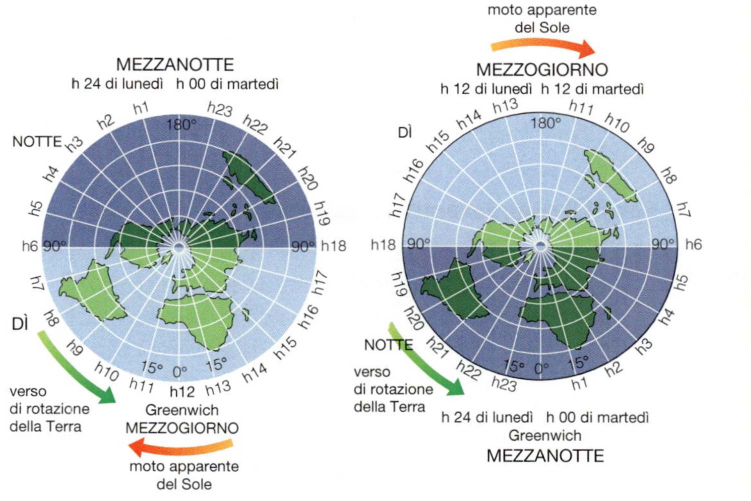

L'**anno civile** ha una durata di **365 giorni** ed è più breve dell'**anno solare** (intervallo tra due successivi equinozi di primavera), che dura 5 h 48 min 46 s di più. Ciò rende difficile elaborare un calendario adeguato. Per evitare sfasamenti tra **calendario civile** e stagioni astronomiche si è convenuto di introdurre ogni 4 anni un **anno bisestile**, che dura **366 giorni**. Tra gli anni secolari sono bisestili solo quelli le cui cifre sono divisibili per 400.

Verifica il tuo studio

FISSA I CONCETTI

1 La Terra è un corpo in movimento

Completa le frasi

1 Come gli altri .... la Terra compie un moto di .... intorno al proprio .... e un moto di .... intorno al ....

2 I moti principali e i moti .... della Terra si compongono in un moto .... e ...., a cui si deve il fatto che la Terra non si trova mai per due volte nello stesso .... dell'Universo.

2 Il moto di rotazione

1 rotazione   2 giorno sidereo   3 giorno solare

a periodo di tempo in cui avviene una rotazione completa della Terra: dura 23 h 56 min

b intervallo di tempo in cui si compie il moto apparente giornaliero del Sole: dura 24 h in media

c moto della Terra su se stessa intorno al proprio asse

1. ☐   2. ☐   3. ☐

Completa le frasi

1 Il moto di rotazione e il moto di .... si compiono in senso .... (se osservati dal ....), da .... verso ....

2 La velocità lineare di rotazione di un punto della superficie terrestre varia con la .... e la ....

3 L'alternarsi del dì e della notte è una conseguenza del moto di .... della Terra.

Scegli il completamento corretto

1 Il moto di rotazione terrestre, osservato dal polo nord celeste, è:
- A un moto variabile, che avviene da ovest verso est
- B un moto variabile, che avviene da est verso ovest
- C un moto uniforme, che avviene da est verso ovest
- D un moto uniforme, che avviene da ovest verso est

2 Sole, Luna, pianeti e stelle hanno un moto diurno apparente:
- A che si svolge nello stesso verso della rotazione terrestre
- B effetto della rotazione terrestre
- C effetto della rivoluzione della Terra intorno al Sole
- D che si compie ogni giorno lungo lo stesso tragitto

Individua il completamento sbagliato e correggilo

1 La velocità lineare di rotazione della Terra:
- A a livello del mare varia con la latitudine
- B aumenta allontanandosi dall'asse di rotazione
- C aumenta con l'altitudine
- D a livello del mare varia lungo un parallelo

Scegli il termine corretto tra i due proposti

1 La velocità lineare di rotazione della vetta del Monte Bianco è **maggiore/minore** di quella di un punto alla base del versante.

2 La velocità angolare di rotazione della vetta del Monte Bianco è **uguale a/diversa da** quella di un punto alla base del versante.

3 Durante la rotazione ogni punto della superficie terrestre si sposta di **15 km/15°** all'ora.

3 Giorno, dì, notte

Indica l'affermazione corretta

- A il giorno sidereo dura 24 ore
- B la rotazione terrestre dura più di 24 ore
- C il giorno ha durata variabile a seconda della stagione
- D all'equatore giorno e notte durano 12 ore

Scegli il completamento corretto

Il circolo di illuminazione:
- A divide a metà la Terra solo in alcuni giorni dell'anno
- B divide a metà tutti i meridiani
- C non sempre è tangente ai poli
- D taglia a metà tutti i paralleli in tutti i giorni dell'anno

Individua il completamento sbagliato e correggilo

Il circolo di illuminazione:
- A divide sempre la Terra a metà
- B cambia posizione rispetto all'asse di rotazione terrestre
- C è perpendicolare al piano dell'eclittica
- D è tangente ai poli nei giorni di equinozio

Scegli il termine corretto tra i due proposti

1 Il giorno ha durata **uguale/diversa** in ogni punto della Terra.

2 La durata della notte all'equatore è **uguale a/diversa da** quella del giorno.

3 La durata del crepuscolo **aumenta/diminuisce** con la latitudine.

4 La forza centrifuga e la forza di Coriolis

Scegli il termine corretto tra i due proposti

1 Il rigonfiamento equatoriale dipende dal fatto che all'equatore l'entità della forza centrifuga è **superiore/inferiore** a quella che agisce ai poli.

2 La forza centrifuga all'equatore **annulla/riduce** l'effetto della forza di gravità della Terra.

3 Nel nostro emisfero, per l'effetto della **forza di Coriolis/forza centrifuga** i tronchi trasportati dai fiumi si ammassano lungo la riva destra.

4 La forza centrifuga è una forza **reale/apparente** ed è **massima/nulla** ai poli.

Scegli il completamento corretto

1 La forza centrifuga conseguente alla rotazione terrestre ha direzione perpendicolare:
- A al raggio terrestre nel luogo considerato
- B al piano dell'equatore
- C ai meridiani
- D all'asse terrestre

2 La forza centrifuga conseguente alla rotazione terrestre:
- A diminuisce di intensità spostandosi dai poli verso l'equatore
- B ha valore nullo ai poli e massimo all'equatore
- C ha valore uguale su tutti punti di un meridiano
- D aumenta di intensità spostandosi lungo un meridiano

5 Variazioni di accelerazione di gravità e peso dei corpi

Scegli il completamento corretto

1 Il peso di un corpo è:
- A un'accelerazione
- B una massa
- C una forza
- D una forma di energia

2 Il peso di un corpo sulla superficie terrestre non è costante perché:
- A la massa del corpo cambia al variare della distanza dal centro della Terra
- B il valore dell'accelerazione di gravità g non è costante
- C il moto di rivoluzione terrestre condiziona il valore di g
- D la forza centrifuga aumenta l'effetto della forza di gravità

3 La massa di un corpo si ricava dal peso, con il seguente calcolo:
- A $m = \mathrm{P} \times \mathrm{g}$
- B $m = g/m$
- C $m = P/G$
- D $m = P/g$

4 Il valore di g (e del peso):
- A diminuisce lungo uno stesso parallelo, se diminuisce l'altitudine
- B nel nostro emisfero a livello del mare diminuisce, se aumenta la latitudine
- C diminuisce se aumenta la distanza dal centro della Terra
- D aumenta dove la forza centrifuga della rotazione terrestre è più intensa

Completa le frasi

1 Il peso di un corpo ai poli a livello del mare è .... a quello che ha all'equatore.

2 Il peso dei corpi è una forza .... ed è .... ; la massa è la .... presente nel corpo, ed è ....

3 Il valore di g .... spostandosi dai poli verso l'equatore.

6 Il moto di rivoluzione

Abbina ogni termine alla definizione corretta

1 rivoluzione
2 anno sidereo
3 eclittica
4 equinozi
5 solstizi
6 anno solare

a intervallo di tempo tra due successivi equinozi o solstizi uguali
b giorni in cui il circolo di illuminazione passa alla massima distanza dai poli
c giorni in cui il circolo di illuminazione passa per i poli e il dì e la notte hanno la stessa durata
d piano dell'orbita della Terra attorno al Sole
e moto della Terra intorno al Sole su un'orbita ellittica
f periodo di tempo in cui si compie una rivoluzione completa della Terra intorno al Sole

1. ☐ 2. ☐ 3. ☐ 4. ☐ 5. ☐ 6. ☐

Vero o falso?

1 Il Sole è allo zenit sull'equatore solo il 23 settembre o il 21 marzo. V F

2 L'asse di rotazione terrestre è inclinato rispetto all'equatore di 23° 27′. V F

Scegli il completamento corretto

1 Gli equinozi sono i giorni in cui:
- A i raggi solari sono perpendicolari ai tropici
- B il circolo di illuminazione è tangente ai circoli polari
- C a nord del circolo polare artico si ha il lungo dì
- D il dì è uguale alla notte in tutti i punti della Terra

2 I solstizi sono i giorni in cui:
- A i raggi solari sono perpendicolari a un tropico
- B il Sole raggiunge la massima altezza all'equatore
- C notte e dì sono uguali in tutti i punti della Terra
- D comincia la primavera o l'autunno

3 Il moto di rivoluzione della Terra:
- A si svolge in senso orario osservato dal polo nord celeste
- B si svolge su un piano inclinato di 23° 27′ rispetto all'equatore
- C è la causa dell'alternarsi di notte e dì
- D determina il valore dell'accelerazione di gravità

4 La velocità di rivoluzione della Terra intorno al Sole:
- A è costante
- B è maggiore quando la Terra è prossima al perielio
- C è maggiore quando la Terra è prossima all'afelio
- D è variabile a causa della forza centrifuga

Completa le frasi

1 Se l'asse terrestre fosse perpendicolare al piano dell'eclittica per tutto l'anno il circolo di illuminazione sarebbe tangente ....

2 Nel giorno del solstizio ...., cioè il .... il Sole è allo .... sul tropico del Capricorno.

3 Nei giorni di ...., cioè il .... e il .... il Sole è allo .... sull'equatore.

7 Le conseguenze del moto di rivoluzione

Individua il completamento sbagliato e correggilo

A causa del moto di rivoluzione della Terra e delle modalità con cui si realizza:

- **A** il giorno solare ha durata inferiore al giorno sidereo
- **B** il Sole cambia ogni mese costellazione
- **C** la rotazione terrestre non ha durata costante
- **D** il circolo di illuminazione non passa sempre per i poli

Scegli il completamento corretto

Il giorno solare:

- **A** dura 4 min in meno del giorno sidereo
- **B** è più lungo del giorno sidereo a causa del moto di rivoluzione
- **C** ha una durata maggiore durante l'inverno astronomico
- **D** dura meno di 12 ore nel semestre invernale

Completa le frasi

1 A causa del moto di .... della Terra, il giorno solare dura .... minuti di più del giorno sidereo.

2 Lo zodiaco è l'insieme delle .... che fanno da sfondo al moto .... del Sole sulla sfera celeste.

3 La traiettoria apparente annua del Sole sulla sfera celeste è inclinata di .... rispetto al piano dell'equatore ....

4 La declinazione del Sole, cioè la sua latitudine celeste, varia da .... a .... nel corso dell'anno.

8 Le stagioni astronomiche

Completa le frasi

1 Il succedersi delle stagioni .... è una conseguenza del moto di .... della Terra e si verifica solo perché l'asse terrestre è .... rispetto al piano dell'eclittica e mantiene la sua direzione durante la rivoluzione.

2 L'alternanza di periodi caldi e periodi freddi è dovuta alla variazione della .... del dì e dell'............................ del Sole.

3 L'asse di rotazione terrestre è inclinato di .... rispetto al piano dell'eclittica e durante il moto di rivoluzione si mantiene .... a se stesso.

Abbina ogni equinozio e ogni solstizio alla data corretta

1 equinozio di primavera — **a** 21 giugno
2 equinozio d'autunno — **b** 22 dicembre
3 solstizio d'estate — **c** 23 settembre
4 solstizio d'inverno — **d** 21 marzo

1. ☐ **2.** ☐ **3.** ☐ **4.** ☐

Vero o falso?

1 Nel giorno del solstizio invernale, la durata del dì nell'emisfero meridionale varia da 12 ore sull'equatore a 24 ore sul circolo polare antartico. V F

2 Nel giorno del solstizio estivo il dì è più lungo nell'emisfero settentrionale. V F

3 Durante l'inverno il dì nell'emisfero settentrionale si allunga, mentre nell'emisfero meridionale si accorcia. V F

4 Al circolo polare artico il lungo dì comincia il giorno dell'equinozio d'autunno e termina il giorno dell'equinozio di primavera. V F

Completa le frasi

1 Sul circolo polare artico la durata massima del dì è ...., nel giorno del solstizio ....

2 Nel giorno dell'equinozio il dì ha .... durata su tutti i paralleli.

3 Alle nostre latitudini, il Sole raggiunge l'altezza massima nel giorno ....

9 Le stagioni astronomiche hanno effetti diversi in relazione alla latitudine

Scegli il completamento corretto

1 Al tropico del Capricorno:

- **A** la longitudine è 23° 27′
- **B** il Sole è allo zenit nel giorno del solstizio d'inverno
- **C** il Sole è allo zenit nel giorno del solstizio d'estate
- **D** il Sole è allo zenit negli equinozi

2 La notte alle medie latitudini:

- **A** ha sempre la stessa durata del dì
- **B** ha la stessa durata del dì solo nei solstizi
- **C** ha la stessa durata del dì solo negli equinozi
- **D** non ha mai la stessa durata del dì

3 Durante l'estate astronomica:

- **A** nella zona boreale temperata la durata del dì diminuisce e quella della notte aumenta
- **B** nella zona australe temperata la durata del dì aumenta e supera le 12 ore
- **C** all'equatore il dì dura meno che nella zona temperata boreale e australe
- **D** nella calotta polare artica l'altezza del Sole è inferiore rispetto all'equinozio

10 Stagioni astronomiche, stagioni meteorologiche e zone termiche

Scegli il termine corretto tra i due proposti

1 **I circoli polari e i tropici/L'equatore e i poli** delimitano cinque zone astronomiche.

2 Nell'emisfero settentrionale la primavera **meteorologica/astronomica** comincia il 1° marzo.

3 Nell'emisfero australe la primavera **meteorologica/astronomica** comincia il 23 settembre.

Scegli il completamento corretto

1 Le stagioni meteorologiche:
- A coincidono esattamente con le stagioni astronomiche solo nel nostro emisfero
- B hanno il medesimo andamento all'equatore e nella zona temperata
- C iniziano convenzionalmente il primo giorno del mese in cui cade un solstizio o un equinozio
- D hanno tutte la stessa durata

2 Nell'emisfero settentrionale l'autunno astronomico dura:
A 90 giorni B 91 giorni C 93 giorni D 89 giorni

11 I moti millenari

Vero o falso?

1 La precessione degli equinozi è la causa del moto conico dell'asse. V F

2 La posizione del polo nord è sempre stata indicata dalla Stella Polare. V F

Scegli il completamento corretto

1 A causa del moto conico dell'asse:
- A l'anno solare è più corto dell'anno sidereo
- B l'anno sidereo è più corto dell'anno solare
- C non cambia la posizione dei solstizi sull'eclittica
- D cambia l'inclinazione dell'asse terrestre rispetto al piano dell'equatore

2 Gli equinozi:
- A anticipano ogni anno di 40 min
- B ritardano ogni anno di 20 min
- C anticipano ogni anno di 20 min
- D ritardano ogni anno di 40 min

3 Indica quale tra i seguenti non si può considerare un effetto del moto conico dell'asse.
- A La posizione del polo nord non è sempre indicata dalla Stella Polare
- B Lo spostamento in senso retrogrado della linea di intersezione tra piano equatoriale ed eclittica
- C La precessione degli equinozi
- D Lo spostamento della linea degli apsidi

4 Per effetto dell'attrazione del Sole e della Luna l'asse terrestre:
- A varia la sua direzione, ma non la sua inclinazione
- B varia la sua inclinazione, ma non la sua direzione
- C varia la sua direzione e la sua inclinazione
- D rimane parallelo a se stesso

12 L'astronomia e la misura del tempo

Abbina ogni termine alla definizione corretta

1 giorno civile
2 ora astronomica
3 ora civile
4 fuso orario

a ora convenzionale scelta in genere considerando il meridiano passante per il centro di ciascun fuso orario
b ora calcolata prendendo come riferimento la culminazione sul meridiano del Sole a mezzogiorno
c ciascuno dei 24 spicchi ampi 15° in longitudine e comprendente 15 meridiani tracciati idealmente sulla superficie terrestre.
d intervallo di tempo corrispondente al giorno solare medio.

1. ☐ 2. ☐ 3. ☐ 4. ☐

Scegli il completamento corretto

1 L'unità di misura del tempo civile è:
- A il giorno sidereo
- B il giorno solare vero
- C il giorno solare medio
- D l'ora solare

2 Ciascun fuso orario comprende:
- A 60 meridiani
- B 24 meridiani
- C 12 meridiani
- D 15 meridiani

Vero o falso?

1 I punti su uno stesso meridiano hanno tutti la medesima ora astronomica. V F

2 Tutti i punti di un parallelo hanno la stessa ora astronomica. V F

3 La durata del giorno varia nel corso dell'anno a causa del fenomeno delle stagioni. V F

Completa le frasi

1 L'anno civile dura .... ed è più .... dell'anno solare; per questo viene aggiunto, nel calendario gregoriano, un .... ogni .... anni.

2 Nel nostro calendario, il calendario ...., sono bisestili solo gli anni secolari le cui cifre sono divisibili per ....

Scegli il termine corretto tra i due proposti

1 Ogni anno bisestile fa iniziare l'anno seguente in **anticipo/ritardo** rispetto all'anno solare.

2 L'anno bisestile è più **lungo/corto** dell'anno solare.

APPLICA IL TUO STUDIO

Rispondi

1 Descrivi il moto di rotazione della Terra indicando il verso in cui si svolge e come varia la velocità di rotazione sulla superficie terrestre.

2 Descrivi il moto di rivoluzione della Terra.

3 Spiega perché il giorno solare dura più del giorno sidereo.

4 Spiega perché la forza centrifuga ha effetti diversi a seconda della latitudine e dell'altitudine.

5 Spiega la differenza tra peso e massa.

6 Spiega perché il peso di un corpo sarebbe diverso se la Terra non ruotasse.

7 Spiega come e perché la forza centrifuga modifica il valore dell'accelerazione di gravità.

8 Spiega perché l'inclinazione dell'asse terrestre è una concausa importante del fenomeno delle stagioni astronomiche.

9 Perché il Sole attraversa diverse costellazioni nel corso dell'anno?

10 Spiega perché l'altezza del Sole condiziona il riscaldamento della superficie terrestre.

11 Indica il valore della declinazione del Sole e la posizione del circolo di illuminazione durante equinozi e solstizi.

12 Spiega come si svolgono le stagioni nelle diverse zone astronomiche.

13 Spiega che cos'è e da che cosa è provocata la precessione degli equinozi.

14 Spiega come varia l'ora nel medesimo istante, lungo un meridiano e lungo un parallelo.

VERSO LE COMPETENZE...

Questo esercizio ha lo scopo di condurti a sviluppare le seguenti competenze:

- **utilizzare correttamente il linguaggio specifico della disciplina;**
- **analizzare quantitativamente un fenomeno complesso stabilendo le opportune relazioni tra variabili.**

Inserisci nelle figure i termini mancanti, identifica le posizioni di equinozio e di solstizio e rispondi alle domande

a In quale posizione la durata del dì è uguale a quella della notte in ogni punto della Terra?

b Quando l'altezza del Sole a mezzogiorno raggiunge il valore minimo e quando quello massimo sul tropico del Cancro?

c In quali giorni il Sole ha altezza 90° sull'equatore?

d In quali giorni il Sole ha altezza 0° sui circoli polari?

e In quali delle quattro situazioni rappresentate puoi collocare l'inizio della lunga notte artica e di quella antartica?

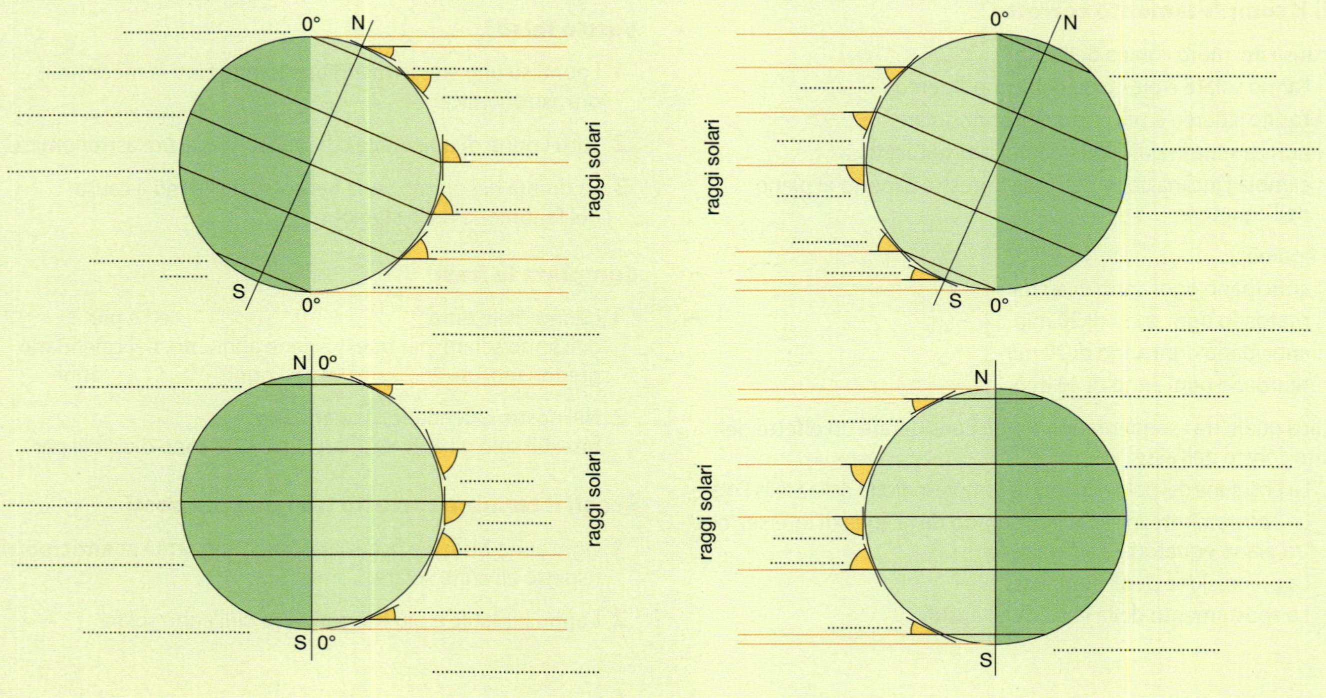

5 La Luna

COMPETENZE

- Utilizzare correttamente la terminologia specifica, proposta per descrivere un fenomeno
- Interpretare immagini reali correlandole con un modello interpretativo appreso in precedenza

1 La Luna è l'unico satellite naturale della Terra

2 La Luna: un corpo molto diverso dalla Terra

3 Guardando la Luna

4 I moti della Luna

5 Le fasi lunari

6 Le eclissi

1 La Luna è l'unico satellite naturale della Terra

massa relativa
la massa relativa di un corpo è data dal rapporto tra la sua massa effettiva (o *assoluta*) e la massa di un altro corpo, usato come riferimento; più la massa relativa è grande, più le masse dei due oggetti sono simili.

La Luna è un corpo solido di forma pressoché sferica, ed è il solo **satellite naturale** della Terra. Il suo **raggio** è circa 1/4 del raggio terrestre e la sua **massa** è 1/81 di quella terrestre. La **distanza media** dalla Terra è circa 384 000 km ➲ **TABELLA 1**.
Nonostante la massa modesta, **la Luna è uno dei più grandi satelliti del Sistema Solare**, superato per massa e dimensioni solo da alcuni satelliti dei pianeti gioviani. Un dato è particolarmente significativo: *il rapporto tra la massa della Luna e la massa della Terra è il più alto tra i rapporti satellite-pianeta all'interno del Sistema Solare*. Per capire meglio che cosa significhi questo dato, possiamo considerare che la massa di Ganimede (il più grande satellite del Sistema Solare) è 1/1282 della massa di Giove (il pianeta intorno a cui orbita), mentre come abbiamo detto, la massa della Luna è 1/81 della massa della Terra. Ciò significa che la **massa relativa** della Luna è piuttosto grande.
A causa della grande massa relativa e della breve distanza dalla Terra, la Luna esercita un'elevata **attrazione gravitazionale** su tutti i punti della superficie terrestre, pari a metà di quella esercitata dal Sole sul nostro pianeta. Di conseguenza Terra e Luna si muovono come un sistema unico, legate da reciproca attrazione gravitazionale ➲ **FIGURA 1**.

TABELLA 1 I numeri della Luna

raggio	1738 km
volume	$22 \cdot 10^9$ km^3
massa	$7{,}35 \cdot 10^{22}$ kg
densità	3,34 g/cm^3
distanza media dalla Terra	384 403 km
accelerazione di gravità (g)	1,62 m/s

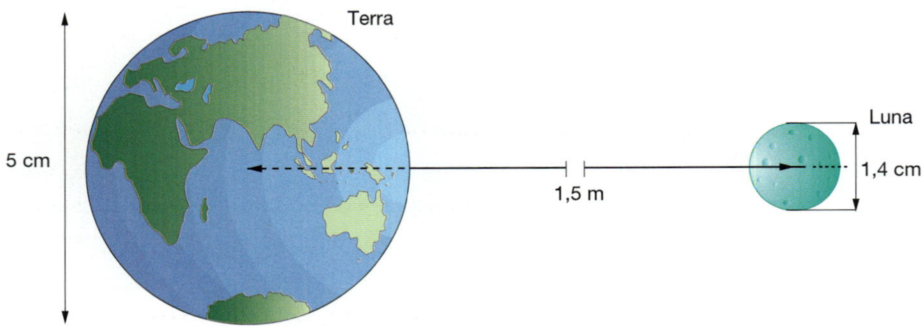

FIGURA 1 Rappresentazione in scala delle dimensioni relative e della distanza Terra-Luna: se il diametro della Terra fosse di 5 cm, quello della Luna misurerebbe 1,4 cm, e la distanza tra i due corpi sarebbe di 1,5 m.

GUIDA ALLO STUDIO
- Che cos'è la Luna?
- Quanto dista la Luna dalla Terra?
- Come interagiscono la Terra e la Luna?

FAQ In che modo Terra e Luna interagiscono?

Gli effetti della reciproca influenza tra la Terra e la Luna sono molteplici e hanno due importanti conseguenze per la Terra.
- Anche se la Luna, con il Sole, determina il moto conico dell'asse e la precessione degli equinozi, la sua vicinanza **ha stabilizzato** nel tempo la rotazione terrestre, impedendo oscillazioni casuali e drastiche dell'asse. Se queste si verificassero verrebbe perturbato il fenomeno delle stagioni, con conseguenze negative per la vita.
- Su entrambi i corpi si generano **forze di marea**, che provocano lo "stiramento" dei due corpi nella direzione che li congiunge.

Diversamente dalla Terra, la Luna ha una **forma quasi sferica**, anche se presenta un lieve *rigonfiamento sulla faccia rivolta costantemente verso la Terra*. Tale rigonfiamento è dovuto all'azione della forza di attrazione gravitazionale esercitata dalla Terra. Le forze di marea, agendo sul rigonfiamento lunare, hanno stabilizzato, frenandola, la rotazione del nostro satellite.
Le forze di marea sono anche responsabili, insieme alla forza centrifuga del sistema, delle **maree dell'idrosfera**, cioè del periodico sollevamento e abbassamento del livello marino sulla superficie terrestre.

forze di marea
effetti di distorsione causati su un corpo dall'attrazione gravitazionale di un altro corpo. Perché ci sia forza di marea l'attrazione gravitazionale deve agire in modo uniforme.

Come si è formata la Luna

2 La Luna: un corpo molto diverso dalla Terra

La Luna è molto diversa dalla Terra per caratteristiche chimiche e fisiche. Le differenze dipendono principalmente dalle minori dimensioni e dalla sincronia tra moto di rotazione e di rivoluzione lunari.
Quali sono le caratteristiche peculiari della Luna?

FIGURA 2 La superficie lunare ripresa dalla sonda spaziale Galileo.

- Il valore **dell'accelerazione di gravità lunare** (quindi il peso dei corpi sulla Luna) è solo un sesto di quello terrestre, a causa della massa ridotta del nostro satellite.
- La Luna **non ha un'atmosfera**, probabilmente perché la forza di gravità non è sufficiente per trattenere le molecole leggere di gas e vapori.
- L'**escursione termica** sulla superficie lunare è molto accentuata perché, a causa della lentezza del moto di rotazione, la stessa faccia resta esposta per lungo tempo al Sole e perché non c'è un'atmosfera che filtri e assorba parte delle radiazioni solari.
- Sulla Luna **non è stata trovata acqua liquida** o **allo stato di vapore**. Probabilmente l'acqua liquida era presente nelle prime fasi della storia lunare, ma il forte riscaldamento solare ne avrebbe provocato il passaggio allo stato di vapore, che la debole forza di gravità lunare non avrebbe consentito di trattenere. L'acqua sulla Luna è presente allo stato di ghiaccio in zone che non vengono raggiunte dai raggi solari.
- Sulla Luna **mancano vulcani attivi** e **l'attività sismica è quasi assente**, perché l'interno della Luna si è ormai raffreddato, al contrario di quello della Terra, quindi non dà più origine a fenomeni violenti legati alla dispersione di calore.
- Il paesaggio lunare **non è modellato dagli agenti atmosferici né dalle acque**, poiché sulla Luna non esistono atmosfera e idrosfera. Solo l'impatto con meteoriti o altri corpi celesti ha nel tempo modificato l'aspetto della superficie Lunare **FIGURA 2**.
- Sulla Luna **non sono state trovate tracce di vita**.

GUIDA ALLO STUDIO

- Quali sono le caratteristiche della Luna?
- Sulla Luna è presente un'atmosfera?
- Da che cosa è modellato il paesaggio lunare?

PER SAPERNE DI PIÙ

La ricerca e la scoperta dell'acqua sulla Luna

A partire dagli anni Novanta del secolo scorso sono state messe a punto varie strategie per cercare tracce della presenza di acqua sulla Luna. Considerando i valori massimi e minimi delle temperature sulla Luna, gli scienziati ritenevano che l'acqua potesse essere presente solo allo stato di ghiaccio, in depressioni profonde o sotto la superficie. I primi indizi in questo senso vennero dalle esplorazioni della sonda *Clementine* (1994) e della sonda *Lunar Prospector* (1998) che rilevarono, in alcuni crateri localizzati presso il polo sud lunare, tracce di ghiaccio **FIGURA 3**. La conferma più attendibile della presenza di ghiaccio sulla Luna è arrivata nel 2009, dall'analisi dei dati inviati a Terra dalla sonda LCROSS. La sonda ha "bombardato" la superficie lunare nella regione permanentemente in ombra del cratere *Cabeus*, vicino al polo sud lunare, raccogliendo dati sulla composizione e sulla natura dei materiali vaporizzati e proiettati nello spazio a causa dell'impatto. In questo modo è stato possibile dimostrare che nel cratere era presente ghiaccio d'acqua.

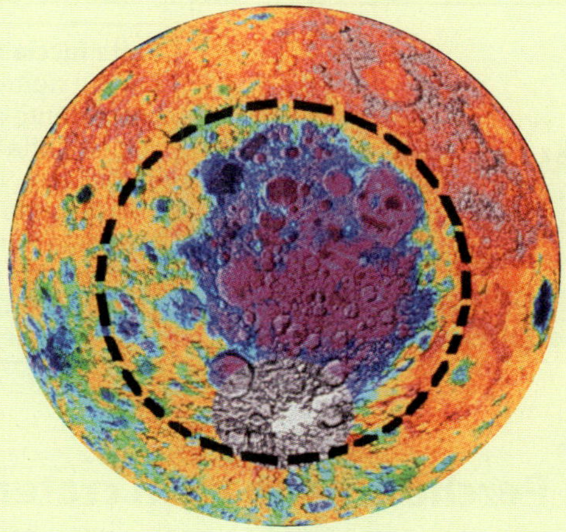

FIGURA 3 Immagine in falsi colori, ripresa dalla sonda *Clementine* nel 1994, del bacino di Aitken, largo 2500 km e profondo 13 km. I colori caldi (giallo e rosso) indicano punti a quota più elevata. La macchia bianca coincide con il polo sud della Luna, che non è mai raggiunto dai raggi del Sole.

Paesaggi lunari

3 Guardando la Luna

La Luna è l'unico corpo del Sistema Solare, oltre naturalmente al Sole, di cui sia possibile osservare direttamente la superficie, anche grazie all'assenza di atmosfera. La Luna è anche l'unico corpo celeste su cui l'uomo abbia messo piede: il primo allunaggio è avvenuto il 20 luglio 1969, l'ultimo nel dicembre 1972. In tutte le missioni sono stati prelevati campioni e sono stati raccolti dati sulla struttura e sulle caratteristiche di questo corpo celeste.

Le forme più caratteristiche del paesaggio lunare sono: **mari**, **altopiani**, **rilievi** e **crateri** **➲ FIGURA 4**.

Rilievi: isolati o riuniti in sistemi. La cima più alta supera gli 11 000 m e si trova nei *monti Leibnitz*. Manca un livello di riferimento preciso per calcolare le quote, quindi le altitudini non possono essere paragonate con quelle terrestri. Alcuni si trovano sugli altopiani, altri costituiscono le pareti dei mari

Altopiani: aree elevate, colore chiaro. Hanno superficie molto craterizzata e occupano circa l'80% della superficie lunare. Sono formati da rocce molto antiche (4 miliardi di anni) e attraversati da **profondi solchi sinuosi** lunghi centinaia di kilometri, profondi anche 500 m, di ampiezza variabile da centinaia a migliaia di metri

Mari lunari: aree pianeggianti, colore scuro. Sono formazioni dovute a riempimento di depressioni da parte di lave, provenienti dall'interno della Luna.
La superficie è ricoperta di **regolite**, una miscela di polveri finissime e detriti rocciosi (spessore da 2 a 10 m). Occupano circa il 20% della superficie lunare e sono praticamente assenti sulla faccia nascosta della Luna. Ospitano rilievi, solchi e crateri. Il più esteso è l'*Oceano delle tempeste*

Crateri: presenti a decine di migliaia, hanno dimensioni molto varie, da meno di 1 m fino a oltre 200 km di diametro e con profondità fino a 5 km. Distribuiti casualmente sulla superficie, in numero maggiore sugli altopiani. Alcuni hanno origine **vulcanica** ma la maggior parte si è formata in seguito **all'impatto di meteoriti**

Sulla **faccia nascosta della Luna** il numero di crateri è nettamente maggiore rispetto alla faccia visibile dalla Terra. Questo accade perché sulla faccia nascosta non sono presenti mari e sugli altopiani si verifica un numero maggiore di impatti

FIGURA 4

GUIDA ALLO STUDIO

- **Quali sono le forme tipiche del paesaggio lunare?**
- **Che cosa sono i mari lunari?**
- **Come si formano i crateri?**

FAQ Perché ci sono tanti crateri sulla Luna?

Il **numero di crateri** osservati sulla superficie della Luna non deve stupire: la caduta di un meteorite non è un fatto raro e soprattutto non lo era nelle prime fasi della storia del Sistema Solare, quando questi corpi erano molto più abbondanti e di dimensioni anche molto grandi. Oggi cadono sulla Luna soprattutto *micrometeoriti*, che raggiungono il suolo lunare indisturbati (a causa dell'assenza di atmosfera) e nel violento impatto vengono totalmente polverizzati.

I moti della Luna

4 I moti della Luna

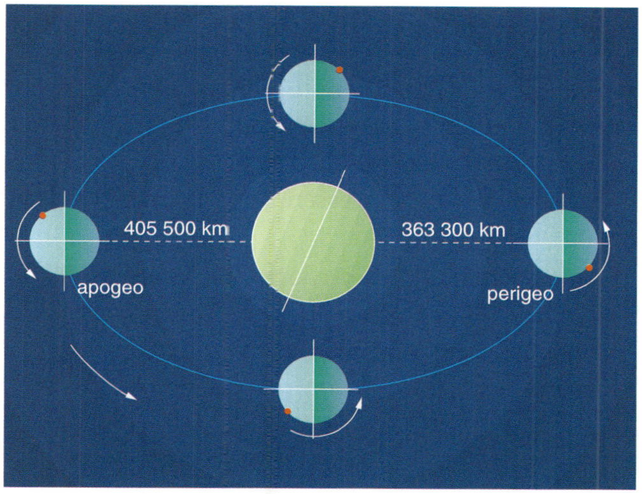

FIGURA 5 Il moto di rotazione della Luna intorno al suo asse si compie nello stesso tempo del moto di rivoluzione della Luna intorno alla Terra. Il fenomeno è evidente seguendo il moto di un punto sulla superficie lunare.

La Luna, come tutti i corpi del Sistema Solare, presenta una serie di movimenti regolari:

- ruota su se stessa (**rotazione**);
- gira intorno alla Terra (**rivoluzione**);
- con la Terra si muove intorno al Sole (**traslazione**).

Questi movimenti si accompagnano ad altri moti secondari che non prenderemo in considerazione, perché non hanno effetti significativi.

Il moto di rotazione

La **Luna ruota intorno al proprio asse** da ovest verso est, in verso antiorario (osservata dal polo nord celeste). Il *periodo di rotazione* ha una durata di **27 d 7 h 43 min 11 s**. Per un tempo equivalente alla metà del periodo di rotazione, una faccia del nostro satellite è illuminata dal Sole e per il resto è nell'oscurità **FIGURA 5**.

Il moto di rivoluzione

La Luna compie una **rivoluzione** intorno alla Terra **TABELLA 2**, muovendosi in verso antiorario (osservata dal polo nord celeste), su un'orbita ellittica. Su questa orbita si riconoscono una posizione di **perigeo** (*minima distanza* dalla Terra) e una di **apogeo** (*massima distanza* dalla Terra).

Nel suo moto di rivoluzione, la Luna viene a trovarsi in tre posizioni caratteristiche **FIGURA 6**:

- **congiunzione**, la Luna si trova tra il Sole e la Terra;
- **opposizione**, la Luna si trova in direzione opposta rispetto ai raggi solari oltre la Terra;
- **quadratura**, l'angolo tra la direzione Terra-Luna e la direzione Terra-Sole è 90°; la Luna si trova in quadratura per due volte durante una rivoluzione.

Il **piano dell'orbita lunare** intorno alla Terra è **inclinato**, rispetto al **piano dell'eclittica**, di 5° 9'. I due piani si intersecano in corrispondenza di una linea, detta **linea dei nodi**: solo quando la Luna si trova in uno dei due nodi giace realmente sul piano dell'eclittica, mentre nel tempo restante si muove al di sopra o al di sotto del piano di rivoluzione terrestre.

FIGURA 6

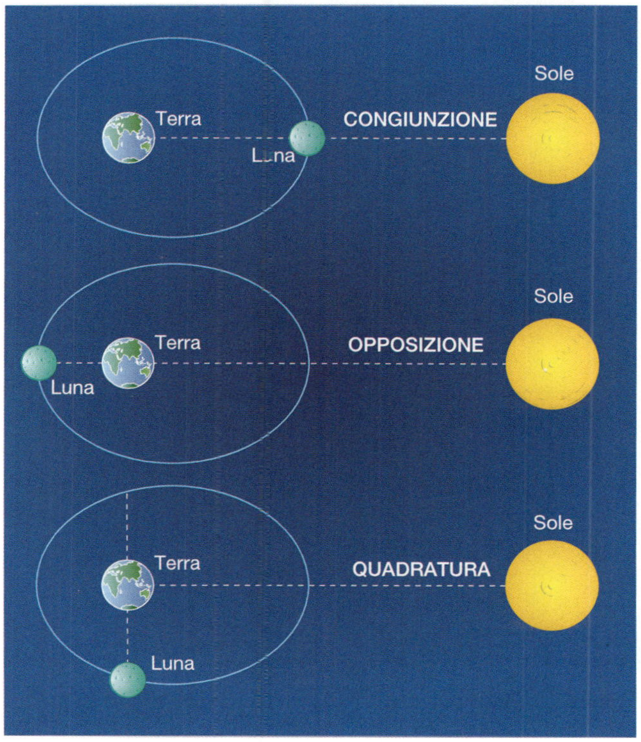

TABELLA 2 **I numeri della rivoluzione lunare**

distanza massima dalla Terra (apogeo)	405 506 km
distanza minima dalla Terra (perigeo)	363 299 km
distanza media dalla Terra	384 403 km
velocità orbitale media	1,02 km/s
inclinazione dell'equatore sul piano orbitale	6° 41′
inclinazione media del piano orbitale sull'eclittica	5° 9′
mese siderale	27 d 7 h 43 min 11 s
mese sinodico	29 d 12 h 44 min 3 s

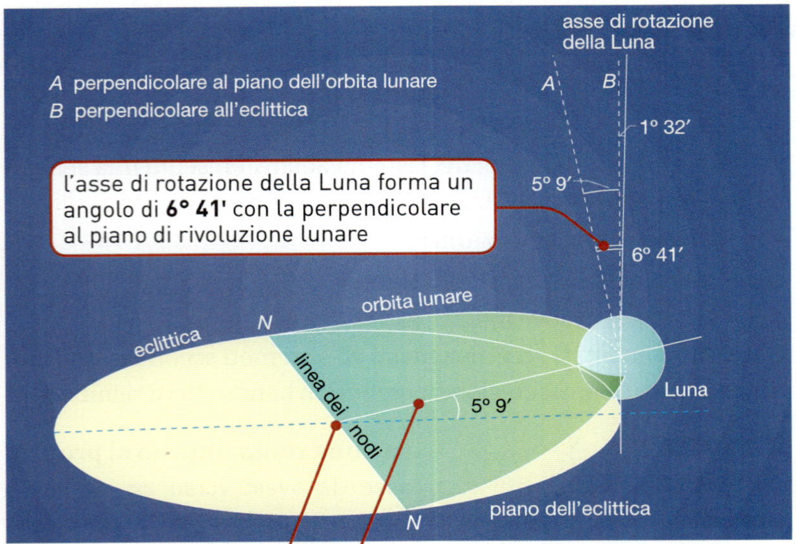

FIGURA 7

L'**asse di rotazione lunare** forma con il piano dell'orbita lunare un angolo di 83° 19'. Rispetto al piano dell'eclittica, l'asse di rotazione lunare ha un'inclinazione di quasi 90° **FIGURA 7**.

L'intervallo di tempo necessario per compiere un'intera rivoluzione prende il nome di **mese**. Il moto di rotazione e di rivoluzione si compiono nello stesso verso e alla stessa velocità, per questo la Luna mostra alla Terra sempre la stessa faccia.

La *durata del mese* può essere valutata con due metodi differenti:

- il **mese sidereo** è l'intervallo tra due successivi allineamenti della Luna e di una stella su un meridiano e dura **27 d 7 h 43 min 11 s**. Questo valore indica il *tempo reale di rivoluzione* e anche il *periodo vero di rotazione*;
- il **mese sinodico** (o **lunare**) è l'intervallo tra due allineamenti uguali Luna-Sole (opposizioni o congiunzioni) e dura **29 d 12 h 44 min 3 s**.

Le differenze di durata tra mese sidereo e sinodico derivano dal fatto che mentre la Luna ruota intorno alla Terra, questa si è spostata per il moto di rivoluzione intorno al Sole. Per ritrovare l'allineamento con Terra e Sole, è necessario che la Luna compia un ulteriore arco intorno alla Terra, corrispondente all'angolo che la Terra ha compiuto nel corso dei 27 giorni trascorsi girando intorno al Sole. Tale arco corrisponde a un angolo di 27° circa e, per compierlo, la Luna impiega 2 giorni **FIGURA 8**.

Il moto di traslazione

Mentre compie rotazione e rivoluzione, la Luna si muove intorno al Sole insieme alla Terra. Questo movimento è chiamato **traslazione**. Poiché la Luna non occupa una posizione fissa rispetto alla Terra, l'orbita della Luna intorno al Sole ha un andamento sinuoso: in alcuni momenti la Luna si trova tra la Terra e il Sole, in altri si interpone tra i due corpi celesti.

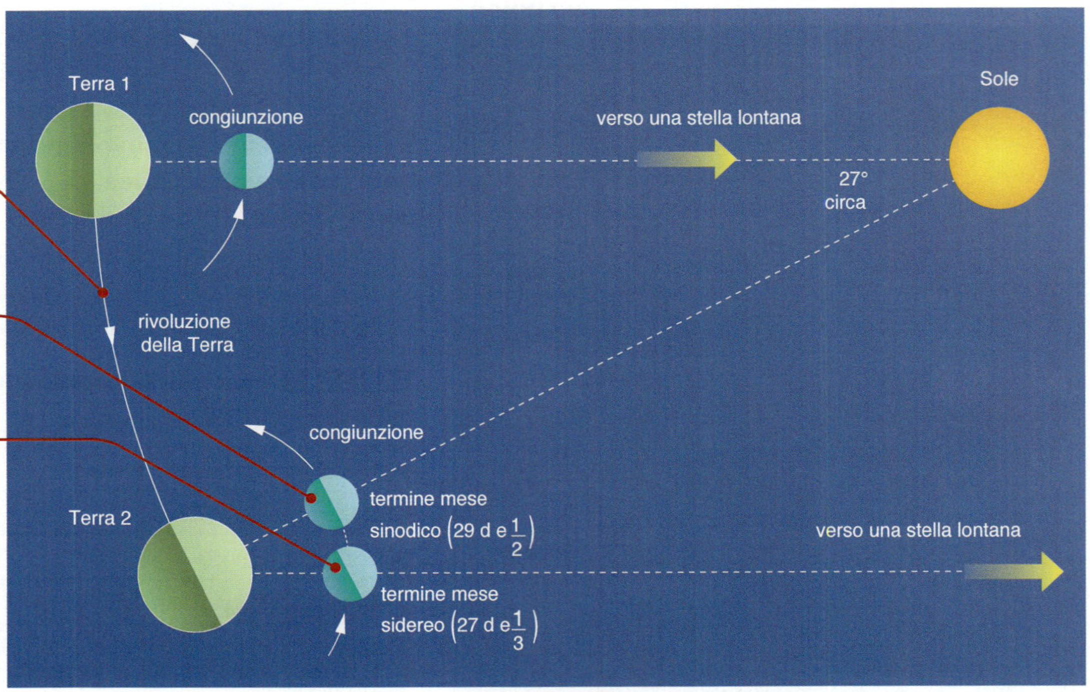

FIGURA 8 Il tempo di rivoluzione della Luna intorno alla Terra può essere misurato prendendo come riferimento il Sole oppure una stella lontana.

GUIDA ALLO STUDIO

- Quali sono i moti principali della Luna?
- Come avviene il moto di rotazione?
- Come avviene il moto di rivoluzione?

5 Le fasi lunari

Nel corso del mese sinodico, la porzione di Luna illuminata visibile dalla Terra cambia progressivamente a causa delle diverse posizioni che la Luna assume rispetto alla Terra e al Sole. Ai cambiamenti di posizione e di condizioni di illuminazione che avvengono in un mese sinodico si dà il nome di **fasi lunari**. Per descriverle conviene considerare i quattro momenti principali, chiamati **novilunio**, **primo quarto**, **plenilunio** e **ultimo quarto**.
Passando da una posizione all'altra la Luna modifica gradualmente il suo aspetto, come illustrato nelle fotografie della ➲ **FIGURA 9**.

Le fasi lunari

NOVILUNIO: si verifica quando la Luna si trova in **congiunzione** con il Sole e la Terra. La Luna rivolge verso la Terra la faccia non illuminata. In questa fase la Luna non dovrebbe essere visibile, ma in realtà appare come un disco debolmente illuminato. Il fenomeno è evidente quando la Luna, in prossimità del novilunio, è una falce sottilissima. Il tenuissimo chiarore lunare (*luce cinerea*) dipende dal fatto che la Terra rivolge alla Luna la sua faccia illuminata e riflette verso di essa le radiazioni che riceve dal Sole; la Luna a sua volta le riflette rimandandole verso la Terra

ULTIMO QUARTO: si verifica, dopo il plenilunio, quando la Luna ha compiuto 3/4 della sua orbita ed è per la seconda volta in **quadratura**. In questa fase vediamo il disco illuminato a metà, cioè 1/4 della superficie lunare, con la "gobba" rivolta a est. Passando dal plenilunio al novilunio, la Luna "cala", cioè la porzione illuminata si riduce

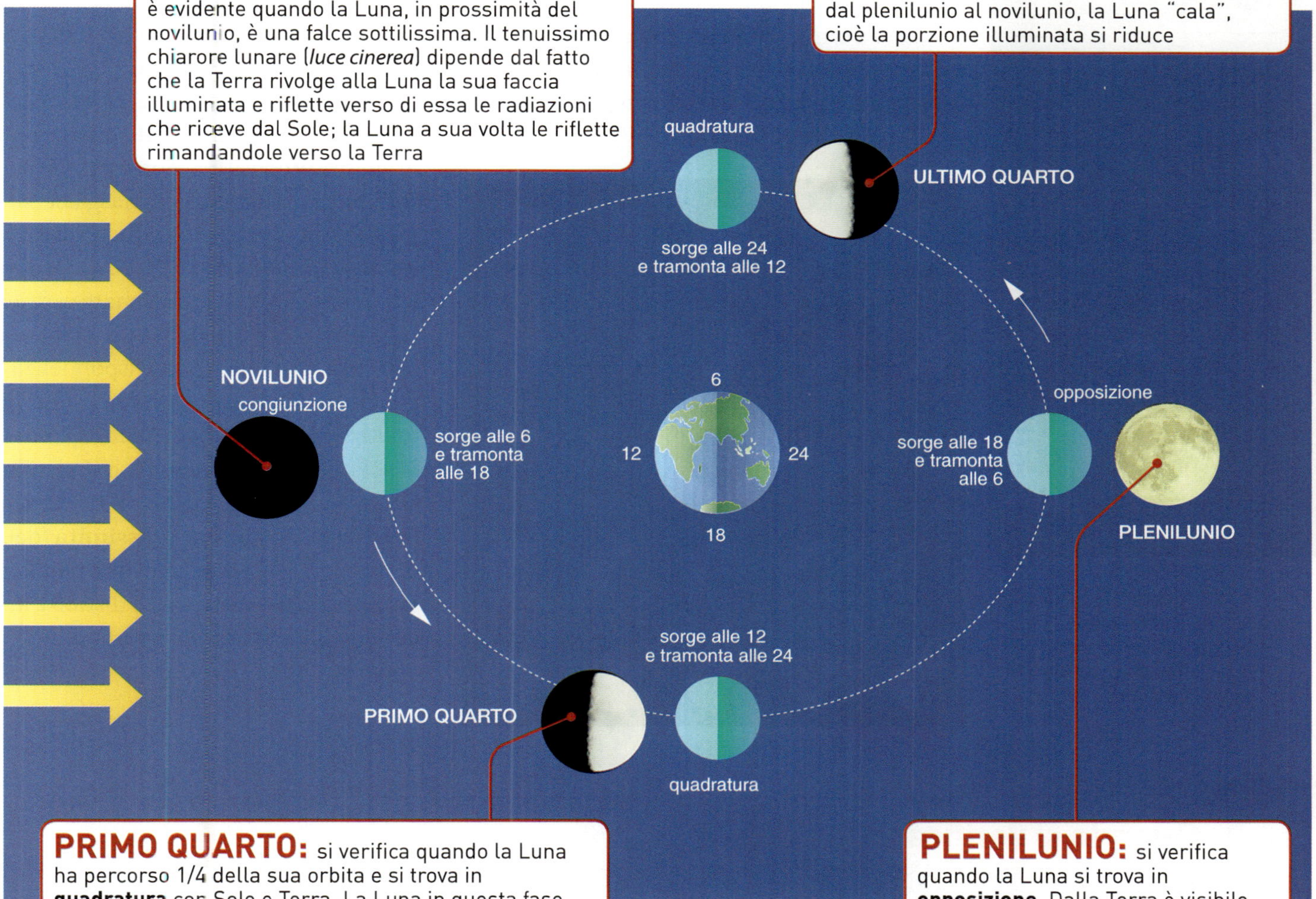

PRIMO QUARTO: si verifica quando la Luna ha percorso 1/4 della sua orbita e si trova in **quadratura** con Sole e Terra. La Luna in questa fase appare come un disco illuminato a metà. La parte illuminata visibile appare come una falce che cresce notte dopo notte e ha la "gobba" rivolta verso ovest

PLENILUNIO: si verifica quando la Luna si trova in **opposizione**. Dalla Terra è visibile per intero la faccia illuminata dal Sole e la Luna appare come un disco pieno. Il disco lunare è visibile in questa posizione perché il piano dell'orbita lunare non coincide con il piano dell'eclittica: l'ombra della Terra quindi non raggiunge la Luna (tranne quando questa si trova nella posizione dei nodi, in tal caso si verifica un'*eclissi*)

FIGURA 9

GUIDA ALLO STUDIO

- Quante sono le fasi lunari?
- Quali sono le fasi lunari?
- Ogni quanto si alternano le fasi lunari?

6 Le eclissi

La parola **eclissi** indica l'oscuramento temporaneo di un corpo celeste da parte di un altro che vi transita davanti. Nel caso del sistema Luna-Terra-Sole, si parla di:

- **eclissi di Luna** quando la Terra si interpone tra la Luna e il Sole, impedendo ai raggi solari di raggiungere e rendere visibile la Luna;
- **eclissi di Sole** quando è la Luna che si interpone tra la Terra e il Sole, come schermo sul percorso dei raggi solari, impedendo la vista del Sole ➲ **FIGURA 10**.

Le **eclissi** sono **totali**, se il corpo celeste interessato viene oscurato totalmente; se invece viene coperto solo in parte, sono **parziali**.

Per capire come avviene un'eclissi, è importante ricordare che la Luna e la Terra sono sempre illuminate nell'emisfero rivolto verso il Sole. I due corpi, quindi, proiettano in direzione opposta un **cono d'ombra** (cioè una zona in cui la luce del Sole non penetra), che si chiude a una certa distanza e un **cono di penombra** (cioè una zona in cui l'oscuramento non è totale), che si apre allontanandosi dal corpo celeste. Le eclissi di Luna si verificano quando la Luna entra nel cono d'ombra o di penombra della Terra; le eclissi di Sole si verificano quando una porzione della superficie terrestre entra nel cono d'ombra o di penombra della Luna.

Le eclissi richiedono precise condizioni. Perché avvenga un'eclissi di Luna o di Sole è necessario che i **tre corpi** siano **allineati** (ciò accade in plenilunio e in novilunio) **sullo stesso piano**. A questo proposito occorre ricordare che l'orbita percorsa dalla Luna giace su un piano inclinato rispetto a quello dell'orbita terrestre: se i due piani coincidessero perfettamente, in ogni mese lunare ci sarebbe un'eclissi di Sole, nella fase di novilunio, e un'eclissi di Luna, in corrispondenza del plenilunio. Dal momento che i due piani orbitali non coincidono, l'eclissi è possibile solo quando il novilunio o il plenilunio avvengono mentre la Luna si trova **in uno dei due nodi** o **in sua prossimità** (data la dimensione dei corpi coinvolti, è sufficiente che la Luna si trovi a una distanza angolare minima da uno dei nodi).

● **FIGURA 10** Sequenza di immagini che illustra un'eclissi parziale di Luna (*sopra*) e composizione di immagini del disco solare durante un'eclissi totale di Sole (*a destra*).

FAQ Quando si verificano le eclissi?

Le eclissi si verificano con una **periodicità caratteristica e prevedibile**. Il numero di eclissi in 1 anno varia da 2 a 7. Nel primo caso, le 2 eclissi sono sempre di Sole, mentre nel secondo 5 sono di Sole e 2 di Luna. Talvolta si verificano 4 eclissi di Sole e 3 di Luna, ma il rapporto resta sempre a favore delle eclissi solari.

Le *eclissi di Sole* sono *più frequenti*, perché il cono d'ombra prodotto dalla Terra è più piccolo del cono di luce solare che raggiunge il sistema Terra-Luna. Perciò, è più probabile che la Luna intercetti il cono di luce solare, mentre è più difficile che si verifichi un perfetto allineamento Sole-Terra-Luna. Ciò nonostante, si ha sempre l'impressione che un'eclissi di Sole sia un evento più raro di un'eclissi di Luna: ciò dipende dal fatto che l'intervallo di tempo necessario perché in uno stesso luogo si ripeta un'eclissi totale di Sole è in media di 360 anni. Le posizioni reciproche dei tre corpi celesti variano nel corso del tempo e solo dopo circa 18 anni le eclissi si ripetono con lo stesso tipo di allineamento.

Eclissi di Luna

Le **eclissi di Luna** si verificano quando la *Luna* si trova *in plenilunio* in prossimità di un nodo ➲ **FIGURA 11*a***. Se la Luna si trova esattamente sul nodo o a una distanza da esso inferiore a circa 5°, si ha un'**eclissi totale**; se invece la distanza è compresa tra 5° e 10° l'**eclissi è parziale**.
Le dimensioni del cono d'ombra della Terra sono superiori alle dimensioni del diametro lunare, perciò la Luna impiega un tempo relativamente lungo per attraversarlo: le eclissi lunari possono durare, nel loro complesso, anche 100 min. Inoltre, possono essere osservate contemporaneamente da tutti i punti della Terra per i quali la Luna si trova sopra l'orizzonte.
Durante la fase di oscuramento, la Luna non scompare completamente alla vista, ma appare come un disco debolmente illuminato di colore rossastro. Sulla superficie lunare, infatti, giungono comunque le radiazioni solari che tornano nello spazio dopo aver attraversato l'atmosfera terrestre.

Eclissi di Sole

Le **eclissi di Sole** avvengono quando la *Luna* si trova *in novilunio* e in prossimità di uno dei nodi (non oltre una distanza di 15° circa). Le dimensioni reali della Luna sono molto inferiori rispetto a quelle del Sole. Nonostante ciò, il cono d'ombra del nostro satellite può oscurare per breve tempo il disco del Sole, il cui diametro apparente è molto ridotto a causa della maggiore distanza dalla Terra.
Il cono d'ombra della Luna si estende a una distanza minore rispetto al cono d'ombra della Terra e ha diametro inferiore: per queste ragioni, le eclissi solari possono essere osservate solo in zone limitate della superficie terrestre e per un tempo molto più breve delle eclissi lunari.
Il fenomeno ha caratteristiche diverse quando la Luna si trova in perigeo o in apogeo e la Terra in perielio o in afelio. Dalle diverse distanze, infatti, dipendono i diametri apparenti e anche le dimensioni del cono d'ombra proiettato.
Quando la *Luna* è più vicina alla Terra (*perigeo*) e la *Terra* a sua volta si trova più distante dal Sole (*afelio*), il diametro solare apparente risulta ridotto, al contrario del diametro lunare. Si realizzano così le condizioni favorevoli per un'**eclissi totale** ➲ **FIGURA 11*b***. Le eclissi totali di

➲ FIGURA 11 Posizioni della Terra, della Luna e del Sole durante le eclissi: eclissi di Luna (*a*), eclissi totale di Sole (*b*), eclissi anulare di Sole (*c*). La lunghezza del cono d'ombra varia in relazione al diametro del corpo e alla distanza dalla sorgente luminosa, che varia perché le orbite sono ellittiche. Dalle dimensioni del cono dipende la vastità dell'area interessata dall'eclissi. Per esempio, quando la Luna è in congiunzione, ma in apogeo, si può verificare solo un'eclissi anulare.

Le eclissi

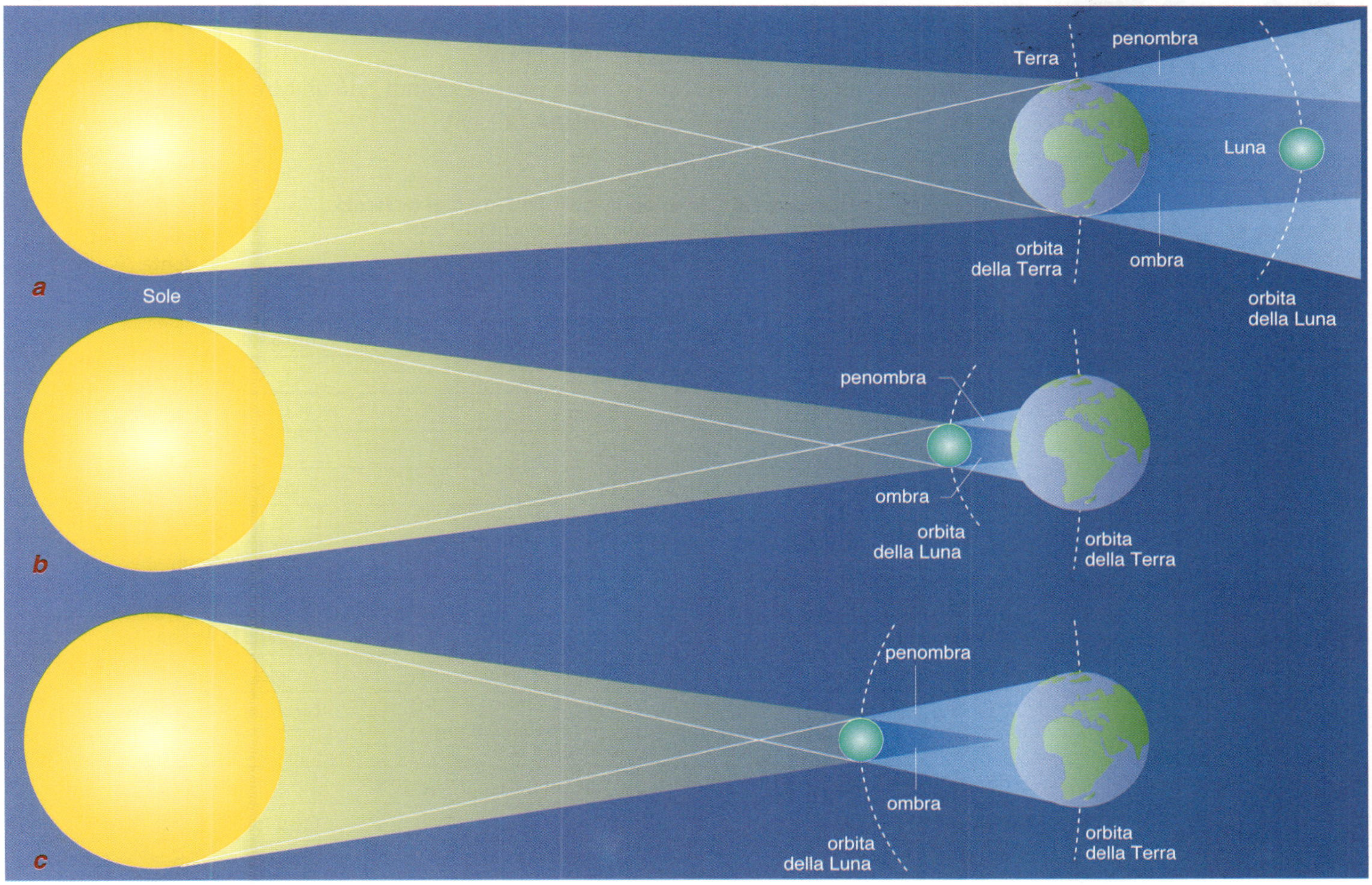

Sole durano circa 7,5 min e interessano un'area ampia circa 200 km. Intorno alle zone di eclissi totale si estende un'area più vasta (ampia circa 35°), entro la quale si osserva un'**eclissi parziale**, corrispondente al cono di penombra.

Se, invece, la Luna è in *apogeo*, indipendentemente dalle posizioni della Terra, la superficie apparente della Luna non è sufficiente per coprire totalmente il disco solare e il cono d'ombra lunare non tocca la superficie terrestre. In questo caso si verifica un'**eclissi anulare**, nel corso della quale resta visibile, in forma di anello luminoso, la zona più esterna del Sole (che può quindi essere osservata e studiata ➲ **FIGURA 11c**. Le eclissi anulari durano 12,5 min. La maggiore durata si spiega con la maggiore lentezza del moto di rivoluzione lunare in apogeo.

Le eclissi del passato

Così come è possibile prevedere con precisione quando e dove si verificheranno le prossime eclissi di Sole, è possibile anche calcolare esattamente quando e dove si sono verificati questi eventi nei secoli scorsi. I calcoli effettuati sul passato poi possono trovare interessanti riscontri nelle cronache dell'epoca. Non dimentichiamo a questo proposito che le eclissi sono eventi spettacolari, descritti spesso con minuziosa attenzione in documenti anche molto antichi in diverse zone geografiche. *Tito Livio*, per esempio, descrive l'eclissi avvenuta a Roma nel 190 d.C.: "*Il giorno 11 quintile la luce solare fu oscurata, perché la Luna era davanti al disco solare*".

Le descrizioni spesso riportano data e ora dell'evento e questi dati possono essere confrontati con quelli calcolati dai moderni astronomi. Ciò è utile per datare con esattezza eventi storici riportati nelle medesime cronache ➲ **TABELLA 3**.

A volte, come nel caso dell'eclissi totale di Sole che nell'840 d.C. ha interessato alcune regioni del Nord Italia, si riscontrano differenze tra l'orario riportato nella cronaca e l'ora calcolata oggi. Il cronachista *Andrea da Bergamo* indica nelle sue osservazioni che questa eclissi è avvenuta all'ora nona, un'ora dopo rispetto a quella calcolata oggi. La differenza non viene giustificata pensando che si tratti di un'imprecisione di Andrea da Bergamo: si pensa infatti che la discrepanza sia causata dal lentissimo e progressivo rallentamento del moto di rotazione della Terra.

Lo studio delle eclissi di epoche storiche passate quindi può aiutare gli astronomi anche a studiare il movimento della Terra ➲ **FIGURA 12**.

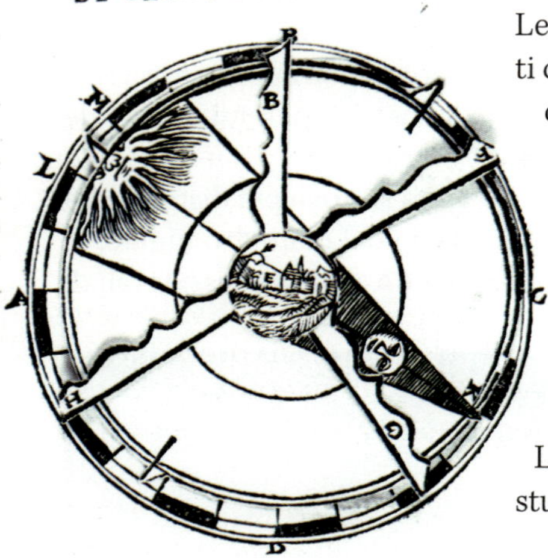

FIGURA 12 Il fenomeno dell'eclissi in una rappresentazione del trattato *De Sphaera* di Giovanni Sacro Bosco (1195-1256).

TABELLA 3 **Le eclissi totali di Sole visibili in Italia dal 310 a.C. al XVII secolo** (l'ora indicata è quella del massimo oscuramento del Sole)

data	ora locale	zona di visibilità	fonte
25 agosto 310 a.C.	8:59	Sicilia	Diodoro Siculo
27 luglio 188 a.C.	8:02	Roma	Tito Livio
19 luglio 418 d.C.	12:12	Roma	
20 giugno 540 d.C.	10:09	Roma	
14 maggio 812 d.C.	13:14	Sicilia	
5 maggio 840 d.C.	13:18	Bergamo	Andrea da Bergamo
7 luglio 939 d.C.	9:57	Nord Italia	
22 dicembre 968 d.C.	10:29	Roma	*Annales Farfenses*
29 giugno 1033 d.C.	12:32	Nord Italia (anulare)	Arnulfo da Milano
16 febbraio 1086 d.C.	14:01	Calabria e Sicilia	Goffredo Malaterra
13 settembre 1178 d.C.	12:52	Sicilia e Sardegna	*Annales Siculi*
3 giugno 1239 d.C.	12:53	Firenze	Giovanni Villani - Ristoro d'Arezzo
1 gennaio 1386 d.C.	11:23	Bologna e Roma	
12 febbraio 1431 d.C.	14:15	Italia Centrale (parziale, 99%)	
9 aprile 1567 d.C.	12:01	Roma	Cristoforo Clavius
12 ottobre 1605 d.C.	13:58	Calabria	Giovanni Keplero

GUIDA ALLO STUDIO

- Che cosa sono le eclissi?
- Quali sono le condizioni necessarie perché si verifichi un'eclissi di Luna?
- Quali sono le condizioni necessarie perché si verifichi un'eclissi di Sole?

Costruisci la mappa

Studio... in sintesi

Ascolta la sintesi

1 La Luna è l'unico satellite naturale della Terra

La Luna è un corpo solido di forma quasi sferica. La **Luna** è il solo **satellite naturale** della Terra ed **è uno dei più grandi satelliti del Sistema Solare**. La Luna esercita un'elevata **attrazione gravitazionale** su tutti i punti della superficie terrestre, pari a metà di quella esercitata dal Sole.

La Luna compie una rotazione su se stessa e una rivoluzione intorno alla Terra, nello stesso verso e con la stessa velocità. Per questo mostra alla Terra sempre la stessa faccia.

2 La Luna: un corpo molto diverso dalla Terra

Sulla Luna il valore dell'**accelerazione di gravità** è un sesto di quello terrestre.

La Luna è un corpo solido **privo di atmosfera** a causa della forza di gravità insufficiente per trattenere molecole piccole.

L'**escursione termica** sulla superficie lunare è molto accentuata.

Sulla Luna **non è stata trovata acqua liquida o allo stato di vapore**.

Sulla Luna **non esistono né vulcani attivi né attività sismica**.

A causa dell'assenza di atmosfera e di acqua, sulla Luna il **paesaggio è modellato solo dall'impatto di meteoriti**.

Sulla Luna **non sono mai state trovate tracce di vita**.

3 Guardando la Luna

La **superficie lunare** presenta strutture caratteristiche:

- i **mari** pianeggianti e di colore scuro;
- gli **altopiani** accidentati e di colore chiaro;
- i **crateri** prodotti dall'impatto di meteoriti.

4 I moti della Luna

Il **moto di rotazione** della Luna si compie in 27 d 7 h 43 min 11 s, un tempo uguale *al periodo di rivoluzione*. A causa della notevole durata del dì e della notte, l'*escursione termica diurna* sulla Luna è molto *elevata*. L'effetto è accentuato dall'assenza di atmosfera.

Il **moto di rivoluzione** si compie su un piano inclinato rispetto all'eclittica di circa 6°. L'**orbita** lunare è **ellittica** e la distanza Luna-Terra varia da un minimo (**perigeo**) a un massimo (**apogeo**). La Luna è in **congiunzione** quando si frappone tra Terra e Sole; è in **opposizione** quando la Terra si frappone tra Sole e Luna; è in **quadratura** quando l'angolo tra la direzione Terra-Luna e la direzione Terra-Sole è 90°.

L'orbita di rivoluzione lunare interseca il piano dell'eclittica in due punti, detti **nodi**.

Il tempo di rivoluzione lunare è di 27 d 7 h 43 min 11 s e viene detto **mese sidereo** (intervallo tra due successivi allineamenti della Luna e di una stella su un meridiano). L'intervallo tra due allineamenti identici Luna-Sole (congiunzioni o opposizioni) è detto **mese sinodico** e dura 29 d 12 h 44 min 3 s.

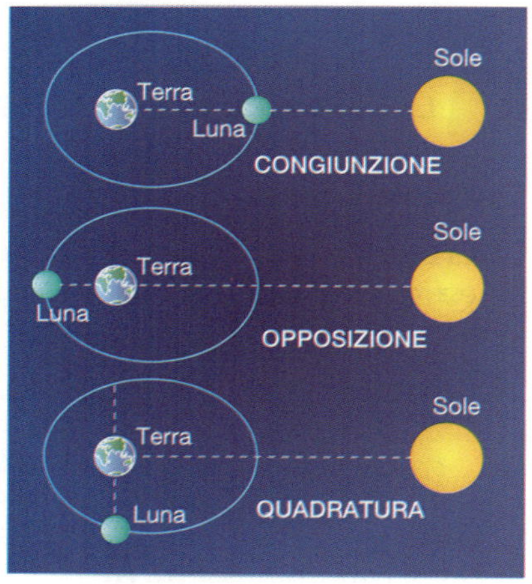

La maggiore durata del mese sinodico rispetto al mese siderale dipende dal moto di rivoluzione della Terra intorno al Sole.

Il **moto di traslazione** si svolge insieme alla Terra intorno al Sole.

5 Le fasi lunari

Il mese sinodico può essere diviso in **4 fasi lunari**, in base alle diverse condizioni di illuminazione della faccia che la Luna rivolge verso la Terra:

- **novilunio**, la Luna è in congiunzione e la faccia verso la Terra *non è illuminata*;
- **primo quarto**, l'angolo tra la direzione Terra-Luna e la direzione Terra-Sole è 90° e la faccia della Luna rivolta verso la Terra è illuminata a metà, con la *convessità rivolta a ponente*;
- **plenilunio**, la Luna è in opposizione e mostra la sua faccia *illuminata*;
- **ultimo quarto**, la posizione è simile a quella del primo quarto, ma la metà della Luna illuminata ha la *convessità rivolta a levante*.

6 Le eclissi

Il movimento di rivoluzione della Luna determina periodicamente il fenomeno delle eclissi.

L'**eclissi di Luna** si verifica quando si attuano contemporaneamente due condizioni: la Luna si trova nella fase di *plenilunio* e in prossimità di un nodo. Le eclissi di Luna possono essere **totali** (se la Luna è immersa completamente nel cono d'ombra) o **parziali** (se la Luna è immersa solo parzialmente nel cono d'ombra), e sono osservabili durante la notte in tutti i luoghi della Terra dai quali è visibile la Luna.

L'**eclissi di Sole** si verifica quando la Luna è nella fase di *novilunio* e si trova in prossimità di un nodo. Le eclissi di Sole possono essere **totali** (quando una parte della superficie terrestre è nel cono d'ombra della Luna), o **parziali** (quando una parte della superficie terrestre è nel cono di penombra della Luna). Le eclissi totali di Sole sono visibili solo entro una fascia limitata della superficie terrestre, perché il cono d'ombra della Luna ha un'estensione limitata, mentre il disco solare ha grandi dimensioni. Quando il Sole è oscurato dalla Luna, ma questa viene a trovarsi alla massima distanza dalla Terra (*apogeo*), non si verificano eclissi totali, ma eclissi **anulari**.

Verifica il tuo studio

FISSA I CONCETTI

1 La Luna è l'unico satellite naturale della Terra

Completa le frasi

1 La Luna è un corpo celeste di piccola ...., ma esercita una .... attrazione gravitazionale sulla Terra, a causa della sua ....

2 La forma della Luna è ...., e presenta un .... equatoriale sulla faccia ...., dovuto .... della ....

Scegli il completamento corretto

1 Dalla Terra si osserva sempre la stessa faccia della Luna perché:
- A il Sole illumina sempre la medesima faccia
- B il moto di rotazione lunare è sincronizzato con il moto di rotazione terrestre
- C il moto di rivoluzione lunare è sincronizzato con il moto di rivoluzione terrestre
- D il moto di rotazione lunare è sincronizzato con il moto di rivoluzione lunare

2 La distanza media Terra-Luna è compresa tra:
- A 1000 km e 50 000 km
- B 100 000 km e 150 000 km
- C 100 000 km e 500 000 km
- D 100 000 000 km e 150 000 000 km

Vero o falso?

1 La massa della Luna è 1/6 della massa della Terra. V F

2 La densità della Luna è inferiore alla densità della Terra. V F

2 La Luna: un corpo molto diverso dalla Terra

Completa le frasi

1 L'assenza di atmosfera sulla Luna dipende .... rispetto al nostro pianeta.

2 A causa dell'assenza di .... sulla Luna il passaggio tra notte e dì avviene in modo .... e c'è una .... escursione termica diurna.

3 Sulla Luna .... è 1/6 circa di quella terrestre.

Scegli il completamento corretto

1 La forza di gravità sulla Luna è:
- A maggiore di quella sulla Terra e minore di quella sul Sole
- B uguale a quella sulla Terra e minore di quella sul Sole
- C minore di quella sulla Terra e minore di quella sul Sole
- D non è possibile misurare la forza di gravità sulla Luna

2 La forma della Luna è:
- A fortemente ellissoidale
- B sferica
- C quasi sferica
- D fortemente irregolare

3 Il modellamento della superficie lunare è essenzialmente dovuto:
- A alle eruzioni vulcaniche
- B ai fenomeni atmosferici
- C agli agenti esogeni
- D all'impatto con meteoriti

3 Guardando la Luna

Completa le frasi

1 I mari lunari sono .... di colore ...., occupano .... della superficie della Luna.

2 I rilievi presenti sulla superficie lunare sono .... o .... La cima più alta supera gli ....

3 Gli altopiani sono aree ...., di colore .... e occupano circa .... della superficie lunare.

4 Sulla Luna si contano .... di crateri, dovuti all'impatto di ....

4 I moti della Luna

Abbina ogni termine alla definizione corretta

1 linea dei nodi
2 perigeo
3 apogeo
4 mese sidereo
5 mese sinodico

a posizione di minima distanza dalla Terra raggiunta dalla Luna durante il moto di rivoluzione.
b linea di intersezione tra il piano dell'orbita lunare e il piano dell'eclittica.
c posizione di massima distanza dalla Terra raggiunta dalla Luna durante il moto di rivoluzione.
d intervallo tra due allineamenti della Luna e di una stella; è il tempo reale di una rivoluzione e anche di una rotazione della Luna.
e intervallo di tempo tra due allineamenti uguali Luna-Sole.

1. ☐ 2. ☐ 3. ☐ 4. ☐ 5. ☐

Completa le frasi

1 Il piano dell'orbita di rivoluzione lunare è inclinata di .... rispetto al piano dell'eclittica. I due piani si intersecano in corrispondenza della ....

2 La rivoluzione della Luna intorno alla Terra ha .... durata della rotazione. Tale periodo di tempo si chiama ....

3 L'orbita lunare intorno alla Terra ha una forma .... e interseca il piano dell'.................................. in due punti detti ....

4 La .... di rivoluzione della Luna è .... in perigeo e .... in apogeo, in accordo con la seconda legge di Keplero.

Scegli il completamento corretto

1 Il moto di rivoluzione lunare:
- A è sincronizzato con la rotazione terrestre
- B si svolge in senso antiorario, se osservato dal polo nord celeste
- C è il moto della Luna intorno al Sole
- D è più lento in perigeo e più veloce in apogeo

2 L'asse di rotazione lunare:
- A è perpendicolare al piano dell'eclittica
- B forma con il piano dell'eclittica un angolo di 5° 9′
- C forma con il piano di rivoluzione lunare un angolo di 6° 41′
- D forma con il piano di rivoluzione lunare un angolo di 83° 19′

3 Il mese sinodico:
- A dura circa 2 giorni di più di quello sidereo
- B è il tempo di rivoluzione della Luna intorno alla Terra
- C è l'intervallo di tempo tra un novilunio e un plenilunio
- D è il tempo di rotazione della Luna

4 La linea dei nodi è la linea:
- A di intersezione tra il piano dell'orbita lunare e il piano dell'equatore celeste
- B di intersezione tra il piano dell'orbita lunare e il piano dell'eclittica
- C l'asse maggiore dell'orbita lunare
- D di intersezione tra il piano dell'orbita terrestre e il piano dell'equatore celeste

Scegli il termine corretto tra i due proposti

1 Poiché velocità e verso dei moti di rotazione e rivoluzione sono **uguali/diversi**, la Luna rivolge sempre la stessa faccia **al Sole/alla Terra**.

2 Il mese **sinodico/sidereo** corrisponde all'intervallo tra due fasi lunari dello stesso tipo.

3 Il piano di rivoluzione della Luna è inclinato di poco più di 5° rispetto al piano di **rotazione/rivoluzione** terrestre.

4 La Luna si trova alla minima distanza dalla Terra in **apogeo/perigeo**.

5 La Luna è in quadratura quando l'angolo tra le direzioni Terra-Sole e Terra-Luna misura **180°/90°**.

5 Le fasi lunari

Vero o falso?

1 Quando la Luna è nella fase di primo e ultimo quarto è illuminata dal Sole a metà. V F

2 Durante il ciclo delle fasi lunari una faccia della Luna è sempre illuminata dal Sole. V F

Completa le frasi

1 In novilunio la Luna si trova in ...., cioè tra .... e ....

2 In ultimo quarto la Luna si trova in .... e il disco è illuminato .... con la convessità rivolta a ....

Scegli il completamento corretto

1 Durante la fase di primo quarto la Luna:
- A ha la concavità a est
- B è illuminata a metà dal Sole
- C è in congiunzione
- D è in opposizione

2 In plenilunio:
- A la Luna si trova tra Sole e Terra
- B la superficie della Luna è interamente illuminata dal Sole
- C la Luna rivolge verso la Terra la faccia illuminata dal Sole
- D la Luna si trova sul piano dell'eclittica

3 La fase lunare che si verifica 2 settimane circa dopo il novilunio è:
- A un novilunio
- B il plenilunio
- C il primo quarto
- D l'ultimo quarto

6 Le eclissi

Vero o falso?

1 Le eclissi anulari si verificano quando la Luna è in apogeo e la Terra in afelio. V F

2 Le eclissi si verificano quando la Luna si trova sul piano dell'eclittica. V F

Completa le frasi

1 Quando la Luna si trova nella fase di .... e in prossimità .... si verifica un'eclissi di Sole, che è totale solo per chi si trova in una zona che cade nel .... della Luna.

2 Le eclissi di Luna si verificano quando la Luna è nella fase di .... e in prossimità di ....

Scegli il termine corretto tra i due proposti

1 In un anno le eclissi di Luna sono **più/meno** numerose di quelle di Sole.

2 Le eclissi si verificano quando la Luna si trova sul piano dell'**eclittica/equatore**.

3 Le eclissi totali di Sole si verificano con la Luna in perigeo e la Terra in **perielio/afelio**.

4 Le eclissi totali **di Sole/di Luna** si ripetono nello stesso luogo della Terra in media ogni 360 anni.

Scegli il completamento corretto

1 Le eclissi di Luna si verificano quando la Luna si trova:
- **A** in opposizione e in prossimità di uno dei nodi
- **B** in novilunio e in prossimità di uno dei nodi
- **C** in novilunio, ma non in prossimità dei nodi
- **D** in opposizione, ma non in prossimità dei nodi

2 Le eclissi totali di Sole si verificano quando la Luna è:
- **A** in apogeo e la Terra in afelio
- **B** in perigeo e la Terra in afelio
- **C** in perigeo e la Terra in perielio
- **D** in apogeo e la Terra in perielio

APPLICA IL TUO STUDIO

Rispondi

1 Descrivi le caratteristiche fisiche della Luna.

2 Descrivi l'aspetto della superficie lunare e spiega che cosa sono i mari lunari.

3 Spiega che cosa sono le fasi lunari, descrivile e indica il tempo necessario perché si compia un intero ciclo.

4 Perché il mese sinodico ha una durata maggiore di quello sidereo?

5 Quali condizioni devono verificarsi perché si abbia un'eclissi di Sole? Si tratta di un evento raro o frequente?

6 Perché non si verifica un'eclissi ogni volta che la Luna è in novilunio o in plenilunio?

VERSO LE COMPETENZE...

Questo esercizio ha lo scopo di condurti a sviluppare le seguenti competenze:
- **utilizzare correttamente la terminologia specifica proposta per descrivere un fenomeno;**
- **interpretare immagini reali correlandole con un modello interpretativo appreso in precedenza.**

Osserva le immagini

a Inserisci nella figura i termini mancanti.

b Evidenzia in ciascuna posizione la porzione di Luna illuminata dal Sole.

c Assegna a ciascuna immagine, che rappresenta la porzione di Luna visibile dalla Terra, la corretta posizione nel disegno.

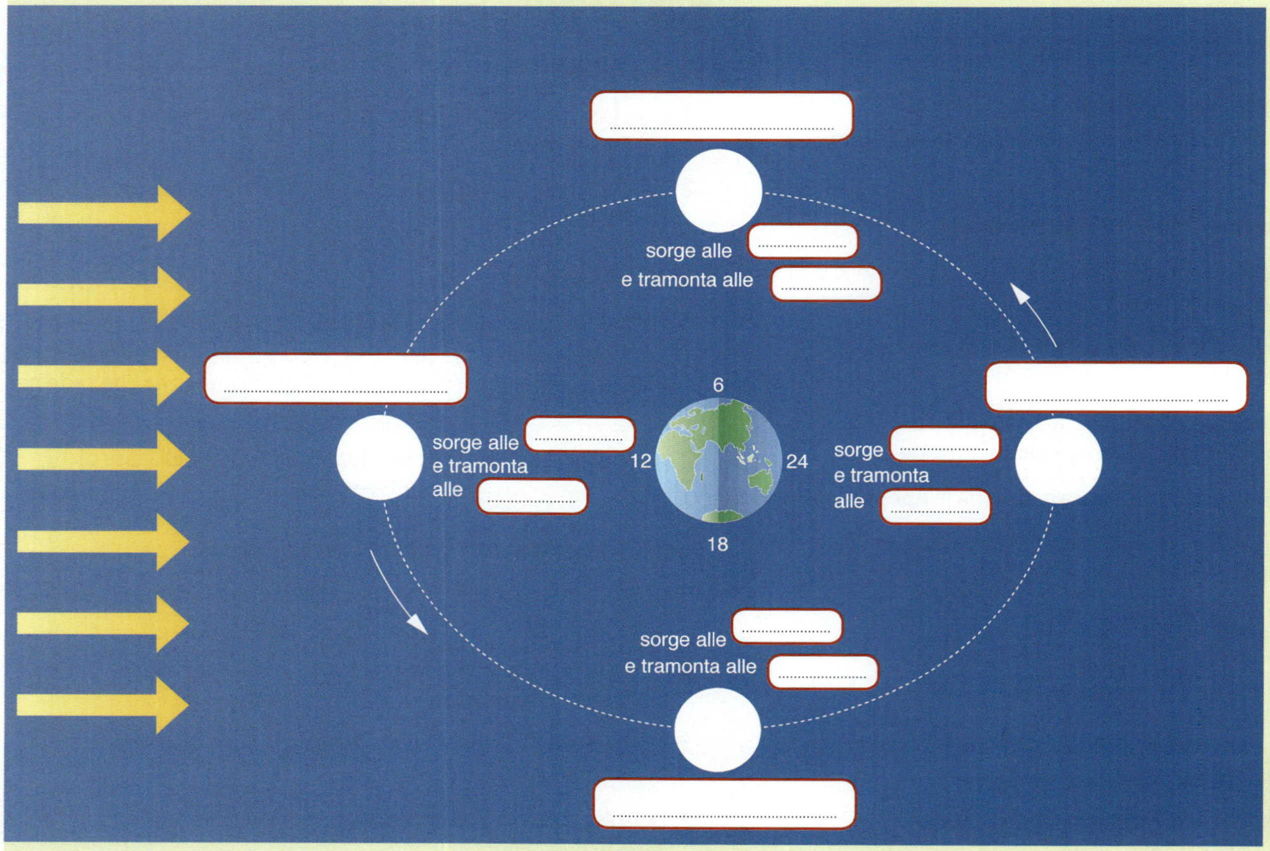

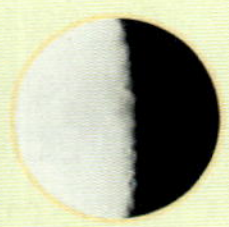
1

2

3

4

6 La Terra, un pianeta che si trasforma

1 La Terra: un pianeta unico nel Sistema Solare

2 La struttura interna della Terra

3 La dinamica endogena ha origine nel mantello terrestre

4 La dinamica endogena modella la litosfera

5 L'Italia: il Paese dei vulcani e dei terremoti

6 La dinamica esogena modella i paesaggi

7 Il dissesto idrogeologico in Italia

8 La storia della Terra è molto lunga

COMPETENZE

- Iniziare a interpretare quanto si osserva, stabilendo una connessione tra dato e interpretazione del fenomeno
- Utilizzare correttamente la terminologia specifica della disciplina
- Stabilire una distinzione tra dati osservativi e modelli

1 La Terra: un pianeta unico nel Sistema Solare

FIGURA 1

La Terra ha una **storia molto lunga** e probabilmente si è formata insieme a tutti gli altri corpi del Sistema Solare circa **4,5 miliardi di anni fa**. Anche la Luna o i campioni di meteoriti caduti sulla Terra hanno questa età. Nonostante le origini comuni, la Terra presenta alcune caratteristiche singolari, che la rendono differente dagli altri pianeti rocciosi del Sistema Solare **FIGURA 1**.

- È l'unico pianeta sulla cui superficie è presente in grande abbondanza **acqua liquida** e sul quale si realizza il **ciclo dell'acqua**: le variazioni di temperatura superficiale, legate ai fenomeni meteorologici, consentono il passaggio di questa sostanza allo stato solido e allo stato aeriforme.
- È l'unico pianeta in cui sia presente la **vita** distribuita in tutti gli ambienti e in una grande varietà di forme.
- È l'unico pianeta roccioso con un'*atmosfera* che contiene **ossigeno molecolare**: questo gas non è il componente principale dell'aria, ma è fondamentale per la vita e per i fenomeni che la coinvolgono.
- È l'unico pianeta che presenta un'intensa **attività dinamica**, che modifica continuamente l'aspetto della sua superficie, coinvolgendo la *litosfera*, l'*idrosfera* e l'*atmosfera*.

L'attività dinamica, di cui ci occuperemo a livello introduttivo in questo capitolo, è la causa della varietà dei **paesaggi** della Terra.

FIGURA 2

FIGURA 3

I segni dell'attività dinamica del nostro pianeta sono molti. In alcuni casi si tratta di processi evidenti, che si verificano ovunque, anche se con intensità e frequenza diversa nelle varie regioni: le **precipitazioni**, gli spostamenti delle **nuvole** provocati dal **vento**, i **movimenti delle acque** dell'idrosfera, le **frane** sono esempi che tutti conosciamo **FIGURA 2**. Altri eventi dinamici, come le **eruzioni vulcaniche** o i **terremoti**, sono catastrofici, repentini e riguardano zone circoscritte della superficie terrestre **FIGURA 3**. Anche gli **esseri viventi** contribuiscono alla varietà dei paesaggi: basta pensare allo sviluppo della **vegetazione** o alla formazione delle **barriere coralline** **FIGURA 4**.

Oltre agli esempi considerati, esistono fenomeni dinamici che **non percepiamo**, ma di cui rileviamo gli effetti solo mediante **strumenti**. *Le posizioni relative dei continenti stanno cambiando*, ma si tratta di variazioni annue dell'ordine di qualche centimetro: il Nordamerica si allontana dall'Europa, mentre l'Africa si avvicina al nostro continente. *I rilievi e il livello del mare rispetto ai continenti si modificano*: l'Everest si sta sollevando, mentre la pianura padana si abbassa lentamente.

In poche parole si può dire che **la Terra è un pianeta in continua evoluzione**.

Anche la regione in cui si trova il nostro Paese ha subìto grandi mutamenti nel tempo: fino a 300 milioni di anni fa era il fondale di un piccolo bacino marino poco profondo sul margine del continente. Solo in tempi successivi la litosfera è stata sollevata e ripiegata a causa di processi dinamici che continuano tuttora, dando origine alla varietà di paesaggi che conosciamo.

FIGURA 4

GUIDA ALLO STUDIO

- Quali sono le particolari caratteristiche della Terra?
- Qual è la differenza tra processi endogeni ed esogeni?
- Cerca degli esempi di processi geodinamici lenti e veloci.

I processi geodinamici

I processi che generano e modellano le forme del paesaggio terrestre sono chiamati **processi geodinamici**. Essi possono essere distinti in due tipi in base alle cause che li determinano **FIGURA 5**:

- i **processi endogeni** sono manifestazioni di un'attività interna della Terra;
- i **processi esogeni** sono determinati da cause esterne alla litosfera.

Chiariremo meglio il significato di questi termini nei prossimi paragrafi, ma è opportuno tener presenti due caratteristiche:

- i processi endogeni ed esogeni non agiscono in settori distinti della litosfera, perciò *le forme del rilievo terrestre sono modellate da entrambi i fattori*, anche se i loro effetti possono avere importanza diversa da luogo a luogo;
- i processi endogeni ed esogeni *agiscono ora come in passato*, secondo gli stessi meccanismi.

FIGURA 5

PER SAPERNE DI PIÙ

Come si studia un paesaggio

Lo studio della litosfera e delle sue forme è compito della **geologia**, una scienza che si articola in varie branche di studio, ciascuna specializzata in uno specifico settore. Saper "leggere" e comprendere la storia di un paesaggio, infatti, non è semplice e richiede un lavoro a diversi livelli che, semplificando, possiamo riassumere in quattro fasi.

1. Si analizzano i materiali di cui è formato il territorio oggetto di studio, cioè le *rocce*, cercando di capire di quali rocce si tratta, come e quando si sono formate. Le discipline che si occupano di questi studi sono la **mineralogia** e la **petrografia**.
2. Si studia su grande scala il contesto in cui è inserito il territorio, considerando le **strutture primarie**, cioè quelle prodotte dalle forze endogene. La branca della geologia che studia la *genesi* e le *deformazioni* delle *strutture primarie* è la **tettonica**.
3. Si studiano i lineamenti particolari di ogni singola area, considerando il modellamento provocato dalle forze esogene. Di questo aspetto si occupano diverse discipline oltre alla geologia, perché le forze esogene agiscono a livello locale con modalità molto diversificate. È importante quindi conoscere la dinamica dell'*idrosfera* e dell'*atmosfera*, oltre al *clima* e alla distribuzione degli esseri viventi. La scienza che utilizza i risultati dei vari studi per spiegare e descrivere il paesaggio è la **geomorfologia**.
4. Si stabiliscono la *scala temporale* e la *successione degli eventi* che si sono verificati in quell'area. La branca della geologia specificatamente impegnata in questo lavoro è la **geologia storica**.

2 La struttura interna della Terra

I **processi endogeni**, come abbiamo accennato, sono tutti i fenomeni che avvengono nella litosfera o sulla sua superficie, come conseguenza di attività che hanno origine all'interno della Terra. Per comprenderne la natura e descriverne gli effetti è quindi importante conoscere la struttura interna del nostro pianeta.

Oggi sappiamo che la Terra è costituita da **tre involucri concentrici** ➔ FIGURA 6 caratterizzati da composizione chimica e da densità differenti.

- La **crosta** è l'involucro solido più esterno, a diretto contatto con l'atmosfera, la biosfera e l'idrosfera. È formata da **rocce** (materiali solidi eterogenei), è rigida e sottile, con uno spessore variabile tra 4 e 80 km.
- Il **mantello** si estende dalla crosta fino alla profondità di 2900 km ed è più denso della crosta, perché contiene maggiori percentuali di elementi metallici. Ha quindi una composizione chimica diversa dalla crosta. Può essere suddiviso in zone caratterizzate da proprietà fisiche differenti. La porzione più superficiale del mantello è rigida e piuttosto fredda, come la crosta sovrastante, ed è formata da rocce. Per questo si considerano la crosta e questa zona del mantello come strati di un solo involucro, la **litosfera**, che si estende fino a una profondità media di 100 km. Sotto la litosfera, c'è uno strato del mantello più caldo, plastico e deformabile, detto **astenosfera**, al di sotto del quale il mantello ritorna ad avere un comportamento rigido.
- Il **nucleo**, cioè la regione centrale, è molto più denso del mantello e della crosta, perché è composto prevalentemente da ferro, nichel e altri metalli. Nella parte esterna è fluido, mentre la regione centrale si comporta come un solido.

GUIDA ALLO STUDIO

- Che cos'è la crosta terrestre?
- Qual è la relazione tra crosta e litosfera?
- Come è fatto il nucleo terrestre?

La temperatura all'interno della Terra

L'interno della Terra è più caldo rispetto alla superficie. La temperatura aumenta procedendo verso il nucleo fino a raggiungere valori di poco inferiori ai 6000 °C.

Qual è l'origine del **calore interno della Terra**?

Secondo gli scienziati le fonti sono due:

- l'energia termica accumulata quando la Terra si è formata nelle prime fasi della storia del Sistema Solare;
- la presenza di **sostanze radioattive** nel mantello e nella crosta.

sostanze radioattive
sostanze che contengono atomi i cui nuclei si trasformano nel tempo in nuclei di elementi diversi, emettendo radiazioni ad alta energia.

La Terra disperde questo calore verso l'esterno attraverso:

- l'emissione di piccole quantità di radiazioni nel campo dell'infrarosso che riscaldano dal basso l'atmosfera;
- i fenomeni endogeni.

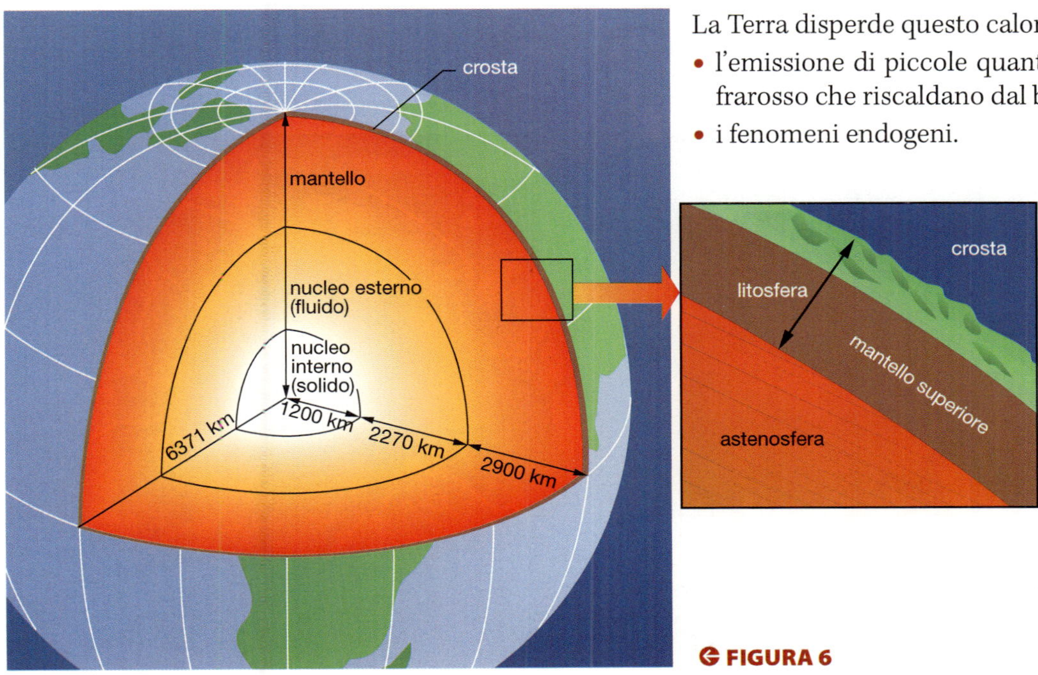

➔ FIGURA 6

3 La dinamica endogena ha origine nel mantello terrestre

L'attività endogena comprende sia fenomeni repentini e violenti di cui abbiamo percezione immediata, sia processi lenti e graduali i cui effetti risultano evidenti solo con il trascorrere del tempo. Hanno cause endogene:

- l'**attività vulcanica**
- l'**attività sismica**
- i **movimenti** su larga scala delle **masse continentali**
- l'**apertura** o la **chiusura** dei **bacini oceanici**
- la **formazione** delle **catene montuose**
- le **deformazioni** che interessano ampie regioni della crosta terrestre.

Il motore dell'attività endogena

Come abbiamo già accennato, il "**motore" della dinamica endogena** è il calore interno della Terra, in particolare il **calore del mantello**. Il mantello sotto la litosfera è plastico, cioè deformabile, e può trasmettere il calore alla litosfera mediante lentissimi **movimenti convettivi**, simili a quelli che si verificano in una pentola d'acqua che bolle. Questi movimenti nel mantello creano tensioni, muovono e fratturano la litosfera sovrastante, che è rigida **➲ FIGURA 7**. Per questo la litosfera ha una struttura particolare: attualmente è suddivisa in una ventina di **zolle litosferiche** (o *placche*) di dimensioni molto varie, incastrate come i pezzi di un puzzle, senza che vi siano spazi vuoti tra l'una e l'altra. Le zolle, come si può osservare nella carta **➲ FIGURA 8**, non coincidono quasi mai esattamente con gli oceani o i continenti.
Le **zolle si muovono** a causa dei movimenti convettivi del mantello, trascinate passivamente come se fossero su un nastro trasportatore. Questi movimenti creano **tensioni** lungo i margini, cioè le zone di contatto, delle zolle, provocando tutti i fenomeni tipici dell'attività endogena.
In conseguenza di questi movimenti, inoltre, **le dimensioni e la posizione delle zolle variano nel tempo**.

convezione
è un meccanismo di propagazione del calore. Si verifica in un fluido riscaldato in modo non uniforme, in cui il calore si propaga da un punto all'altro grazie alla formazione di **celle convettive**, costituite da correnti ascendenti e discendenti.

GUIDA ALLO STUDIO

- Quali fenomeni sono manifestazioni di attività endogena?
- Quali sono le cause dell'attività endogena?
- Che cosa sono le zolle litosferiche? Perché si muovono?

➲ FIGURA 7

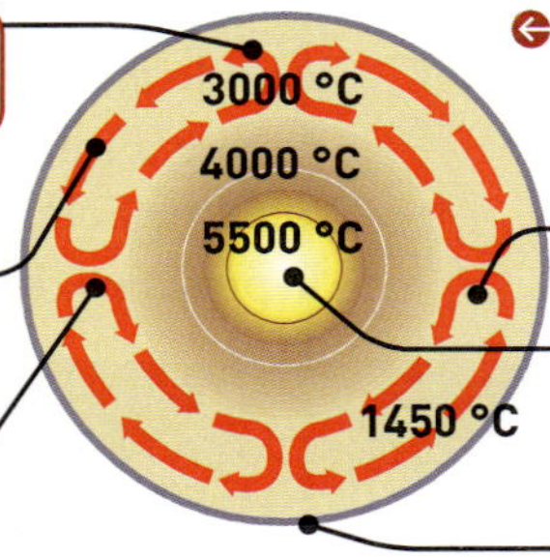

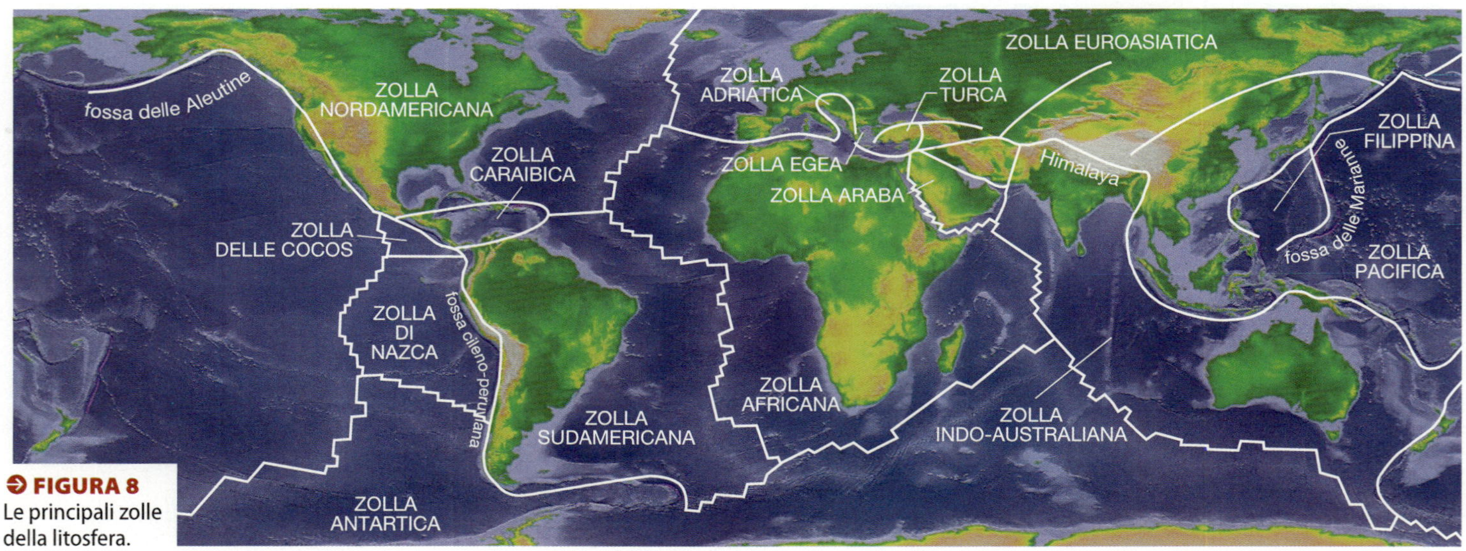

➲ FIGURA 8
Le principali zolle della litosfera.

4 La dinamica endogena modella la litosfera

I processi endogeni generano le grandi strutture, che caratterizzano l'aspetto della litosfera: **continenti**, **fondali oceanici**, **catene montuose** ➲ **FIGURA 9**. Gli elementi del paesaggio prodotti dall'attività endogena vengono chiamati **strutture morfologiche primarie della litosfera**. Si tratta di forme che osserviamo anche sulla Luna e sui pianeti rocciosi, perché anch'essi in passato hanno avuto un'intensa dinamica endogena. Da questo punto di vista, tuttavia, c'è una differenza tra la Terra e gli altri pianeti rocciosi: solo sul nostro pianeta la dinamica endogena è ancora attiva, perché esso, al contrario di altri corpi, non ha ancora dissipato tutta la sua energia interna.
I segni più evidenti della dinamica endogena sono i fenomeni *vulcanici*, i *fenomeni sismici* e le *faglie*.

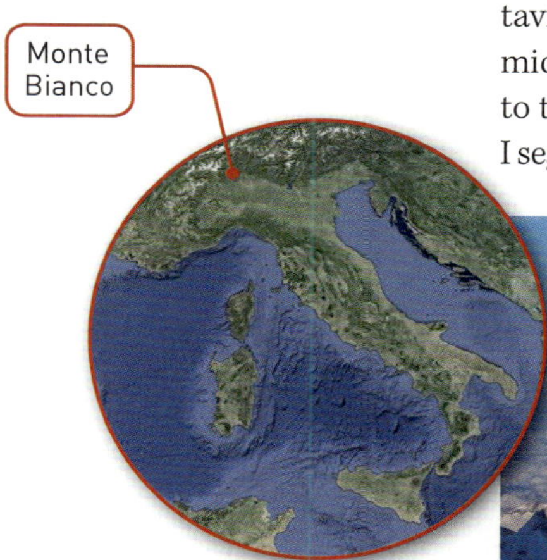

➲ **FIGURA 9**

I vulcani

Un **vulcano** è una **spaccatura della superficie terrestre**, attraverso la quale fuoriescono *lave* e *materiali aeriformi* o *solidi*, che derivano dal magma. Il **magma** è un materiale molto caldo formato da roccia fusa, vapor d'acqua e gas; si forma all'interno del mantello o nella crosta, in particolare lungo i margini delle zolle, che sono collocati in corrispondenza delle colonne ascendenti e discendenti delle celle convettive del mantello. In queste zone infatti i materiali del mantello e della crosta vengono riscaldati e fusi. Quando il magma fuoriesce, libera i gas e si trasforma in **lava** (che quindi è magma privo di gas). Si realizza così un'eruzione vulcanica.
Per quanto riguarda la **forma**, si distinguono due tipi di vulcani.

- I **vulcani ad attività lineare**, nei quali la lava e i gas fuoriescono da **fratture della crosta** allungate e strette, che possono svilupparsi anche per kilometri ➲ **FIGURA 10**.

FIGURA 10 Schema di un vulcano ad attività lineare.

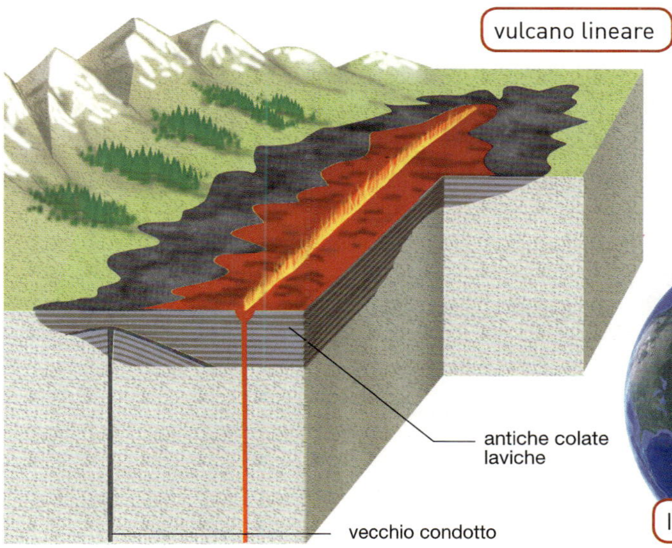

I vulcani

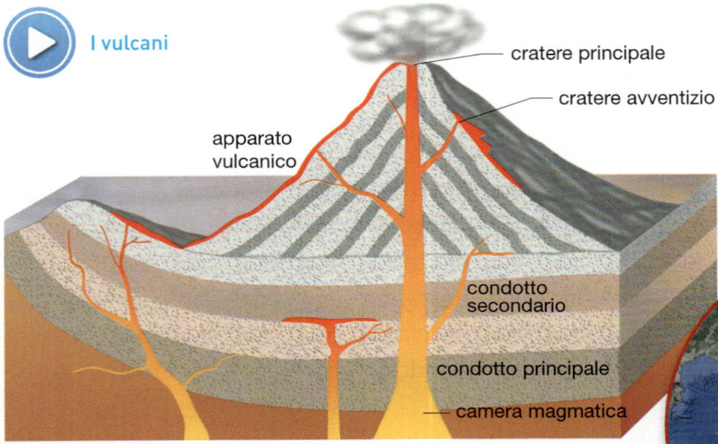

FIGURA 11 Schema di un vulcano a cono.

FIGURA 12

- I **vulcani ad attività centrale**, nei quali i materiali vengono eruttati da un **cratere** centrale intorno a cui si accresce un *edificio vulcanico*, detto **cono** ➔ **FIGURA 11**.

Sono vulcani ad attività lineare le **dorsali oceaniche**, catene montuose che attraversano tutti gli oceani, con rilievi che in genere si elevano dal fondale di 1000-3000 m. Nell'Oceano Atlantico tale attività ha dato origine anche alle isole Azzorre e all'Islanda ➔ **FIGURA 12**. I vulcani sui continenti sono invece quasi tutti vulcani a cono. Fanno eccezione i vulcani della *rift valley africana*, che mostrano un'attività lineare simile a quella delle dorsali.

Terremoti e faglie

I **terremoti**, o **sismi**, sono vibrazioni del suolo che liberano in superficie *energia che precedentemente si era accumulata* all'interno della litosfera. Il punto in profondità in cui viene liberata l'energia è detto **ipocentro** del terremoto. Dall'ipocentro partono le vibrazioni dette **onde sismiche** che si propagano in tutte le direzioni dello spazio. L'**epicentro** è, invece, il punto della superficie terrestre che per primo viene raggiunto dalle onde sismiche ed è situato verticalmente sopra l'ipocentro ➔ **FIGURA 13**.

I terremoti

FIGURA 13

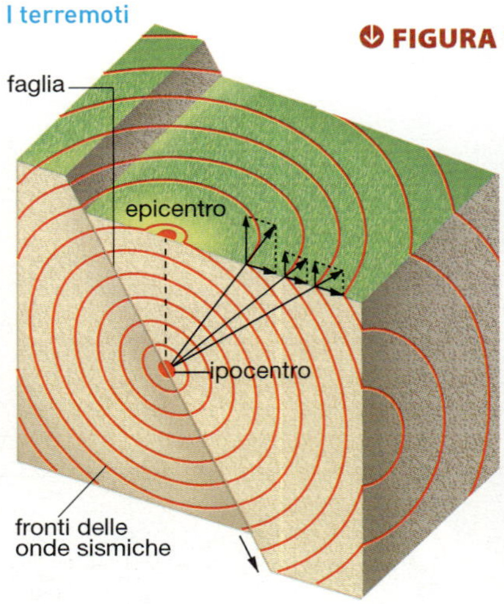

FIGURA 14

La maggior parte dei terremoti violenti avviene in corrispondenza delle **faglie** ➔ FIGURA 14, fratture della litosfera che separano blocchi rocciosi che si muovono in direzione opposta. Le faglie si formano nelle zone in cui le zolle sono sottoposte a tensioni e spinte a causa dei diversi movimenti che le coinvolgono.

Tali spinte deformano lentamente le rocce ai lati della faglia, che accumulano energia in modo simile a un bastoncino di legno che venga deformato. Ogni massa rocciosa però ha un limite oltre il quale non può deformarsi. Superato tale limite, detto *limite di elasticità*, i due blocchi slittano improvvisamente uno a fianco dell'altro e liberano l'energia precedentemente accumulata.

Finché la *faglia* resta *attiva* (cioè si mantengono le tensioni che deformano i blocchi rocciosi ai due lati) può dare origine a nuovi eventi sismici. Infatti, se le forze che hanno causato un terremoto continuano ad agire anche dopo l'evento sismico, le rocce ai lati della faglia iniziano nuovamente ad accumulare energia e a deformarsi. Quando viene superato il limite di elasticità delle rocce, si verificano una nuova rottura e un nuovo terremoto.

A causa della dinamica endogena la litosfera cambia nel tempo

I fenomeni vulcanici e sismici e le faglie sono conseguenze dei **movimenti delle zolle**. Tali movimenti hanno determinato nel corso della storia della Terra lenti, ma profondi, **cambiamenti nell'aspetto della superficie terrestre** ➔ FIGURA 15.

1. I continenti hanno più volte modificato le loro posizioni relative, unendosi, scontrandosi e allontanandosi, mentre si aprivano o chiudevano diversi bacini oceanici.
2. La collisione tra zolle, spinte a convergere l'una contro l'altra, ha determinato la formazione delle catene montuose. Le catene montuose più recenti sono anche le più elevate (perché non sono state ancora attaccate dagli agenti esogeni) e, come la catena alpino-himalayana e le Ande, si trovano in prossimità del margine dei continenti.
3. Nelle catene montuose spesso si osservano strati di rocce fortemente piegati e deformati a causa dell'intensità delle tensioni a cui sono stati sottoposti per tempi lunghissimi ➔ FIGURA 16. Talvolta si osservano nelle catene montuose resti di origine marina a testimoniare il fatto che intere regioni sono state non solo compresse, ma sollevate e trascinate in ambienti del tutto diversi da quelli originari.

GUIDA ALLO STUDIO

- Che cos'è un vulcano?
- Qual è la differenza tra un vulcano lineare e un vulcano centrale?
- Che cos'è un sisma?
- Che cosa sono le faglie?
- Quali effetti provocano nel tempo i movimenti delle zolle?

FIGURA 15

FIGURA 16

I paesaggi dei vulcani in Italia

5 L'Italia: il Paese dei vulcani e dei terremoti

Il territorio italiano è fortemente segnato dall'**attività endogena**, perché il nostro Paese è collocato in corrispondenza di un margine lungo il quale si verifica la convergenza tra due zolle, che entrano in collisione l'una con l'altra. La collisione ha prodotto, in un arco di tempo lunghissimo, due catene montuose che caratterizzano la struttura geologica dell'Italia: le **Alpi** e gli **Appenini**. Le spinte legate alla collisione tra zolle non sono terminate, per questo i **fenomeni vulcanici** e i **fenomeni sismici** sono frequenti e spesso devastanti nel nostro Paese.

In particolare possiamo osservare che l'Italia è il Paese europeo con il maggior numero di **vulcani attivi**. I vulcani italiani sono tutti vulcani ad *attività centrale* e hanno una storia relativamente recente.
L'**Etna** è il più grande vulcano d'Europa ed è caratterizzato attualmente da un'*attività* prevalentemente *effusiva*. L'attività dell'Etna è documentata da 1500 anni, ma i primi segni di vulcanesimo in atto nella zona risalgono a 600 000 anni fa **➔ FIGURA 17**. Anche Pantelleria ha avuto in passato un'attività effusiva simile a quella dell'Etna.
L'arcipelago delle **isole Eolie**, il **Vesuvio**, l'*isola di Ischia*, i *Campi Flegrei* hanno avuto un'attività vulcanica intensa, con eventi esplosivi, alternati a periodi di quiete o di attività effusiva tranquilla **➔ FIGURA 18**.

FIGURA 17

FIGURA 18

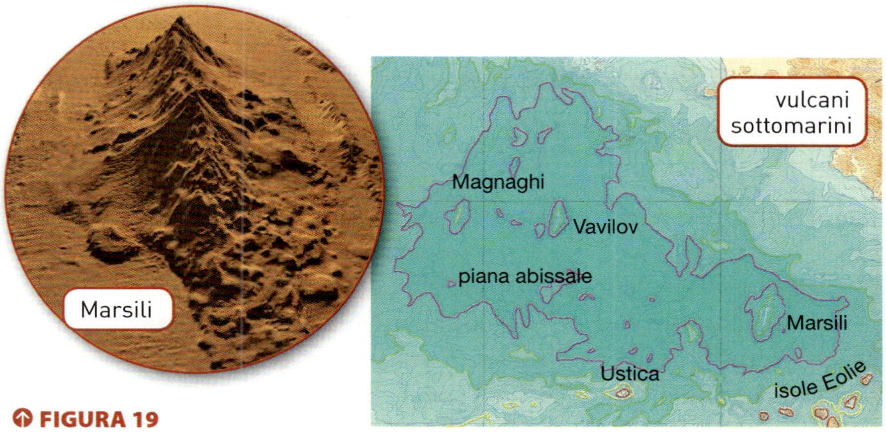

FIGURA 19

FIGURA 20

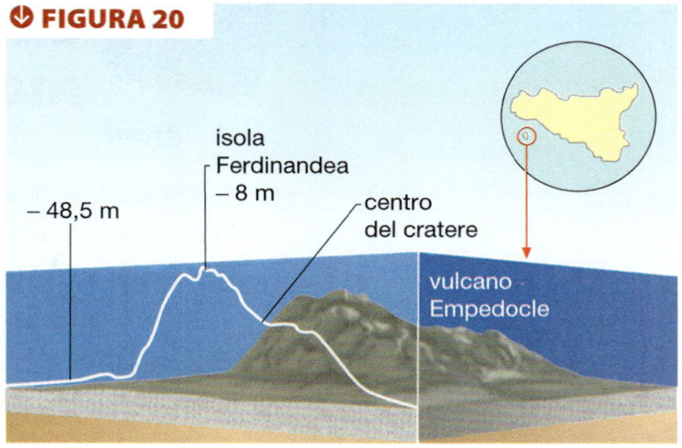

I terremoti più devastanti in Italia

In Italia, inoltre, sono presenti diversi **vulcani sottomarini** attualmente *quiescenti*, ma potenzialmente attivi, che si collocano in due zone vulcaniche ancora in parte da esplorare:

- la zona del Tirreno compresa tra Eolie, Sardegna e Lazio dove sono stati scoperti diversi vulcani di recente formazione tra cui il **Marsili**, il **Magnaghi** e il **Vavilov** FIGURA 19;
- la zona del canale di Sicilia dove da luglio a dicembre del 1831 emerse l'**isola Ferdinandea** e dove si trova il **vulcano Empedocle** FIGURA 20.

Oltre ai vulcani attivi esistono molte aree del territorio italiano in cui l'attività vulcanica presente in passato si è esaurita, lasciando segni evidenti.

L'Italia non è solo il Paese europeo dove si manifesta più intensamente l'attività vulcanica, ma il nostro territorio è spesso interessato da **fenomeni sismici**.
In epoca storica, i terremoti in Italia risultano almeno un migliaio e di questi, più di 160 hanno provocato effetti disastrosi e causato mezzo milione di vittime FIGURA 21.
L'*Istituto Nazionale di Geofisica e Vulcanologia* (INGV) ha redatto una **carta della classificazione sismica del territorio italiano** e sono state emanate le norme che disciplinano la progettazione e la costruzione di opere architettoniche (edifici e infrastrutture) nel nostro Paese FIGURA 22.
Osservando la carta, è interessante notare che il pericolo sismico, cioè la probabilità che si verifichi un terremoto, varia considerevolmente da regione a regione. La zona più stabile è la Sardegna, seguita dalla penisola salentina e dall'arco alpino, dove la pericolosità, escludendo il Friuli-Venezia Giulia, è relativamente bassa. La sismicità aumenta spostandosi dalle regioni settentrionali lungo la catena appenninica verso il Centro-Sud, dove si localizzano le aree più soggette a terremoti: Campania, Abruzzo, Molise, Basilicata, Calabria e Sicilia.

GUIDA ALLO STUDIO

- Quali sono i vulcani italiani attivi?
- Quali sono le caratteristiche dell'attività dell'Etna?
- Quali regioni italiane sono più soggette a terremoti?
- Quale regione dell'Italia settentrionale ha un elevato livello di pericolosità sismica?

FIGURA 21 La Torre dell'orologio di Finale Emilia (MO), prima e dopo i crolli prodotti dal terremoto del 2012.

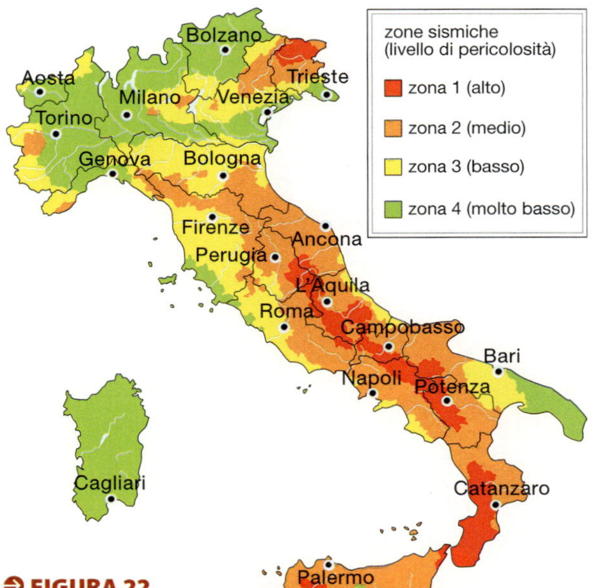

FIGURA 22 Classificazione sismica del territorio italiano.

6 La dinamica esogena modella i paesaggi

Sono **processi esogeni** tutti i fenomeni causati dalle interazioni tra **litosfera**, **atmosfera**, **idrosfera** e **biosfera**.

Atmosfera, idrosfera e biosfera sono **agenti esogeni** perché la loro azione ha origine sulla superficie della Terra e non negli strati profondi. Essi **modellano le strutture primarie** prodotte dall'attività endogena e sono i principali responsabili della **varietà di paesaggi** che osserviamo nei diversi ambienti geografici. La loro azione avviene in tre fasi ➲ **FIGURA 23**.

1. Erosione: le rocce si disgregano e si alterano per effetto dei fenomeni atmosferici, delle acque, degli organismi. L'erosione può avvenire in forme diverse: a volte le rocce vengono ridotte in frammenti, chiamati *detriti*, come accade per effetto delle variazioni di temperatura in montagna o per l'azione della radici delle piante, che si insinuano nelle fratture delle rocce. In altri casi le sostanze che compongono le rocce vengono attaccate chimicamente, come accade nelle regioni carsiche, dove le acque piovane sciolgono il carbonato di calcio delle rocce calcaree e lo portano via.

2. Trasporto: l'acqua e il vento asportano i detriti prodotti dall'erosione e li trasportano altrove. Un fattore molto importante di trasporto è la *forza di gravità*, che determina i movimenti franosi, molto frequenti nel nostro Paese.

3. Sedimentazione: è la fase di accumulo che inevitabilmente avviene quando la forza dell'acqua, del vento e della gravità diminuiscono o cessano.

L'azione degli agenti esogeni sulle strutture primarie viene definita **modellamento** e produce principalmente due tipi di forme sul paesaggio:

- le **forme di erosione**
- le **forme di accumulo**, prodotte dalla sedimentazione.

Sono **forme** del paesaggio **di erosione** le *valli fluviali* e *glaciali* ➲ **FIGURA 24**, mentre sono **forme di accumulo** le *pianure alluvionali* dei fiumi, come la pianura del Tevere ➲ **FIGURA 25**, oppure le *dune* costiere e le *morene* dei ghiacciai.

FIGURA 23

FIGURA 24

FIGURA 25

In generale erosione e sedimentazione avvengono ovunque sulla superficie terrestre, ma l'azione degli agenti esogeni ha effetti diversi da luogo a luogo: in alcune regioni prevale l'erosione, che distrugge progressivamente le strutture primarie, causando un abbassamento e un livellamento del rilievo; in altri luoghi, invece, predominano i fenomeni di accumulo, che nel tempo colmano le depressioni o producono piccoli rilievi.
Il "**motore**", la fonte di energia per quest'opera di modellamento è il **calore del Sole**. Poiché l'energia solare non si distribuisce in modo uniforme sulla superficie terrestre e nel corso dell'anno, regioni diverse sono caratterizzate da **climi** diversi, cioè presentano caratteristiche molto differenti per quanto riguarda *temperature, precipitazioni, umidità* e *venti*. Poiché questi fattori sono agenti esogeni, regioni con caratteristiche climatiche diverse avranno anche paesaggi diversi.
Il clima non è l'unico fattore importante: per capire come agisce la dinamica esogena occorre considerare anche la **natura delle rocce** presenti in una data area. Infatti, lo stesso regime di piogge, umidità, venti ecc. può avere effetti diversi su materiali che hanno una composizione chimica e una struttura differenti ➲ FIGURE 26-27.
Ogni paesaggio quindi è unico e ha una storia, come dimostra la grande varietà di paesaggi che caratterizza il nostro Paese: le Dolomiti sono molto diverse dalle Alpi occidentali o dal Gran Sasso; le isole Eolie hanno forme del tutto diverse da quelle della Sardegna.

GUIDA ALLO STUDIO
- Che cos'è la dinamica esogena?
- Attraverso quali fasi agiscono gli agenti esogeni?
- Che influenza ha il clima sul modellamento dei paesaggi?

➲ FIGURA 26 Forme di erosione, dette calanchi, prodotte dalle acque piovane sulle rocce tenere dell'Appennino, presso Civita di Bagnoregio (VT).

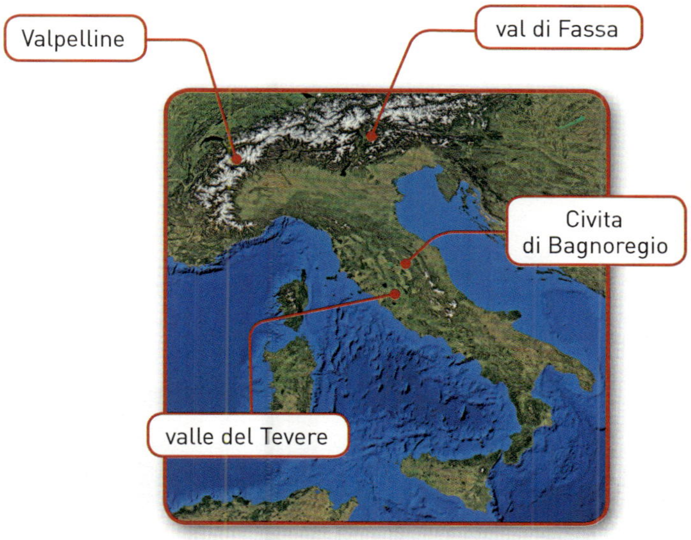

➲ FIGURA 27 Forme di erosione in alta montagna sulle Alpi Pennine, in Valpelline (AO).

La varietà dei paesaggi italiani

lago di Garda

Cervino

Pianura Padana

colline delle Langhe

Cinque Terre

colline del Chianti

lago Trasimeno

lago di Nemi

Pan di zucchero

faraglioni di Capri

Etna

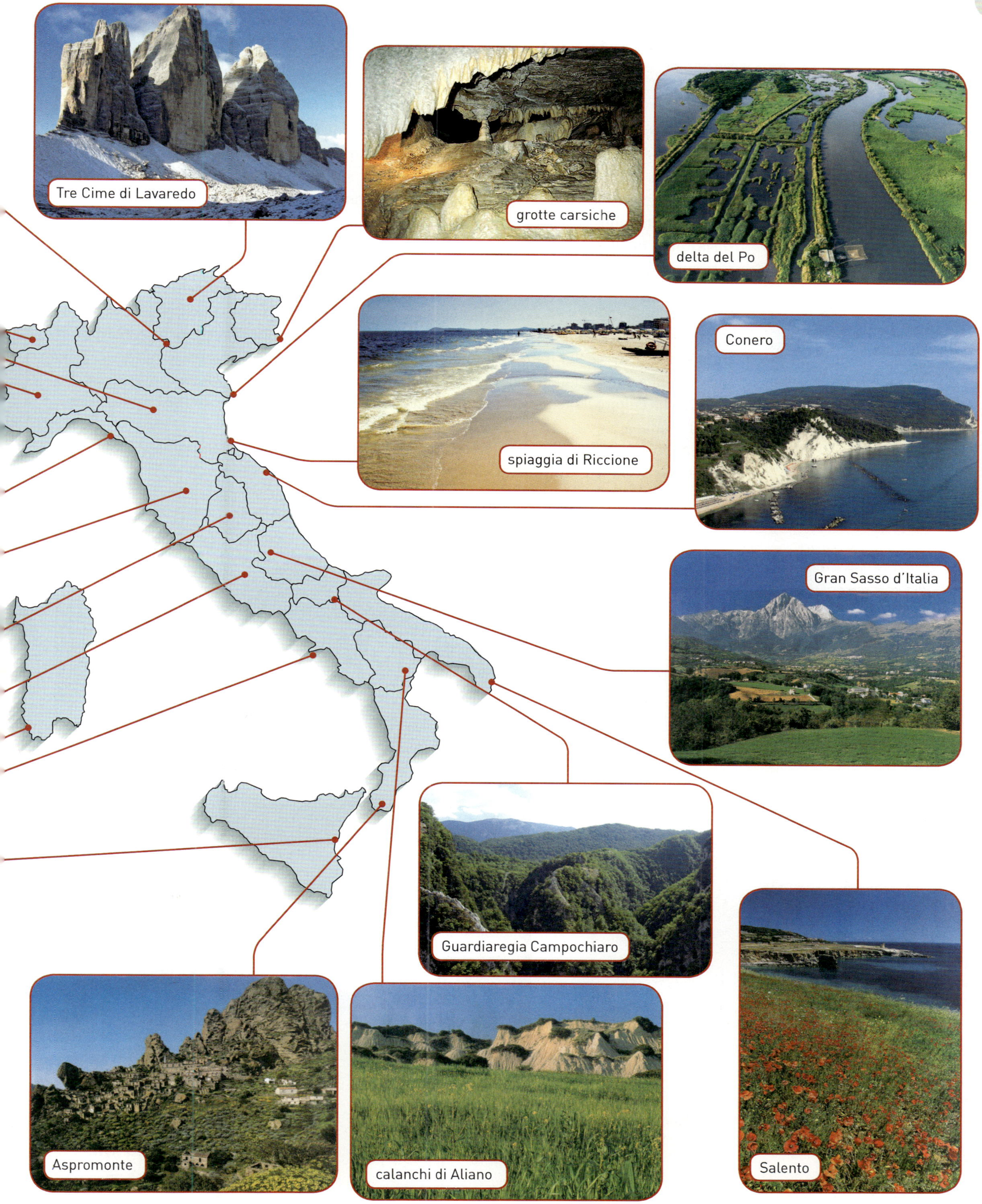
Tre Cime di Lavaredo
grotte carsiche
delta del Po
spiaggia di Riccione
Conero
Gran Sasso d'Italia
Guardiaregia Campochiaro
Salento
Aspromonte
calanchi di Aliano

7 Il dissesto idrogeologico in Italia

Nel complesso equilibrio tra fenomeni endogeni ed esogeni, interviene anche l'uomo. Egli influisce sul paesaggio sia in modo diretto, per esempio con opere di bonifica o con la costruzione di dighe che formano laghi artificiali, sia in modo indiretto, per esempio per gli effetti dell'urbanizzazione. L'azione dell'uomo in passato mirava principalmente a rendere meno selvaggio e ostile l'ambiente, ma negli ultimi sessanta anni la sua azione ha avuto spesso effetti devastanti, ricollegabili al fenomeno del *dissesto idrogeologico*.

Il termine **dissesto idrogeologico** indica un complesso di processi geologici che provocano eventi distruttivi, come *esondazioni*, *fenomeni erosivi* e *frane*. Questi fenomeni sono molto diffusi in Italia ➲ **FIGURA 28**. A volte si manifestano come vere e proprie catastrofi, che sconvolgono l'aspetto della superficie terrestre e la vita dei suoi abitanti. Pensiamo, per esempio, al potere distruttivo della frana del Vajont ➲ **FIGURA 29**, che nel 1963 causò la morte di 2500 persone, alle conseguenze dell'alluvione che nel novembre 1966 colpì Firenze, o a quella che nel 1994 ha colpito il Piemonte o ancora della frana che nel 1998 devastò Sarno e i paesi vicini, in Campania.

Ogni anno questi fenomeni sempre più spesso si ripetono e colpiscono numerose zone del nostro territorio ➲ **FIGURA 30**.

FIGURA 28

FIGURA 29 La parete del monte Toc da cui si staccò la frana del Vajont nel 1963.

➲ **FIGURA 30** La Pianura Padana nei pressi di Modena, colpita dall'alluvione provocata dall'esondazione del fiume Secchia, nel gennaio 2014.

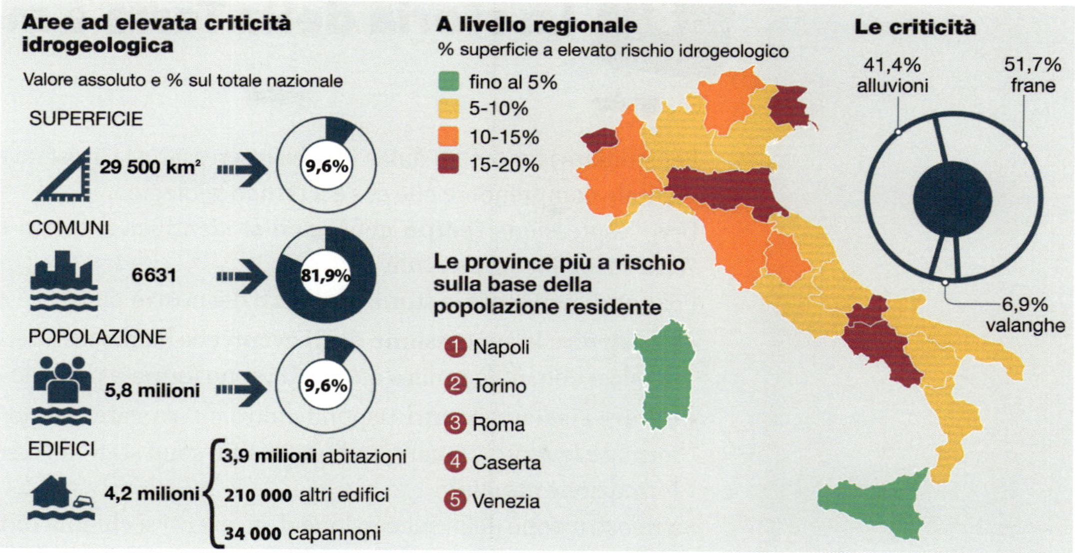

FIGURA 31 Il rischio idrogeologico in Italia. Il bilancio dei danni causati dal dissesto idrogeologico in Italia dal 1944 al 2012 è stimabile in 61 miliardi di euro. Nel nostro Paese le zone a elevata esposizione al rischio idrogeologico rappresentano quasi il 10% del territorio, riguardano l'82% dei Comuni e coinvolgono potenzialmente 5,8 milioni di abitanti. Tra le Regioni più a rischio ci sono l'Emilia Romagna (19,5% del territorio regionale a rischio), la Campania (19,1%), il Molise (18,8%) e la Valle d'Aosta (17,1%). A livello provinciale, la classifica è guidata dalla provincia di Napoli con 576 000 persone che vivono in aree ad alto rischio, seguita da Torino e Roma, rispettivamente con 326 000 e 216 000 persone. Secondo le recenti stime del ministero dell'Ambiente, servirebbero 1,2 miliardi di euro all'anno per almeno 20 anni per attuare gli interventi previsti dai piani regionali per l'assetto idrogeologico, come la manutenzione dei corsi d'acqua o il recupero dei terreni abbandonati (Rapporto Ance-Cresme 2012).

GUIDA ALLO STUDIO

- Perché l'uomo può essere considerato un "agente esogeno"?
- Che cos'è il dissesto idrogeologico?
- Quali comportamenti aumentano il rischio di dissesto idrogeologico?

In tutto il Paese il **rischio idrogeologico è molto elevato**, cioè è elevata la probabilità che fenomeni di dissesto provochino danni alle persone, agli insediamenti e alle infrastrutture **FIGURA 31**.
L'**acqua** è il fattore scatenante di ogni forma di dissesto: causa esondazioni, erode la superficie scorrendo disordinatamente lungo i versanti e attiva frane, infiltrandosi nel terreno, soprattutto quando si verificano precipitazioni molto abbondanti concentrate in brevi periodi di tempo.
Molto spesso la responsabilità dei fenomeni di dissesto è da attribuire all'incuria dell'uomo e a un utilizzo scorretto del territorio, ma non bisogna dimenticare che esondazioni, frane, erosione fanno comunque parte della dinamica esogena della Terra e da sempre coinvolgono la porzione più superficiale del nostro pianeta. Se è vero che le calamità naturali sono da un lato inevitabili, è anche vero che il loro effetto può essere diverso a seconda dell'occupazione del suolo e degli interventi che vengono compiuti sul territorio.

FIGURA 32 Gli interventi del corso di un fiume effettuati con materiali naturali riducono il rischio di dissesto idrogeologico.

Per esempio, **intervenire sul corso di un fiume**, cambiandone il percorso o ricoprendo di cemento le sponde, può peggiorare fortemente gli effetti di un'esondazione **FIGURA 32**.
Anche la **cementificazione** su aree molto vaste ha effetti gravissimi: l'acqua piovana non può più defluire naturalmente nel terreno e si creano così allagamenti che peggiorano l'effetto dell'erosione.
Uno degli interventi più dannosi che l'uomo può compiere è l'**abbattimento degli alberi** nelle zone di collina o montagna. I boschi, infatti, stabilizzano i versanti: oltre ad assorbire una notevole quantità di acqua, trattengono il suolo con le radici e diminuiscono la probabilità che si verifichino frane.
Visto che l'uomo non può impedire il verificarsi di certi eventi naturali, è sempre più importante mettere in atto *interventi preventivi* e un servizio attento di *monitoraggio* nelle zone più a rischio.

8 La storia della Terra è molto lunga

Per studiare i fenomeni dinamici che interessano la litosfera e modellano il paesaggio è fondamentale comprendere che cos'è il tempo geologico.

Con l'espressione **tempo geologico** si identifica il *tempo compreso tra la formazione della Terra e il momento presente.*

Per poter conoscere la storia geologica del nostro pianeta è necessario:

- **ricostruire la successione degli eventi** che hanno caratterizzato la storia della Terra, rispondendo a domande simili a questa: "Si sono formate prima le Alpi o le Ande?";
- **datare ciascun evento**, rispondendo a interrogativi come: "Quanti milioni di anni fa si sono formate le Alpi?", "Quanti milioni di anni sono stati necessari perché raggiungessero la conformazione attuale?".

La ricostruzione della successione degli eventi si chiama **datazione relativa**, perché permette soltanto di stabilire in che ordine i vari eventi si sono succeduti, senza stabilirne la durata, né il momento in cui sono avvenuti. Ricorriamo a datazioni relative anche quando suddividiamo la storia in periodi come il Medioevo, il Rinascimento ecc. Se collochiamo Dante nel Medioevo, per esempio, ne definiamo l'età relativa: sappiamo che è vissuto tra la caduta dell'impero romano e la scoperta dell'America, ma non specifichiamo in quali anni.

Datare gli eventi significa, invece, stabilirne la **datazione assoluta**. Datare in modo assoluto la vita di Dante significa conoscerne le date di nascita e di morte, facendo riferimento a un calendario in cui gli intervalli di tempo sono scanditi da un'unità di misura.

Per la lunghissima storia della Terra è stato più semplice ricostruire la scala del tempo relativo piuttosto che la scala dei tempi assoluti, perché per determinare quest'ultima occorrono metodi scientifici complessi e non sempre facili da applicare. La successione degli eventi, invece, si può comprendere più facilmente, grazie allo studio delle rocce, in particolare quelle che contengono fossili.

FIGURA 33 Fossile di ammonite, un mollusco simile all'attuale Nautilus, vissuto nel Mesozoico, circa 200 milioni di anni fa.

I **fossili** sono tracce o resti di organismi vissuti in tempi passati ➔ **FIGURA 33**. Poiché la storia della vita è scandita dalla comparsa e dalla scomparsa di molte specie, i fossili di organismi vissuti in momenti particolari possono essere utilizzati come un "orologio": ovunque si trovino le rocce che li contengono, si può affermare che esse si sono formate in un preciso momento della storia della Terra, in cui è vissuto quel tipo di organismo.

FAQ ? Quanto è lunga la storia dell'uomo rispetto alla storia della Terra?

Se immaginiamo di concentrare in un solo anno i 4,6 miliardi di anni di età della Terra, scopriamo che la storia dell'umanità è un frammento minuscolo di questa lunghissima storia ➔ **FIGURA 34**.

Si tratta di impostare una semplice proporzione: se 1 anno corrisponde a 4,6 miliardi di anni, 1 mese rappresenta circa 375 milioni di anni e 1 giorno poco più di 12 milioni.

Scorriamo l'anno: fino a primavera avanzata non si rilevano forme di vita. Poi gradualmente compaiono e si diffondono forme di vita molto semplici, esclusivamente acquatiche. Solo nell'ultimo mese compaiono le piante terrestri e occorre attendere la seconda metà di dicembre per assistere alla comparsa dei dinosauri, che hanno dominato il mondo per una decina di giorni. L'uomo compare davvero all'ultimo momento, nelle ultime ore del 31 dicembre.

FIGURA 34

TABELLA 1 Scala geocronologica

eone	era	periodo	limiti (milioni di anni)	avvenimenti biologici
EONE FANEROZOICO	Quaternario	Olocene	0,01	evoluzione dell'uomo
		Pleistocene	2,6	
	Cenozoico	Pliocene	5,3	grande sviluppo dei mammiferi
		Miocene	23	
		Oligocene	34	
		Eocene	56	
		Paleocene	66	estinzione di moltissimi rettili
	Mesozoico	Cretaceo	145	grande sviluppo dei rettili
		Giurassico	200	primi uccelli e mammiferi
		Triassico	250	primi rettili
	Paleozoico	Permiano	300	estinzione di molti invertebrati
		Carbonifero	360	grandi foreste
		Devoniano	420	primi anfibi
		Siluriano	440	prime piante
		Ordoviciano	485	primi pesci
		Cambriano	540	grande sviluppo degli invertebrati marini
EONE PROTEROZOICO (2500-570 milioni di anni)				primi organismi pluricellulari
EONE ARCHEANO (4000-2500 milioni di anni)				
EONE ADEANO (4600-4000 milioni di anni)			4600	

GUIDA ALLO STUDIO

- Che cos'è il tempo geologico?
- Che differenze ci sono tra datazione relativa e datazione assoluta?
- Che cosa sono i fossili?

La *scala dei tempi geologici relativi* è chiamata **scala geocronologica** ➲ **TABELLA 1**. Nella scala geocronologica la storia della Terra è stata suddivisa in quattro grandi intervalli chiamati **eoni**. Ciascun eone viene suddiviso in **ere**, le ere in **periodi**, i periodi in **epoche**, le epoche in **età**. Nella tabella sono indicate anche le datazioni assolute, cioè i limiti e la durata in tempi assoluti di ciascun intervallo di tempo.

È interessante notare che la *durata* degli eoni o delle altre scansioni temporali *non è costante*. Infatti, per definire l'inizio o la fine di ciascun intervallo di tempo, si utilizzano **eventi geologici** o **biologici significativi** per la storia del nostro pianeta, come puoi vedere nella colonna a destra della tabella.

PER SAPERNE DI PIÙ

I dinosauri del Pelmetto

La paleontologia è una scienza in continua evoluzione, perché in qualunque momento la scoperta di un fossile può modificare quanto si sapeva di un certo territorio. Fino a poco tempo fa, per esempio, non si pensava che nelle Dolomiti si potessero trovare tracce di grandi rettili terrestri, perché si riteneva che quella zona fosse parte di un mare profondo (la Tetide). Invece, nella zona del Pelmetto, un piccolo monte nelle Dolomiti in provincia di Belluno, negli anni Ottanta del secolo scorso, sono state scoperte impronte di rettili su un masso, franato.

Sulla superficie assai estesa di questo masso (circa 60 m^2) sono presenti almeno 5 piste di rettili bipedi vissuti circa 210 milioni di anni fa ➲ **FIGURA 35**. La pista più evidente è quella centrale, formata da una sequenza di 18 impronte lasciate da un animale che si muoveva a velocità abbastanza regolare, camminando sul fango molle. In totale le impronte sono almeno un centinaio. Le piste del Pelmetto appartengono ad animali diversi. La maggior parte è stata attribuita a piccoli dinosauri carnivori, agili e rapidi nei movimenti. Alti poco più di 1 m, questi piccoli rettili avevano arti tridattili e andatura bipede. Una sola pista sembra attribuibile a un rettile quadrupede di maggiori dimensioni (2 o 3 m), in grado di sollevare per brevi tratti le zampe anteriori per camminare come bipede. Le impronte del masso del Pelmetto sono estremamente interessanti perché sono molto antiche: gli animali che le hanno lasciate sono tra i primi rettili comparsi sulla Terra.

FIGURA 35 Le impronte di rettili sul masso del Pelmetto e ricostruzione e interpretazione degli organismi che le hanno lasciate (ridisegnato da P. Mietto).

Costruisci la mappa

Studio... in sintesi

Ascolta la sintesi

1 La Terra: un pianeta unico nel Sistema Solare

La Terra si è formata circa 4,5 miliardi di anni fa insieme agli altri pianeti da cui si differenzia perché:

- sulla sua superficie è presente acqua (**idrosfera**) nei tre stati fisici ed è possibile il ciclo dell'acqua,
- l'**atmosfera** contiene ossigeno molecolare,
- è presente la vita (**biosfera**),
- c'è un'intensa **attività dinamica** (**processi geodinamici**), che interessa la **litosfera** e coinvolge atmosfera, biosfera e idrosfera.

I processi geodinamici modellano le forme del paesaggio e possono essere **fenomeni endogeni** (cioè manifestazioni di un'attività interna della Terra) o **esogeni** (cioè determinati da cause esterne alla litosfera). Le **forme del paesaggio** sono frutto delle interazioni tra i due tipi di processi.

2 La struttura interna della Terra

La Terra è costituita da tre involucri concentrici:

- **crosta**, involucro esterno composto da rocce;
- **mantello**, la cui porzione superiore è composta di rocce e, insieme alla crosta, forma la **litosfera** e la cui porzione inferiore è parzialmente fusa (**astenosfera**);
- **nucleo**, la regione centrale molto densa, composta principalmente da metalli.

L'interno della Terra è più caldo della superficie. Il **calore interno** deriva dall'energia termica accumulata durante la formazione della Terra e dalla presenza di sostanze radioattive nel mantello e nella crosta.

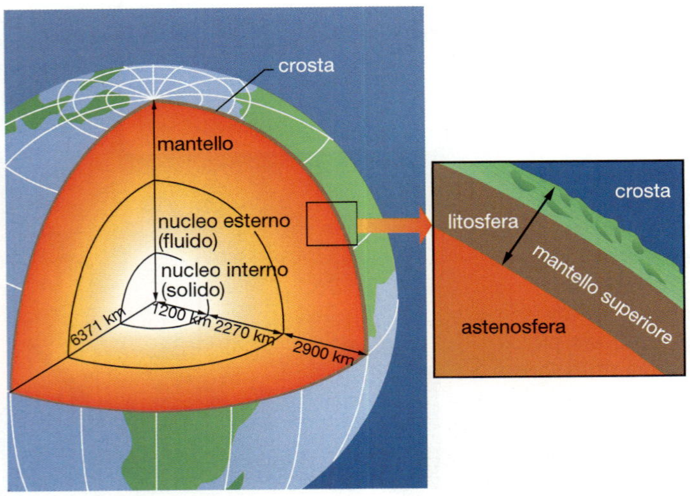

3 La dinamica endogena ha origine nel mantello terrestre

I **processi endogeni** che avvengono come conseguenza di un'attività che ha origine all'interno della Terra sono **eruzioni vulcaniche**, **terremoti**, **movimenti dei continenti**, **apertura** o **chiusura** dei **bacini oceanici**, formazione delle **catene montuose**, **deformazioni** che interessano ampie regioni della superficie terrestre.

La dinamica endogena dipende dal fatto che la **litosfera** è suddivisa in una ventina di **zolle** (o *placche*) che "galleggiano" sulla sottostante **astenosfera**, all'interno della quale si realizzano lenti **movimenti convettivi**. Le zolle si muovono a causa dei movimenti convettivi dell'astenosfera, trascinate passivamente. Questi movimenti creano tensioni lungo i margini delle zolle, che si possono accrescere, deformare o distruggere.

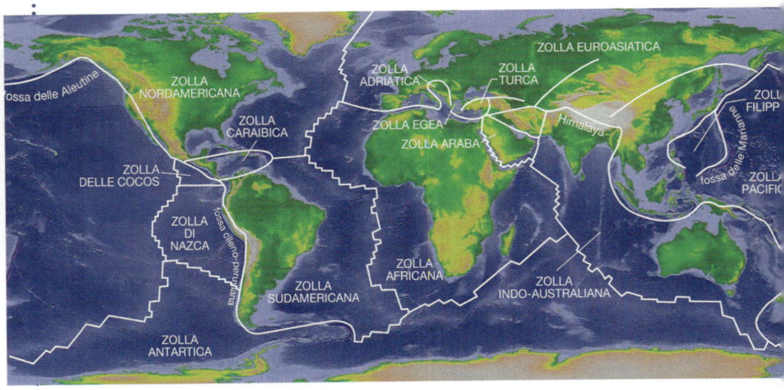

4 La dinamica endogena modella la litosfera

Gli elementi del paesaggio prodotti dall'attività endogena vengono chiamati **strutture morfologiche primarie della litosfera**. I segni più evidenti della dinamica endogena sono *vulcani*, *terremoti* e *faglie*.

- Un **vulcano** è una spaccatura della superficie terrestre da cui fuoriescono lave, gas e prodotti solidi. Si distinguono vulcani **ad attività lineare** e vulcani **ad attività centrale**.
- I **terremoti** sono violente vibrazioni del suolo che rilasciano in superficie energia che si era accumulata all'interno della litosfera. Si verificano in genere in corrispondenza delle faglie.
- Le **faglie** sono fratture della litosfera che separano blocchi rocciosi che si muovono in direzione opposta. Le faglie si formano nelle zone in cui le zolle sono sottoposte a tensioni e spinte a causa dei diversi movimenti che le coinvolgono.

5 L'Italia: il Paese dei vulcani e dei terremoti

l'Italia è collocata in corrispondenza di un margine lungo il quale si verifica la **convergenza tra due zolle** che entrano in collisione l'una con l'altra. La collisione ha provocato la formazione delle **Alpi** e gli **Appenini** e determina i **fenomeni vulcanici** e **sismici** che caratterizzano il nostro Paese. Per questo l'Italia è il Paese europeo con il maggior numero di vulcani attivi:

- l'**Etna** è il più grande vulcano d'Europa ed ha un'*attività* prevalentemente *effusiva*,
- l'arcipelago delle isole **Eolie**, il **Vesuvio**, l'*isola di Ischia*, i *Campi Flegrei* hanno avuto un'attività vulcanica intensa, con *eventi esplosivi*, alternati a periodi di quiete o di attività effusiva tranquilla;
- ci sono numerosi **vulcani sottomarini** quiescenti o estinti (Marsili, Magnaghi, Vavilov, Empedocle).

6 La dinamica esogena modella i paesaggi

I **processi esogeni**, causati dalle interazioni tra litosfera, atmosfera, idrosfera, biosfera, modellano le strutture primarie e determinano la **varietà dei paesaggi** terrestri. La loro azione avviene in tre fasi:

- **erosione**
- **trasporto**
- **sedimentazione**.

L'azione degli agenti esogeni viene definita **modellamento** e produce **forme di erosione** e **forme di accumulo**.

Il **motore** della dinamica esogena è il **calore solare**, che influisce sul clima e quindi su precipitazioni, umidità, venti, temperature. È un fattore importante anche la **natura delle rocce**, che rispondono all'azione degli agenti esogeni in modo diverso.

7 Il dissesto idrogeologico in Italia

Il territorio italiano è ampiamente interessato da fenomeni di **dissesto idrogeologico** che si manifesta con **esondazioni**, **frane** e **fenomeni erosivi**. Il fattore scatenante di tali fenomeni è sicuramente l'**acqua**, ma ad aumentare il **rischio idrogeologico**, cioè la probabilità che tali fenomeni arrechino gravi danni alla popolazione, agli insediamenti e alle infrastrutture, contribuiscono le scelte nell'utilizzo del suolo e nella manutenzione e conservazione dell'ambiente che l'uomo compie.

8 La storia della Terra è molto lunga

Con l'espressione **tempo geologico** si identifica il *tempo trascorso tra la formazione della Terra e il momento presente*. Per conoscere la storia geologica del nostro pianeta è necessario **ricostruire la successione degli eventi** e **datare ciascun evento**. La ricostruzione della successione degli eventi si chiama **datazione relativa**; datare gli eventi significa, invece, stabilirne la **datazione assoluta**.

Nella scala geocronologica la storia della Terra è stata suddivisa in quattro grandi intervalli chiamati **eoni**: dal più antico al più recente sono *Adeano*, *Archeano*, *Proterozoico* e *Fanerozoico*. Ciascun eone viene suddiviso in **ere**, le ere in **periodi**, i periodi in **epoche**, le epoche in **età**.

Verifica il tuo studio

FISSA I CONCETTI

1 La Terra: un pianeta unico nel Sistema Solare

Scegli il completamento corretto

1 La Terra:
- A presenta attività dinamica, come tutti i pianeti terrestri
- B è l'unico pianeta dotato di atmosfera
- C presenta una grande varietà di paesaggi
- D ha molti paesaggi diversi perché è più antica degli altri pianeti

2 I segni dell'attività dinamica:
- A possono essere percepiti solo con l'uso di strumenti
- B sono eventi catastrofici
- C riguardano solo i continenti, ma non gli oceani
- D sono moltissimi, dalle precipitazioni ai terremoti

Leggi il testo, trova gli errori (7) e correggili

I processi che creano i paesaggi terrestri si chiamano processi biodinamici. Ci sono due tipi di processi, classificati in base alle conseguenze che determinano: i processi esogeni sono prodotti dall'attività interna; i processi endogeni sono determinati da cause esterne alla litosfera.
Questi processi presentano due importanti caratteristiche: i processi esogeni ed endogeni non agiscono in settori distinti del mantello, perciò le forme dell'interno terrestre sono modellate da entrambi i fattori, anche se i loro effetti possono avere importanza diversa da luogo a luogo; inoltre essi agivano in passato secondo meccanismi diversi.

2 La struttura interna della Terra

Completa le frasi

1 La Terra presenta un'intensa attività dinamica ...., manifestazione di attività che hanno origine .... della Terra.

2 La Terra è costituita da .... involucri concentrici: ...., ..., ...

3 Il mantello si estende fino a una profondità di .... km.

4 Il nucleo esterno è allo stato ...., diversamente dal nucleo interno.

Scegli il termine corretto fra i due proposti

1 La litosfera **comprende/non comprende** parte del mantello.

2 Il mantello superiore è **solido/fuso** e con la crosta forma **l'astenosfera/la litosfera**.

3 Il **mantello/nucleo** è formato di nichel, ferro e altri metalli.

4 L'interno della Terra è più **caldo/freddo** della crosta.

5 La temperatura al centro della Terra probabilmente si aggira intorno ai **600 °C/6000 °C**.

3 La dinamica endogena ha origine nel mantello terrestre

Completa le frasi

1 La litosfera è suddivisa in ...., i cui movimenti sono responsabili dei fenomeni tipici dell'attività ....

2 Il .... della dinamica endogena è il ....

3 Il calore si trasmette dal mantello alla litosfera sovrastante mediante ....

Scegli il completamento corretto

1 Hanno origine endogena:
- A le precipitazioni
- B i terremoti
- C i venti
- D le onde del mare

2 La dinamica endogena:
- A è causata dal calore interno del mantello
- B è ancora attiva su tutti i pianeti
- C interessa solo certe zone della Terra
- D produce forme di erosione

3 La litosfera è costituita da un mosaico di zolle rigide che si muovono:
- A sull'astenosfera
- B sul mantello inferiore
- C sul nucleo esterno
- D sulla mesosfera

4 La dinamica endogena modella la litosfera

Completa le frasi

1 Gli elementi del paesaggio prodotti dall'attività endogena vengono chiamati .... della litosfera.

2 Un vulcano è una .... della superficie .... da cui fuoriescono .... e materiali ....

3 Una .... è una frattura ai lati della quale i blocchi rocciosi si muovono.

4 In base alla forma dell'edificio e delle fratture da cui fuoriesce la lava, i vulcani possono avere attività .... o ....

Scegli il completamento corretto

1 Si chiamano dorsali:
- A alcune catene montuose continentali
- B i vulcani sottomarini con attività esplosiva
- C tutti i vulcani sottomarini
- D i vulcani dei fondali oceanici ad attività lineare

2 Sui continenti:
- A non ci sono vulcani ad attività lineare
- B sono attivi sia vulcani lineari sia vulcani a cono
- C sono attivi solo vulcani con attività esplosiva
- D ci sono solo vulcani ad attività centrale

3 L'ipocentro di un terremoto è il punto:
- A che viene raggiunto per primo dal sisma
- B della superficie terrestre in cui si genera il sisma
- C in cui i danni del sisma sono più intensi
- D da cui hanno origine le onde sismiche

Indica quale affermazione non è vera

4 L'epicentro di un terremoto è il punto della superficie terrestre:
- A raggiunto per primo dal sisma
- B da cui hanno origine le onde sismiche
- C sulla verticale dell'ipocentro
- D più vicino all'ipocentro

6 La dinamica esogena modella i paesaggi

Collega ogni termine alla definizione corretta

1 erosione

2 trasporto

3 sedimentazione

a accumulo di materiali in zone dove la gravità, le acque o i venti cessano di esercitare la propria azione

b disgregazione dei materiali della litosfera da parte di fattori come aria e acqua

c spostamento di materiale eroso da parte di fattori come aria, acqua, forza di gravità

1. ☐ 2. ☐ 3. ☐

Scegli il completamento corretto

1 Sono forme di erosione:
- A le spiagge
- B le valli glaciali
- C le morene dei ghiacciai
- D le pianure alluvionali

2 Sono forme di accumulo:
- A le valli fluviali
- B le valli glaciali
- C i vulcani
- D le dune

3 Un importante agente dell'erosione è:
- A le forza centrifuga
- B la forza di attrito
- C la forza di gravità
- D la trasmissione del calore

Completa le frasi

1 L'azione degli agenti esogeni sulle strutture prodotte dalla dinamica endogena viene definita ....

2 Il modellamento produce principalmente due tipi di paesaggio: forme di .... e forme di ....

3 Il "motore" della dinamica esogena è il ....

8 La storia della Terra è molto lunga

Completa le frasi

1 Il tempo intercorso tra la formazione della Terra e il momento presente si chiama ....

2 Il tempo geologico è suddiviso in ...., ..., ..., ...

3 I fossili sono .... vissuti in ....

Stabilisci l'ordine corretto, inserendo numeri progressivi nei quadratini

1 Gli eoni, dal più antico al più recente, sono:

☐ Fanerozoico ☐ Archeano ☐ Proterozoico ☐ Adeano

2 Ordina gli intervalli di tempo, a partire dal più ampio, cui viene suddiviso il tempo geologico:

☐ età ☐ epoche ☐ ere ☐ periodi ☐ eoni

APPLICA IL TUO STUDIO

Rispondi

1 Spiega la differenza tra dinamica endogena ed esogena.

2 Qual è il motore della dinamica endogena? E quello della dinamica esogena?

3 Descrivi la struttura interna della Terra.

4 Spiega la differenza tra litosfera e astenosfera.

5 Spiega che cosa sono i movimenti convettivi del mantello terrestre.

6 Spiega che cosa sono le zolle litosferiche.

7 Quali fenomeni caratterizzano la dinamica endogena?

8 Descrivi gli elementi del paesaggio prodotto dall'attività endogena

9 Elenca gli agenti esogeni e descrivi attraverso quali fasi si esplica la loro azione.

10 Perché il clima influenza il modellamento del paesaggio?

11 Che cos'è la datazione relativa? Che cos'è la datazione assoluta?

12 Quali sono gli eventi biologici più significativi per la storia della Terra?

VERSO LE COMPETENZE...

Questi esercizi hanno lo scopo di condurti a sviluppare le seguenti competenze:

- **iniziare a interpretare quanto si osserva, stabilendo una connessione tra dato e interpretazione del fenomeno;**
- **utilizzare correttamente la terminologia specifica della disciplina;**
- **stabilire una distinzione tra dati osservativi e modelli.**

Osserva le immagini

1 In ogni immagine indica se è prevalente l'attività endogena (END) o l'attività esogena (ES).

2 Stabilisci se le forme del paesaggio sono di erosione (E) o di accumulo (A).

Leggi il testo, osserva la figura e rispondi alle domande

3 L'interno della Terra non si può osservare direttamente, ma può essere studiato utilizzando metodi indiretti. Il metodo più importante è lo studio delle onde sismiche generate dai terremoti, che si propagano non solo in superficie, ma anche all'interno della Terra. Grazie alle informazioni ottenute studiando la propagazione delle onde sismiche in profondità, è stato elaborato il **modello della struttura della Terra** che hai studiato nel paragrafo 2.

a Fai una ricerca e spiega che cosa si intende con il termine "modello" nell'ambito della ricerca scientifica.

b Completa l'immagine a destra inserendo i termini che indicano le varie parti della Terra.

4 Metti a confronto le immagini degli esercizi 1 e 2 con la struttura interna della Terra e spiega la differenza tra dato osservativo e modello scientifico.

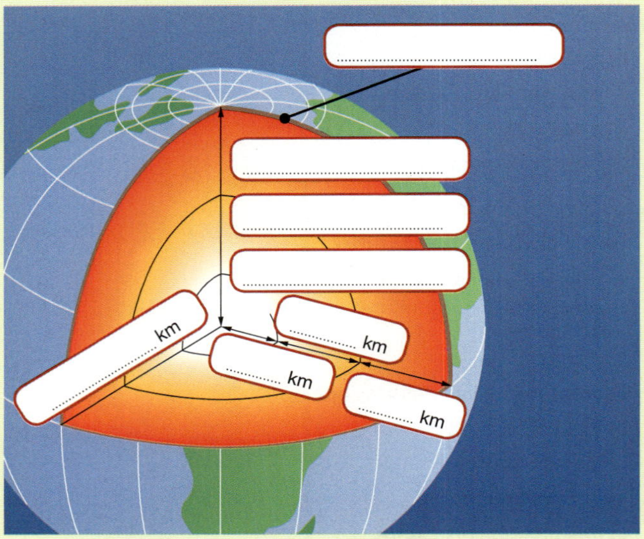

7 Il tempo e il clima

1 L'atmosfera è un sistema dinamico
2 La struttura dell'atmosfera
3 L'atmosfera e il calore del Sole
4 L'umidità dell'aria e le precipitazioni
5 La pressione atmosferica e i venti
6 La Terra presenta una grande varietà di climi
7 Il clima condiziona l'erosione delle rocce

COMPETENZE

- Utilizzare correttamente il linguaggio specifico della disciplina
- Imparare a elaborare e interpretare dati scientifici
- Costruire grafici utilizzando fogli di calcolo

1 L'atmosfera è un sistema dinamico

rarefatto
Si dice di un gas quando le sue molecole sono talmente distanti fra loro che possiamo trascurare le interazioni che avvengono fra di esse. Nel linguaggio comune, l'**aria** viene detta **rarefatta** quando si abbassa la percentuale di ossigeno e la respirazione può divenire difficile.

L'**atmosfera** che avvolge la Terra e l'accompagna nei suoi movimenti, è costituita da una **miscela di gas**, comunemente chiamata **aria** ➲ **FIGURA 1**. I gas che compongono l'atmosfera vengono trattenuti dal nostro pianeta per l'azione della forza di gravità. Poiché l'entità di questa forza diminuisce allontanandosi dal centro della Terra, la distribuzione dei gas nell'atmosfera non è omogenea: il 50% dell'aria si trova nei primi 5-6 km di quota. In questa zona le molecole di gas sono più vicine, quindi la concentrazione di aria è maggiore. Mano a mano che si sale di altitudine la quantità di aria presente diminuisce e le molecole che la costituiscono si disperdono in uno spazio maggiore; per questo si dice che l'*aria è più* ***rarefatta*** man mano che si sale in quota.

In prossimità della superficie terrestre l'aria è una miscela di **azoto** (N_2), **ossigeno** (O_2 o O_3), **argo** (Ar) e **biossido di carbonio** (CO_2), mescolati quasi sempre con **vapore acqueo** in quantità variabili e con percentuali minime di altri gas. L'aria priva di vapor acqueo è chiamata *aria secca*. La ➲ **TABELLA 1** mostra le percentuali in volume dei diversi gas presenti: l'azoto è il componente più abbondante.

TABELLA 1 Composizione dell'aria secca nella bassa atmosfera

gas	% in volume
azoto N_2	78
ossigeno O_2	21
argo Ar	0,93
biossido di carbonio CO_2	0,03
altri gas	0,01

L'atmosfera è un **sistema dinamico**: i *fenomeni meteorologici* (venti, precipitazioni, variazioni di temperatura) mettono in movimento l'aria, distribuiscono il calore e rendono mutevoli le condizioni atmosferiche che cambiano di giorno in giorno e da regione a regione. Sulla Terra quindi si osservano regioni caratterizzate da paesaggi e da **climi differenti**.

Grazie alle sue caratteristiche chimiche e fisiche e all'attività dinamica che la interessa, l'atmosfera interagisce con la litosfera e l'idrosfera, partecipando alla *dinamica esogena*. L'atmosfera è inoltre indispensabile per la vita sulla Terra per diverse ragioni:

- i principali componenti dell'aria, cioè l'**ossigeno**, il **biossido di carbonio**, l'**azoto** sono **fondamentali** per lo svolgimento di molti **processi vitali**;
- **filtra** e **trattiene** le **radiazioni solari nocive** per la vita;
- **contribuisce al riscaldamento della superficie terrestre**, perché impedisce la dispersione di una parte del calore che la Terra riceve dal Sole.

GUIDA ALLO STUDIO

- Che cos'è l'aria?
- Qual è la composizione quantitativa dell'aria in prossimità della superficie terrestre?
- Perché la presenza dell'atmosfera è fondamentale per gli organismi?

➲ **FIGURA 1** Le zone più basse dell'atmosfera terrestre, riprese al sorgere del Sole, dalla Stazione Spaziale Internazionale. La porzione più bassa della troposfera risulta intensamente colorata perché i gas e le particelle presenti si comportano come prismi, scomponendo la luce proveniente dal Sole.

2 La struttura dell'atmosfera

Anche se non ce ne rendiamo conto, l'atmosfera non è un involucro omogeneo: salendo in quota, la temperatura e molte altre caratteristiche si modificano.
Nei primi 10 km, per esempio, la **temperatura** diminuisce progressivamente, ma a un certo punto la situazione si inverte e, salendo ulteriormente, la temperatura aumenta.
Possiamo perciò immaginare di suddividere l'atmosfera in cinque involucri concentrici, detti **zone**, caratterizzati da un diverso andamento della temperatura e da caratteristiche fisiche e chimiche differenti ➔ **FIGURA 2**.

➔ **FIGURA 2**

La struttura dell'atmosfera

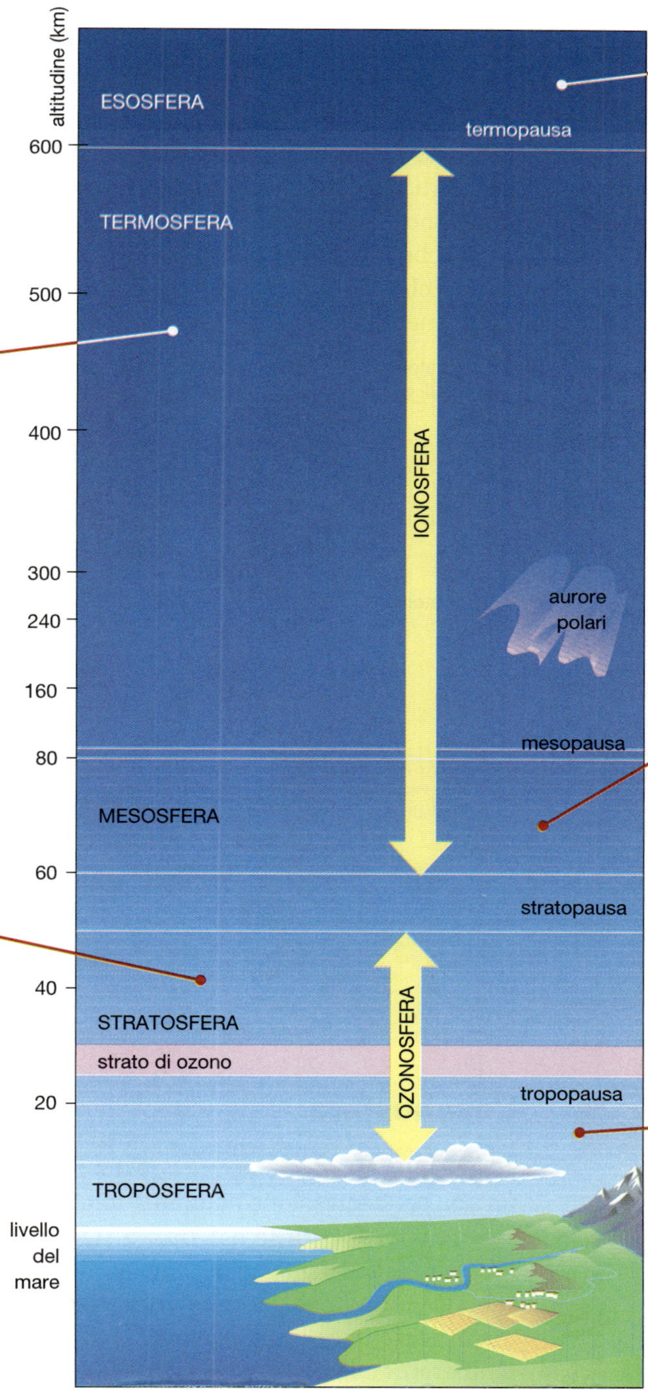

la **termosfera** è la zona compresa fra 80 e 600 km circa. Buona parte dei gas subisce una **ionizzazione** a opera delle radiazioni solari e cosmiche ad alta energia. Nella ionosfera, infine, alle latitudini di 65° N e 65° S, hanno luogo i fenomeni luminosi noti come **aurore polari**

la **stratosfera** si estende fino a un'altezza media di circa 50 km e i gas sono più rarefatti. La temperatura dell'aria alla base della stratosfera è molto bassa, ma aumenta lievemente con la quota. Oltre i 20 km circa, la temperatura aumenta rapidamente, perché a questa altezza è presente lo *strato di ozono*, detto **ozonosfera**. Lo strato di ozono assorbe i raggi ultravioletti e impedisce loro di raggiungere la superficie terrestre. Ciò causa un aumento di temperatura che raggiunge i valori massimi (10-15 °C) intorno ai 50 km di quota

l'**esosfera** è la zona più esterna dell'atmosfera e manca di un vero e proprio limite superiore, in quanto sfuma fino a confondersi con l'atmosfera solare. In questa zona sono presenti soprattutto atomi di *elio* e, più esternamente, di *idrogeno*, che possono sfuggire al campo gravitazionale terrestre. Nell'esosfera la temperatura tende ad aumentare

la **mesosfera** si estende fino a un'altezza di circa 80 km. Contiene meno dell'1% della massa totale dell'aria, sia perché i gas sono *molto rarefatti* sia perché aumenta la percentuale di quelli *più leggeri*. Qui la temperatura scende fino a raggiungere valori compresi fra −70 °C e −90 °C. Nella mesosfera si disintegra la maggior parte dei meteoriti provenienti dallo spazio esterno

la **troposfera**, a causa della rotazione terrestre, ha uno spessore che diminuisce con la latitudine (6-8 km ai poli, 16-18 km all'equatore).
La troposfera è riscaldata soprattutto dal calore che la superficie terrestre irradia, dopo essere stata riscaldata dai raggi solari. Poiché riceve prevalentemente calore dal basso, è caratterizzata da una **progressiva diminuzione della temperatura** con l'altitudine: ai poli, dove è più sottile, la temperatura delle zone più elevate della troposfera raggiunge i −50 °C, mentre all'equatore, dove è più spessa, scende anche fino a −85 °C

GUIDA ALLO STUDIO

- Come può essere suddivisa l'atmosfera?
- Che cos'è la troposfera?
- Che funzione ha l'ozonosfera?

La troposfera

La zona dell'atmosfera a contatto con la superficie terrestre si chiama **troposfera** ed è la zona *più densa*: in essa è concentrata la maggior parte della massa dei gas, nonché circa il 75% del vapore acqueo.

La troposfera è un involucro molto sottile rispetto alle dimensioni del pianeta: se la Terra avesse un diametro di 1 m la troposfera sarebbe una "pellicola" dello spessore di 5 mm. Nonostante le ridotte dimensioni, la troposfera è importantissima, perché è la zona in cui avvengono gli *scambi di materia ed energia* con litosfera, idrosfera e biosfera. Senza di essa inoltre la vita non potrebbe esistere nelle forme che conosciamo. Senza ossigeno e biossido di carbonio infatti non sarebbero possibili la fotosintesi clorofilliana e la respirazione cellulare, processi fondamentali per gli esseri viventi ➔ **FIGURA 3**.

Della troposfera sono significativi:

- la **composizione**, in quanto è **una miscela di gas**, mescolati quasi sempre con *vapore acqueo* in quantità variabili;
- i **parametri fisici**, cioè **temperatura**, **pressione**, **umidità**, poiché i loro valori, come vedremo nelle prossime pagine, sono determinanti per stabilire le condizioni meteorologiche e il clima delle diverse regioni della Terra.

Tutti i gas dell'aria sono essenziali per la vita e passano dall'atmosfera agli altri ambienti della Terra (biosfera, idrosfera, litosfera) e viceversa, attraverso processi ciclici, chiamati **cicli biogeochimici**, che si compiono in tempi lunghissimi. Nel tempo si è stabilito un **equilibrio dinamico**: il numero di molecole che passa dall'atmosfera alla biosfera o alla litosfera è mediamente uguale al numero di molecole che "ritornano" all'atmosfera. Tale equilibrio però è molto delicato e può essere perturbato facilmente sia per effetti naturali sia per l'intervento dell'uomo.

Il buco nell'ozonosfera

Variazioni dell'ozono totale

➔ **FIGURA 3**

la **fotosintesi clorofilliana** è il processo attraverso cui gli organismi che contengono clorofilla (alghe e piante) producono glucosio a partire dall'acqua e dal biossido di carbonio, utilizzando la luce solare come fonte di energia

la **respirazione cellulare** è il processo attraverso cui le cellule di tutti gli esseri viventi ottengono energia a partire dal glucosio e in presenza di ossigeno, producendo biossido di carbonio e acqua

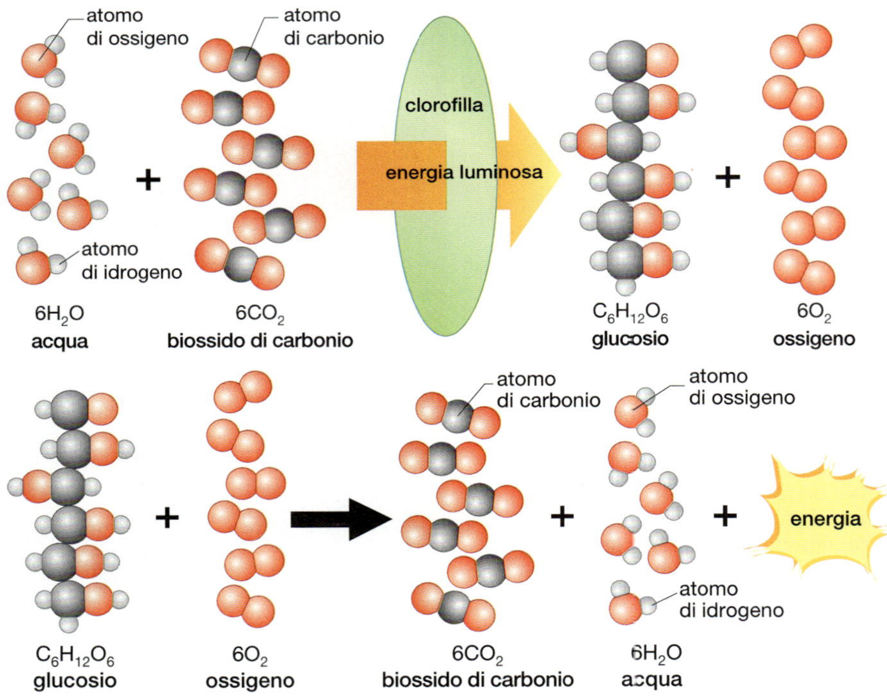

Il ciclo dell'ozono

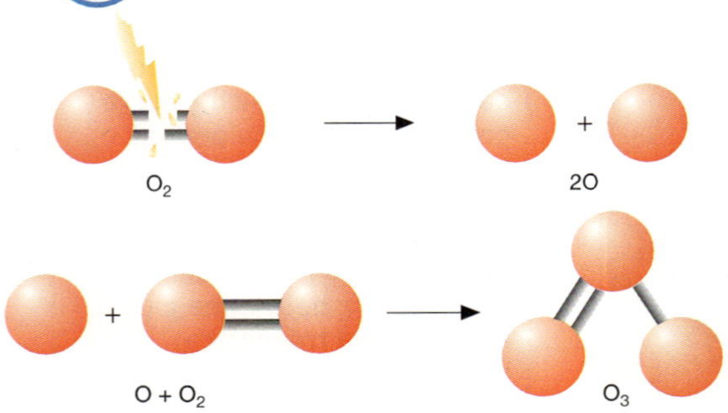

➔ **FIGURA 4** Formazione dell'ozono grazie all'azione dei raggi ultravioletti.

L'ozonosfera

Per la vita è essenziale anche l'**ozonosfera**, un sottilissimo strato dell'atmosfera posto tra i 20 e i 50 km di quota, nella quale è presente un'alta concentrazione di **ozono**, una molecola composta da **tre atomi di ossigeno (O_3)** ➔ **FIGURA 4**. L'ozono si forma a partire dall'ossigeno molecolare (O_2) per azione dei raggi ultravioletti (UV) provenienti dal Sole, che forniscono l'energia necessaria per rompere i legami molecolari. L'energia persa si trasforma in parte in calore; per questo nell'ozonosfera si osserva un aumento della temperatura. In generale, quindi, l'**ozonosfera assorbe e trattiene i raggi UV**, che sono molto dannosi per gli organismi che vivono fuori dall'acqua.

L'incremento dell'effetto serra

3 L'atmosfera e il calore del Sole

Le anomalie termiche

Sui corpi del Sistema Solare privi di atmosfera le escursioni termiche sono notevoli. La Terra invece, grazie alla presenza dell'atmosfera e della sua composizione, ha due caratteristiche particolari dal punto di vista termico:

- le **escursioni termiche giornaliere** sono relativamente ridotte;
- la **temperatura media** è superiore al previsto di alcuni gradi Celsius.

Descriviamo schematicamente ciò che accade all'energia solare che raggiunge l'atmosfera ➔ FIGURA 5. L'atmosfera si comporta come i vetri di una serra, impedendo la dispersione delle radiazioni emesse dal suolo, che così viene riscaldato. Questo fenomeno è noto come **effetto serra naturale** ed è la ragione per cui la temperatura sulla superficie terrestre è superiore di circa 20 °C rispetto a quel che sarebbe se la Terra fosse priva di atmosfera. L'energia che l'atmosfera riceve dal Sole non risulta distribuita uniformemente sulla superficie terrestre.

FIGURA 5

l'atmosfera riceve calore dal Sole, ma assorbe e trattiene una frazione delle radiazioni solari

poco più della metà della radiazione solare complessiva raggiunge la superficie terrestre

il suolo si riscalda e restituisce una parte del calore che ha assorbito

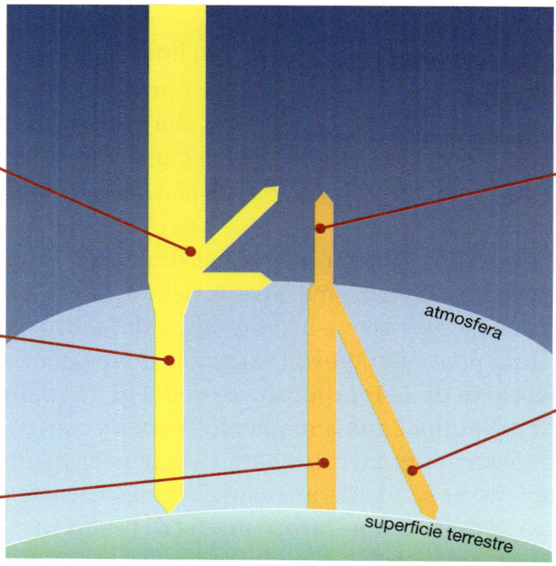

il calore viene restituito dal suolo in forma di radiazioni a bassa energia, che in parte vengono disperse nello spazio

le radiazioni riemesse dalla Terra in parte restano intrappolate nella troposfera, perché vengono assorbite dai gas atmosferici, in particolare dalle molecole di biossido di carbonio e di acqua, che ne trattengono alcune e le riflettono nuovamente verso la superficie terrestre. È questo l'**effetto serra naturale**.

LE PAROLE DELLA SCIENZA

Escursioni termiche e valori medi

Poiché la **temperatura della troposfera** varia con l'altitudine, per confrontare la situazione di regioni diverse, è stato stabilito di rilevarla a un'*altezza standard di 1,2 m dal suolo*. La differenza tra le temperature massima e minima registrate in un certo giorno in un dato luogo viene chiamata **escursione termica giornaliera**, mentre la **temperatura media giornaliera** è la **media** tra le temperature massima e minima della giornata. Consideriamo, come esempio, un giorno in cui la temperatura massima rilevata (t_{max}) è stata di 24 °C e la temperatura minima rilevata (t_{min}) è stata di 10 °C. Possiamo calcolare la temperatura media giornaliera:

$$(t_{max} + t_{min}) : 2 = (24\ °C + 10\ °C) : 2 = 17\ °C$$

l'escursione termica giornaliera:

$$t_{max} - t_{min} = 24\ °C - 10\ °C = 14\ °C$$

Dalle temperature medie giornaliere si ricavano anche i *valori medi mensili, stagionali* e *annui*. Di particolare importanza per lo studio dei climi si rivela l'**escursione termica media annua**, cioè la differenza tra la temperatura media del mese più caldo e la temperatura media del mese più freddo.

Escursioni e valori medi sono utili per definire le **zone termiche**:

- la **zona equatoriale torrida** ha temperatura media annua superiore a 20 °C, escursioni termiche annue poco accentuate;
- le due **zone temperate** hanno temperatura media annua fra 20 °C e 10 °C, escursioni termiche annue considerevoli;
- le due **zone polari** hanno temperatura media inferiore a 10 °C nel mese più caldo e temperature bassissime nella stagione invernale.

media
la media aritmetica di *n* dati è il rapporto tra la loro somma e il numero *n* di dati.

➲ FIGURA 6

la diminuzione della temperatura con la quota può essere osservata direttamente: in alta montagna è presente la neve, mentre in pianura non c'è

La temperatura dell'aria non è costante

La **temperatura dell'aria** nella troposfera varia da luogo a luogo e, nella stessa località, in funzione dell'ora, del giorno e del mese. Ciò dipende in gran parte dalla durata del dì e dall'inclinazione dei raggi solari, ma sono importanti anche fattori geografici e biologici come:

- l'**altitudine**, salendo in quota la temperatura diminuisce ➲ **FIGURA 6**;
- la **distribuzione dei bacini oceanici**, nelle regioni costiere le temperature sono più miti e uniformi (per esempio, alle nostre latitudini, sono minori in estate e maggiori in inverno), perché l'acqua si scalda e si raffredda più lentamente delle rocce;
- **elementi geografici**, come **catene montuose**, che possono fungere da barriera nei confronti dei movimenti di masse di aria, o **correnti oceaniche** calde o fredde;
- l'**umidità**, l'aria ricca di vapore acqueo si riscalda e si raffredda più lentamente dell'aria secca;
- la presenza o meno di **vegetazione**, la traspirazione delle piante mantiene un certo grado di umidità, quindi, in presenza di una folta copertura vegetale, le temperature sono più miti e uniformi;
- l'**urbanizzazione**, nelle città la temperatura è in genere più elevata, perché le costruzioni e l'asfalto assorbono il calore più di rocce e suolo.

Le temperature in Italia

In Italia la **situazione termica** è favorevole, perché:

- è una **penisola** molto allungata ampiamente circondata dal **mare**, che rappresenta una riserva di calore in inverno e una fonte di frescura in estate;
- le **Alpi** sono un'efficace **barriera** nei confronti delle influenze climatiche provenienti da nord.

Nella penisola italiana non si registrano forti escursioni termiche e le condizioni termiche estreme, che si verificano, invece, nelle aree più interne dell'Europa.

A causa dell'estensione in latitudine e della disposizione dei rilievi, la distribuzione della temperatura presenta notevoli variazioni da regione e a regione.

Dalla **carta delle temperature medie di gennaio** risulta che la temperatura è minima nella zona delle Alpi e massima lungo le zone costiere delle regioni meridionali. Notevole risulta l'influenza mitigatrice del mare, per cui nella Pianura Padana e nelle regioni interne le temperature medie sono inferiori a quelle lungo le coste ➲ **FIGURA 7**.

La **carta delle temperature medie di luglio**, invece, mostra che le temperature sono elevate nelle regioni interne, come la Pianura Padana e lungo le coste ➲ **FIGURA 8**.

L'**escursione termica annua**, cioè la differenza tra la temperatura media del mese più caldo e la temperatura media del mese più freddo, aumenta da sud a nord e dalla costa verso l'interno, diminuisce generalmente con l'altitudine ed è minore lungo il litorale tirrenico rispetto a quello adriatico ➲ **FIGURA 9**.

GUIDA ALLO STUDIO

- ▸ Quali fattori influenzano la temperatura dell'aria?
- ▸ Che cos'è l'effetto serra naturale?
- ▸ Che cosa vuol dire escursione termica?

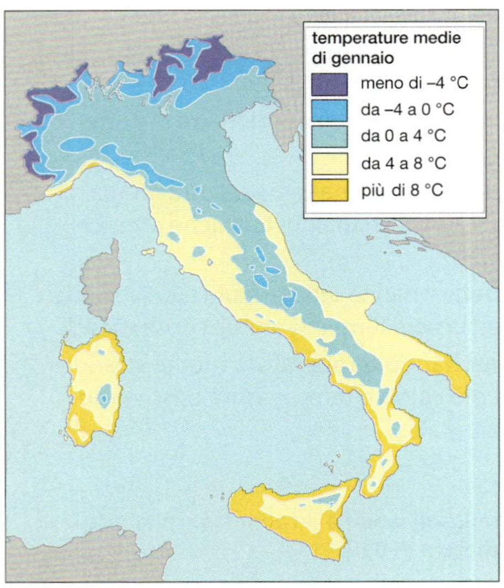

➲ FIGURA 7

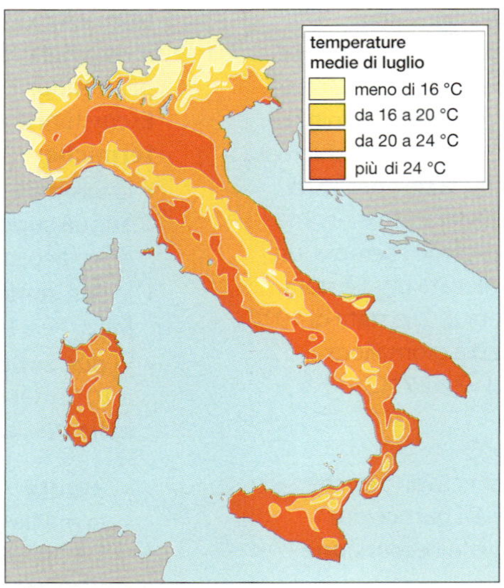

➲ FIGURA 8

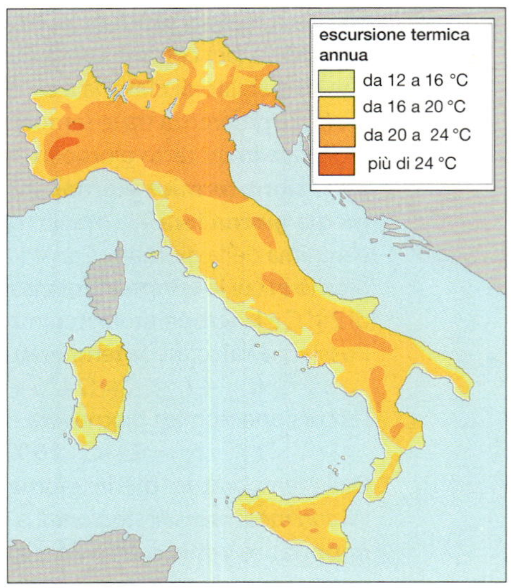

➲ FIGURA 9

4 L'umidità dell'aria e le precipitazioni

L'aria della troposfera contiene sempre una certa quantità di vapore acqueo, che proviene soprattutto dall'**evaporazione** delle grandi distese oceaniche, dal suolo e dalla **traspirazione** delle piante, in particolare delle foreste tropicali. Questi processi variano di intensità da luogo a luogo e durante l'anno, perciò l'**umidità dell'aria**, come la temperatura, **non è costante**.
L'**umidità assoluta**, cioè la *quantità in grammi di vapore acqueo contenuta in 1 m³ di aria*, può variare considerevolmente da luogo a luogo, ma non può assumere qualsiasi valore. Infatti, per ogni valore di temperatura, esiste una *quantità massima di vapore che un volume di aria può contenere*, che non può essere superato. La quantità massima (espressa in grammi) di vapore che può essere contenuta in 1 m^3 di aria a una certa temperatura è detta **limite di saturazione**. Se si supera questo limite, il vapore in eccesso condensa e passa allo stato liquido o allo stato solido.
Il limite di saturazione dell'aria cresce con la temperatura: **l'aria calda può contenere più vapore acqueo dell'aria fredda**. Per esempio, 1 m^3 di aria a 25 °C può contenere al massimo 23 g di vapore acqueo, mentre 1 m^3 di aria a 15 °C può contenerne 13 g e a 0 °C non può superare i 5 g. Questo fatto è molto importante, perché la temperatura dell'aria in un luogo può modificarsi molto rapidamente. Se la temperatura di una massa d'aria molto umida si abbassa, è possibile che raggiunga il limite di saturazione, generando i fenomeni che ora descriveremo.

Le nubi e le precipitazioni

Il vapore che condensa in quota (qualche centinaio di metri) produce le **nubi** ➔ FIGURA 10.
Una **nube** può essere considerata come un insieme di goccioline, o una mescolanza di queste con cristalli di ghiaccio.

FIGURA 10 Classificazione delle nubi in base alla forma e all'altezza.

Quando le goccioline d'acqua presenti nelle nubi della bassa troposfera raggiungono dimensioni tali da non poter più essere sostenute, si aggregano e formano gocce più grosse che cadono al suolo come **precipitazioni**: in forma liquida, come la **pioggia**, o solida, come la *neve* o la *grandine*.

La **neve** si forma quando la temperatura è prossima a 0 °C. La **grandine**, invece, si produce quando nelle nubi temporalesche si realizzano moti convettivi turbolenti, che sollevano verso l'alto le gocce d'acqua, che si raffreddano, congelano e ricadono verso il basso restando sempre all'interno della nube. Qui vengono ricoperte da un altro strato d'acqua che poi congela nuovamente quando le gocce vengono riportate in alto, sempre per convezione. Se i movimenti convettivi proseguono per un tempo sufficientemente lungo, si formano granuli solidi in cui il ghiaccio ha una struttura a strati concentrici ➲ **FIGURA 11**. Quando questi granuli diventano troppo pesanti, la grandine precipita.

GUIDA ALLO STUDIO

- Che cos'è l'umidità dell'aria?
- Come si forma la grandine?
- Come si forma la rugiada?

La nebbia e la rugiada

A bassa quota, quando uno strato d'aria umida si trova a contatto con una superficie fredda, si forma la **nebbia** ➲ **FIGURA 12**: una parte del vapore acqueo condensa in minutissime goccioline che rimangono sospese e rifrangono la luce del Sole, provocando una diminuzione della trasparenza dell'aria.

Se l'aria è perfettamente immobile, il vapore d'acqua condensa direttamente a contatto del suolo e della vegetazione: si forma così la **rugiada** ➲ **FIGURA 13**. Se la temperatura è inferiore a 0 °C, invece, il vapore acqueo sublima direttamente e si forma la **brina** ➲ **FIGURA 14**.

FIGURA 11

FIGURA 12

FIGURA 13

FIGURA 14

5 La pressione atmosferica e i venti

pressione
è il rapporto tra una forza (in questo caso il peso dell'atmosfera) e la superficie su cui la forza viene esercitata.

L'aria esercita una **pressione** su tutto ciò che sovrasta, detta **pressione atmosferica**.
Si dice **pressione atmosferica normale** il peso dell'aria secca e pura in specifiche condizioni:

- su una superficie unitaria (1 cm^2);
- misurata a livello del mare;
- alla latitudine di 45°;
- alla temperatura di 0 °C.

In queste condizioni, ogni centimetro quadrato di superficie sopporta un peso, dovuto all'aria, pari a 1,033 kg e quindi una **pressione atmosferica di 1,033 kg/cm²**. Questo valore viene chiamato **pressione normale** e prima dell'avvento del Sistema Internazionale di unità (SI) era utilizzato come unità di misura della pressione, con il nome di **atmosfera** (simbolo **atm**).
Con l'introduzione del SI, l'unità di misura della pressione è diventata il **pascal** (simbolo **Pa**):

1 atm = 101 325 Pa = 1013 hPa

Le carte meteorologiche pubblicate sui giornali o mostrate nelle rubriche televisive di previsioni del tempo esprimono i valori di pressione atmosferica in ettopascal (hPa). Una pressione superiore a quella normale si dice **alta pressione**, una inferiore si dice **bassa pressione**.
In ogni luogo della Terra la pressione atmosferica è soggetta a **variazioni periodiche** e **occasionali**, che dipendono principalmente dall'*altitudine*, dalla *temperatura* e dall'*umidità* dell'aria.
La **pressione diminuisce**:

- **con l'aumentare dell'altitudine**, perché salendo in quota diminuisce il peso della massa d'aria ➲ **FIGURA 15**;
- **con l'aumentare della temperatura**, perché l'aria riscaldata si dilata, diventa meno densa ed esercita una pressione minore;
- **con l'aumentare dell'umidità**, perché in un volume di aria umida ci sono molecole d'acqua che hanno una massa inferiore di quelle di altri gas (O_2 e N_2) di cui hanno preso il posto.

Il fatto che la pressione atmosferica non abbia un valore costante determina la formazione di **aree di alta** e **bassa pressione**, osservabili su una carta meteorologica ➲ **FIGURA 16**.

la pressione atmosferica diminuisce con l'altitudine, perché la parte più densa dell'atmosfera è concentrata sotto i 5600 m, quota al di sotto della quale si trova più del 50% di tutte le particelle che compongono l'atmosfera

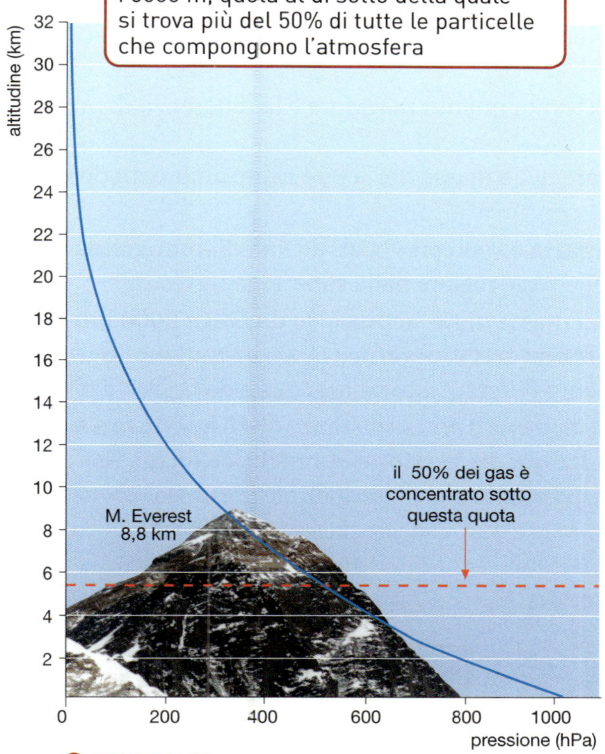

FIGURA 15

aree di **bassa pressione (cicloni)**: zone in cui i valori di pressione atmosferica sono inferiori rispetto alle aree circostanti

isobare: linee che congiungono tutti i punti della superficie in cui sono stati misurati **uguali valori** di pressione atmosferica

aree di **alta pressione (anticicloni)**: zone in cui i valori di pressione atmosferica sono maggiori rispetto alle zone circostanti

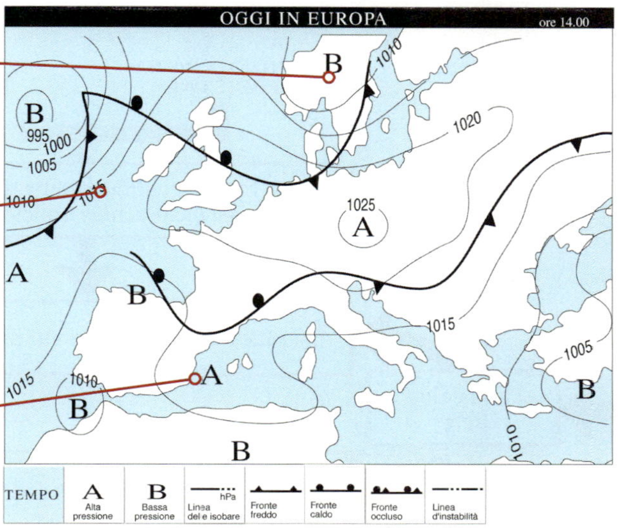

la carta rappresenta un'area di bassa pressione sull'Atlantico, che indica una perturbazione che sta avanzando verso l'Europa, dominata da un'alta pressione

FIGURA 16

Il vento

A un'area di **alta pressione** (**anticiclone**) corrispondono di solito **cielo sereno** e **bel tempo**, viceversa a un'area di **bassa pressione** (**ciclone**) corrisponde in genere **tempo perturbato** ➲ **FIGURA 17**.

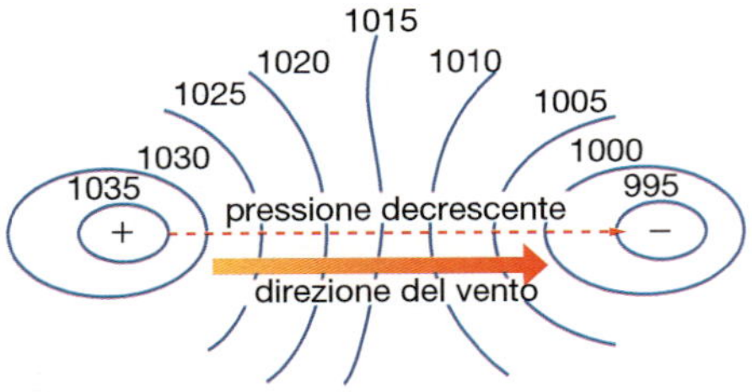

➲ **FIGURA 17**

Che cosa è il vento

Quando due zone contigue della troposfera hanno una diversa pressione atmosferica, tra esse si genera un **flusso d'aria orizzontale**: il **vento**.

I venti sono **masse d'aria in movimento** che **si spostano da una zona di alta pressione verso una di bassa pressione** ➲ **FIGURA 18**.

In base alla **periodicità** con cui spirano, i venti possono essere:

- **costanti**, se spirano nella medesima direzione per tutto l'anno;
- **periodici**, se mantengono la stessa direzione e lo stesso verso solo per un certo periodo dell'anno o del giorno;
- **variabili**, se hanno andamento non prevedibile e irregolare.

Indipendentemente dalla loro periodicità, inoltre, i venti possono avere velocità e direzione differenti.

La **velocità** del vento è tanto più elevata quanto maggiore è la differenza di pressione tra le masse d'aria coinvolte.

Anche lo **spostamento orizzontale** delle masse d'aria può avere ampiezza diversa e i venti si classificano in:

- venti che spirano su **scala planetaria** e sono provocati da una **disomogenea distribuzione dell'energia solare** nelle varie regioni della superficie terrestre;
- venti che causano spostamenti di masse d'aria su distanze **da 500 a 2000 km** e sono provocati soprattutto dalle **differenze di temperatura** che si instaurano sugli oceani e sui continenti, per il riscaldamento differenziato delle acque e della crosta terrestre;
- venti che provocano spostamenti di masse d'aria su distanze da **10 a 500 km** e sono per lo più generati da particolari **condizioni di pressione atmosferica locali**. Nell'ambito di questa categoria di movimenti, possiamo includere anche le *turbolenze atmosferiche*, spostamenti di masse d'aria inferiori a 10 km, causate da fenomeni locali.

GUIDA ALLO STUDIO

- Che cos'è la pressione atmosferica?
- Quali fattori influenzano la pressione atmosferica?
- Come e perché si formano i venti?

➲ **FIGURA 18**

6 La Terra presenta una grande varietà di climi

Lo studio delle condizioni atmosferiche di una regione permette di definirne il *tempo meteorologico* e il *clima*. Tempo meteorologico e clima sono due concetti sostanzialmente diversi:

- il **tempo meteorologico** è una condizione momentanea, determinata dai vari *elementi meteorologici*, e rappresenta le situazioni reali, che si verificano in un preciso giorno, ora o istante, in una particolare località;
- il **clima**, invece, è la *media delle condizioni meteorologiche* verificatesi in un dato luogo e in un determinato periodo di tempo, definita sulla base delle rilevazioni dei diversi elementi climatici (*temperatura*, *precipitazioni*, *umidità*, *venti* ecc.).

Per descrivere il clima di una regione della Terra è necessario innanzitutto identificare i parametri che permettono di definirne le caratteristiche. I criteri adottati per definire le caratteristiche di ciascun clima sono due.

Clima e successioni vegetali

1. L'analisi di **fattori** ed **elementi** del clima, come illustrato nello schema della ➲ **FIGURA 19**.
2. Lo studio delle *associazioni vegetali*, i **biomi**, tipiche di una data regione. A ogni bioma corrisponde un clima definito. La vita delle piante, infatti, è fortemente condizionata dal clima, poiché ogni specie richiede particolari condizioni di umidità, temperatura e luce ➲ **FIGURA 20**.

In base a questi criteri si distinguono **cinque classi climatiche**.

- I **climi megatermici umidi**, tipici della *zona intertropicale*, caratterizzati da una temperatura media annua elevata (tra 20 °C e 25 °C) e abbastanza costante.
- I **climi aridi**, cioè i climi dei *deserti*, che hanno in comune non tanto la temperatura elevata (esistono infatti deserti caldi e deserti freddi), quanto piuttosto l'*aridità*, cioè la scarsità di acqua disponibile.
- I **climi temperati**, caratterizzati da escursioni termiche annue notevoli, con *vere e proprie stagioni*; le temperature invernali non sono, tuttavia, molto rigide (tra 2 °C e 15 °C).
- I **climi temperati freddi**, con estati abbastanza calde, ma inverni rigidi e molto lunghi (le temperature invernali non salgono sopra 2 °C).
- I **climi nivali**, tipici delle zone poste oltre i circoli polari o ad alta quota. Le temperature medie mensili sono costantemente basse, con punte di poco superiori a 0 °C nella stagione più calda. Manca un'estate vera e propria.

A livello del mare, la distribuzione delle zone climatiche segue, approssimativamente l'andamento delle zone astronomiche, descritte a pagina 65, anche se non bisogna dimenticare che, salendo in quota si può ritrovare la medesima successione di climi, che si avrebbe spostandosi verso le regioni polari.

Ogni classe climatica inoltre è suddivisa in **tipi climatici**, in base al *regime delle precipitazioni* e alle associazioni vegetali di aree geografiche specifiche ➲ **FIGURA 21**.

➲ **FIGURA 19**

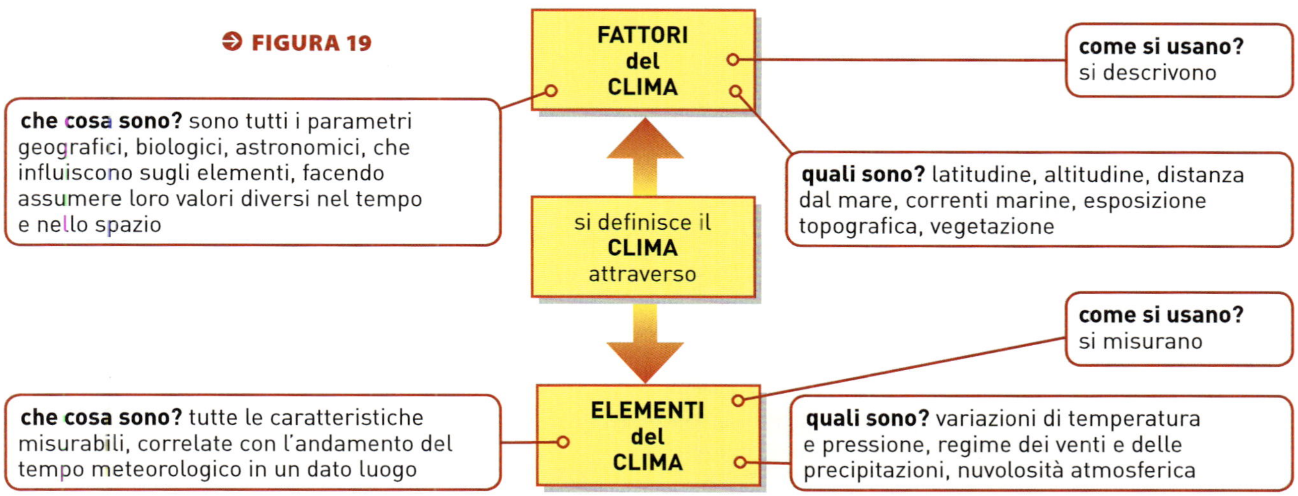

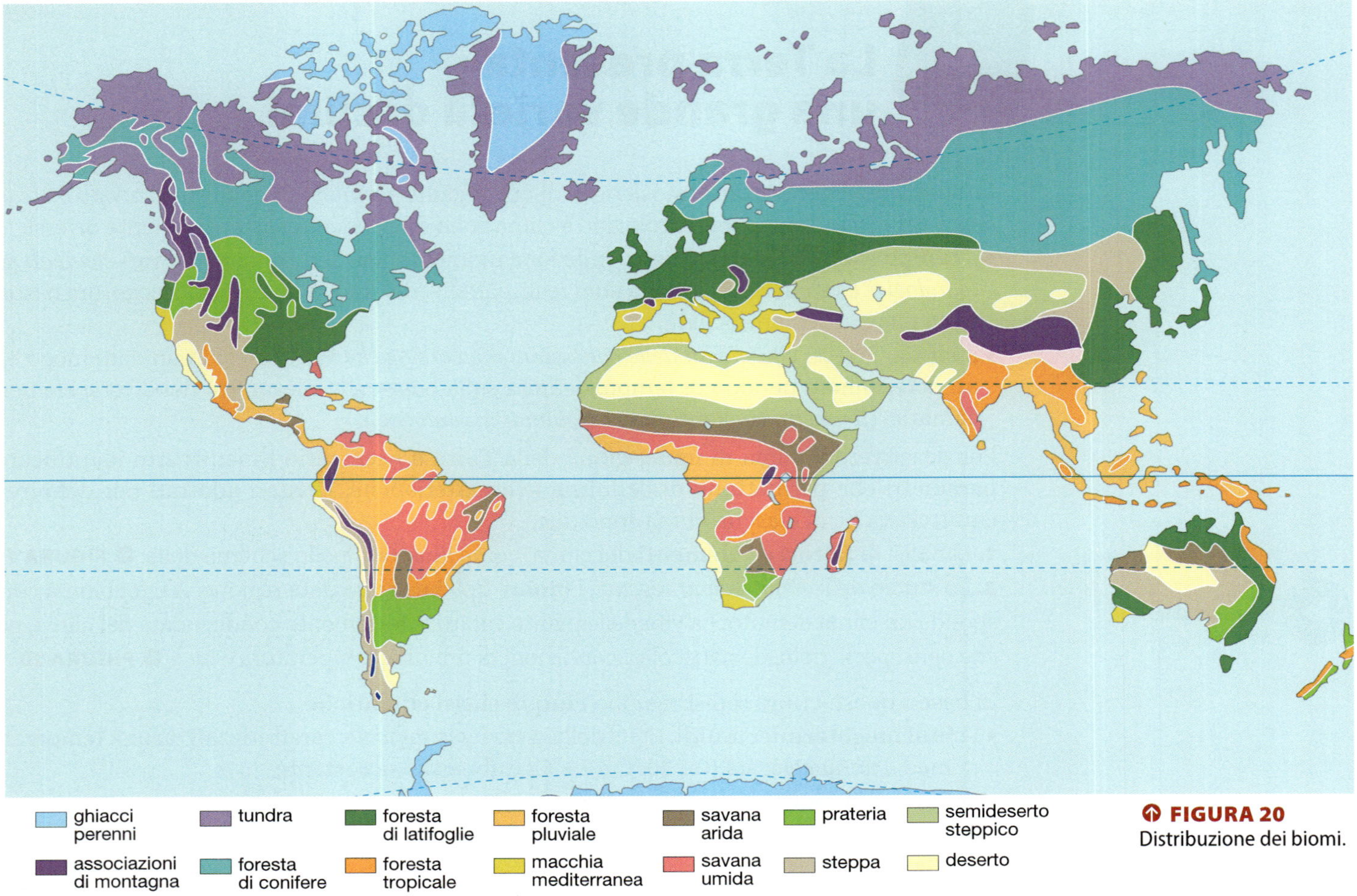

FIGURA 20
Distribuzione dei biomi.

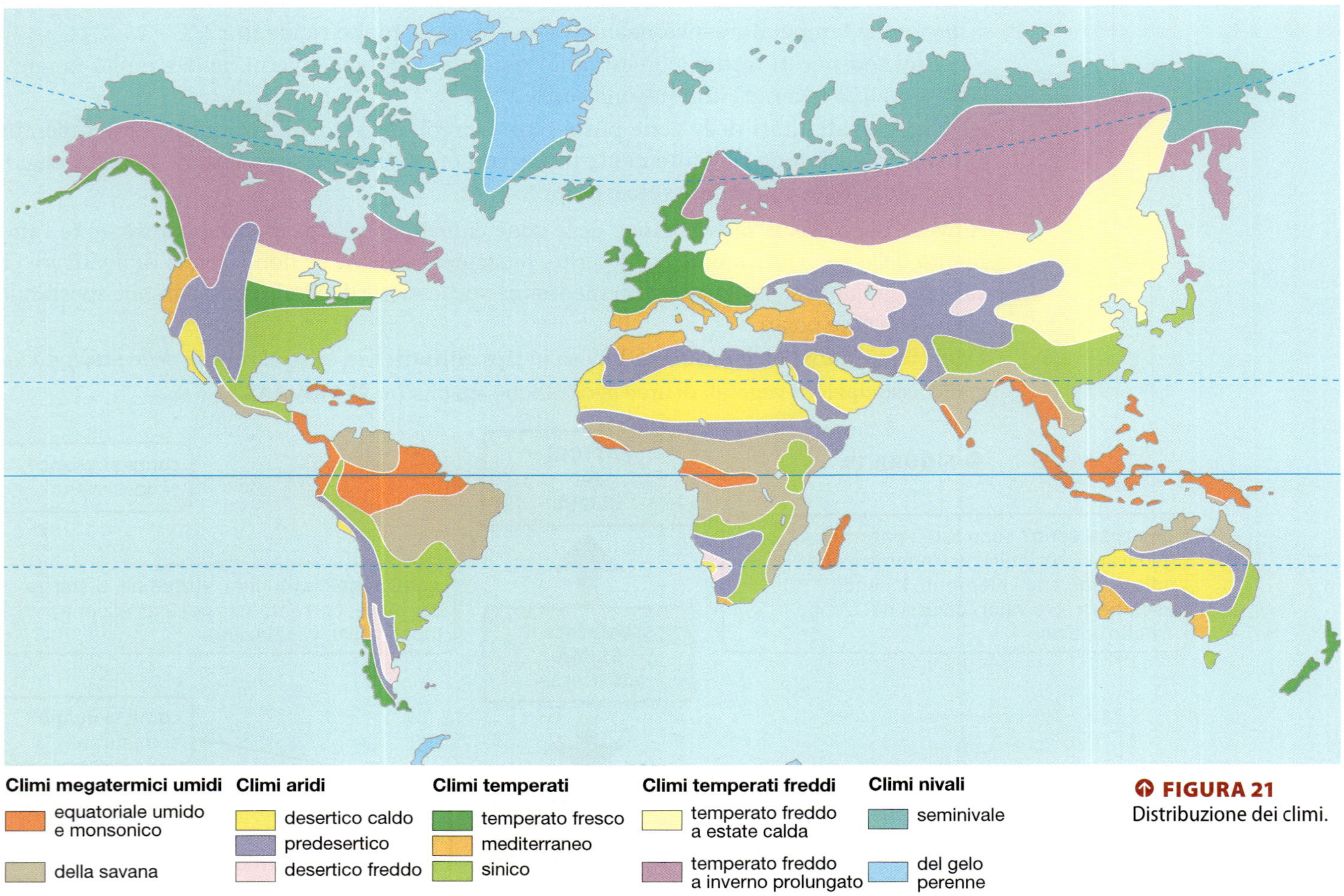

FIGURA 21
Distribuzione dei climi.

Il clima in Italia

L'Italia rientra nella **fascia dei climi temperati** e in particolare gode di **clima mediterraneo**. A causa della sua estensione in latitudine, ben 12°, e della presenza di elevati e imponenti sistemi montuosi, il clima italiano presenta una grande *varietà di situazioni locali.*
A nord, la barriera delle Alpi altera i percorsi e la velocità delle grandi masse d'aria fredda, proteggendo la Pianura Padana dai venti freddi.
Tuttavia, la presenza di alcune valli trasversali permette il fluire di aria fredda verso sud, seppure in proporzioni limitate. Così, dalla valle del Rodano arriva aria polare, formatasi sull'Atlantico settentrionale; dalla porta di Trieste, invece, arriva aria fredda e secca proveniente dalla Russia e dall'Europa orientale.
Gli Appennini causano una notevole differenza climatica fra il versante tirrenico e quello adriatico.

Alla luce di queste considerazioni e osservando il regime delle precipitazioni e l'andamento delle temperature medie, è possibile individuare ben **sette regioni climatiche** ➔ **FIGURA 22**.
In particolare, possiamo distinguere:

- un *clima freddo*, un *clima temperato freddo* e un *clima temperato fresco* nella fascia alpina a seconda della quota. Questi tipi di clima interessano anche le zone più elevate della regione appenninica;
- un *clima temperato subcontinentale*, che interessa la pianura padana e le zone più interne della penisola;
- un *clima temperato caldo* in prossimità del mare;
- un *clima temperato sublitoraneo* nell'entroterra delle regioni costiere;
- un *clima temperato subtropicale*, che interessa le coste più meridionali.

Altre differenze climatiche sono legate al diverso *regime delle precipitazioni* e ai *venti*: così la Sicilia e la Calabria risentono di influenze africane, mentre in Sardegna la mediterraneità è mitigata dai venti che spirano da ovest.

GUIDA ALLO STUDIO

- Che cos'è il tempo meteorologico?
- Che cos'è il clima?
- Quante classi climatiche esistono sulla Terra?
- Che cosa sono i biomi?
- Di quale tipo di clima gode l'Italia?

FIGURA 22

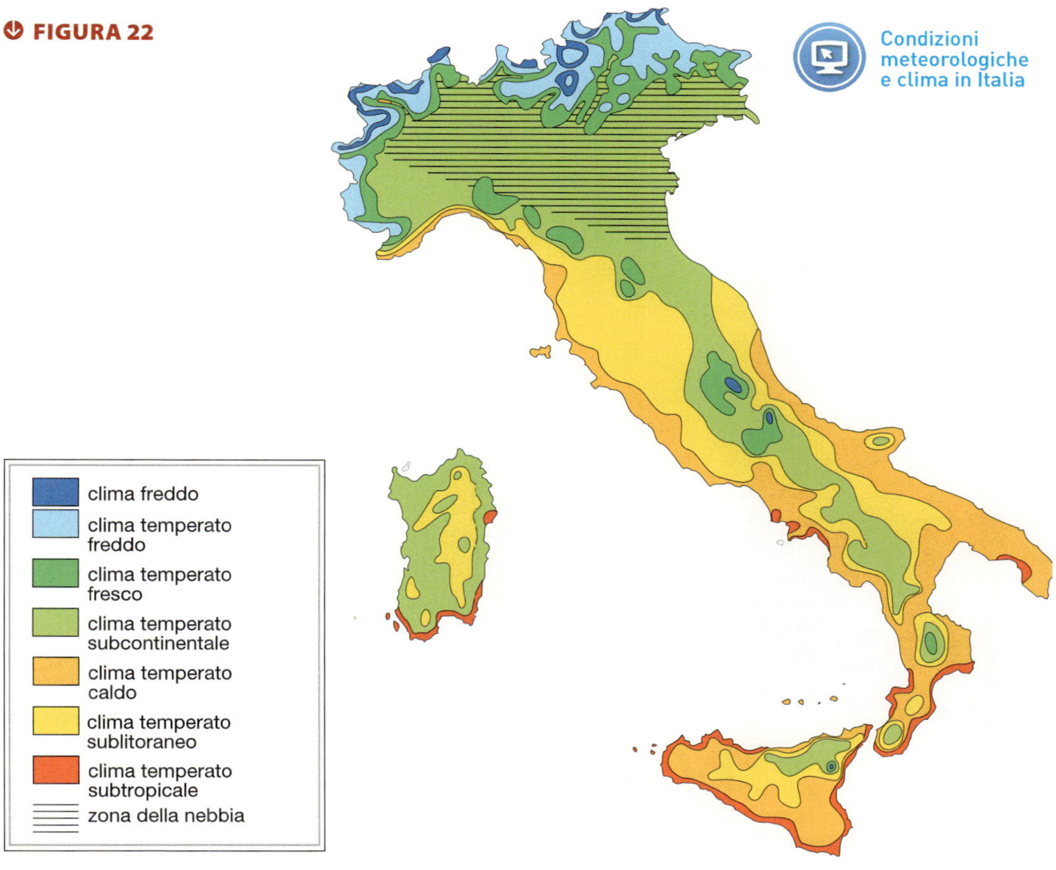

Condizioni meteorologiche e clima in Italia

7 Il clima condiziona l'erosione delle rocce

Le *escursioni termiche*, il *regime* delle *precipitazioni* e i *venti* condizionano la **degradazione meteorica** delle rocce e generano effetti diversi nei vari tipi di clima. La degradazione meteorica è quell'insieme di processi, causati dagli agenti esogeni, che porta al *disfacimento delle rocce* e alla *formazione di frammenti*. Può avvenire per *cause di tipo fisico* (variazioni di temperatura, azione della forza di gravità, effetti dell'attrito ecc.) o *a causa di reazioni chimiche* (solubilizzazione di alcune sostanze in acqua, formazione di sostanze corrosive ecc.).

Le escursioni termiche

Le rapide **variazioni di temperatura** durante il giorno possono **fratturare le rocce**, perché modificano il volume dei minerali che le compongono: tutti i minerali si dilatano quando sale la temperatura e si contraggono in seguito a un rapido raffreddamento. Di conseguenza, il continuo alternarsi di *dilatazione* e *contrazione* può influenzare la stabilità della roccia e causarne la fratturazione. Questo processo di disgregazione è chiamato **termoclastismo** ➲ **FIGURA 23**.

Le acque delle precipitazioni

Le rocce che affiorano in superficie vengono attaccate dall'**acqua delle precipitazioni** e molte di esse vengono degradate. L'azione dell'acqua è evidente sia nelle regioni calde sia in quelle più fredde.

In alta montagna, per esempio, l'acqua può provocare sulle rocce un effetto, detto **crioclastismo**, causato dal ripetersi di **cicli di gelo e disgelo**: l'acqua che penetra negli interstizi quando gela aumenta di volume ed esercita una pressione notevole nelle cavità che riempie, ampliando sempre più la frattura ➲ **FIGURA 24**. Questo fenomeno è molto evidente nelle regioni montuose delle *medie latitudini*. Qui, infatti, le escursioni termiche sono moto pronunciate,

FIGURA 23

parete rocciosa fratturata a causa del termoclastismo a Enchanted Rock, in Texas

FIGURA 24

rocce fratturate dal crioclastismo

a differenza di quanto accade nelle *regioni polari*, dove le temperature costantemente basse favoriscono il permanere per lungo tempo del ghiaccio e non portano a rapidi e ripetuti cambiamenti di stato dell'acqua.
Un fenomeno particolare, diventato purtroppo frequente in molte città, è quello operato dalle **piogge acide**. Si parla di piogge acide quando nell'aria si formano piccole quantità di acidi a partire da sostanze inquinanti che reagiscono con l'umidità dell'aria. Le acque piovane contenenti acidi attaccano e distruggono il marmo e i calcari di molti monumenti **FIGURA 25**.

FIGURA 25

un gargoyle della chiesa del Sacro Cuore di Parigi, corroso dalle piogge acide

I venti modellano il paesaggio

Il **vento erode**, **trasporta** e **sedimenta**. La sua azione investe tutte le terre emerse, ma è meno evidente di quella esercitata dagli altri agenti esogeni.
L'**erosione eolica**, inoltre, è meno attiva nelle *regioni umide delle basse e medie latitudini*, per la difficoltà del vento di sollevare e trasportare anche i materiali più fini appesantiti dall'acqua, e per la presenza in queste zone di una copertura vegetale in genere abbondante, che protegge il suolo dall'erosione.
Invece, nelle *zone di alta montagna* e soprattutto nelle *regioni desertiche*, la mancanza di vegetazione e la presenza di detriti fini privi di umidità consentono al vento di agire efficacemente, creando forme di modellamento tipiche **FIGURA 26**.
Anche le *coste sabbiose*, battute dal vento e dal moto ondoso, vengono erose e modellate con processi simili a quelli che agiscono nel deserto.
La **forza del vento** è proporzionale alla sua velocità e determina le dimensioni e la quantità dei detriti sollevati e trasportati. In genere il vento non spira in modo costante, per cui la sua velocità e la sua energia sono irregolari e vengono continuamente modificate per l'attrito con il terreno. Il vento da solo non riesce quasi mai a erodere rocce integre, mentre può asportare materiali già disgregati; la sua azione, quindi, è più efficace quando altri agenti contribuiscono alla degradazione meteorica. Solo le rocce più tenere possono essere disgregate con una certa facilità: si formano allora *nicchie di disfacimento, cavità* e *grotte*.

GUIDA ALLO STUDIO
- Che cos'è il termoclastismo?
- Come agiscono sulle rocce le acque di precipitazione?
- Quale azione ha il vento sulle rocce?

FIGURA 26

PER SAPERNE DI PIÙ

L'azione del vento e i depositi eolici

Possiamo schematizzare gli effetti del vento sul paesaggio in quattro punti.

1 **Il vento erode** L'azione di erosione e trasporto operata dal vento si chiama **deflazione**. Solo le particelle molto fini, come quelle delle sabbie e delle argille, e le polveri vengono sollevate e trasportate. I granuli di ghiaia vengono smossi occasionalmente e percorrono tratti brevissimi.
Se il vento agisce a lungo indisturbato, i detriti più piccoli vengono asportati completamente e sulle rocce resta talvolta solo uno strato di ghiaia. In alcune aree desertiche si forma così il **pavimento del deserto**, una distesa continua di ghiaia di spessore variabile ➲ **FIGURA 27**. In altri casi la deflazione può mettere a nudo le rocce e causare la formazione di depressioni più o meno accentuate, specialmente dove la copertura vegetale è discontinua e il suolo viene eroso in modo irregolare.

➲ **FIGURA 27**

2 **Il vento trasporta** Le particelle più fini vengono trasportate in **sospensione** nell'aria e durante le tempeste possono essere sollevate a grandi altezze ➲ **FIGURA 28**. In queste condizioni impiegano molto tempo per depositarsi al suolo e possono essere trasportate anche a grande distanza dal luogo di origine. Le polveri del deserto del Sahara, per esempio, spesso possono spingersi nelle regioni meridionali e insulari del nostro Paese, e talvolta fino alle zone alpine. In queste regioni non è raro osservare *piogge* o *nevi rosse*, a causa della presenza nell'aria di polveri del deserto.
Le sabbie a granulometria maggiore vengono invece trasportate per **rotolamento** o per **saltazione**: i granuli sollevati ricadono al suolo e, muovendosi a balzi, possono sollevare altre particelle che subiscono lo stesso destino. Quando il vento soffia con violenza e in modo vorticoso, i granuli trasportati per saltazione si possono alzare anche fino a 2 m da terra, formando dense nubi che esercitano un'azione abrasiva sulle rocce coerenti.

➲ **FIGURA 28**

3 **Il vento smeriglia** I granuli di sabbia trasportati dal vento smerigliano ed erodono le rocce. Questo processo si chiama **corrasione**. La corrasione è più efficace in prossimità del suolo e nei deserti crea forme curiose di modellamento: le rocce vengono lisciate, si formano nicchie, creste e sculture. Talvolta i massi rocciosi assumono una tipica *forma a fungo*, perché la smerigliatura agisce solo in prossimità del suolo ➲ **FIGURA 29**. Anche i ciottoli presentano forme di corrasione particolari, con superfici abrase e lucidate, piatte o leggermente arrotondate dal lato rivolto verso il vento, e spigoli vivi sulle facce non esposte.

➲ **FIGURA 29**

4 **Il vento produce sedimenti** Quando la velocità e l'energia del vento diminuiscono, i materiali trasportati si depositano, creando forme di accumulo, dette **depositi eolici**, costituiti di sabbie e polveri.
Le **dune** sono le forme più caratteristiche di deposito eolico ➲ **FIGURA 30**. Sono rilievi di sabbia comuni nei deserti e lungo le coste sabbiose battute da venti costanti. Occasionalmente si formano anche lungo le rive dei grandi fiumi.
Questi depositi eolici sono comuni nei **deserti sabbiosi** (*erg*), mentre i **deserti ciottolosi** (*serir*) e i **deserti rocciosi** (*hammada*) rappresentano ciò che resta di quello che la forza del vento non riesce a sollevare.

➲ **FIGURA 30**

Costruisci la mappa

Studio... in sintesi

Ascolta la sintesi

1 L'atmosfera è un sistema dinamico

L'**atmosfera** è costituita da una miscela di **gas**, detta **aria**.
I componenti principali dell'atmosfera sono:

- azoto
- ossigeno
- biossido di carbonio.

L'atmosfera **filtra** le radiazioni solari nocive per la vita e contribuisce al **riscaldamento** della superficie terrestre.
L'atmosfera è un **sistema dinamico** in cui i movimenti dell'aria distribuiscono il calore e rendono mutevoli le condizioni atmosferiche che cambiano di giorno in giorno e da regione a regione.

2 La struttura dell'atmosfera

L'atmosfera può essere suddivisa in cinque involucri concentrici, detti **zone**, caratterizzati da un diverso andamento della temperatura e da caratteristiche fisiche e chimiche differenti: *troposfera*, *stratosfera*, *mesosfera*, *termosfera*, *esosfera*.
La **troposfera** è la zona *più densa* dell'atmosfera, è un involucro molto sottile ed è importantissima, perché è la zona in cui avvengono gli scambi di materia ed energia con litosfera, idrosfera e biosfera. Della troposfera sono significativi: la **composizione**, la **temperatura**, la **pressione** e l'**umidità**. Per la vita è essenziale anche l'**ozonosfera**, un sottilissimo strato dell'atmosfera posto tra i 20 e i 50 km di quota, nella quale è presente un'alta concentrazione di **ozono** (O_3), che assorbe i raggi UV e impedisce loro di raggiungere la superficie terrestre.
Tutti i gas dell'aria passano dall'atmosfera agli altri ambienti della Terra (biosfera, idrosfera, litosfera) e viceversa, attraverso processi ciclici, chiamati **cicli biogeochimici**.

3 L'atmosfera e il calore del Sole

Sulla Terra le **escursioni termiche diurne** sono relativamente ridotte e la **temperatura media** è superiore al previsto di alcuni gradi.
Questi effetti sono conseguenza della presenza dell'atmosfera e della sua composizione: essa si comporta come i vetri di una serra, trattenendo il calore. Questo **effetto serra naturale**.
La **temperatura dell'aria** nella troposfera varia da luogo a luogo e, nella stessa località, in funzione dell'**ora**, del **giorno**, del **mese** e di **fattori geografici** e **biologici** come: *altitudine*, *distribuzione dei bacini oceanici*, presenza di *catene montuose* o *correnti oceaniche*, *umidità*, presenza o assenza di *vegetazione*, *urbanizzazione*.

4 L'umidità dell'aria e le precipitazioni

L'aria della troposfera contiene sempre vapore acqueo, proveniente dall'**evaporazione** degli oceani, dal suolo e dalla **traspirazione** delle piante.
L'**umidità assoluta** (quantità in grammi di vapore acqueo contenuta in 1 m^3 di aria) varia da luogo a luogo. Per ogni valore di temperatura esiste una *quantità massima di vapore che 1 m^3 di aria può contenere*, detto **limite di saturazione**. Esso cresce con la temperatura e, se viene superato, il vapore condensa.
Il vapore che condensa in quota (qualche centinaio di metri) produce le **nubi**. Quando nelle nubi si formano gocce grosse, il peso le fa cadere al suolo come **precipitazioni** (**pioggia**, **neve** o **grandine**). Se il vapore condensa a bassa quota, a temperature superiori a 0 °C, si forma la **nebbia**.
Se il vapore condensa direttamente a contatto del suolo e della vegetazione, si forma la **rugiada**. Se la temperatura è inferiore a 0 °C, invece, il vapore acqueo sublima e si forma la **brina**.

5 La pressione atmosferica e i venti

L'aria esercita una **pressione** su tutto ciò che sovrasta, detta **pressione atmosferica**. Si dice **pressione atmosferica normale** il peso dell'aria secca e pura su una superficie unitaria (1 cm^2) misurata a livello del mare, alla latitudine di 45° e alla temperatura di 0 °C. Una pressione superiore a quella normale si dice **alta pressione**, una inferiore si dice **bassa pressione**. La **pressione diminuisce con l'aumentare dell'altitudine, con l'aumentare della temperatura, con l'aumentare dell'umidità.**
I venti sono **masse d'aria in movimento** che si spostano da una zona di alta pressione verso una di bassa pressione.
In base alla **periodicità** con cui spirano, i venti possono essere: **costanti**, **periodici**, **variabili**.
La **velocità del vento** è tanto più elevata quanto maggiore è la differenza di pressione tra le masse d'aria coinvolte.

6 La Terra presenta una grande varietà di climi

Il **tempo meteorologico** è una condizione momentanea, determinata dai vari *elementi meteorologici*, e rappresenta le situazioni reali, che si verificano in un preciso giorno, ora o istante, in una particolare località.
Il **clima** è la *media delle condizioni meteorologiche* verificatesi in un dato luogo e in un determinato periodo di tempo, definita sulla base dei diversi elementi climatici (*temperatura*, *precipitazioni*, *umidità*, *venti* ecc.).
Per studiare il clima si usano due criteri: l'analisi di **fattori** ed **elementi** del clima e lo studio delle **associazioni vegetali** tipiche di una data regione. In base a questi criteri si distinguono **cinque classi climatiche**.

7 Il clima condiziona l'erosione delle rocce

Le rapide **variazioni di temperatura** possono **fratturare le rocce**. Questo processo è chiamato **termoclastismo**.
Le rocce esposte in superficie vengono degradate dall'azione dell'acqua piovana. In alta montagna, per esempio, l'acqua può provocare il disfacimento delle rocce per **crioclastismo**, causato dal ripetersi di **cicli di gelo e disgelo**. Un altro fenomeno legato all'azione dell'acqua e ormai frequente in molte città è quello operato dalle *piogge acide*.
Il **vento erode**, **trasporta** e **sedimenta** e la sua azione si osserva nelle *zone di alta montagna* e soprattutto nelle *regioni desertiche*.

Verifica il tuo studio

FISSA I CONCETTI

1 L'atmosfera è un sistema dinamico

Scegli il completamento corretto

1 L'atmosfera contribuisce:
- A a ridurre la temperatura della superficie terrestre
- B a ridurre la quantità di radiazioni nocive che raggiungono la Terra
- C a determinare il fenomeno delle maree
- D a produrre radiazioni che riscaldano la Terra

2 Il gas più abbondante nell'aria secca è:
- A l'ossigeno
- B il biossido di carbonio
- C il vapor d'acqua
- D l'azoto

3 Gli organismi fotosintetici consumano:
- A biossido di carbonio e rilasciano nell'aria ossigeno
- B ossigeno e rilasciano nell'aria carbonio
- C azoto e rilasciano ossigeno
- D ossigeno e rilasciano biossido di carbonio

4 La percentuale di ossigeno nell'aria secca è:
- A minore di quella di biossido di carbonio
- B superiore a quella di azoto
- C superiore al 50%
- D inferiore al 25%

2 La struttura dell'atmosfera

Scegli il completamento corretto

1 La zona dell'atmosfera in cui si concentra la maggior parte dei gas è:
- A la stratosfera
- B la termosfera
- C l'esosfera
- D la troposfera

2 La troposfera:
- A è costituita prevalentemente di azoto
- B si scalda salendo verso l'alto
- C è più sottile all'equatore
- D contiene l'ozonosfera

3 Procedendo dal basso verso l'alto gli strati dell'atmosfera sono:
- A troposfera, mesosfera, stratosfera, termosfera, esosfera
- B troposfera, stratosfera, mesosfera, termosfera, esosfera
- C troposfera, mesosfera, termosfera, stratosfera, esosfera
- D stratosfera, troposfera, mesosfera, esosfera, termosfera

4 L'ozonosfera:
- A si trova a un'altitudine di 80 km
- B è una zona della stratosfera
- C viene distrutta dalle radiazioni ultraviolette
- D è una zona in cui la temperatura diminuisce

Completa le frasi

1 L'ozonosfera si trova nella zona denominata ....

2 Tra 80 e 600 km di quota troviamo la ....; qui i gas sono per la maggior parte .... a causa delle radiazioni solari e cosmiche ad alta energia.

3 Nella stratosfera la temperatura aumenta con la quota a causa della presenza ....

Scegli il termine corretto fra i due proposti

1 Nella **stratosfera/mesosfera** esiste uno strato di ozono che **assorbe/emette** radiazioni ultraviolette.

2 Nella mesosfera i gas sono più **rarefatti/densi** rispetto alla stratosfera.

3 Il 75% del vapor d'acqua si trova nella **troposfera/stratosfera** il cui spessore **cresce/diminuisce** con la latitudine.

4 La zona più interna dell'atmosfera si chiama **troposfera/stratosfera**.

5 La zona più esterna dell'atmosfera si chiama **termosfera/esosfera**.

3 L'atmosfera e il calore del Sole

Vero o falso?

1 Alle latitudini maggiori la temperatura è in genere maggiore. V F

2 La temperatura dell'aria diminuisce all'aumentare dell'altitudine. V F

3 La rotazione terrestre determina variazioni di temperatura. V F

4 La vicinanza del mare non influenza la temperatura dell'atmosfera. V F

Scegli il completamento corretto

1 La temperatura dell'atmosfera:
- A dipende dalla longitudine
- B dipende dalla latitudine
- C dipende dalla pressione atmosferica
- D si misura con il barometro

2 La temperatura media giornaliera è data da:
- A la somma della temperatura massima e minima
- B la differenza tra la temperatura massima e la minima
- C la somma della temperatura massima e minima divisa per due
- D la differenza tra la temperatura massima e la minima divisa per due

Completa le frasi

1 La troposfera viene riscaldata sia dalle radiazioni provenienti dal Sole sia dalle radiazioni provenienti dal ....

2 La temperatura sulla Terra è .... a quella che sarebbe se non ci fosse l'atmosfera, grazie all' ....

4 L'umidità dell'aria e le precipitazioni

Vero o falso?

1 La quantità d'acqua che una massa d'aria può contenere senza raggiungere il punto di condensazione diminuisce con la temperatura. V F
2 La neve si forma quando la temperatura dell'aria è prossima a 0 °C. V F
3 La grandine si forma da fiocchi di neve più pesanti. V F
4 La grandine è formata da una goccia d'acqua che, scendendo, trova aria fredda e congela. V F
5 La pioggia si forma solo al di sotto degli 0 °C. V F

Completa le frasi

1 La quantità in grammi di vapore acqueo contenuta in 1 m^3 di aria è detta ....
2 La quantità di vapore acqueo che può essere contenuta da una massa d'aria varia in funzione della .... dell'aria stessa.
3 Il vapore che condensa in quota produce le ....
4 Quando uno strato d'aria umida si trova a contatto con una superficie fredda a bassa quota, si forma la ....

5 La pressione atmosferica e i venti

Scegli il completamento corretto

1 Indica quale fattore non è responsabile delle variazioni della pressione atmosferica:
A temperatura
B umidità
C latitudine
D altitudine

2 La pressione atmosferica è determinata dal:
A peso della troposfera
B rapporto tra il peso della troposfera e la superficie su cui essa grava
C peso di tutta l'atmosfera
D rapporto tra il peso dell'atmosfera e la superficie su cui essa grava

3 La velocità del vento:
A aumenta se tra due aree vicine c'è una grande differenza di pressione
B non è influenzata dall'attrito con il suolo
C non dipende dalle differenze di pressione
D è in genere variabile per i venti in alta quota

Completa le frasi

1 La pressione atmosferica in linea di massima .... con l'altitudine.
2 La pressione atmosferica in linea di massima .... con l'umidità.
3 In un'area ciclonica l'aria è più .... e tende a .... verso ....
4 A un'area anticiclonica corrispondono in genere cielo .... e .... tempo.
5 Si chiamano venti .... quelli che durante l'anno spirano sempre nella stessa direzione.

6 La Terra presenta una grande varietà di climi

Scegli il completamento corretto

1 Indica quali sono gli elementi del clima:
A latitudine, altitudine, conformazione geografica, distanza dal mare
B regime di venti e precipitazioni, variazioni di temperatura e pressione, nuvolosità
C associazioni vegetali e animali che costituiscono i diversi biomi
D tutti i parametri astronomici, geografici, biologici, che influenzano il clima di una regione

2 Sono fattori del clima:
A le condizioni del tempo che restano immutate
B la temperatura e le precipitazioni
C la pressione e i venti
D la latitudine e la conformazione geografica

Vero o falso?

1 Il tempo meteorologico è una condizione temporanea. V F
2 Gli elementi del clima influenzano i fattori del clima. V F
3 Gli elementi del clima sono caratteristiche misurabili. V F
4 La classificazione dei climi prevede cinque classi. V F
5 La presenza delle Alpi protegge la Pianura Padana dai venti caldi del Mediterraneo. V F
6 Le zone tirreniche hanno lo stesso clima di quelle adriatiche. V F

7 Il clima condiziona l'erosione delle rocce

Vero o falso?

1 Il clima influenza fortemente l'opera degli agenti esogeni. V F
2 L'azione delle acque di precipitazione è evidente solo nelle regioni fredde. V F
3 L'azione del vento è più evidente di quella degli altri agenti esogeni. V F
4 L'azione del vento è più marcata nelle regioni aride. V F

Scegli il termine corretto fra i due proposti

1 La fratturazione delle rocce causata dalle variazioni di temperatura è detta **termoclastismo/crioclastismo**.
2 La fratturazione delle rocce causata dai cicli di gelo e disgelo è detta **termoclastismo/crioclastismo**.
3 La forza del vento è maggiore se la sua velocità è **maggiore/minore**.
4 L'azione del vento che determina erosione e trasporto si chiama **deflazione/corrasione**.
5 L'azione del vento che smeriglia ed erode le rocce si chiama **deflazione/corrasione**.
6 Le dune sono una forma di **erosione/deposito** prodotta dal vento.
7 Le dimensioni e la quantià di detriti trasportati dal vento dipendono dalla sua **direzione/velocità**.

APPLICA IL TUO STUDIO

Rispondi

1 Quali sono i principali componenti dell'atmosfera terrestre?

2 Descrivi la struttura verticale dell'atmosfera, indicando come variano con la quota le caratteristiche chimico-fisiche.

3 Che cos'è la pressione atmosferica? Da quali fattori meteorologici e ambientali è influenzata?

4 Quali fenomeni atmosferici sono legati alla condensazione del vapore acqueo presente nell'atmosfera?

5 Che cos'è il limite di saturazione dell'aria? Perché il limite di saturazione dell'aria in una certa regione geografica può variare nel corso della giornata?

6 Che cos'è la nebbia? In quali condizioni si forma?

7 Come vengono classificati i venti?

8 Quali fattori condizionano il clima in Italia?

9 Quali azioni svolgono gli elementi del clima nella degradazione meteorica delle rocce e quali forme producono nei paesaggi?

Completa l'immagine inserendo i termini corretti

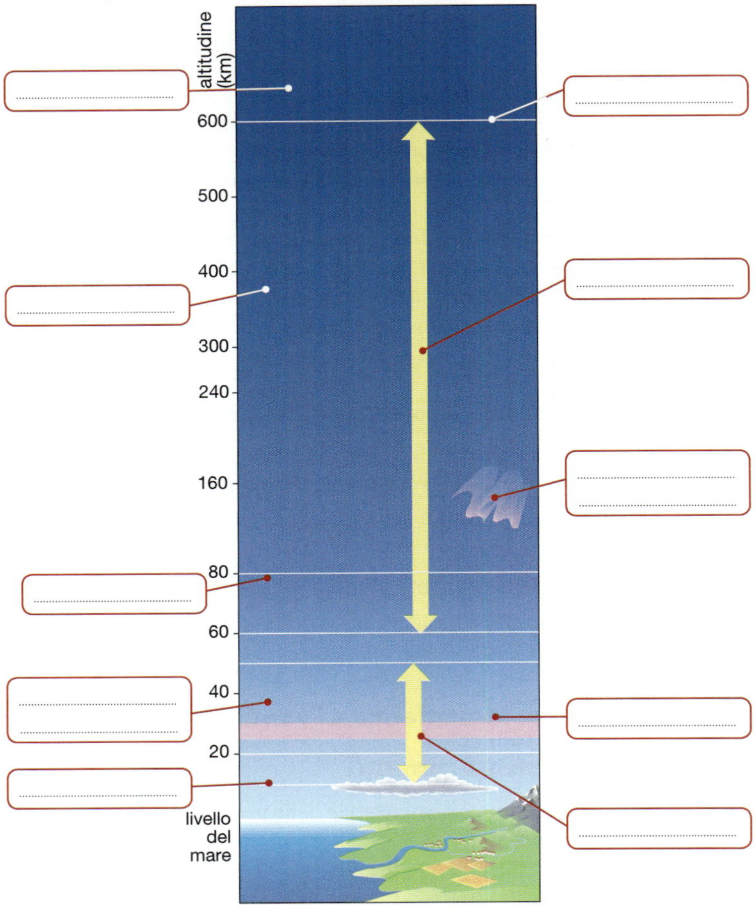

VERSO LE COMPETENZE...

Questo esercizio ha lo scopo di condurti a sviluppare le seguenti competenze:
- **utilizzare correttamente il linguaggio specifico della disciplina;**
- **imparare a elaborare e interpretare dati scientifici;**
- **costruire grafici utilizzando fogli di calcolo.**

Completa la tabella ed esegui le elaborazioni indicate

I dati raccolti nella tabella si riferiscono alla rilevazione delle temperature massima e minima per un periodo di 10 giorni.

	1° giorno	2° giorno	3° giorno	4° giorno	5° giorno	6° giorno	7° giorno	8° giorno	9° giorno	10° giorno
t_{max} (°C)	24	26	25	26	28	28	29	27	22	23
t_{min} (°C)	15	15	15	15	16	17	19	14	11	12
escursione termica (°C)										
t_{media} (°C)										

a Indica il giorno in cui si è verificata la maggiore escursione termica.

b Indica il giorno in cui si è verificata la minima escursione termica.

c Calcola la temperatura media nei dieci giorni considerati.

d Riporta i dati della tabella su un foglio di calcolo e costruisci il grafico della temperatura media nei 10 giorni considerati (puoi usare programmi come Microsoft Office Excel, OpenOffice Calc, iWork Numbers).

8 L'idrosfera e le acque continentali

1 Le caratteristiche dell'idrosfera

2 Il ciclo idrogeologico

3 Le acque nel sottosuolo

4 I corsi d'acqua

5 Le caratteristiche di un corso d'acqua

6 I laghi

7 I ghiacciai

8 I ghiacciai delle zone temperate sono sistemi dinamici

9 La situazione dei ghiacciai in Italia

COMPETENZE

- Utilizzare e interpretare correttamente tabelle di dati scientifici
- Stabilire nessi tra conoscenze acquisite in matematica e scienze della Terra

1 Le caratteristiche dell'idrosfera

L'**idrosfera** copre oltre i 2/3 della superficie terrestre con un volume totale di quasi 1500 km^3 di acqua ed è forse la caratteristica che più evidentemente differenzia il nostro pianeta dagli altri corpi del Sistema Solare.

Sulla superficie terrestre l'acqua, liquida e solida, è distribuita in diversi tipi di **corpi idrologici**:

- oceani e mari
- corsi d'acqua continentali (fiumi e torrenti)
- laghi
- bacini, falde acquifere e corsi d'acqua sotterranei
- ghiacciai.

La frazione più consistente è rappresentata dalle **acque salate** degli oceani e dei mari, che ricoprono il 71% della superficie terrestre e contengono circa il 97% dell'acqua della Terra. Il rimanente 3% si trova sui continenti: nei fiumi, nei laghi, nei ghiacciai o intrappolata nel sottosuolo ➲ **FIGURA 1**. Queste acque sono dette **acque continentali** e in genere sono **acque dolci**.

Nella ➲ **TABELLA 1** è indicata la distribuzione delle acque dell'idrosfera nei diversi ambienti. Ci sono grandi differenze di comportamento tra le acque continentali e le acque dei bacini marini e oceanici. Le differenze riguardano le *caratteristiche chimico-fisiche*, i *movimenti*, le *interazioni con la litosfera* e il *modellamento della superficie terrestre*.

L'idrosfera ha quattro importantissime **caratteristiche**.

- L'**acqua** che la costituisce **non è mai pura**, ma è mescolata con una grandissima varietà di ioni, molecole e frammenti di varie dimensioni. La quantità di **sali** è particolarmente elevata nelle acque dei mari e degli oceani, che perciò vengono definite *acque salate*. Le acque continentali, invece, vengono chiamate *acque dolci*, anche se contengono minerali e altre sostanze, in percentuali diverse da luogo a luogo. In termini chimici sia le acque salate sia quelle dolci sono *soluzioni acquose*.
- Nel suo complesso l'idrosfera è un **sistema dinamico** perché l'*acqua può cambiare stato fisico* con molta facilità. Per esempio, può trovarsi nell'atmosfera sotto forma di vapore acqueo e ritornare al suolo sotto forma di *precipitazioni* atmosferiche (pioggia, neve...), che possono penetrare nel sottosuolo o raccogliersi in superficie.

FIGURA 1

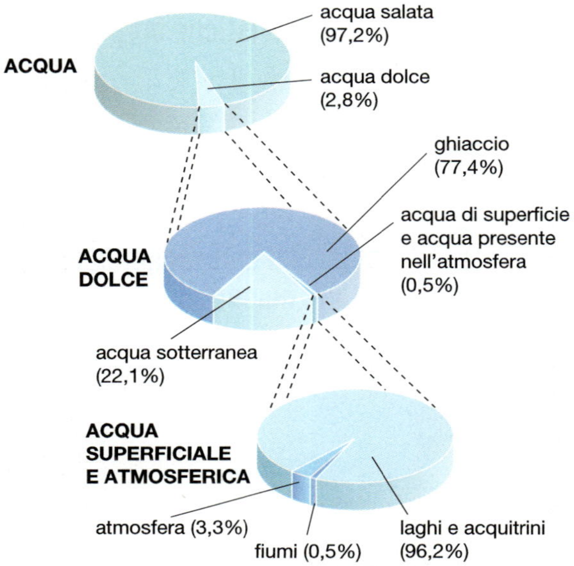

TABELLA 1 Distribuzione delle acque dell'idrosfera

distribuzione	volume (milioni di km^3)
mari e oceani	1370,000
ghiacci (montani e polari)	34,000
acque del sottosuolo	8,400
laghi dolci	0,126
laghi salati	0,104
umidità del suolo	0,066
acqua atmosferica	0,013
fiumi	0,001
totale	**1412,71**

GUIDA ALLO STUDIO

- **Descrivi la distribuzione delle acque sulla superficie terrestre.**
- **Qual è la differenza tra acque dolci e salate?**
- **Elenca le caratteristiche dell'idrosfera importanti per la vita.**

- Le acque dell'idrosfera sono in **continuo movimento** per effetto della forza di gravità (il movimento verso la foce dei fiumi), del vento (le onde), dell'attrazione lunare (le maree), delle variazioni di temperatura e salinità (le correnti).
- L'idrosfera **influenza** il **clima** in quanto **riduce le escursioni termiche** diurne e stagionali. Essa, infatti, può assorbire grandi quantità di calore senza scaldarsi molto, e si raffredda più lentamente di altri materiali, come le rocce e l'aria. Inoltre, i movimenti delle correnti (vedi pag. 181) oceaniche contribuiscono a distribuire il calore da una regione geografica all'altra.

Grazie ai movimenti e ai frequenti cambiamenti di stato, l'idrosfera agisce sulla litosfera e **modella le forme del paesaggio** partecipando alla dinamica esogena ➔ **FIGURA 2**.

L'acqua è, infine, l'ambiente in cui si sono sviluppate le prime forme di vita e tuttora è **essenziale per lo sviluppo e la sopravvivenza di tutti gli organismi**.

FIGURA 2 Rocce modellate dall'azione delle acque di un torrente (*a sinistra*) e dalle onde del mare (*a destra*).

FAQ ?

Perché il ghiaccio galleggia?

L'**acqua** è formata da molecole piccole che contengono **due atomi di idrogeno** uniti a **un atomo di ossigeno**. Come puoi vedere, le molecole di acqua hanno una forma a V con l'atomo di ossigeno sul vertice. Tra l'atomo di idrogeno di una molecola d'acqua e l'ossigeno di una molecola vicina si genera un'attrazione abbastanza forte ➔ **FIGURA 3**, responsabile della coesione tra le molecole di acqua allo stato solido o liquido e di molte proprietà dell'acqua. Da questa attrazione tra le molecole d'acqua dipende, per esempio, il fatto che il ghiaccio sia meno denso dell'acqua liquida: allo stato solido, infatti, le molecole sono rigidamente impacchettate (come in tutti i solidi), ma non possono avvicinarsi l'una all'altra tanto da eliminare tutti gli spazi vuoti. Per questo il ghiaccio galleggia sull'acqua liquida.

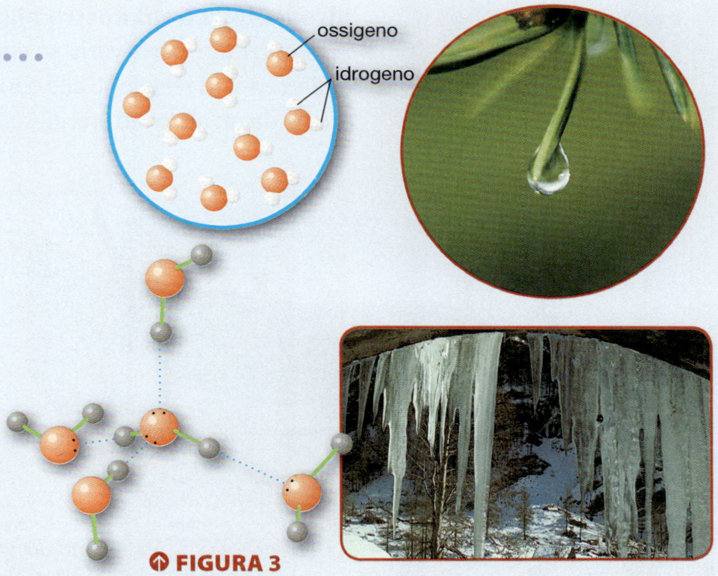

FIGURA 3

I passaggi di stato

Il ciclo idrogeologico

2 Il ciclo idrogeologico

La dinamicità dell'idrosfera, di cui abbiamo più volte parlato, dipende innanzitutto dalla facilità e dalla frequenza con cui si realizzano i **cambiamenti di stato dell'acqua**. L'insieme di questi scambi, così come si realizza in natura, prende il nome di **ciclo dell'acqua** o, più precisamente, **ciclo idrogeologico** e coinvolge oltre all'idrosfera anche l'atmosfera, la litosfera e la biosfera ➲ **FIGURA 4**.

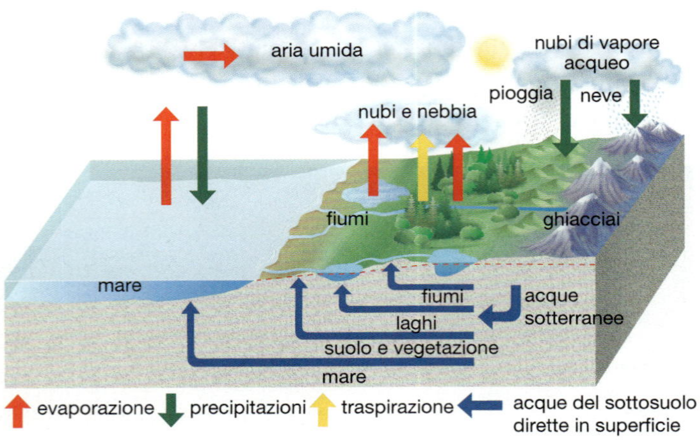

FIGURA 4 Il ciclo idrogeologico.

Il **ciclo idrogeologico** è messo in moto dal **calore del Sole**, che provoca l'**evaporazione** dell'acqua liquida presente sui continenti e negli oceani. La maggior parte del *vapore d'acqua* viene prodotta dagli oceani, in particolare alle basse e medie latitudini, dove l'irraggiamento solare è più intenso; una quantità minore proviene dalle acque dei fiumi, dei laghi e del sottosuolo. L'acqua è liberata nell'atmosfera anche dalle piante, attraverso il processo della **traspirazione**. Una quantità minima di vapor d'acqua, infine, è prodotta per **sublimazione** delle nevi e dei ghiacci. Il vapor d'acqua viene distribuito nell'atmosfera dai movimenti delle masse d'aria.

Il vapor d'acqua ritorna al suolo sotto forma di **precipitazioni**. Le acque di precipitazione, dette anche *acque meteoriche*, possono seguire diversi "percorsi":

- in parte scorrono in superficie nei corsi d'acqua che trasportano le acque verso i bacini marini e gli oceani; questo movimento si chiama *deflusso superficiale*;
- in parte penetrano nel suolo e vengono poi utilizzate dagli esseri viventi o evaporano;
- in parte penetrano in profondità attraverso i pori e le fratture degli strati rocciosi fino a che non trovano uno *strato impermeabile*. Si formano così le *falde acquifere*, riserve sotterranee di acqua dolce.

GUIDA ALLO STUDIO

- Che cos'è il ciclo idrogeologico?
- Che cosa sono evaporazione, traspirazione, precipitazioni e deflusso?
- Che cos'è il bilancio globale del ciclo idrogeologico?

Il bilancio del ciclo idrogeologico

Se consideriamo la situazione globale del nostro pianeta in un arco di tempo di molti anni, complessivamente la quantità di acqua che passa allo stato di vapore è uguale a quella che condensa o sublima, anche se sugli oceani prevale l'evaporazione, mentre sui continenti prevalgono le precipitazioni. Infatti, l'acqua liquida eccedente ritorna agli oceani attraverso il deflusso superficiale e sotterraneo, ristabilendo l'equilibrio. **Il bilancio complessivo del ciclo idrogeologico sul nostro pianeta è nullo** ➲ **FIGURA 5**.

La situazione, però, varia se consideriamo ciò che avviene di anno in anno e nelle varie regioni della Terra, in relazione alle condizioni meteorologiche e al clima. Il **bilancio reale** è influenzato anche da un altro fattore: gli scambi e i passaggi di stato del ciclo idrogeologico richiedono tempi diversi e poco prevedibili. Per esempio, l'acqua che solidifica nelle calotte glaciali può restare isolata per migliaia di anni, prima di tornare allo stato liquido; anche la circolazione profonda è molto lenta e spesso capita che masse d'acqua restino intrappolate all'interno di strati di rocce impermeabili. È molto difficile quindi che l'acqua che alimenta ghiacciai e falde riesca, nel giro di un anno o due, a ritornare nel ciclo. Per questo *ghiacciai* e *falde acquifere* sono **riserve di acqua dolce** molto importanti per gli esseri viventi.

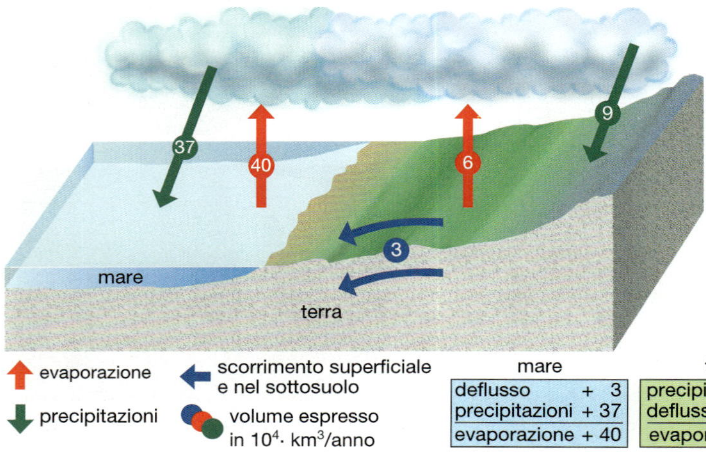

mare	
deflusso	+ 3
precipitazioni	+ 37
evaporazione	+ 40

terra	
precipitazioni	+ 9
deflusso	– 3
evaporazione	+ 6

FIGURA 5 Il bilancio complessivo del ciclo idrogeologico è nullo.

3 Le acque nel sottosuolo

Le falde acquifere

L'**acqua del sottosuolo** proviene quasi esclusivamente dalle acque delle precipitazioni, che possono penetrare solo se il **suolo** o le **rocce** sono **permeabili**, cioè presentano pori o fessure che lasciano libertà di movimento alle molecole di acqua. Quando ciò accade, l'acqua si infiltra in profondità, finché non incontra uno strato di rocce impermeabili. Si forma allora una **falda acquifera**, uno strato sotterraneo di rocce permeabili, entro cui tutte le cavità, le fessure e i pori sono in permanenza completamente saturi d'acqua.

Esistono due tipi di falde acquifere.

- Le **falde freatiche** sono limitate solo inferiormente da uno strato di rocce impermeabili. Il limite superiore dello strato completamente imbevuto d'acqua (*strato acquifero*) è chiamato **superficie freatica** e al di sopra di questa esiste, in genere, uno strato (*strato di aerazione*) in cui oltre all'acqua è presente anche aria ➲ **FIGURA 6**.
- Le **falde imprigionate** sono limitate sia verso l'alto sia verso il basso da uno strato di rocce impermeabili e vengono alimentate solo dalle precipitazioni che cadono dove non sono presenti rocce impermeabili in superficie. L'acqua intrappolata tra i due strati impermeabili si muove come se fosse confinata in un tubo, al cui interno la pressione può raggiungere livelli notevoli. A causa di tale pressione, se lo strato impermeabile superiore viene perforato, l'acqua della falda imprigionata tende a salire verso l'alto e può zampillare spontaneamente ➲ **FIGURA 7**.

FIGURA 6

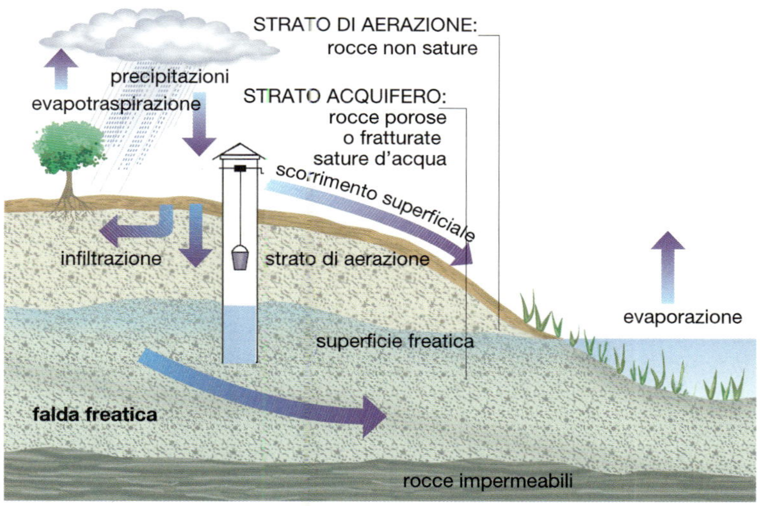

FIGURA 7

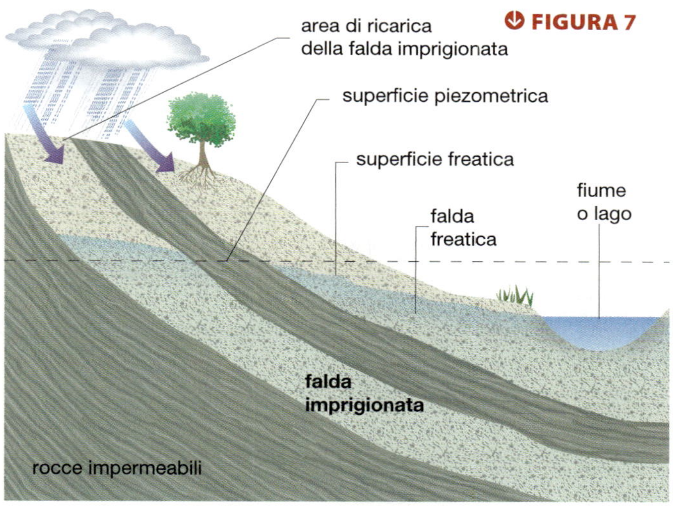

FIGURA 8

I pozzi

Le acque delle falde freatiche e imprigionate vengono utilizzate dall'uomo mediante la costruzione rispettivamente di *pozzi freatici* e *pozzi artesiani* ➲ **FIGURA 8**. I pozzi possono essere profondi fino a poche decine di metri e funzionano con meccanismi diversi a seconda delle caratteristiche della falda.

- Nei **pozzi freatici** l'acqua resta al livello della superficie freatica, poiché è in condizioni di equilibrio con la pressione atmosferica esterna e, portarla a un livello superiore, richiede l'uso di pompe.
- Nel caso di falde imprigionate, invece, l'acqua sotto pressione può zampillare in superficie semplicemente attraverso un "buco" nel terreno. Si ottiene così un **pozzo artesiano**.

Le sorgenti

Le **sorgenti** si formano quando le acque sotterranee tornano spontaneamente in superficie attraverso uno strato roccioso ➲ **FIGURA 9**. Le cause di questo fenomeno sono molteplici: il caso più semplice si ha quando la superficie del terreno interseca una falda acquifera.

Le sorgenti possono avere caratteristiche diverse. Alcune, per esempio, sono **sorgenti minerali**, cioè sono ricche di sali portati in soluzione dall'acqua che circola nel sottosuolo, mentre altre sono **sorgenti termali** dalle quali zampilla acqua con una **temperatura superiore a 20 °C**. L'elevata temperatura di queste acque può dipendere dal fatto che, scendendo in profondità, si sono avvicinate a una massa magmatica non ancora del tutto raffreddata; esse possono anche riscaldarsi semplicemente a causa del calore interno della Terra ➲ **FIGURA 10**.

FIGURA 9

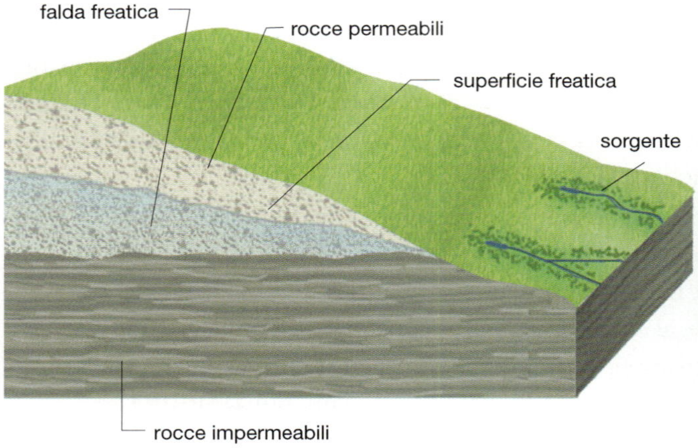

➲ **FIGURA 10** Cascata del Gorello a Saturnia (GR), formata dalle acque di una sorgente termale, che sgorgano con una temperatura di 37,5 °C.

PER SAPERNE DI PIÙ

Le risorgive

La **Pianura Padana** è particolarmente ricca di **sorgenti** di diversa origine. In essa è possibile distinguere due grandi fasce: l'*alta pianura*, che si estende ai piedi del versante alpino, e la *bassa pianura*, a valle della precedente. L'alta pianura è formata dai depositi dei fiumi affluenti del Po, allo sbocco dalle loro valli montane. In questi materiali si infiltrano sia le acque meteoriche sia quelle dei fiumi, che alimentano una falda acquifera di notevole spessore. Nella zona di transizione tra l'alta e la bassa pianura i sedimenti diventano più fini, sono meno permeabili e costituiscono una barriera ai movimenti dell'acqua all'interno della falda stessa. L'acqua emerge in superficie quando incontra gli strati argillosi impermeabili della bassa pianura, formando la cosiddetta **linea delle risorgive**, dove alimenta numerosi **fontanili** o **polle** ➲ **FIGURA 11**.

La portata delle risorgive non è costante e dipende dal regime delle precipitazioni e dall'utilizzo dell'acqua per l'irrigazione. Nella Pianura Padana i prati in autunno e in inverno vengono allagati con l'acqua delle risorgive, che ha temperatura di 9-12 °C. Ciò impedisce il congelamento del terreno e consente la produzione di 8-10 raccolti di foraggio all'anno. Questi prati sono noti con il termine di **marcite** ➲ **FIGURA 12**.

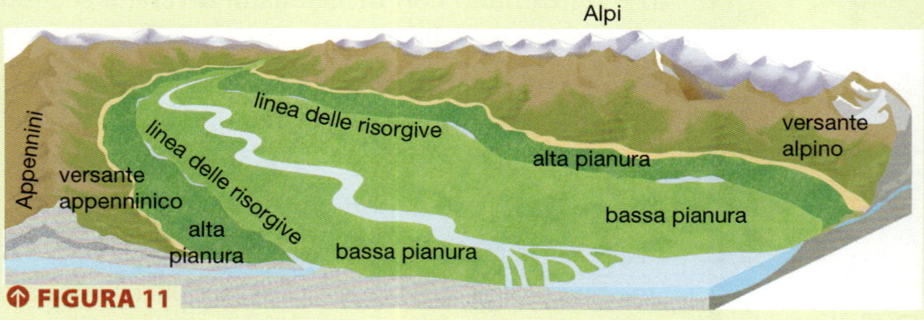

FIGURA 11

FIGURA 12

FIGURA 13 Il prelievo di acqua da una falda determina un abbassamento del livello della falda.

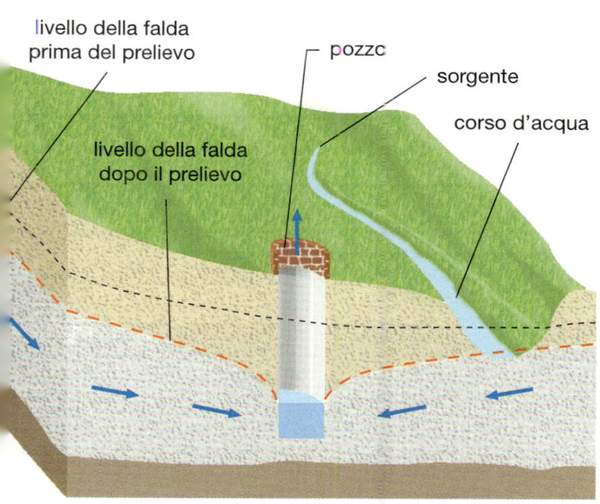

Le falde: una riserva da preservare

L'acqua delle falde è la *più importante riserva potenziale di acqua dolce*. Quando le falde acquifere sono sottoposte a **prelievi eccessivi**, che superano la ricarica naturale, si assiste a un progressivo **impoverimento della riserva d'acqua**.

I materiali incoerenti che costituiscono il supporto della falda tendono a costiparsi e a compattarsi, i pori tra le particelle diminuiscono di volume, la superficie della falda si abbassa intorno alla bocca del pozzo, formando un cono di depressione, e il terreno sovrastante si abbassa. Se poi un gran numero di pozzi attingono alla stessa falda freatica, e il pompaggio dell'acqua è notevole, i pozzi si danneggiano a vicenda: i rispettivi coni di depressione interferiscono e provocano l'**abbassamento** permanente **della superficie della falda** ➲ **FIGURA 13**.

Ciò accade in zone in cui l'acqua sotterranea viene usata per scopi industriali e per l'irrigazione, senza che siano stati effettuati preventivamente accurati studi idrogeologici, per valutare l'effettiva potenzialità della falda e i limiti del suo sfruttamento. Questa situazione è piuttosto diffusa nel nostro Paese e determina notevoli problemi di stabilità del territorio.

Un'altra grave minaccia per le falde acquifere è l'**inquinamento**, tanto che la loro difesa è diventata una drammatica necessità.

Molte falde superficiali non sono più potabili e presto saranno inquinate anche le falde profonde, in quanto esistono punti in cui la falda freatica, che riceve dall'alto le acque di percolazione, alimenta gli strati profondi. Per questo motivo è necessario considerare le acque sotterranee come un unico sistema: se la falda superficiale è inquinata, anche gli strati profondi sono in pericolo. Purtroppo, gli effetti della contaminazione si manifestano spesso quando è troppo tardi per intervenire e la situazione è esasperata dal lentissimo ricambio delle falde.

Fra le principali **fonti d'inquinamento** delle falde acquifere ricordiamo ➲ **FIGURA 14**:

- **scarichi urbani** e **industriali** non convogliati in reti fognarie e trasferiti ai depuratori;
- **scorie radioattive** o altre **sostanze** particolarmente **tossiche** non correttamente smaltite;
- **discariche non controllate**, in cui i rifiuti vengono accumulati o bruciati e poi ricoperti di terra; quando piove, l'acqua dilava l'ammasso di rifiuti e, infiltrandosi nel suolo, porta nelle falde sostanze inquinanti;
- acque derivate dall'**agricoltura**, che infiltrandosi nel terreno diventano veicolo di erbicidi, pesticidi, fertilizzanti.

GUIDA ALLO STUDIO

- Che cosa sono le rocce permeabili?
- Che cosa sono le falde acquifere?
- Che cosa sono le sorgenti?

FIGURA 14 Le principali fonti di inquinamento delle falde acquifere.

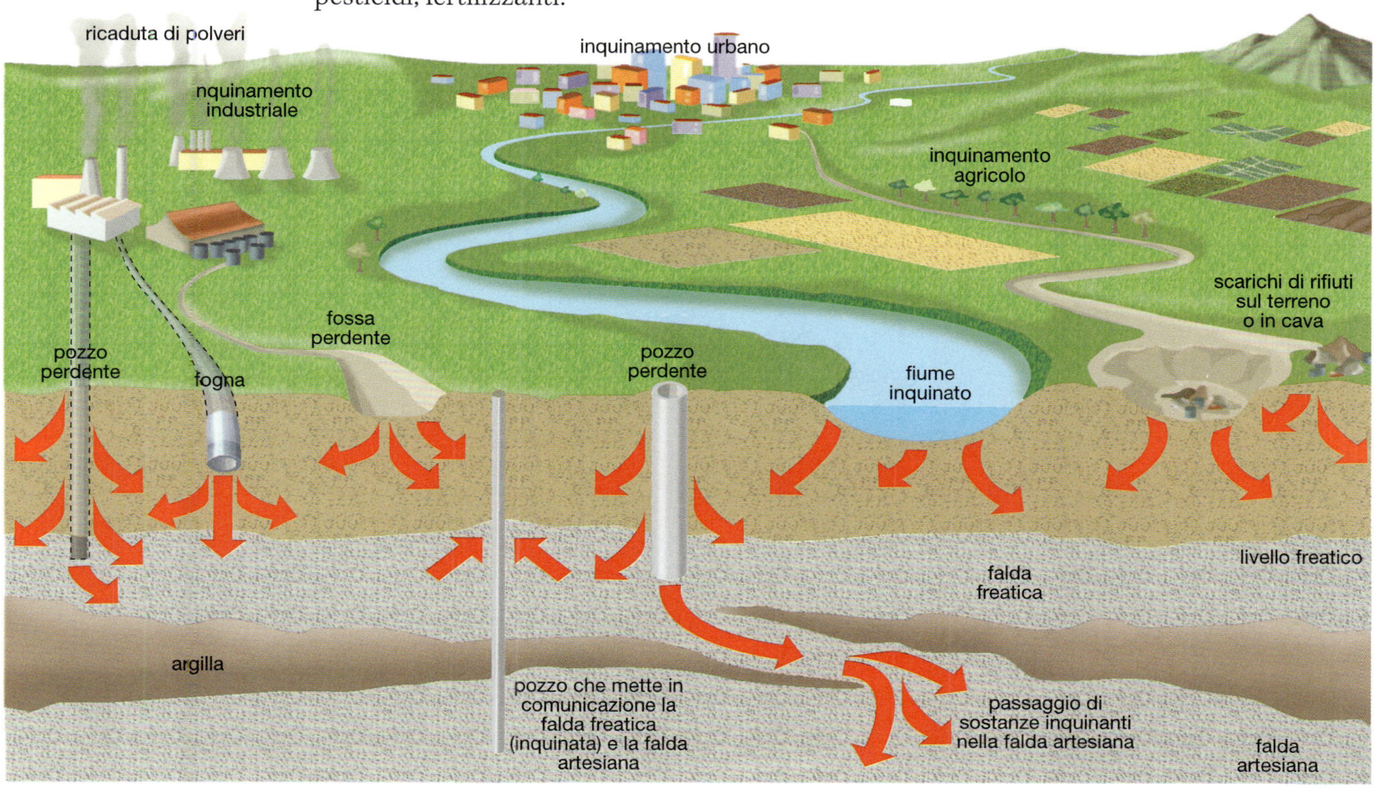

I paesaggi dei fiumi italiani

4 I corsi d'acqua

GUIDA ALLO STUDIO

- Che cos'è il ruscellamento?
- Che cos'è il bacino idrografico?
- Che cos'è la linea spartiacque?

L'acqua che zampilla da una **sorgente**, quella di scolo di un ghiacciaio o l'acqua piovana che scorre su un pendio, tendono a scegliere la via di massima pendenza, cioè la più breve, per giungere a valle. Si forma così una serie di piccoli **rigagnoli**, che incidono i versanti e che, unendosi, acquistano una maggiore forza erosiva, influenzata anche dall'inclinazione del pendio, dalla resistenza dei materiali e dal grado di fratturazione delle rocce. Questo fenomeno è detto **ruscellamento**.
Con il passare del tempo, l'acqua incide un solco, l'**alveo** o **letto**, che diventa il suo percorso definitivo fino alla **foce**, che può essere la confluenza con un altro corso d'acqua, un mare, un lago ecc. A queste acque che scorrono sotto la spinta della gravità, incanalate in un alveo, si dà il nome di **corsi d'acqua**. Essi presentano caratteristiche molto differenti a seconda delle regioni in cui scorrono.

FIGURA 16 Principali bacini idrografici e linee spartiacque italiani.

Bacino e reticolo idrografico

Il **bacino idrografico** di un corso d'acqua è il *territorio le cui acque prima o poi confluiscono nello stesso alveo*; esso è delimitato da una linea immaginaria, detta **spartiacque** (*displuvio*), che lo separa dai bacini contigui **FIGURA 15**. La linea dello spartiacque principale coincide normalmente con la linea delle vette, che separa due versanti della stessa montagna, ma non necessariamente passa per le vette più elevate di una catena. Inoltre, la linea di displuvio e le dimensioni del bacino idrografico possono modificarsi con il passare del tempo.
Per definire correttamente le dimensioni di un bacino occorre in realtà considerare anche le acque sotterranee; può accadere, infatti, che l'acqua piovana o quella di un fiume penetri nel sottosuolo, andando ad alimentare bacini idrografici diversi. In questi casi si parla di *bacino idrogeologico*.
Nei bacini dei grandi fiumi, si riconoscono un **corso principale** e una rete di **affluenti**, che nel loro insieme formano un **reticolo idrografico** **FIGURA 16**.

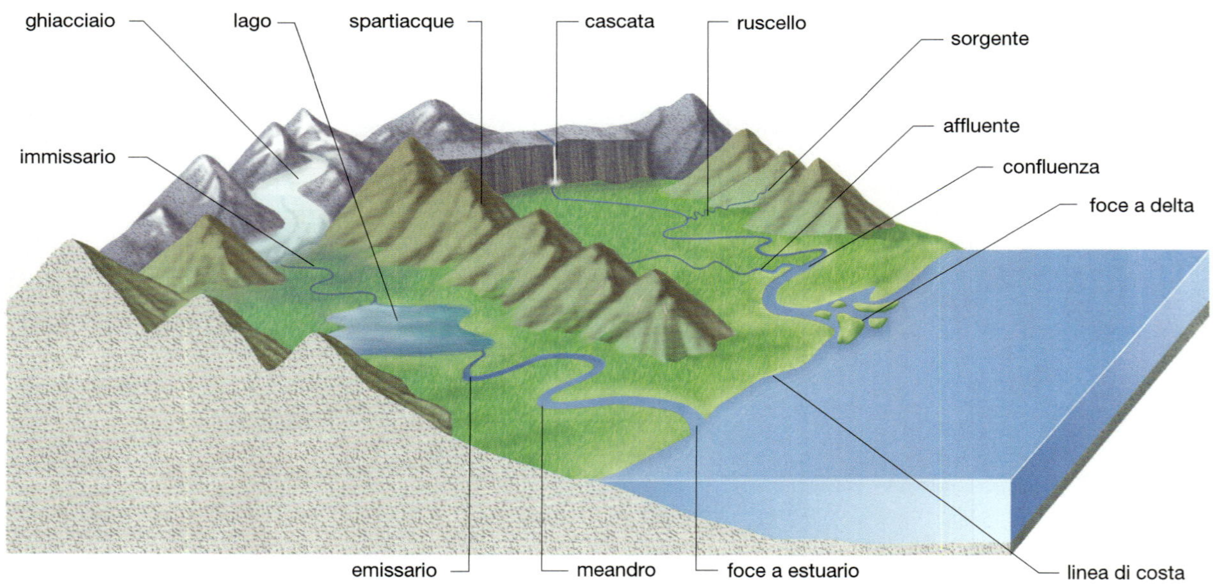

FIGURA 15 Bacino idrografico.

5 Le caratteristiche di un corso d'acqua

FIGURA 18

Per descrivere un corso d'acqua e il suo comportamento è utile definire alcuni parametri. Oltre alla **lunghezza** e alla **pendenza** ➔ **FIGURA 17**, sono molto importanti *portata*, *velocità* e *regime*.

1. La **portata** di un corso d'acqua è il *volume d'acqua che attraversa una sezione trasversale del corso nell'unità di tempo*. Si misura in metri cubi al secondo ($\mathbf{m^3/s}$) e varia sia nei vari tratti del corso d'acqua sia nelle diverse stagioni dell'anno. Numerosi fattori influenzano la portata di un fiume: il *clima*, il *tipo di terreno* su cui scorre, il *regime delle precipitazioni*, la *pendenza del bacino* ecc. In genere, essa aumenta verso valle, grazie all'apporto degli affluenti. Riferendosi a un medesimo punto di rilevamento, la portata varia giornalmente. Nel corso dell'anno si possono identificare una *portata massima* o *di piena*, una *portata minima*, corrispondente ai periodi di *magra* del corso d'acqua, e una *portata media*. Il fiume con la più grande portata media del mondo è il Rio delle Amazzoni, che trasporta circa 100 000 m^3/s.

2. La **velocità** di un corso d'acqua dipende dagli stessi fattori che condizionano la portata. In particolare essa varia in relazione alla *pendenza* dell'alveo: una pendenza maggiore implica sempre, a parità di altri fattori, una velocità maggiore. In genere nel **tratto superiore** il corso d'acqua scorre in modo impetuoso e l'acqua si muove in modo disordinato, perché l'alveo e stretto e accidentato. Per questo il *flusso* è *turbolento* e la velocità è minore di quanto ci si aspetterebbe. Nel **tratto medio** e nel **tratto inferiore**, l'alveo diventa più ampio, il fondo è costituito da sedimenti più fini, il *flusso* dell'acqua incontra minor resistenza ed è *laminare*, perciò la velocità aumenta e insieme a essa crescono portata e profondità dell'alveo ➔ **FIGURA 18**. La velocità varia anche in una stessa sezione trasversale: lungo gli argini e sul fondo l'attrito dell'alveo rallenta le acque, perciò la velocità è massima nella zona centrale e in superficie.

3. Il **regime** di un corso d'acqua indica il complesso delle *variazioni di portata nel tempo* (giorno, mese, anno). Non esistono, infatti, corsi d'acqua che hanno portata costante nell'arco dell'anno: tutti alternano *periodi di magra* (che seguono la stagione più secca) e *periodi di piena* (che seguono la stagione più piovosa o in cui si verifica il disgelo).

➔ **FIGURA 17**

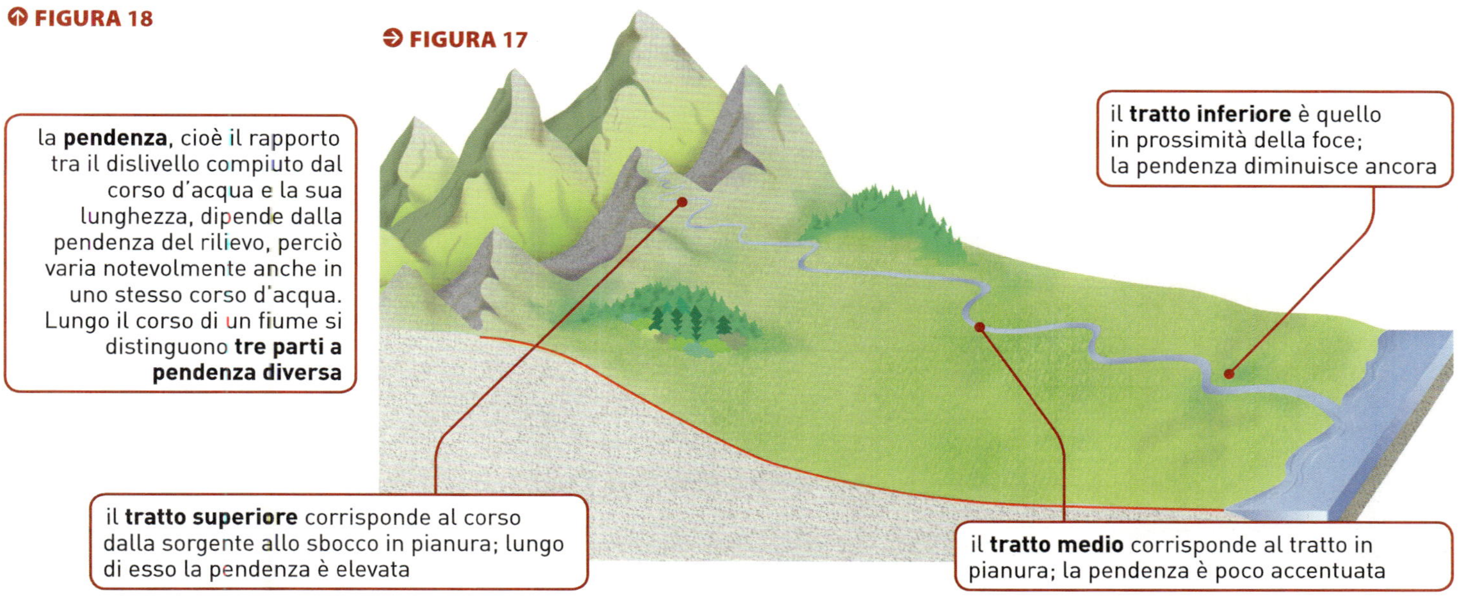

A seconda del tipo di regime, si distinguono vari tipi di corsi d'acqua ➔ **FIGURA 19**. Quando la portata non è costante, perché il corso d'acqua non è alimentato da una sorgente perenne, ma dipende dalle precipitazioni o dalla fusione delle nevi, tanto che si alternano periodi in cui l'alveo è quasi secco a periodi di piena, si parla di **regime torrentizio**. I **torrenti** sono tipici delle regioni montuose, hanno un corso breve e ripido, con alveo roccioso e ciottoloso. Nei periodi di massima portata, il torrente ha una grande forza erosiva e trasporta a valle notevoli quantità di materiale di grosse dimensioni (ciottoli, massi, tronchi ecc.), che viene poi depositato lungo il greto nei periodi di magra, quando la portata diminuisce.

Se, invece, un corso d'acqua ha una *portata abbastanza regolare*, senza grandi differenze tra i periodi di magra e i periodi di piena, si parla di **regime fluviale**. Il **fiume**, in genere, ha sorgenti perenni ed è alimentato da vari affluenti che garantiscono una portata regolare.

Nell'ambito poi dei regimi fluviali è possibile distinguere ulteriormente:

- fiumi a regime costante (nelle regioni equatoriali);
- fiumi con periodiche variazioni di portata, legate alla periodicità delle precipitazioni.

Tra questi ultimi ricordiamo:

- fiumi con *piene primaverili*, corrispondenti al periodo di fusione delle nevi (*fiumi alpini*);
- fiumi con *piene invernali*, causate dalle piogge invernali, e periodi di magra estivi (*fiumi mediterranei*).

FIGURA 19

TABELLA 2 **Caratteristiche dei principali fiumi italiani**

fiume	regioni attraversate	superficie bacino (km²)	lunghezza (km)	portata (m³/s)
Po	Piemonte, Lombardia, Emilia-Romagna, Veneto	74 970	652	1540
Adige	Trentino-Alto Adige, Veneto	12 000	410	235
Tevere	Emilia-Romagna, Toscana, Umbria, Lazio	17 169	405	239
Adda	Lombardia	7979	313	187
Oglio	Lombardia	6649	280	137
Tànaro	Piemonte	8324	276	131
Ticino	Svizzera, Piemonte, Lombardia	7228	248	350
Arno	Toscana	8247	241	110
Piave	Veneto	4100	220	125
Reno	Toscana, Emilia-Romagna	4626	211	95

GUIDA ALLO STUDIO

- **Che cosa sono tratto superiore, tratto medio e tratto inferiore di un fiume?**
- **Che cos'è la portata di un fiume?**
- **Che cos'è il regime di un corso d'acqua?**

I paesaggi dei laghi italiani

6 I laghi

FIGURA 20

FIGURA 21

FIGURA 22

Le acque piovane, di un corso d'acqua o sotterranee possono sostare per un periodo più o meno lungo in una **depressione naturale**, formando un **lago**.

Ogni lago è alimentato dalle acque del bacino idrografico circostante attraverso uno o più **immissari** e l'acqua defluisce verso il mare attraverso un **emissario**. Non sempre però questi elementi sono presenti, talvolta il lago è alimentato dalle acque piovane o da una falda freatica. Anche l'emissario può mancare: in tal caso la fuoriuscita dell'acqua dal bacino avviene per evaporazione o attraverso un flusso sotterraneo. Quando le acque di un lago non fluiscono verso il mare attraverso emissari superficiali o sotterranei, si possono formare *laghi salati*.

I laghi *non sono elementi permanenti del paesaggio* e in tempi più o meno brevi, rispetto alla scala dei tempi geologici, scompaiono. Infatti, le depressioni che occupano vengono lentamente colmate, fino al completo interramento, dai sedimenti trasportati dall'immissario, che causano la trasformazione del lago in uno *stagno* e poi in una *palude*.

La classificazione dei laghi

La classificazione dei laghi viene fatta in base alla loro **origine**.

- I **laghi glaciali** occupano le depressioni scavate dall'azione di antichi ghiacciai. Quelli situati nelle zone di alta montagna hanno in genere piccole dimensioni e forma circolare, poiché occupano antichi circhi glaciali (**laghi di circo**). Quelli che si trovano a quote meno elevate colmano le depressioni formate dall'azione erosiva del ghiacciaio nella sua parte terminale (**laghi prealpini**, come Garda, Maggiore, Iseo, Como) ➲ **FIGURA 20**. Altri ancora si formano allo sbocco delle valli alpine entro i depositi morenici (**laghi morenici**, come i laghi di Avigliana in Piemonte allo sbocco della valle di Susa) ➲ **FIGURA 21**.
- I **laghi alluvionali** si formano quando la quantità di materiali trasportati da un fiume è tale da impedire il deflusso delle acque. Sono laghi in genere vasti e poco profondi; ne è un esempio il lago Trasimeno in Umbria ➲ **FIGURA 22**.
- I **laghi di sbarramento** si formano quando grandi quantità di detriti impediscono il deflusso delle acque. I detriti possono derivare da una frana, come nel caso del lago di Alleghe, vicino a Cortina d'Ampezzo, formatosi dopo una frana del Monte Piz nel 1771, da accumuli glaciali o lave solidificate. Sono laghi di sbarramento anche i *laghi artificiali*, realizzati per ottenere bacini di acqua utilizzabile per l'irrigazione, per usi domestici o per la produzione di energia elettrica.

FIGURA 23

- I **laghi tettonici** occupano depressioni prodotte da movimenti tettonici, cioè della litosfera terrestre. Solitamente sono associati a sistemi di fosse e faglie, come i grandi laghi africani (Vittoria, Tanganica, Turkana ecc.). In questo caso hanno forma stretta e allungata. Altri laghi di origine tettonica occupano invece depressioni lasciate dal mare (come il lago d'Aral) e spesso sono salati. I laghi più grandi e profondi del mondo sono laghi tettonici.
- I **laghi vulcanici** occupano crateri o caldere di vulcani estinti nei quali si accumula l'acqua piovana. Sono privi di immissario ed emissario e hanno forma circolare. Ne sono esempi i laghi di Bolsena, Bracciano, Vico, Nemi e Albano.
- I **laghi carsici** sono tipici delle regioni carsiche, dove le acque di precipitazione scavano cavità e depressioni nelle rocce calcaree. Quando tali depressioni hanno un fondo argilloso, l'acqua piovana viene trattenuta e si forma un lago, come il lago del Matese in Campania.
- I **laghi costieri** si formano lungo i litorali sabbiosi quando il mare accumula i detriti sbarrando l'imbocco di un'insenatura, come i laghi di Lesina e Varano in Puglia **FIGURA 23**, o gli stagni sardi. I laghi costieri hanno acque salate.

Le caratteristiche dei laghi

I laghi differiscono notevolmente non solo per la loro origine, ma anche per caratteristiche chimico-fisiche e morfologiche, che condizionano le comunità di organismi che li popolano.
La **salinità** dei laghi è molto varia e può modificarsi nel tempo. È elevata nei bacini in cui non ci sono emissari e le perdite dipendono solo dall'evaporazione o in quelli che contengono acqua marina. Nei laghi con emissario, invece, la salinità di solito è bassa; i valori minimi si osservano di norma nei bacini alimentati da ghiacci e neve. La **temperatura** delle acque di un lago dipende da numerosi fattori, come l'altitudine, il clima, la profondità del bacino. Esiste una grande varietà di situazioni, poiché ciascun bacino è isolato e di dimensioni variabili. L'acqua di un lago in ogni caso tende a disporsi in strati che differiscono per la temperatura (**stratificazione termica**).

I movimenti delle acque lacustri

Le acque dei laghi sono soggette a **movimenti verticali** e **orizzontali**, dovuti all'*azione del vento* o a *variazioni di densità* e *temperatura.*
Correnti e **onde** **FIGURA 24** superficiali su scala ridotta si osservano nei laghi più estesi e danno origine a movimenti circolari, analoghi alle correnti marine.
Le **sesse** sono invece *oscillazioni libere* che interessano la superficie dei laghi di maggiori dimensioni. Esse provocano l'innalzamento del livello dell'acqua su un lato del lago e il contemporaneo abbassamento sulla riva opposta.

FIGURA 24

onde sulla superficie del lago di Caldonazzo (TN)

GUIDA ALLO STUDIO

- Che cos'è un lago?
- Che cosa sono immissario ed emissario?
- Perché i laghi sono elementi temporanei del paesaggio?

7 I ghiacciai

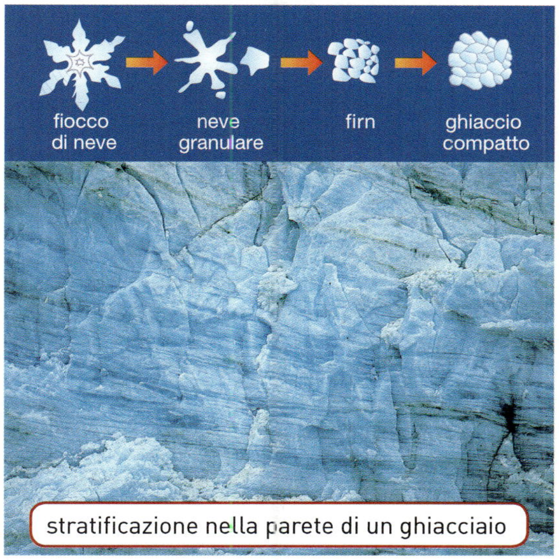

FIGURA 25 Processo di trasformazione della neve in ghiaccio compatto.

Come si forma un ghiacciaio

Gli accumuli di neve che non fondono completamente durante l'estate danno origine ai **ghiacciai**, attraverso un processo lento e graduale. La **neve** caduta è inizialmente **farinosa** e include volumi notevoli di aria ma, restando al suolo per lungo tempo, si compatta, i cristalli perdono la forma caratteristica e diventano più piccoli. Si forma così la **neve granulare**, che con il passare del tempo diventa più densa e compatta. Nel giro di un anno, sotto il carico degli strati sovrastanti, la neve granulare si trasforma in **firn**: diventa stabile, densa e rigida, l'aria contenuta negli interstizi viene espulsa e i pori si riducono. Con il passare degli anni, la neve degli strati più profondi è sottoposta a una sempre maggiore pressione di carico; per tale motivo i cristalli di neve fondono parzialmente, ricristallizzano e l'acqua di fusione che circola li cementa ➔ **FIGURA 25**.

Si forma così il **ghiaccio compatto**, a contenuto d'aria ridotto, che si comporta come un blocco roccioso e nel quale si distinguono diversi strati, corrispondenti ad anni differenti e a condizioni di deposizione leggermente diverse. L'intero processo richiede tempi superiori a dieci anni, specialmente nelle regioni polari, dove, a causa della bassa temperatura, non si forma acqua di fusione.

Com'è fatto un ghiacciaio

Un **ghiacciaio** è una grande massa di ghiaccio di origine continentale che, per azione della gravità, lentamente **si muove**. Nelle regioni montuose il ghiacciaio scivola lungo i versanti, mentre nelle calotte i ghiacci si muovono verso l'esterno sotto la spinta del loro stesso peso.

In un ghiacciaio si distinguono tre **elementi strutturali** fondamentali ➔ **FIGURA 26**.

limite delle nevi persistenti
quota oltre la quale la neve non si scioglie per tutto l'anno.

1. Il **bacino di alimentazione**, o **bacino collettore**, è la parte più elevata, che si trova sopra il **limite delle nevi persistenti**, in cui si accumula la neve, che in seguito si trasformerà in ghiaccio. Nelle calotte è la zona centrale, da cui i ghiacci defluiscono radialmente verso l'esterno, mentre nei ghiacciai alpini ha la forma di un *anfiteatro* rivolto verso valle.

2. Il **bacino ablatore**, o **lingua glaciale**, collocato sotto il limite delle nevi persistenti, è la zona in cui la fusione del ghiaccio (*ablazione*) prevale sull'accumulo. È la porzione del ghiacciaio che si muove verso il basso, esercitando un'azione erosiva e trascinando con sé detriti di roccia. Può mancare nelle fasi iniziali di formazione del ghiacciaio e regredisce nelle fasi di vecchiaia.

3. La **fronte** è la parte terminale del ghiacciaio, dove l'ablazione non è più compensata dall'alimentazione. Spesso presenta la cosiddetta "porta" del ghiacciaio, dalla quale esce il *torrente glaciale* che trasporta, insieme alle acque di fusione, il *limo*, costituito dai materiali rocciosi più fini erosi dal ghiacciaio. La quota cui si trova la fronte del ghiacciaio può oscillare periodicamente. Nei ghiacciai delle zone temperate, la fronte arretra nel periodo estivo e avanza nel periodo invernale.

GUIDA ALLO STUDIO

- Come si formano i ghiacciai?
- Che cos'è il limite delle nevi persistenti?
- Che cos'è il firn?

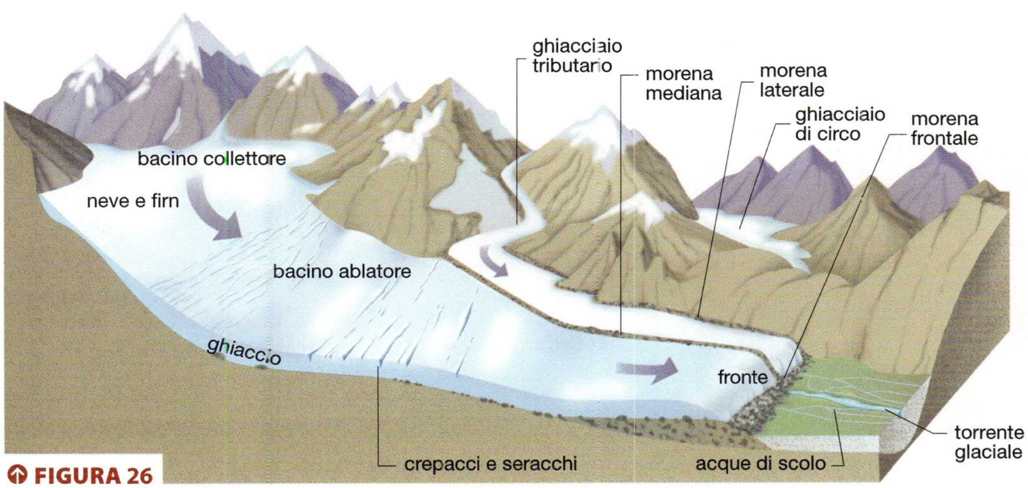

FIGURA 26

PER SAPERNE DI PIÙ

La distribuzione attuale dei ghiacciai

Attualmente esistono più di 100 000 ghiacciai, di dimensioni molto varie, che ricoprono circa il 10% delle terre emerse, con un volume complessivo valutato intorno ai 30 milioni di km^3. Il limite delle nevi persistenti è il fattore che condiziona la formazione dei ghiacciai. Esso varia sulla Terra in funzione della **latitudine** e dell'**esposizione al Sole**. Nelle regioni equatoriali si aggira intorno ai 4500 m, sulle Alpi intorno ai 3000 m, ai circoli polari è situato a 1000 m circa e scende a livello del mare in prossimità dei poli. Anche l'esposizione al Sole e i fattori climatici locali sono importanti: in genere sulle catene montuose disposte in direzione est-ovest, come le Alpi, il limite è più elevato sul versante sud, mentre scende sul versante rivolto a nord.
Nelle regioni temperate i ghiacciai sono tipici delle zone di montagna, sono diffusi a tutte le latitudini e possono presentare forme diverse, perché in ciascuna località il manto nevoso e il ghiaccio che ne deriva si adattano alla conformazione del territorio ➔ **FIGURA 27**.
Nelle regioni polari, Antartide, Groenlandia e Islanda, i ghiacciai continentali, denominati **inlandsis**, sono formati da estese **calotte**, di forma lenticolare, quasi completamente immobili. Questo tipo di ghiacciaio si sviluppa sotto forma di piattaforme ampie centinaia di kilometri, spesse centinaia di metri che terminano con alte pareti a strapiombo sul mare dove i movimenti di marea e le onde provocano il distacco di enormi blocchi, detti **iceberg**. Per esempio, la calotta antartica copre una superficie di quasi 14 milioni di km^2, ha uno spessore medio di 1830 m e rappresenta il 90% dell'acqua dolce attualmente presente sulla superficie terrestre.
Nelle regioni polari, il ghiaccio può derivare direttamente anche dal congelamento delle acque salate del mare. Si forma così la **banchisa**, costituita da lastre di ghiaccio spesse poche decine di centimetri, che nella stagione fredda vengono sospinte dalle onde e si ammassano originando banchi spessi qualche metro. Durante l'estate, nella banchisa si aprono crepe e fessure che la frantumano in lastre mobili (**pack**) che vanno alla deriva.
In *Antartide* la banchisa si forma intorno alle coste e il suo limite varia notevolmente durante l'anno.
Nell'*Artico*, invece, la banchisa è più stabile e localizzata nella regione centrale intorno al polo nord. Poiché, diversamente dal polo sud, il polo nord si trova in mare ed è circondato da zone continentali, il limite della banchisa non si modifica di molto durante l'anno.

i **ghiacciai di tipo alpino** derivano da accumuli di neve ad alta quota, che occupano depressioni (circhi) a forma di anfiteatro. Dal circo il ghiacciaio si estende verso valle, formando lingue allungate che alimentano torrenti o piccoli laghi

i **ghiacciai di tipo pirenaico** sono molto diffusi nelle nostre Alpi: rispetto agli alpini manca la lingua e il ghiaccio occupa semplicemente una depressione

nei **ghiacciai di tipo himalayano** diverse lingue confluiscono insieme in una sola valle

nei **ghiacciai di tipo alaskiano** il ghiaccio si allarga ai piedi della valle in forma di ventaglio

FIGURA 27

8 I ghiacciai delle zone temperate sono sistemi dinamici

FIGURA 28

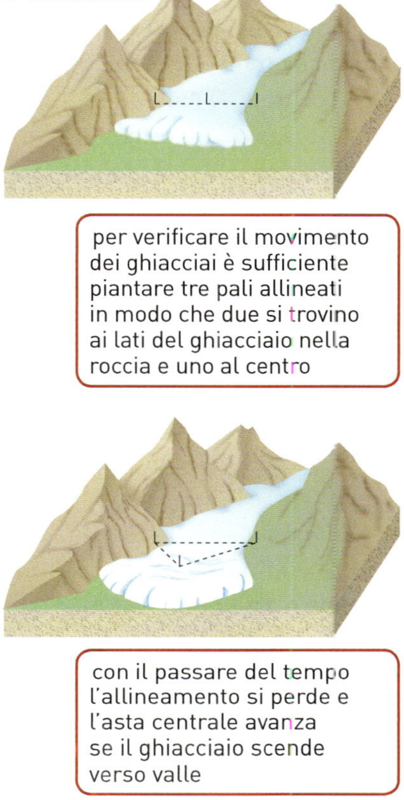

L' esistenza e le dimensioni di un ghiacciaio dipendono essenzialmente dalla *quantità di precipitazioni nevose* e dai *bassi valori di temperatura*. Le prime consentono il progressivo accumulo del ghiaccio, la seconda ne ostacola la fusione.
I ghiacciai, quindi, sono presenti solo nelle regioni fredde e con un tenore di umidità moderatamente elevato. Nelle regioni con precipitazioni scarse i ghiacciai sono assenti, o si formano solo se le condizioni termiche impediscono alla poca neve caduta di fondere o sublimare. Spesso i ghiacciai sono presenti sul versante di una catena montuosa battuto da venti freddi e umidi che danno luogo a precipitazioni, mentre sul versante opposto, anche se la temperatura lo consentirebbe, l'aridità impedisce la formazione di veri e propri ghiacciai.
Il **bilancio annuale** di un ghiacciaio è determinato dalla differenza tra **alimentazione** (cioè la quantità di neve accumulata) e **ablazione** (cioè la quantità di ghiaccio che si perde attraverso la fusione o la sublimazione).
Nelle zone polari, dove le precipitazioni non sono abbondanti e il clima è secco, l'acqua del ghiacciaio può sublimare direttamente, mentre, a causa delle basse temperature, la fusione è un evento di minima importanza. Nelle regioni temperate, dove l'acqua del ghiacciaio fonde prima di evaporare, l'intensità dell'ablazione dipende essenzialmente dalle temperature medie del periodo estivo.
In generale, se la quantità di neve caduta è maggiore di quella che fonde, il **bilancio** è **positivo** e il **ghiacciaio avanza**; in caso contrario si ritira. Il bilancio di un ghiacciaio non è sempre costante: l'entità delle precipitazioni varia di anno in anno e il clima può modificarsi. Per questo un ghiacciaio può attraversare *fasi di espansione* e *fasi di ritiro*.

Il ghiacciaio si muove

Un ghiacciaio si comporta come un *fluido molto viscoso*, che scivola lentamente verso il basso, sospinto dalla forza di gravità: le varie zone che lo costituiscono scorrono con velocità diverse.
Il movimento del ghiacciaio è determinato principalmente dallo scivolamento a valle di ciascun cristallo di ghiaccio, sotto la spinta del peso. L'entità di ogni singolo movimento è molto piccola, ma la somma di tutti gli spostamenti produce in tempi lunghi un effetto visibile **FIGURA 28**. Nei ghiacciai delle zone temperate il movimento è facilitato anche dalla fusione e dalla ricristallizzazione di una parte del ghiaccio, dovute a variazioni di pressione e temperatura. In particolare, sul fondo la pressione delle masse sovrastanti e l'attrito con il substrato roccioso portano spesso a fasi alterne di gelo e disgelo. Il sottile velo d'acqua, che si forma, facilita lo scorrimento del ghiacciaio verso valle **FIGURA 29**.

GUIDA ALLO STUDIO

- Che cos'è il bilancio annuale di un ghiacciaio?
- Come si muove un ghiacciaio?
- Che differenze ci sono tra ghiacciai polari e continentali?

FIGURA 29

I ghiacciai italiani

9 La situazione dei ghiacciai in Italia

FIGURA 30

FIGURA 31

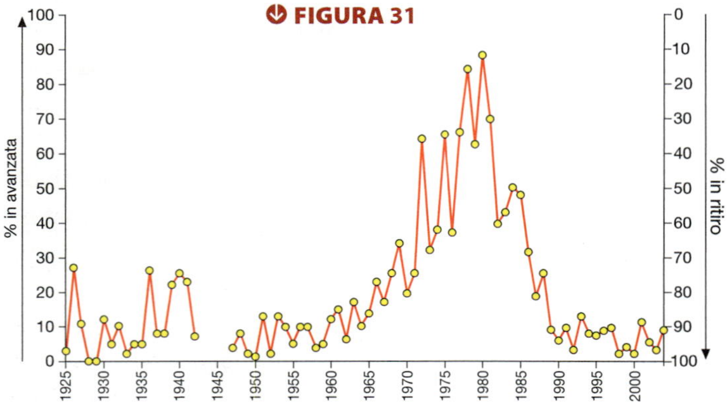

All'inizio degli anni Sessanta del secolo scorso è stato realizzato un censimento dei ghiacciai secondo il quale nel nostro Paese ci sono ben 838 ghiacciai, distribuiti prevalentemente nei massicci più elevati delle Alpi occidentali e centrali ➔ **FIGURA 30**. Sugli Appennini è presente un solo minuscolo ghiacciaio in via di estinzione: il *Calderone*, sul Gran Sasso, che è il ghiacciaio più meridionale d'Europa.

I ghiacciai alpini più estesi sono il *ghiacciaio dei Forni* nel gruppo Ortles Cevedale, costituito da tre estesi bacini di accumulo con una sola lingua, e quello dell'*Adamello*, che forma su un altopiano una piccola calotta, che alimenta lingue che si estendono verso valle. Molto noti e studiati fin dalla fine dell'Ottocento sono i ghiacciai del gruppo del Rosa e la *Mer de Glace* sul Monte Bianco. I ghiacciai italiani sono continuamente monitorati per studiarne i movimenti e le variazioni di volume. Questi studi hanno permesso di evidenziare le fasi di avanzamento e di ritiro dei ghiacci nell'ultimo secolo.

Osservando il grafico di figura ➔ **FIGURA 31**, si può notare che c'è stato un arretramento imponente della fronte dei ghiacciai che in un secolo hanno perso il 40% della loro superficie. Solo all'inizio degli anni Ottanta del secolo scorso c'è stata una breve fase di avanzamento, seguita poi da un nuovo arretramento. La percentuale dei ghiacciai in avanzamento è diminuita dal 66% nel 1980 al 4% nel 2000, mentre quella dei ghiacciai in fase di ritiro è salita dal 12% all'89%. La diminuzione del numero di ghiacciai in avanzamento ha interessato prima il settore orientale delle Alpi e successivamente quelli centrale e occidentale. Anche l'entità della regressione non è uniforme sull'arco alpino: la variazione media è di 4,8 m/anno, con i massimi registrati nelle Alpi centrali e i minimi in quelle occidentali. Per comprendere la portata del fenomeno basta pensare che il limite delle nevi persistenti è salito di quasi 100 m di quota ➔ **FIGURA 32**. Oggi si ritiene che il ritiro dei ghiacciai sia da imputare soprattutto al riscaldamento globale e ai mutamenti climatici prodotti dall'inquinamento.

GUIDA ALLO STUDIO

- **Quanti sono e come sono distribuiti i ghiacciai italiani?**
- **Dove si trova e come si chiama il ghiacciaio più meridionale d'Europa?**
- **Qual è il ghiacciaio più esteso in Italia?**

FIGURA 32 Il ghiacciaio del Lys sul Monte Rosa nel 1868 e nel 2007.

Costruisci la mappa

Studio... in sintesi

Ascolta la sintesi

1 Le caratteristiche dell'idrosfera

L'**idrosfera è l'insieme di tutte le acque** allo stato solido, liquido e aeriforme presenti sulla Terra.
Le acque dell'idrosfera si distinguono in **oceaniche** (92%) e **continentali** (8%):
- oceani e mari
- corsi d'acqua continentali (fiumi e torrenti)
- laghi
- bacini, falde acquifere e corsi d'acqua sotterranei
- ghiacciai.

L'idrosfera ha quattro caratteristiche fondamentali:
- l'**acqua** che la costituisce non è **mai pura**, contiene sempre **sali in soluzione**
- **è un sistema dinamico**
- **è in continuo movimento**
- **influenza** il **clima** in quanto riduce le escursioni termiche.

Le acque dell'idrosfera, inoltre, **modellano le forme del paesaggio** e sono **essenziali per lo sviluppo e la sopravvivenza di tutti gli organismi**.

2 Il ciclo idrogeologico

Il **ciclo idrogeologico** è innescato e mantenuto dal calore del Sole. L'acqua passa all'atmosfera attraverso i fenomeni di **evaporazione** e **traspirazione**, torna sulla superficie terrestre attraverso le **precipitazioni**. L'acqua si muove sulla superficie terrestre e nel sottosuolo attraverso il **deflusso**.
Il **bilancio idrogeologico globale** sulla superficie terrestre è **nullo**.

3 Le acque nel sottosuolo

La quantità di acqua che può penetrare ed essere immagazzinata nel sottosuolo dipende dalla permeabilità delle rocce e dei suoli.
Sono **rocce permeabili** quelle che possiedono pori o fessurazioni di dimensioni tali da consentire all'acqua di circolare. Se non consentono una circolazione dell'acqua le rocce sono, invece, **rocce impermeabili**.
Gli strati sotterranei di terreni permeabili in permanenza saturi d'acqua si definiscono **falde acquifere**.

Si distinguono:
- **falde freatiche**, che costituiscono il livello acquifero più superficiale, in cui l'acqua è in equilibrio con la pressione atmosferica esterna;
- **falde imprigionate**, limitate da livelli impermeabili, in cui l'acqua scorre in condizioni di pressione elevata.

Quando la falda acquifera interseca la superficie del suolo, l'acqua riemerge, dando origine a una **sorgente**.

4 I corsi d'acqua

I **corsi d'acqua** superficiali originano dalle acque di precipitazione; una volta al suolo, infatti, queste iniziano a scorrere in una fitta rete di piccoli solchi (**ruscellamento**), che verso valle confluiscono in solchi via via più grandi fino a formare l'**alveo**, il percorso definitivo fino alla **foce**. Il territorio dove scorrono acque superficiali, che confluiscono in un unico alveo, è detto **bacino idrografico** ed è separato dai bacini contigui dallo **spartiacque**. In ogni bacino il fiume principale e i suoi affluenti costituiscono il **reticolo idrografico**.

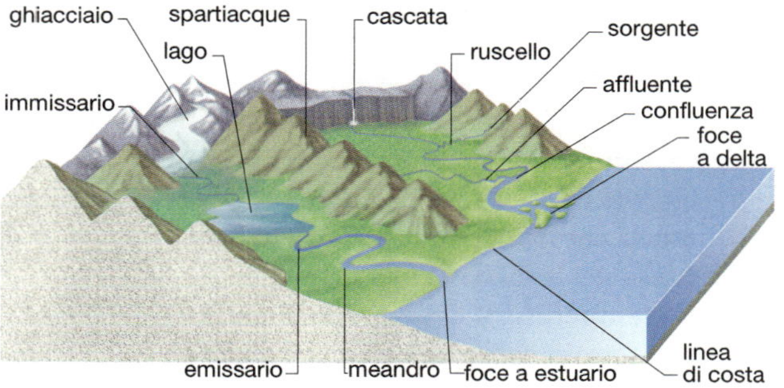

5 Le caratteristiche di un corso d'acqua

Per descrivere un corso d'acqua e il suo comportamento è utile definire alcuni parametri.
La **pendenza** è il rapporto tra il dislivello compiuto dal corso d'acqua e la sua **lunghezza**, e dipende dall'inclinazione del rilievo. Lungo il corso di un fiume si distinguono il **tratto superiore**, il **tratto medio** e il **tratto inferiore** che hanno pendenza progressivamente inferiore.
La **portata** è il volume d'acqua che attraversa una sezione trasversale del corso d'acqua nell'unità di tempo. Si misura in metri cubi al secondo (**m^3/s**) ed è influenzata dal *clima*, dal *tipo di terreno*, dal *regime delle precipitazioni*, dalla *pendenza* ecc.

La **velocità** di un corso d'acqua dipende dagli stessi fattori che condizionano la portata.
Il **regime** di un corso d'acqua indica il complesso delle *variazioni di portata nel tempo* (giorno, mese, anno). Quando la portata non è costante e si alternano periodi di magra e periodi di piena, si parla di **regime torrentizio**. Se, invece, un corso d'acqua ha una portata abbastanza regolare, si parla di **regime fluviale**.

6 I laghi

I **laghi** sono depressioni occupate in permanenza dalle acque e prive di comunicazione diretta con il mare.
Possono avere **origine diversa** (tettonica, glaciale, di sbarramento, costiera, carsica...). Ogni lago è alimentato dalle acque del bacino idrografico circostante, attraverso uno o più **immissari**, e l'acqua defluisce verso il mare tramite un **emissario**. I laghi sono **elementi temporanei del paesaggio**, destinati a essere colmati gradualmente dai sedimenti.
I laghi differiscono notevolmente non solo per la loro origine, ma anche per caratteristiche chimico-fisiche.
La **salinità** dei laghi è elevata in quelli in cui non ci sono emissari e le perdite dipendono solo dall'evaporazione o in quelli che contengono acqua marina, mentre è di solito bassa nei laghi con emissario.
La **temperatura** delle acque di un lago dipende da numerosi fattori, come l'altitudine, il clima, la profondità del bacino. L'acqua di un lago tende a disporsi in strati con temperatura diversa.
Le acque dei laghi sono soggette a **movimenti verticali e orizzontali**, dovuti all'azione del vento o a variazioni di densità e temperatura.

7 I ghiacciai

Un **ghiacciaio** è un **accumulo di neve compatta e ghiaccio**. La sua esistenza dipende dalla quantità di precipitazioni nevose e dai bassi valori di temperatura. Esso origina al di sopra del **limite delle nevi persistenti**, dove la neve non fonde mai completamente e si trasforma gradualmente in ghiaccio compatto. I principali elementi strutturali di un ghiacciaio sono: il **bacino di alimentazione**, il **bacino ablatore**, la **fronte**.

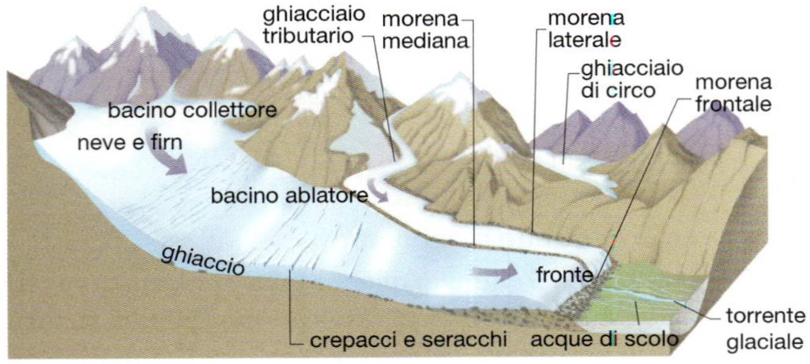

8 I ghiacciai delle zone temperate sono sistemi dinamici

Il **bilancio annuale** di un ghiacciaio è la differenza tra **alimentazione** e **ablazione**. Se il bilancio è positivo, il ghiacciaio avanza, se è negativo, il ghiacciaio si ritira. Per questo un ghiacciaio può attraversare **fasi di espansione** e **fasi di ritiro**.
Il **ghiacciaio si muove** come un fluido molto viscoso, con una velocità non uniforme. Il movimento del ghiacciaio è determinato principalmente dallo scivolamento a valle di ciascun cristallo di ghiaccio, sotto la spinta della forza di gravità.

Verifica il tuo studio

FISSA I CONCETTI

1 Le caratteristiche dell'idrosfera

Completa le frasi

1 Le acque continentali rappresentano .... dell'idrosfera.

2 L'acqua sulla Terra si trova in tre ....: solido ...., liquido ...., liquido e aeriforme ....

3 L'idrosfera è un sistema dinamico, perché l'acqua cambia facilmente ...., alle condizioni di pressione e temperatura presenti sulla Terra.

Scegli il termine corretto tra i due proposti

1 La maggior parte dell'acqua sulla Terra è rappresentata dalle acque **continentali**/**oceaniche**.

2 La presenza di grandi bacini di acqua influenza il clima perché **riduce**/**accentua** le escursioni termiche.

Scegli il completamento corretto

1 Le acque dell'idrosfera:
- A sono acque pure, se non sono inquinate
- B costituiscono un sistema dinamico
- C occupano 1/3 della superficie della Terra
- D accentuano le escursioni termiche

2 La maggior parte dell'acqua dolce sulla Terra si trova:
- A nei fiumi
- B nell'atmosfera
- C nei ghiacci
- D nel sottosuolo

Vero o falso?

Osserva la **TABELLA 1** di pag. 136 e verifica quali affermazioni sono vere e quali false.

1 Nel sottosuolo è intrappolato un decimo dell'acqua dolce dei continenti. V F

2 C'è molta più acqua nei ghiacci che nei fiumi. V F

3 Nell'atmosfera ci sono più di 10 000 m^3 di acqua. V F

4 L'idrosfera contiene più di 1000 milioni di m^3 di acqua. V F

2 Il ciclo idrogeologico

Scegli il completamento corretto

1 Il processo per cui il vapor d'acqua passa dallo stato aeriforme allo stato liquido si chiama:
- A condensazione
- B sublimazione
- C fusione
- D evaporazione

2 Il bilancio reale del ciclo idrogeologico:
- A è sempre nullo in tutti i luoghi della Terra
- B non è nullo, ma è il medesimo in tutti i luoghi della Terra
- C è influenzato non solo dal clima, ma anche dal tempo
- D viene calcolato senza considerare i ghiacciai e le falde

3 Il passaggio di stato che trasforma il ghiaccio in vapore si chiama:
- A condensazione
- B evaporazione
- C traspirazione
- D sublimazione

Spiega il significato dei seguenti termini, riferiti al ciclo idrogeologico

1 traspirazione ....

2 precipitazioni ....

3 infiltrazione ....

4 deflusso superficiale ....

5 acque meteoriche ....

Vero o falso?

1 Il bilancio complessivo del ciclo idrogeologico sulla Terra è negativo, per questo non bisogna sprecare l'acqua. V F

2 L'acqua passa all'atmosfera attraverso i fenomeni di evaporazione e deflusso. V F

3 Il ciclo idrogeologico si realizza mediante cambiamenti di stato dell'acqua ed è messo in moto dal Sole. V F

Completa le frasi

1 L'energia necessaria per il ciclo idrogeologico deriva dal ...., che provoca .... dell'acqua.

2 L'insieme degli scambi, diretti o con ...., tra le acque continentali, l'atmosfera e gli oceani costituisce il ....

Leggi il brano trova gli errori (6) e correggili

Nel ciclo idrogeologico l'acqua che passa allo stato di vapore proviene in piccolissima parte dalla sublimazione dei laghi e in massima parte dall'evaporazione di fiumi, oceani e mari. Un importante contributo deriva dalla respirazione delle foglie delle piante. Questa quantità di acqua viene restituita dall'atmosfera principalmente per effetto della liquefazione. Le acque di condensazione, dette acque meteoritiche, alimentano il deflusso superficiale e in parte si accumulano nelle faglie acquifere, dove restano intrappolate in genere per brevi periodi.

3 Le acque nel sottosuolo

Vero o falso?

1 Perché si formi una falda imprigionata è necessario che lo strato acquifero sia limitato solo da uno strato impermeabile superiore. V F

2 Quando la superficie del terreno interseca una falda acquifera si forma una sorgente. V F

Scegli il termine corretto tra i due proposti

1 Le rocce molto porose sono **permeabili/impermeabili**.

2 Le sorgenti di acque ricche di sali si dicono **termali/minerali**.

3 Le falde in cui le acque scorrono tra due strati di rocce **permeabili/impermeabili** sono dette falde imprigionate.

Scegli il completamento corretto

Una falda freatica è:

A un fiume sotterraneo
B uno strato impermeabile tra due strati permeabili
C uno strato permeabile tra due strati impermeabili
D uno strato poroso saturo d'acqua, delimitato superiormente da una zona aerata

4 I corsi d'acqua

Completa le frasi

1 Un bacino idrografico è delimitato dallo ...., che lo separa dai bacini vicini.

2 In un bacino idrografico il corso d'acqua principale e i suoi affluenti formano il .... idrografico.

Scegli il completamento corretto

Lo spartiacque di un bacino idrografico:

A coincide sempre con le vette più elevate
B si può modificare nel tempo
C è il territorio su cui scorrono tutti gli affluenti di un fiume
D non esiste se il fiume non ha affluenti

Vero o falso?

1 Il bacino idrografico di un fiume è il territorio attraversato dal corso d'acqua. V F

2 In tutti i bacini idrografici si riconoscono un corso principale e una rete di affluenti. V F

Scegli il termine corretto tra i due proposti

1 Il bacino **idrografico/idrologico** di un **fiume/lago** è separato da bacini contigui dallo spartiacque.

2 Il fiume e i suoi affluenti nel loro insieme formano un **reticolo/reticolato** idrografico.

5 Le caratteristiche di un corso d'acqua

Vero o falso?

1 La quantità d'acqua che un fiume trasporta in un anno è la portata. V F

2 La pendenza di un fiume ne condiziona, a parità di altri fattori, la velocità. V F

Completa le frasi

1 La pendenza di un corso d'acqua è il .... tra la sua .... e il dislivello.

2 Il regime di un corso d'acqua indica il complesso delle .... di .... nel ....

3 Il regime fluviale, diversamente da quello torrentizio, è caratterizzato da variazioni di .... limitate.

Scegli il completamento corretto

I fiumi alpini differiscono dai fiumi mediterranei perché:

A gli uni hanno piene primaverili, gli altri hanno piene invernali
B gli uni hanno regime costante, gli altri hanno regime variabile
C gli uni hanno flusso laminare, gli altri hanno flusso turbolento
D gli uni hanno magre primaverili, gli altri hanno magre invernali

6 I laghi

Completa le frasi

1 I laghi sono elementi .... del paesaggio e sono destinati a essere colmati dai ....

2 I grandi laghi prealpini dell'Italia settentrionale sono laghi di origine ....

Scegli il completamento corretto

Tra i laghi italiani:

A il lago di Garda è un lago di circo
B il lago di Bolsena occupa il cratere di un vulcano estinto
C il lago Maggiore è un lago tettonico
D il lago di Alleghe è un lago di vulcanico

Vero o falso?

1 Il lago Trasimeno è un lago vulcanico. V F

2 Tutti i laghi hanno un immissario e un emissario. V F

3 I laghi sono in diretta comunicazione con il mare. V F

7 I ghiacciai

Completa le frasi

1 La banchisa si forma nelle regioni .... per il congelamento dell'acqua ....

2 In estate, quando la banchisa polare si frantuma, si forma il …………………………………………….

3 In un ghiacciaio la neve inizialmente ……………………………………… si trasforma in neve granulare che, per effetto della pressione, diventa …………………………………….

Scegli il completamento corretto

1 Il limite delle nevi persistenti:
- A è influenzato solo dall'altitudine
- B si colloca sopra la lingua glaciale
- C è influenzato solo dalla latitudine
- D indica il limite tra bacino ablatore e bacino collettore

2 Il firn è:
- A la neve fresca che si deposita sopra i ghiacciai
- B il ghiaccio compatto degli inlandsis
- C il materiale che costituisce la banchisa
- D più denso e compatto della neve fresca

Scegli il termine corretto tra i due proposti

1 Nei ghiacciai in profondità si verifica la **fusione/solidificazione** del ghiaccio e la successiva **ricristallizzazione/condensazione**.

2 Le lastre mobili di ghiaccio che si formano nelle regioni polari durante l'estate si chiamano **pack/inlandsis**.

8 I ghiacciai delle zone temperate sono sistemi dinamici

Vero o falso?

1 Nei ghiacciai alpini la massa di ghiaccio si muove con velocità omogenea in tutti i suoi punti. V F

2 Se il bilancio annuale è positivo, il ghiacciaio avanza. V F

Completa le frasi

1 Un ghiacciaio si comporta come un …………………………………………… e si muove verso valle per effetto della …………………………………………….

2 Il bilancio annuale di un ghiacciaio è la differenza tra …………………… …………………… e …………………………………….

APPLICA IL TUO STUDIO

Rispondi

1 Come vengono classificate le acque dell'idrosfera?

2 Quali sono le caratteristiche principali dell'idrosfera?

3 Quali sono i segni dell'attività dinamica dell'idrosfera?

4 Descrivi il ciclo idrogeologico, precisando i passaggi di stato che avvengono.

5 Quali sono i fattori che influenzano la presenza di acqua nel sottosuolo?

6 In che cosa differisce una falda freatica da una falda imprigionata?

7 Descrivi brevemente le modalità con cui le acque di precipitazione danno origine ai corsi d'acqua.

8 Che cos'è la portata di un fiume? Quali fattori la condizionano?

9 Su quali caratteristiche si basa la distinzione tra fiumi e torrenti?

10 Come si classificano i laghi? Fai degli esempi considerando i laghi italiani.

11 Che cos'è il limite delle nevi persistenti? Quali fattori lo condizionano? Perché?

12 Quali sono gli elementi strutturali fondamentali dei ghiacciai di tipo continentale e dei ghiacciai di montagna?

Osserva le immagini

1 Stabilisci in quali dei tre stati di aggregazione della materia si trova l'acqua nelle tre immagini e collegale con frecce, indicando su ciascuna il nome del passaggio di stato coinvolto. Utilizza frecce rosse per i passaggi di stato esoenergetici e frecce blu per quelli endoenergetici.

2 Completa la figura inserendo i termini mancanti e rispondi alle domande.

- Che cosa rappresenta questa figura?
- Quali sono le differenze tra il ciclo dell'acqua descritto nella figura del precedente esercizio e il ciclo idrogeologico?
- Qual è il motore del ciclo idrogeologico?

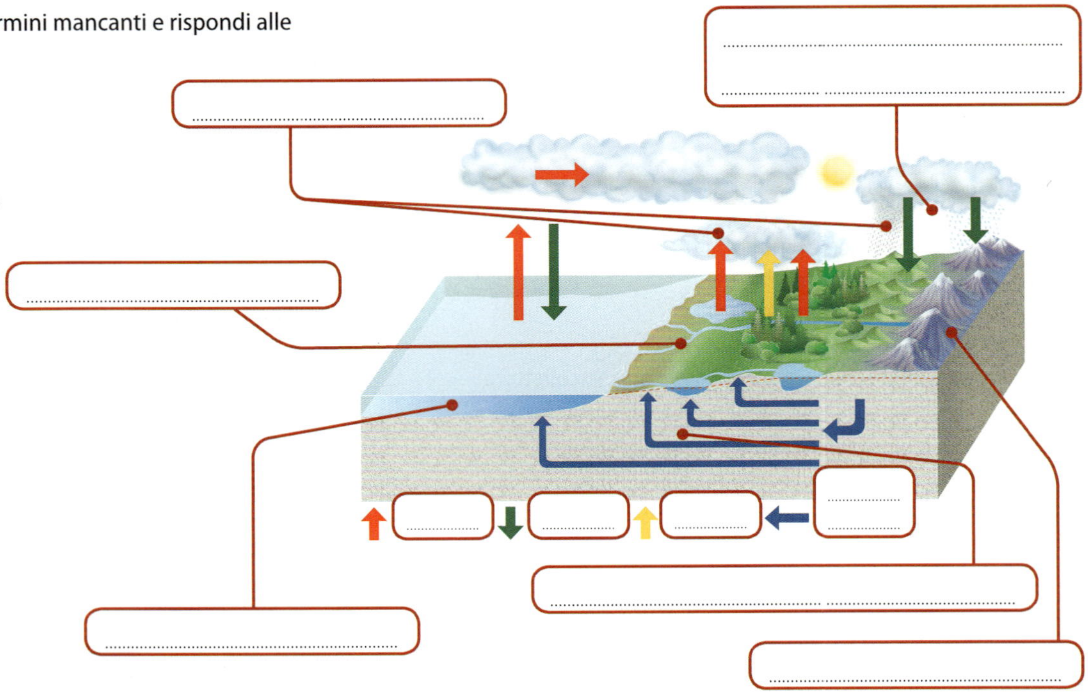

VERSO LE COMPETENZE...

Questo esercizio ha lo scopo di condurti a sviluppare le seguenti competenze:

- **utilizzare e interpretare correttamente tabelle di dati scientifici;**
- **stabilire nessi tra conoscenze acquisite in matematica e scienze dell Terra.**

Osserva i grafici e rispondi alle domande

I grafici riportano i dati raccolti presso Villafranca Pellice (TO), relativi alle precipitazioni e alle portate medie mensili del torrente Pellice negli anni 2005 e 2008.

a In quale anno ha piovuto di più?

b Quali sono stati i mesi più piovosi nel 2005? E nel 2008?

c Quali sono stati i mesi con le portate maggiori nel 2005? E nel 2008?

d Che relazione puoi individuare tra i due parametri riportati nei grafici?

e Le due curve che rappresentano le portate medie mensili hanno qualcosa in comune? Perché?

f Puoi ipotizzare che andamento avrà la curva delle portate medie mensili il prossimo anno? Su quale ragionamento puoi basare le tue previsioni?

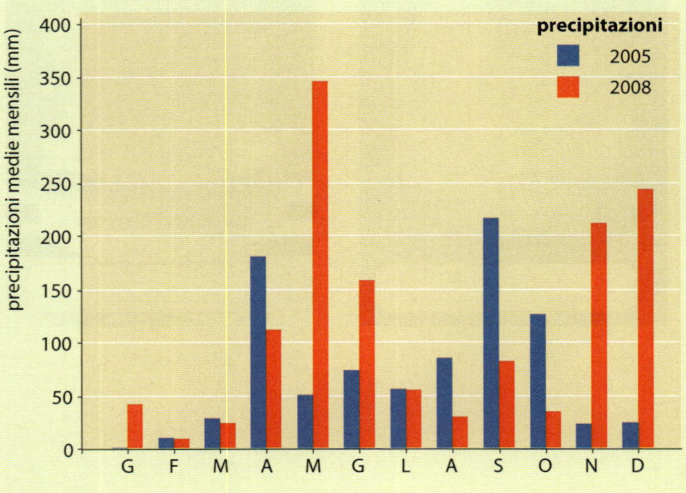

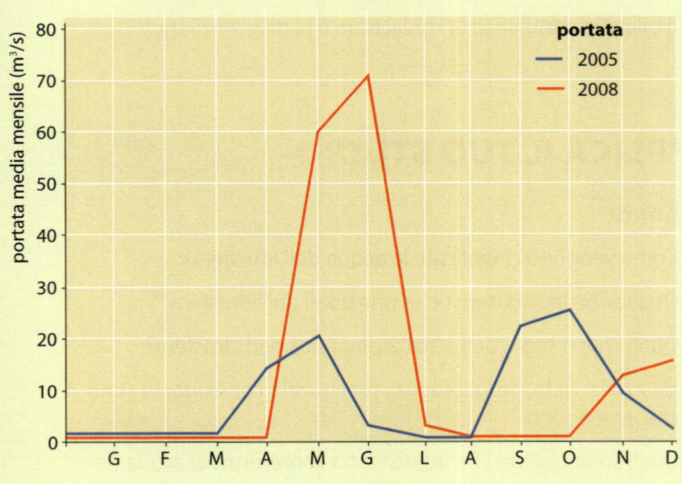

9 I paesaggi delle acque continentali

1 Le acque delle precipitazioni e il carsismo

2 Il paesaggio carsico

3 I paesaggi carsici in Italia

4 L'azione di modellamento dei corsi d'acqua

5 La valle fluviale e la sua evoluzione

6 Dove il fiume finisce

7 L'erosione e le valli a glaciali

8 Il ghiacciaio trasporta e sedimenta

COMPETENZE

- Utilizzare il linguaggio specifico della disciplina
- Descrivere e analizzare fenomeni naturali o prodotto di interventi umani sul territorio
- Comprendere il significato di immagini e modelli

1 Le acque delle precipitazioni e il carsismo

Le **acque delle precipitazioni** (dette anche *acque meteoriche*), agiscono sulla superficie terrestre con due effetti diversi.

1. **Esercitano un'azione di erosione meccanica sulle rocce**. Ciò porta in genere all'asportazione dei detriti di dimensioni minori e dei componenti organici presenti nel suolo. I versanti appaiono solcati da canali stretti, profondi e molto fitti, intercalati a creste appuntite. Queste strutture, molto frequenti nell'Appennino tosco-emiliano, in Abruzzo e in altre regioni italiane, vengono chiamate **calanchi** ➔ **FIGURA 1**. Quando l'acqua scorre su materiali poco omogenei e scarsamente coerenti, possono formarsi vere e proprie **piramidi di terra**, dovute al fatto che l'acqua incontra massi e ostacoli che aggira, scavando tutto intorno sempre più profondamente. Si formano così dei pinnacoli, sovrastati da blocchi rocciosi che li proteggono dalla pioggia ➔ **FIGURA 2**.
2. **Sciolgono e asportano i minerali solubili in acqua**. I minerali di alcune rocce, come i **calcari** e le **evaporiti**, possono sciogliersi nell'acqua, che li trasporta in soluzione per depositarli poi in altro luogo ➔ **FIGURA 3**.

calcari
rocce formate da carbonato di calcio $CaCO_3$, un sale spesso erroneamente chiamato *calcare*.
È responsabile delle incrostazioni su oggetti ed elettrodomestici, perché è presente anche nelle acque potabili.

evaporiti
rocce formate da sali che precipitano in bacini di acque dolci o salate.

FIGURA 1

valle dei Calanchi, Lubriano (VT)

piramidi di Renon, frazione Soprabolzano (BZ)

FIGURA 2

rocce calcaree erose dall'acqua nel giardino botanico Carsiana, Sgonico (TS)

FIGURA 3

Il carsismo

Una particolare forma di modellamento superficiale e sotterraneo causata dall'azione delle acque meteoriche sulle rocce è il **carsismo**. Questo fenomeno prende il nome dal *Carso*, un altopiano delle Alpi orientali, al confine tra Slovenia e Italia, in cui è particolarmente evidente questo tipo di processo ➔ **FIGURA 4**.

Le regioni in cui si manifesta il carsismo hanno in comune due caratteristiche:

- la presenza di **rocce solubili**, come i calcari;
- **precipitazioni** abbondanti.

Nelle regioni carsiche si osservano due fenomeni:

- le acque piovane causano la **dissoluzione del carbonato di calcio** presente nei calcari, che viene eroso e trasportato in soluzione dall'acqua, e danno origine a **forme di erosione**;
- quando l'acqua evapora il carbonato di calcio precipita e si formano i **depositi calcarei**.

➔ **FIGURA 4**

altopiano del Carso, visto da Monrupino (TS)

GUIDA ALLO STUDIO

- Che effetti provocano le acque piovane sul paesaggio?
- Che cosa sono calanchi e piramidi di terra?
- Che cos'è il carsismo?

PER SAPERNE DI PIÙ

La chimica del carsismo

Il paesaggio carsico è il frutto di un processo chimico che comporta due reazioni che sono l'una l'inverso dell'altra: la **dissoluzione** e la **precipitazione** del **carbonato di calcio**. Nelle regioni carsiche, in generale, si creano in superficie le condizioni per la dissoluzione del carbonato di calcio, mentre nel sottosuolo si realizzano le condizioni che ne permettono la precipitazione.

La dissoluzione del carbonato di calcio...

Per capire il fenomeno carsico occorre sapere che le acque piovane sono debolmente corrosive, perché leggermente acide a causa della presenza di biossido di carbonio componente dell'aria. Le acque piovane reagiscono con il **carbonato di calcio**, che è insolubile in acqua, e lo trasformano in **bicarbonato di calcio**, che è solubile e viene asportato dall'acqua. Le rocce vengono così erose, con un processo simile a quello che avviene quando si versa un acido sul carbonato di calcio che incrosta i rubinetti di casa:

carbonato di calcio (insolubile in acqua) + **biossido di carbonio** + **acqua** → **bicarbonato di calcio** (solubile)

... e la reazione inversa

Quando le acque ricche di bicarbonato di calcio penetrano nel sottosuolo e giungono in un ambiente sotterraneo come una grotta, spesso più caldo rispetto alla superficie, l'acqua evapora e si riforma il carbonato di calcio, che precipita, cioè viene depositato sotto forma di incrostazioni:

bicarbonato di calcio → **carbonato di calcio** + **biossido di carbonio** + **acqua**

Anche questo fenomeno ci è familiare: spesso le acque che entrano nelle nostre case contengono una certa quantità di bicarbonato di calcio (*acque dure*) che si deposita nei tubi e sui rubinetti come carbonato di calcio, quando l'acqua evapora.

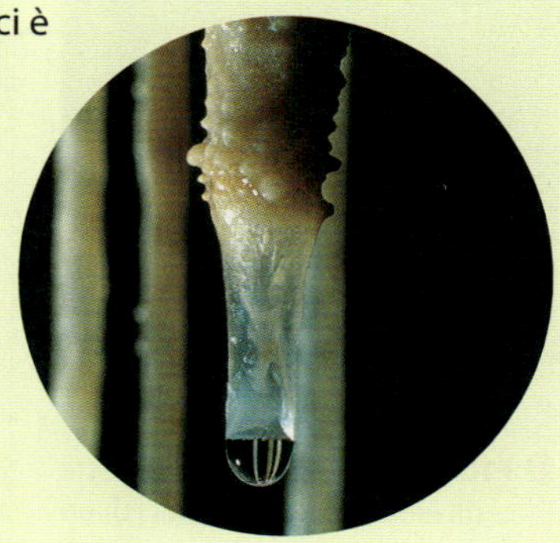

2 Il paesaggio carsico

Il **paesaggio carsico** presenta alcune caratteristiche particolari ➔ **FIGURA 5**:

- una notevole **aridità** superficiale, perché l'acqua, erodendo, penetra nelle rocce e crea una **circolazione sotterranea**;
- l'improvvisa scomparsa di corsi d'acqua superficiali che vengono "inghiottiti" nel sottosuolo e riemergono poi in superficie (**risorgenza**), anche a parecchi kilometri di distanza. Classico è l'esempio del fiume *Reka* in Slovenia, che dopo un percorso sotterraneo di 37 km risorge in Friuli-Venezia Giulia a 2 km dal mare, con il nome di *Timavo*;
- la presenza di **forme di erosione superficiali**, come *doline*, *inghiottitoi* ecc;
- la presenza nel sottosuolo di **grotte**, in cui si formano depositi calcarei e dove spesso scorrono fiumi sotterranei.

Le forme superficiali

Le **doline** sono depressioni concave a fondo chiuso (con profondità variabile da 2 a 200 m e diametro compreso tra 10 e 1000 m) che si formano in seguito alla dissoluzione del carbonato di calcio, oppure per il crollo o il lento sprofondamento del terreno, quando nel sottosuolo c'è una cavità. Spesso sul fondo delle doline c'è un **inghiottitoio**, una sorta di imbuto naturale attraverso il quale l'acqua meteorica penetra nelle cavità sotterranee.
L'erosione allarga continuamente le doline, che spesso si fondono, producendo depressioni di maggiori dimensioni, chiamate **uvala**.

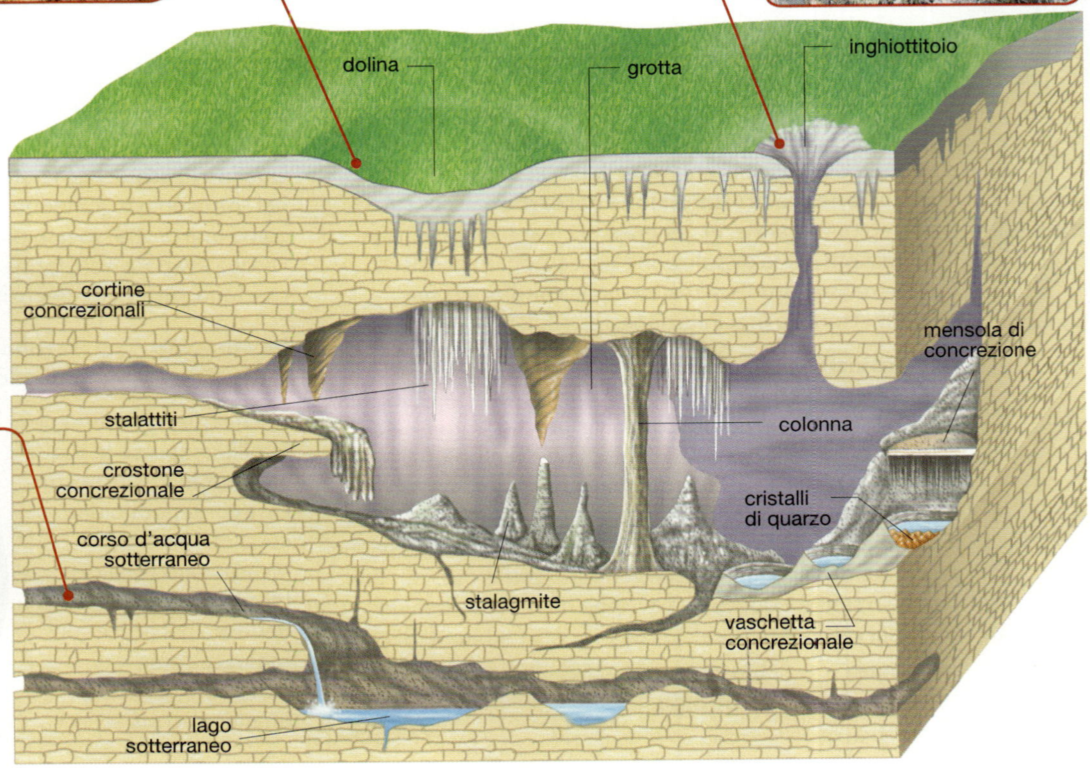

➔ **FIGURA 5** Schema che illustra gli elementi caratteristici di un sistema carsico.

I **polje** sono bacini allungati e molto estesi, con pendii ripidi e fondo piano, che talvolta ospitano piccoli laghi.

I **campi carreggiati** si formano dove l'acqua non agisce in modo omogeneo sulle rocce, o quando scorre su un pendio lungo linee preferenziali. Si verifica così un'*erosione differenziata*, che porta alla formazione di piccoli solchi paralleli, separati da creste appuntite ➔ FIGURA 6.

Le forme sotterranee

Le manifestazioni più appariscenti e spettacolari dei fenomeni carsici sono le forme di modellamento sotterraneo.

L'acqua, penetrando nelle fratture delle rocce, ingrandisce le cavità, formando **grotte** e **gallerie**, all'interno delle quali si può formare un reticolato idrografico, con veri e propri **fiumi sotterranei**. Molte grotte carsiche hanno dimensioni enormi e sono collegate tra loro, in modo da formare sistemi che si estendono per molti kilometri e su vari livelli di profondità.

Nelle grotte carsiche si formano facilmente **concrezioni calcaree** ➔ FIGURA 7:

- le **stalattiti** sono prodotte dal lento stillicidio delle gocce d'acqua che cadono dal soffitto della grotta; hanno in genere una forma conica o cilindrica e si accrescono intorno a un canalino centrale dal cui apice fuoriesce lentamente l'acqua;
- le gocce d'acqua che cadono sul pavimento della grotta creano concrezioni chiamate **stalagmiti**, che si accrescono verso l'alto e hanno una forma più tozza delle corrispondenti stalattiti;
- stalattiti e stalagmiti possono crescere fino a saldarsi formando **colonne**.

➔ FIGURA 6

campi carreggiati nelle Murge, Puglia

GUIDA ALLO STUDIO

- Quali sono le caratteristiche comuni a tutte le zone carsiche?
- Che cosa sono le doline?
- Che cosa sono stalattiti e stalagmiti?

➔ FIGURA 7

stalattiti e stalagmiti nella Grotta Grande del Vento di Frasassi (AN)

3 I paesaggi carsici in Italia

È interessante osservare che la maggior parte delle zone carsiche in Italia ➲ FIGURA 8 (e più in generale alle medie latitudini) si presentano come *altopiani*, perché non ci sono corsi d'acqua superficiali che scavano le valli. Sono **altopiani carsici** per esempio il *Carso*, il settore meridionale del *Gran Sasso*, la regione delle *Murge* e del *Gargano*.

In Italia, l'area studiata da più tempo è l'**altopiano del Carso**, una vasta regione che si estende tra l'Italia nord-orientale e la Slovenia. Qui sono presenti imponenti formazioni calcaree, in cui si osservano le classiche forme sotterranee e superficiali del modellamento carsico.

In questo territorio c'è una vastissima rete di cavità ancora da esplorare. Due di grande interesse per la ricerca e per gli speleologi sono la **Grotta Gigante** ➲ FIGURA 9 e la **Grotta Impossibile**. Quest'ultima, scoperta nel 2004, nel corso dei lavori per un nuovo traforo stradale, è stata scavata probabilmente da un fiume sotterraneo 10 milioni di anni fa. Come la Grotta Gigante, è una delle più grandi grotte carsiche al mondo: dopo un tunnel lungo 120 m, largo 6 m e alto 10 m circa, si giunge in un'enorme caverna lunga 120 m, larga 60 m con un'altezza massima di 70 m. Vi si osservano forme di concrezione, da crollo e di deposito, oltre alla stalagmite più alta d'Italia ➲ FIGURA 10. Accanto alla grotta sono presenti numerosi cunicoli e cavità, quasi una città sotterranea tuttora in corso di esplorazione.

La regione delle **Murge**, costituita da una piattaforma calcarea che si estende dal Salento fino a Matera, è caratterizzata da piccole valli (**lame**) a fondo pianeggiante, da **inghiottitoi** (come il *Frotone di Ceraso*) e da doline (**puli**), profonde anche centinaia di metri con versanti ripidi, come il *Pulo di Altamura* ➲ FIGURA 11 e il *Pulicchio di Gravina*, con la tipica forma a "scodella".

FIGURA 8

FIGURA 9 La sala principale, Grande Caverna, della Grotta Gigante, nel carso triestino.

FIGURA 10 La gigantesca stalagmite, alta 22 m e con 2 m di diametro, che si eleva dal pavimento della sala terminale della Grotta Impossibile, presso Trieste.

FIGURA 11 Il pulo di Altamura è una grande dolina delle Murge, con un diametro di 550 m e una profondità di 90 m.

Lungo il versante sud-occidentale delle Murge si trovano paesaggi particolari: le **gravine**, canyon dai versanti ripidi, sulle cui pareti rocciose spesso ci sono cavità e grotte, abitate fin dalla preistoria e ricche di fossili. Le gravine si trovano anche sulla murgia di Matera ➲ **FIGURA 12** e Laterza.

Il luogo più spettacolare per studiare le forme del carsismo pugliese è il complesso delle **grotte di Castellana** ➲ **FIGURA 13**. Meno note, ma altrettanto importanti, sono le **grotte di Putignano**.

Esistono anche paesaggi carsici in zone in cui sono presenti **evaporiti** e non rocce calcaree. Un esempio importante è il carsismo nella **vena del gesso romagnola**. Qui si trovano forme di dissoluzione, come doline a forma di ciotola (*dolina di Spipola*), e valli cieche che terminano con una contropendenza in corrispondenza di un inghiottitoio, come la *valle di Rio Stella* ➲ **FIGURA 14**.

FIGURA 12

i sassi di Matera, dimore scavate nella roccia calcarea e abitate fin dalla preistoria

FIGURA 13 La grotta bianca, nelle Grotte di Castellana.

GUIDA ALLO STUDIO

- In quali zone del territorio italiano sono evidenti i fenomeni carsici?
- Che cosa sono le gravine?
- Che cos'è la vena del gesso romagnola?

FIGURA 14 La valle cieca di Rio Stella.

4 L'azione di modellamento dei corsi d'acqua

I corsi d'acqua sono potenti agenti di modellamento del paesaggio. **Erosione**, **trasporto** e **sedimentazione** avvengono lungo tutto il corso d'acqua, e il prevalere di un'azione sull'altra dipende essenzialmente dalla *portata* e dalla *velocità* delle acque ➲ **FIGURA 15**.

L'erosione

L'erosione si realizza attraverso tre meccanismi ➲ **FIGURA 16**:

- l'**asportazione** dei materiali dal letto e dagli argini a causa dell'azione dinamica delle acque correnti;
- l'**abrasione**, compiuta dai detriti trasportati dalla corrente sui materiali del fondo e delle sponde, che leviga e smussa le rocce;
- la **dissoluzione** dei minerali solubili.

Il trasporto

Il **trasporto** dei materiali erosi avviene in tre modi ➲ **FIGURA 17**:

- in **soluzione** vengono trasportati **ioni**, **gas** e **molecole organiche**; questo tipo di trasporto non dipende dalla velocità o dalla portata del corso d'acqua;
- in **sospensione** vengono trasportati i **detriti più fini**, come *sabbie* e *argille*. La maggior quantità dei detriti di un fiume è trasportata in sospensione;
- per **trascinamento**, **saltazione** e **rotolamento** sono trasportati i *detriti di maggiori dimensioni*, come *sabbie* e *ciottoli*, che sono trascinati e si muovono sul fondo scivolando o per saltazione, sollevati dai movimenti vorticosi dell'acqua.

FIGURA 15 La capacità erosiva e di trasporto è elevata in un torrente alpino.

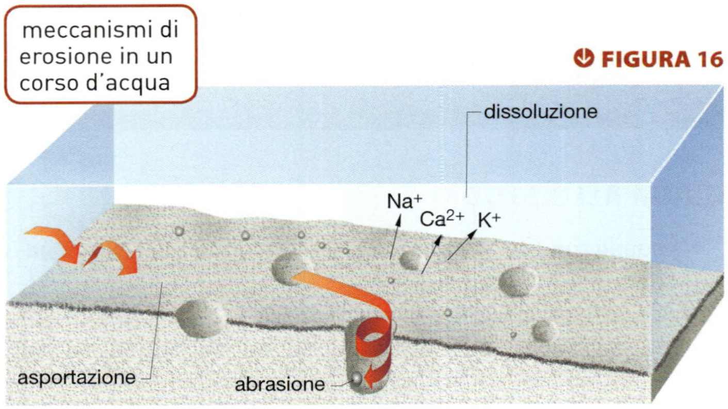

FIGURA 16

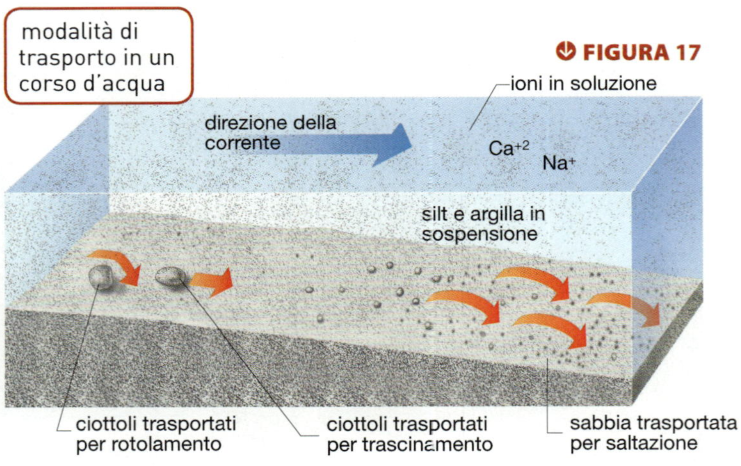

FIGURA 17

GUIDA ALLO STUDIO

- Attraverso quali processi i corsi d'acqua modellano la superficie terrestre?
- Come avviene il trasporto nei corsi d'acqua?
- Che cos'è il profilo di equilibrio?

La sedimentazione

La **sedimentazione** inizia quando la velocità del corso d'acqua diminuisce e i sedimenti vengono abbandonati ➲ **FIGURA 18**. Può avvenire nell'alveo, nelle piane adiacenti (*depositi alluvionali*) o al termine del tragitto (*depositi di delta*). In tutti i casi porta sempre alla formazione di **sedimenti gradati**, cioè ordinati secondo la dimensione: poiché la velocità dell'acqua diminuisce gradualmente, si depositano prima i detriti più grossolani e pesanti, poi i più fini e leggeri ➲ **FIGURA 19**.

Il profilo longitudinale del fiume

Erosione, trasporto e sedimentazione modellano il **profilo longitudinale** del corso d'acqua, cioè il suo *profilo altimetrico*, dalla sorgente alla foce. Il letto di un fiume tende con il passare del tempo ad approfondirsi, a eliminare gradualmente eventuali gradini e dislivelli presenti lungo il suo corso e a raggiungere così un *profilo curvilineo*, che è il frutto di un **equilibrio tra erosione e sedimentazione** ➲ **FIGURA 20**.

FIGURA 18 Ampi depositi di sabbie e ghiaie lungo il corso del Mincio.

FIGURA 19

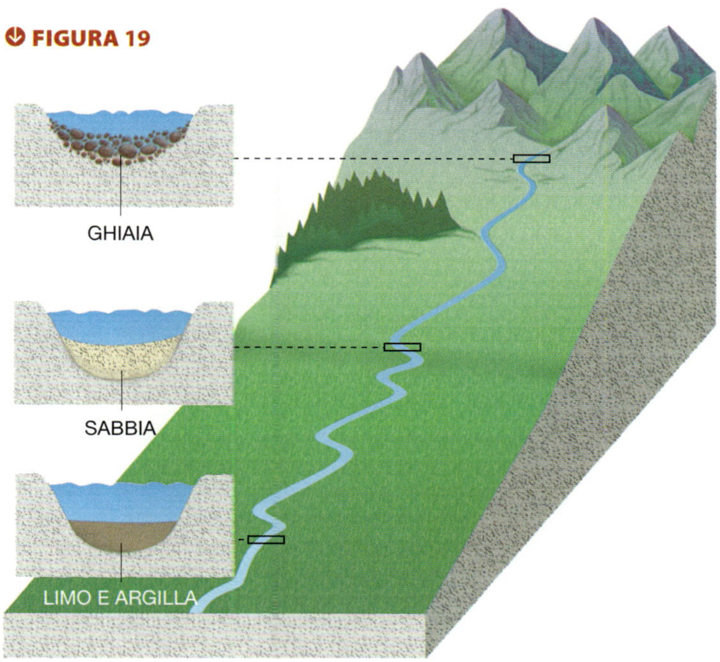

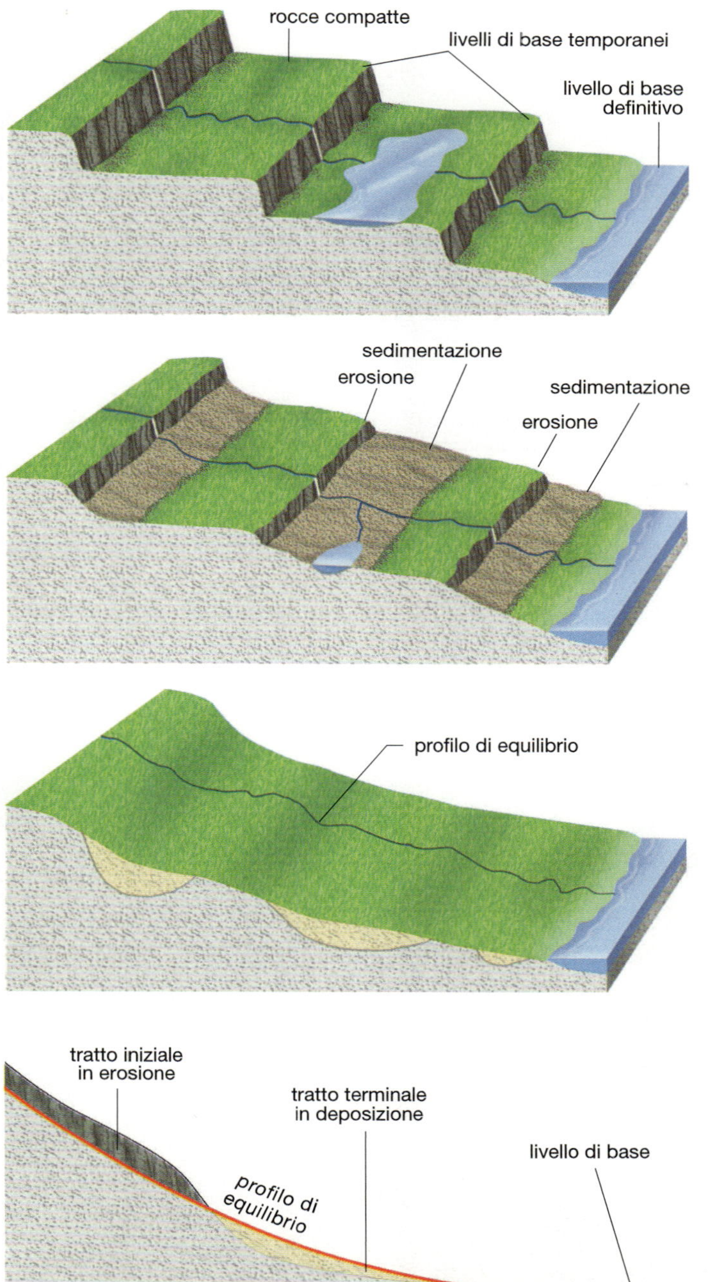

FIGURA 20 Le fasi di raggiungimento del profilo di equilibrio di un corso d'acqua.

I paesaggi delle valli fluviali italiane

5 La valle fluviale e la sua evoluzione

FIGURA 22

Nei rilievi e in corrispondenza del corso di un fiume, si aprono di solito depressioni concave di forma allungata, longitudinali o trasversali, che vengono chiamate **valli**. Come il rilievo, le valli subiscono un lungo processo di evoluzione dovuto al fatto che i corsi d'acqua esercitano un'azione erosiva o di deposito di intensità variabile, a seconda della diversa pendenza del terreno.

Valli di erosione

Dove il dislivello è notevole, i fiumi scavano la valle in profondità (**erosione verticale**) e la allargano (**erosione trasversale**). La conformazione delle valli fluviali dipende quindi dall'equilibrio tra le due forme di erosione ➔ **FIGURA 21**.
Quando il corso d'acqua scorre su pendii molto ripidi, l'erosione verticale può produrre solchi con pareti a strapiombo, detti **gole**, caratteristici delle valli scavate in rocce molto resistenti. Quando il fondovalle è irregolare le gole vengono chiamate **forre** ➔ **FIGURA 22**.
Negli ambienti aridi, le valli fluviali tendono ad avere pareti verticali, poiché mancano quasi completamente movimenti franosi dovuti all'azione dell'acqua superficiale. Queste valli, dette **canyon**, sono più ampie quando sono scavate in rocce tenere, più ripide e simili alle gole dove le rocce sono più resistenti.

FIGURA 21

pianura formata da depositi alluvionali

FIGURA 23

terrazzi fluviali sul fiume Minjar, in Kyrgyzstan

FIGURA 24

meandri del fiume Uvac, Serbia

FIGURA 25

GUIDA ALLO STUDIO

- Che profilo ha una valle fluviale?
- Che cos'è l'erosione lineare?
- Che cos'è un meandro?

Valli di deposito

Via via che le acque si avvicinano alla zona di pianura la loro energia diminuisce e con essa anche la capacità di trasporto, per cui si depositano ciottoli, ghiaia, sabbia e argille che si spandono su ampie zone, costituendo depositi di spessore anche notevole. I materiali sedimentati sono detti **alluvioni** e nelle regioni pedemontane danno origine alle **pianure alluvionali** ➔ **FIGURA 23**.
Un corso d'acqua può avere comportamenti diversi nel tempo: per esempio può accadere che, dopo un periodo in cui è stata prevalente la sedimentazione, le acque ricomincino a erodere, scavando nei sedimenti precedentemente depositati. Si originano così i **terrazzi fluviali** ➔ **FIGURA 24**.
Durante le piene, specialmente se il fiume ha una grande portata, vengono deposti sulle piane alluvionali notevoli quantità di sedimenti, che si dispongono ai due lati dell'alveo formando gli **argini naturali** del corso d'acqua. Oltre gli argini la pianura digrada lentamente e può essere attraversata da corsi d'acqua secondari e possono essere presenti *paludi*.
A causa della lievissima pendenza, la capacità di trasporto si riduce e l'acqua trasporta solo materiali sabbiosi e argillosi, che infine si depositano in prossimità della foce (**depositi alluvionali**).

I meandri

Nelle pianure alluvionali, dove il fiume scorre più lentamente, si possono formare *anse* molto ampie, dette **meandri** ➔ **FIGURA 25**.
I meandri si modificano continuamente e si spostano sul fondo della pianura a causa delle differenze di velocità della corrente sulle due sponde dell'ansa. L'acqua preme maggiormente sulla sponda esterna e la erode, mentre sulla riva interna l'azione erosiva è minima o addirittura prevale la sedimentazione ➔ **FIGURA 26**. L'erosione inoltre è più intensa quando l'alveo è in pendenza, dal lato a valle.

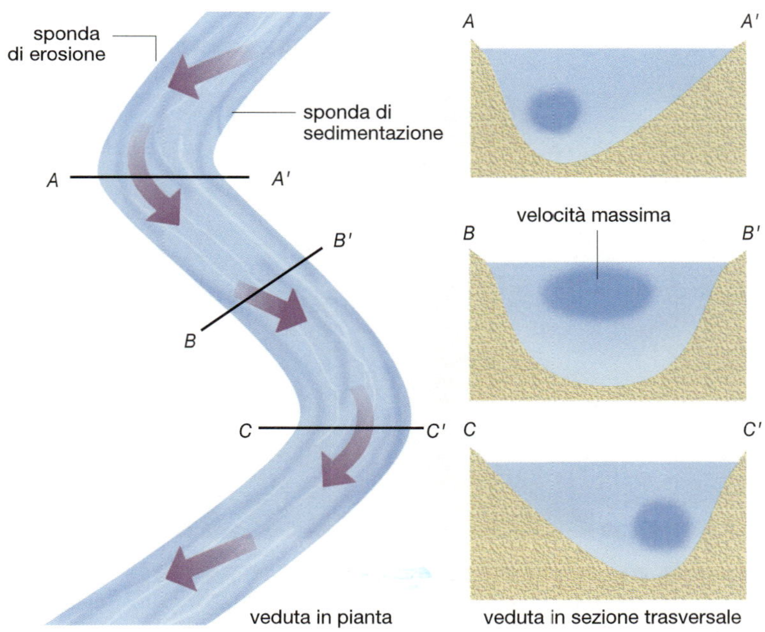

FIGURA 26 Dove si formano anse e meandri la velocità delle acque è massima in prossimità della sponda convessa, in erosione, minima in prossimità alla sponda concava, in deposizione. Di conseguenza l'erosione è asimmetrica.

6 Dove il fiume finisce

FIGURA 27 il delta del Po

FIGURA 28 l'estuario del Rio de la Plata

FIGURA 29 conoide alluvionale nei Pirenei

GUIDA ALLO STUDIO

- Quando si forma una foce a delta?
- Quando si forma una foce a estuario?
- Che cos'è un conoide alluvionale?

Tutti i fiumi terminano sfociando in un altro corso d'acqua, oppure in un lago o in mare: le acque fluviali si mescolano con quelle circostanti e la corrente si annulla più o meno rapidamente, a seconda della portata del fiume. Se il corso d'acqua è imponente, le sue acque sono riconoscibili anche a parecchi kilometri dalla **foce**, sebbene la velocità decresca. Invece, corsi d'acqua di piccole dimensioni scompaiono rapidamente.

Foce a delta

Se il fiume sfocia in un lago o in un mare dove il moto ondoso è scarso e non vi sono forti correnti, i materiali che trasporta si depositano, accumulandosi in una serie di strati che formano un **delta**, con una caratteristica *struttura a ventaglio*. I delta che si formano in mare sono molto più estesi di quelli che si formano in un lago, a causa della grande differenza di densità fra acqua dolce e marina. L'acqua del fiume è, infatti, meno densa e tende a galleggiare su quella del mare. Il rimescolamento è perciò meno rapido e, di conseguenza, i materiali trasportati dal corso d'acqua possono percorrere distanze maggiori prima di depositarsi.
Nei delta più estesi, il fiume si divide in vari rami secondari, che possono biforcarsi, ridursi o essere del tutto abbandonati a causa di deviazioni della corrente fluviale.
I fiumi più grandi, come il Mississippi o il Nilo, hanno costruito delta ampi migliaia di kilometri quadrati e dalla struttura complessa. Anche il delta del Po è in continua evoluzione e, dall'epoca etrusca, è avanzato di oltre 25 km: nell'ultimo secolo il suo ritmo di crescita è stato di circa 60 m all'anno **FIGURA 27**.

Foce a estuario

Se un fiume sfocia in un mare aperto, che ha un'energia sufficiente per asportare i depositi fluviali, la foce del corso d'acqua si allarga e assume una *forma a imbuto*, dando origine a un **estuario** **FIGURA 28**.

I conoidi alluvionali

I **conoidi alluvionali**, simili ai delta, ma sulla terraferma, si formano allo sbocco delle valli, quando i corsi d'acqua di montagna raggiungono una valle principale o la pianura **FIGURA 29**. La velocità delle acque diminuisce bruscamente e gran parte dei detriti sedimenta. Il materiale grossolano viene depositato per primo, quello più fine viene trasportato un po' più lontano. I sedimenti di un conoide alluvionale sono diversi da quelli di un delta, perché mancano i sedimenti più fini e i vari strati sono inclinati e non orizzontali.

7 L'erosione e le valli glaciali

L'erosione glaciale

L'**erosione** dei ghiacciai è detta **esarazione** e si realizza attraverso due processi.

- La **rimozione** di frammenti già disgregati, è favorita dal continuo alternarsi di cicli di gelo e disgelo per effetto delle escursioni termiche. Blocchi di roccia e detriti fratturati cadono sul ghiacciaio e vanno a far parte, insieme ai materiali erosi dal fondo e dalle sponde, dei materiali che esso trasporta a valle.
- L'**estrazione** di detriti dalle rocce del fondo consiste principalmente nell'*abrasione* meccanica e nel raschiamento delle rocce, operata dalla massa del ghiaccio e dai materiali solidi che trasporta, con il contributo delle acque di fusione, che scorrono sul fondo.

L'esarazione glaciale incide, leviga e crea striature sulle rocce. Le più resistenti vengono levigate solo dal lato rivolto verso monte. Si forma così nel blocco roccioso una struttura a dossi, allungati nella direzione del movimento glaciale (**rocce montonate**). La maggior parte delle rocce presenta incisioni più o meno profonde, che permettono di risalire alla direzione di scorrimento del ghiaccio. Anche i materiali di maggiori dimensioni trasportati hanno una *striatura* evidente, mentre i materiali più fini vengono logorati e ridotti in polvere e formano un limo finissimo, detto *farina di roccia*.

GUIDA ALLO STUDIO

- Che cos'è l'esarazione?
- Che profilo hanno le valli glaciali?
- Che cos'è la sovraescavazione?

Le forme dell'erosione glaciale

Le principali forme dell'erosione glaciale sono le **valli glaciali**, che presentano una **sezione trasversale a U** ➔ FIGURA 30, che le differenzia nettamente dalle valli fluviali. Infatti, il ghiaccio agisce su tutta la superficie del fondovalle e sui versanti, creando un fondo piatto e pareti ripide. Il profilo longitudinale di una valle glaciale mostra molto spesso una successione di *gradini* e *conche* dovuta al fatto che il ghiaccio può scavare in contropendenza. Il fenomeno è detto **sovraescavazione** e avviene perché quando il ghiaccio incontra un restringimento, un ostacolo o un tratto a pendenza minore rallenta e di conseguenza si gonfia, perché la massa a monte si muove più velocemente e continua a premere.

Altre forme tipiche dell'erosione glaciale sono i **circhi**, che si originano per l'erosione progressiva di nicchie o irregolarità sui versanti occupati dal ghiaccio. Molti circhi oggi abbandonati dai ghiacciai sono occupati da laghi (*laghi di circo*).

➔ FIGURA 30

I paesaggi delle valli glaciali italiane

8 Il ghiacciaio trasporta e sedimenta

Quando il ghiacciaio scende a quote in cui la temperatura è superiore a 0 °C, il ghiaccio fonde e tutto il materiale inglobato nel ghiaccio, blocchi di roccia, detriti di ogni dimensione, sabbia, argilla e limo, viene abbandonato. Si formano così i **depositi glaciali**, che possono essere suddivisi in due grandi categorie, a seconda che rimangano dove si sono formati o che vengano asportati dai torrenti alimentati dallo scioglimento del ghiaccio ➔ **FIGURA 31**.

I depositi che restano sul posto

FIGURA 31 Depositi morenici sulle pendici del Monte Rosa.

Tutto il materiale che viene depositato direttamente dal ghiacciaio costituisce le **morene**: cordoni, colline e piccoli rilievi costituiti da materiali eterogenei, per forma e dimensioni, mescolati caoticamente.

A un ghiacciaio sono sempre associate ➔ **FIGURA 32**:

- una **morena di fondo**, che si forma tra il ghiaccio e le rocce su cui si muove e ricopre in modo irregolare l'intera superficie della valle;
- due **morene di superficie laterali**, alimentate dai massi e dai frammenti che cadono dai versanti, che tendono a formare cordoni allungati;
- una **morena mediana**, che si forma nei punti in cui due lingue glaciali confluiscono, e deriva dalla fusione di due morene laterali.
- una **morena frontale** prodotta dall'accumulo, davanti alla fronte del ghiacciaio, dei materiali trasportati dal ghiaccio.

➔ **FIGURA 32** Il ghiacciaio del Miage ai piedi del Monte Bianco: la lingua glaciale è ricoperta di detriti.

Quando un grosso ghiacciaio non avanza o non arretra per molti anni e le acque di fusione non asportano molto materiale, le morene frontali formano veri e propri argini disposti a semicerchio, che si uniscono, costituendo un **anfiteatro morenico**. Spesso gli anfiteatri morenici sono formati da più archi concentrici, ognuno dei quali segna una fase di ritiro del ghiacciaio. In Italia grandi anfiteatri morenici sono presenti nella zona del lago di Garda (ghiacciaio del Sarca) e a Ivrea (ghiacciaio della Dora Baltea) **FIGURA 33**.

FIGURA 33 La Serra di Ivrea è la morena laterale del ghiacciaio della Dora Baltea.

La capacità di trasporto del ghiaccio è notevole: insieme ai frammenti più piccoli può smuovere massi e blocchi molto pesanti che vengono poi depositati a grande distanza. Sono chiamati **massi erratici** e sono facilmente riconoscibili perché, in genere, sono costituiti da rocce differenti rispetto ai materiali su cui poggiano **FIGURA 34**.

FIGURA 34 Masso erratico (1800 m^3 di roccia), abbandonato nella pianura dal ghiacciaio della Valle di Susa (TO).

I depositi fluvioglaciali

Sono detti **depositi fluvioglaciali** i depositi prodotti dall'azione delle acque di fusione, che scorrono sul fondo del ghiacciaio in molti rivoli, trasportando con sé parte dei detriti erosi dal ghiacciaio.
Le acque di fusione alimentano *torrenti glaciali* che hanno una capacità erosiva notevole e asportano dal fondo e dalle morene una grande quantità di detriti di tutte le dimensioni.
Le polveri più fini restano in sospensione nell'acqua, che assume un aspetto lattiginoso e si colora variamente, mentre gli altri detriti, più grossolani, vengono trascinati dal movimento vorticoso dell'acqua e depositati quando il torrente perde energia.
I depositi glaciali e fluvioglaciali, come i massi erratici, caratterizzano le regioni che in passato sono state coperte da coltri di ghiaccio.

FIGURA 35

La morfologia periglaciale

Intorno alle aree glaciali vere e proprie e al di sotto del limite delle nevi persistenti, esistono **regioni** a clima freddo, dette **periglaciali**, in cui il ghiaccio non agisce direttamente, ma la cui morfologia è condizionata dai fenomeni di *crioclastismo*.
Negli ambienti periglaciali, la temperatura sale sopra 0 °C solo per brevi periodi. In queste condizioni lo strato superficiale del suolo attraversa fasi di gelo e disgelo, mentre la porzione più profonda resta permanentemente gelata e viene detta **permafrost**.
Il permafrost è **impermeabile**, per questo in molte regioni artiche o subartiche, nel periodo estivo, il terreno diventa molle e si formano acquitrini e paludi, anche quando le precipitazioni sono scarse. Nelle regioni in cui è presente il permafrost il terreno imbevuto d'acqua può scorrere facilmente sopra lo strato gelato, per cui sono frequenti movimenti franosi.
In tutte le regioni periglaciali lo strato superficiale del suolo ha una notevole mobilità e le spinte orizzontali o verticali, provocate dal gelo e dalle variazioni termiche, possono causare sprofondamenti o innalzamenti dei detriti e del manto erboso. Si formano così **gradini**, **cuscini erbosi**, **cerchi di pietre** **FIGURA 35**.

GUIDA ALLO STUDIO

- Che cosa sono le morene?
- Che cosa sono i massi erratici?
- Che cos'è il permafrost?

Costruisci la mappa

Studio... in sintesi

Ascolta la sintesi

1 Le acque delle precipitazioni e il carsismo

L'azione erosiva delle **acque piovane** avviene lentamente, su vaste superfici e determina l'asportazione dei detriti di dimensioni minori e dei componenti organici del suolo. Gli effetti diventano più consistenti quando l'acqua scorre su materiali molto fini e poco coerenti o su rocce che contengono minerali solubili. In questi casi le forme tipiche sono i **calanchi** e le **piramidi di terra**.

2 Il paesaggio carsico

Le *acque sotterranee e superficiali*, leggermente acide grazie alla presenza in soluzione di **biossido di carbonio**, sono in grado di sciogliere il carbonato di calcio contenuto nelle rocce calcaree (**carsismo**), dando origine a un particolare tipo di paesaggio, caratterizzato dall'assenza di una rete idrografica superficiale e da tipiche **forme di modellamento**:

- **superficiale** (*doline, uvala, inghiottitoi, polje, campi carreggiati*);
- **sotterraneo** (*grotte*, al cui interno si trovano concrezioni calcaree di varia natura, tra cui *stalattiti e stalagmiti*).

3 I paesaggi carsici in Italia

In Italia le zone carsiche sono rappresentate da altopiani, come il Carso, il settore meridionale del Gran Sasso, le Murge e il Gargano. In queste zone si possono osservare le tipiche forme del modellamento carsico sia in superficie sia nelle numerose grotte.

4 L'azione di modellamento dei corsi d'acqua

I corsi d'acqua, attraverso i processi di **erosione**, **trasporto** e **sedimentazione**, costituiscono il più importante fattore di modellamento della superficie terrestre.

Il prevalere di un'azione sull'altra dipende dalla *portata* e dalla *velocità* delle acque.

L'**erosione** può realizzarsi per:

- **asportazione** per azione dinamica delle acque correnti;
- **abrasione** su fondo e sponde operata dai detriti;
- **dissoluzione** dei materiali solubili.

Il **trasporto** dei materiali può avvenire:

- in **soluzione** (ioni, sali, gas e molecole organiche);
- in **sospensione** (argille e sabbie fini);
- per **trascinamento**, **saltazione** e **rotolamento** (sabbie, ghiaie, ciottoli e blocchi).

La **sedimentazione** si verifica quando la velocità del corso d'acqua si riduce; può avvenire:

- in **alveo**;
- nelle **pianure** adiacenti (*depositi alluvionali*);
- alla **foce**.

Erosione, trasporto e sedimentazione modellano il profilo longitudinale del corso d'acqua, fino a raggiungere una condizione di equilibrio tra erosione e sedimentazione, cioè un **profilo di equilibrio**.

5 La valle fluviale e la sua evoluzione

I principali **elementi del paesaggio** che da monte verso valle riflettono l'azione di modellamento, dei corsi d'acqua sono:

- le **valli** dal **profilo a V** (erosione verticale e trasversale);
- le **pianure alluvionali**, derivanti dall'accumulo di notevoli quantità di materiali fini;
- i **terrazzi fluviali**, derivanti dall'alternanza di fasi di erosione e di sedimentazione;
- i **meandri**, che si formano in pianura.

6 Dove il fiume finisce

Nel punto in cui un corso d'acqua finisce (**foce**) si possono realizzare tre situazioni diverse:

- un **delta**, quando la foce è in bacini tranquilli e i materiali trasportati possono sedimentare;
- un **estuario**, quando la foce è in mare aperto dove la marea ha notevole ampiezza e le correnti e il moto ondoso contribuiscono a impedire la sedimentazione dei materiali trasportati;
- **conoidi alluvionali**, dovuti alla deposizione di materiali detritici in corrispondenza dello sbocco delle valli.

7 L'erosione e le valli glaciali

I **ghiacciai** e le **acque di fusione**, grazie al loro movimento, esercitano un'intensa erosione, detta **esarazione**, sulle rocce del fondo e dei versanti, che avviene attraverso:

- la **rimozione** di frammenti già disgregati, che vengono trasportati a valle in superficie o inglobati nella massa del ghiaccio;
- l'**estrazione** che consiste nell'abrasione meccanica e nel raschiamento delle rocce, operati dal ghiaccio e dai materiali solidi che trasporta.

L'esarazione modella la forma delle **valli glaciali**, che hanno **profilo a U**.

8 Il ghiacciaio trasporta e sedimenta

Quando il ghiacciaio fonde, abbandona il materiale che ha trasportato e si formano i **depositi morenici**: cordoni di materiali detritici a granulometria eterogenea, con struttura caotica priva di stratificazione (*morene di fondo*, *laterali*, *mediane* e *frontali*).

Quando le acque di fusione asportano parte del materiale morenico per ridepositarlo più a valle si formano i **depositi fluvioglaciali**.

Intorno alle aree glaciali, ma al di sotto del limite delle nevi persistenti, si osserva un **paesaggio periglaciale**, caratterizzato da un suolo con strato profondo sempre gelato (**permafrost**). Le forme tipiche del paesaggio periglaciale sono *gradini*, *cuscini erbosi* e *cerchi di pietre*.

Verifica il tuo studio

FISSA I CONCETTI

1 Le acque delle precipitazioni e il carsismo

Scegli il termine corretto tra i due proposti

1 I processi di modellamento legati alle acque continentali sono più intensi e rapidi se le rocce affioranti sono **fratturate/compatte**.

2 L'azione erosiva delle acque superficiali su rocce fini e poco coerenti porta alla formazione di **calanchi/piramidi di terra**.

3 L'azione erosiva delle acque superficiali su rocce di dimensioni non omogenee e poco coerenti porta alla formazione di **calanchi/ piramidi di terra**.

Completa le frasi

1 Le acque piovane sono dette anche ....

2 Le acque esercitano un'azione di .... meccanica sulle rocce.

3 Le acque sciolgono e asportano i ....

4 Le regioni carsiche hanno in comune due caratteristiche: la presenza di rocce .... e .... abbondanti.

2 Il paesaggio carsico

Scegli il termine corretto tra i due proposti

1 In Italia i paesaggi carsici sono distribuiti **lungo tutta la penisola/ sull'altopiano del Carso**.

2 Le regioni carsiche sono regioni in cui affiorano rocce **solubili/ insolubili** e le precipitazioni sono **abbondanti/scarse**.

3 Le **doline/calanchi** sono tipiche forme di modellamento carsico prodotte dall'azione erosiva delle acque superficiali.

Scegli il completamento corretto

1 Nelle regioni carsiche:
- A sono abbondanti i corsi d'acqua superficiali
- B in superficie vi sono forme di modellamento dovute alla deposizione del calcare
- C sono presenti rocce magmatiche
- D c'è un clima arido

2 Nelle regioni carsiche l'erosione del calcare:
- A è provocata da acque ricche di anidride solforica
- B avviene su rocce formate da acido carbonico
- C produce acido carbonico
- D produce bicarbonato di calcio

3 Le zone carsiche sono spesso regioni aride perché:
- A l'acqua scorre di solito in profondità e non in superficie
- B manca la vegetazione
- C non piove mai
- D non nevica mai

Completa le frasi

1 La risorgenza è un fenomeno tipico delle regioni ....

2 Le .... si accrescono dalla volta della grotta verso il basso e sono costituite di ....

3 Nelle regioni carsiche le forme di erosione sono dovute alla .... del calcare.

4 L'azione di modellamento dei corsi d'acqua

Individua il completamento sbagliato e correggilo

1 Il trasporto operato dai corsi d'acqua:
- A avviene in sospensione per le sostanze solubili
- B quando avviene per trascinamento, saltazione o rotolamento facilita l'erosione operata dal corso d'acqua
- C porta in soluzione ioni, sali, gas e molecole organiche
- D quando è in soluzione non dipende dalla velocità e dalla portata del corso d'acqua

2 Un corso d'acqua:
- A trasporta i detriti di maggiori dimensioni per saltazione, rotolamento e trascinamento
- B ha una capacità di trasporto tanto maggiore quanto maggiore è la sua velocità
- C trasporta la maggior parte dei materiali in soluzione
- D tende a raggiungere un profilo curvilineo frutto di un equilibrio tra erosione e sedimentazione

Completa le frasi

1 La sedimentazione dei materiali trasportati da un corso d'acqua porta sempre alla formazione di ...., cioè ordinati secondo la ....

2 Il fiume trasporta attraverso i meccanismi di: ...., ..., ... e ....

3 Il fiume trasporta ioni, sali e gas ....

4 Il profilo di equilibrio di un corso d'acqua è una linea .... concava verso l'alto. Il fiume lo raggiunge grazie all'equilibrio tra .... e ....

5 La valle fluviale e la sua evoluzione

Scegli il termine corretto tra i due proposti

1 Il profilo di una valle fluviale è a **V/U**.

2 Se la valle ha un fondo ampio che tende a essere piatto, prevale l'erosione **verticale/trasversale**.

3 Se la valle ha una sezione trasversale a V, prevale l'erosione **verticale/trasversale**.

4 I materiali sedimentati dai corsi d'acqua sono detti **argini/ alluvioni** e danno origine alle pianure.

Completa le frasi

1 Nei meandri, la riva esterna è la sponda ...., mentre la riva interna è la sponda ....

2 I materiali sedimentati da un fiume sono detti ....

3 Quando il corso d'acqua scorre su pendii molto ripidi si formano .... con pareti a strapiombo.

4 Negli ambienti aridi si formano valli con pareti verticali, dette ....

Scegli il completamento corretto

1 In corrispondenza di un meandro:
- A la velocità è minima in prossimità della sponda esterna
- B la velocità è minima in prossimità della sponda interna
- C la sponda esterna è la sponda di sedimentazione
- D la sponda interna è la sponda di erosione

2 I terrazzi fluviali:
- A si formano a causa dell'azione dell'uomo
- B si formano perché il fiume riprende a erodere i sedimenti in precedenza depositati
- C si formano perché il fiume riprende a depositare, dopo una fase erosiva
- D si formano perché il fiume accumula detriti sulle sponde

3 I canyon sono:
- A tipici delle zone umide
- B più ampi quando sono scavati in rocce dure
- C più ampi quando sono scavati in rocce tenere
- D tipici delle regioni tropicali

4 I meandri:
- A si formano solo in montagna
- B sono strutture stabili, che non cambiano nel tempo
- C cambiano forma e posizione a causa delle variazioni della portata del fiume tra una sponda e l'altra
- D cambiano forma e posizione a causa delle variazioni della velocità del fiume tra una sponda e l'altra

6 Dove il fiume finisce

Vero o falso?

1 La forma della foce è a estuario, se il corso d'acqua sfocia in un mare aperto con forti correnti, maree e moto ondoso. V F

2 La forma della foce è a delta, se il corso d'acqua sfocia in un lago. V F

3 La foce è a delta, se il corso d'acqua sfocia in un mare in cui le correnti e il moto ondoso sono deboli. V F

4 I conoidi alluvionali sono accumuli di sedimenti simili ai delta. V F

Scegli il termine corretto tra i due proposti

1 Le strutture che si formano quando la foce è in bacini tranquilli e i materiali trasportati possono sedimentare si chiamano **delta/estuari**.

2 Quando la foce è in mare aperto dove le correnti e il moto ondoso contribuiscono a impedire la sedimentazione dei materiali trasportati si formano **delta/estuari**.

3 La deposizione di materiali detritici in corrispondenza dello sbocco delle valli in pianura produce **delta/conoidi alluvionali**.

4 Il Po ha una foce a **delta/estuario**.

5 Il Rio de la Plata ha una foce a **delta/estuario**.

7 L'erosione e le valli glaciali

Abbina ogni termine alla definizione corretta

1 sovraescavazione **2** abrasione **3** esarazione

a erosione meccanica operata dai detriti trasportati dal ghiaccio sulle rocce del fondo e delle sponde.

b erosione in contropendenza operata da un ghiacciaio.

c erosione operata dal ghiaccio e dai materiali da esso trasportati sulle rocce del fondo.

1. ☐ **2.** ☐ **3.** ☐

Vero o falso?

1 Le valli glaciali hanno un profilo a U, perché il ghiaccio erode linearmente. V F

2 La sovraescavazione è una caratteristica delle valli fluviali. V F

3 L'esarazione glaciale crea valli con profilo a U. V F

4 L'esarazione avviene per estrazione e rimozione. V F

5 La sovraescavazione è l'azione erosiva dell'acqua di fusione del ghiacciaio. V F

6 La sovraescavazione produce la farina di roccia. V F

Completa le frasi

1 I ghiacciai erodono le rocce del fondovalle mediante il processo di ...., attraverso .... e ....

2 I .... si originano per l'erosione di nicchie o irregolarità sui versanti occupate dal ghiaccio.

3 L'................................ di detriti dalle rocce del fondo consiste principalmente nell'................................ meccanica e nel .... delle rocce.

8 Il ghiacciaio trasporta e sedimenta

Scegli il completamento corretto

1 Le morene sono:
- A forme di erosione
- B accumuli di detriti glaciali
- C dette anche rocce montonate
- D depositi glaciali delle zone polari

2 Tipiche forme di deposito glaciale sono:
- A massi erratici
- B valli dal profilo a V
- C piane fluvioglaciali
- D valli dal profilo a U

3 Il permafrost è la porzione di suolo:
- A che non è mai gelata
- B soggetta al gelo e al disgelo
- C più superficiale
- D sempre gelata

Completa le frasi

1 Le .... rappresentano tutto il materiale .... da un ghiacciaio.

2 Quando le acque di fusione asportano parte del materiale morenico e lo depositano a valle si formano i ....

Vero o falso?

1 I depositi fluvioglaciali sono in genere stratificati, mentre i depositi morenici hanno una struttura caotica. V F

2 Nelle regioni periglaciali la porzione profonda e sempre gelata del suolo è permeabile. V F

3 Nelle regioni periglaciali lo strato superficiale del suolo attraversa fasi di gelo e disgelo. V F

APPLICA IL TUO STUDIO

Rispondi

1 Quali sono le caratteristiche del paesaggio carsico?

2 Illustra il contributo dato da un corso d'acqua al modellamento della superficie terrestre, attraverso erosione, trasporto, sedimentazione.

3 Come vengono classificate le morene? Come si formano e come si riconoscono i depositi morenici dai depositi fluviali?

VERSO LE COMPETENZE...

Questo esercizio ha lo scopo di condurti a sviluppare le seguenti competenze:

- **utilizzare il linguaggio specifico della disciplina;**
- **descrivere e analizzare fenomeni naturali o prodotto di interventi umani sul territorio;**
- **comprendere il significato di immagini e modelli.**

1 Osserva le immagini e inserisci i nomi delle strutture indicate, poi rispondi alle domande

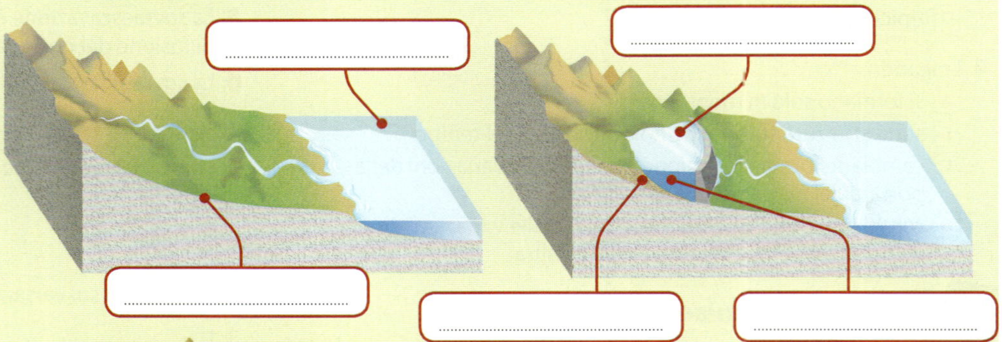

a Che cosa succede al livello di base del corso d'acqua dopo la costruzione della diga?

b Che cosa succede alla velocità del corso d'acqua? Spiega quali sono le conseguenze sulla dinamica del corso d'acqua e sui rapporti tra erosione e sedimentazione.

2 Osserva l'immagine e rispondi

a Se dovessi costruire una casa lungo il fiume rappresentato, all'altezza dell'ultimo meandro, sceglieresti la sponda *A* o la sponda *B*? Motiva la tua risposta.

b La scelta che hai fatto rispondendo alla domanda precedente si può considerare valida per tutto il corso del fiume? Perché?

3 Individua e correggi gli errori

Nella realizzazione dello schema, che illustra un sistema carsico in sezione, sono stati commessi 6 errori nel posizionare le scritte.

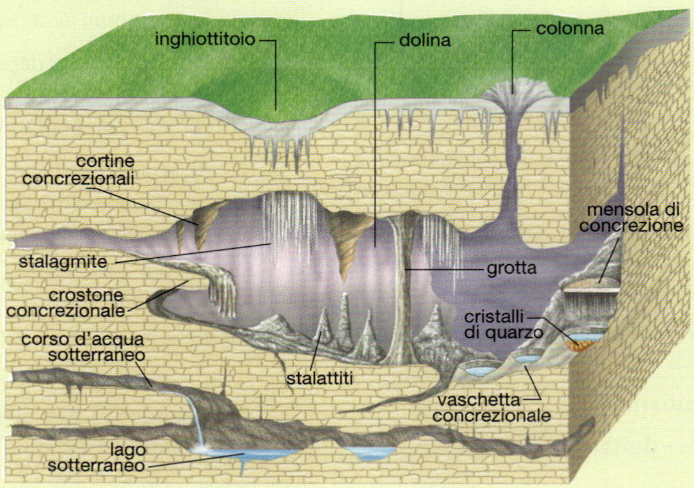

10 Le acque del mare

COMPETENZE

- Saper riconoscere e stabilire relazioni tra concetti appresi anche in contesti diversi
- Saper applicare le conoscenze acquisite
- Saper utilizzare correttamente i concetti di proporzionalità diretta e inversa

1. La composizione delle acque del mare
2. La densità e la temperatura delle acque del mare
3. Le onde: movimenti irregolari
4. Le correnti: movimenti lenti e costanti
5. Le maree: movimenti periodici
6. I fondali del mare
7. La vita nel mare

1 La composizione delle acque del mare

sale
dal punto di vista chimico è un composto formato da ioni, che non necessariamente ha sapore salato, che contiene un metallo e un non metallo spesso unito ad atomi di ossigeno; i sali sono solidi cristallini fragili e in genere solubili in acqua, poiché in acqua gli ioni di cui sono fatti si dissociano, cioè si separano e si disperdono nel liquido.

GUIDA ALLO STUDIO

- Che cos'è la salinità?
- Quali sono i sali più comuni nelle acque del mare?
- Quali sono i gas più comuni disciolti nelle acque marine?

Le acque dolci, come abbiamo visto nel precedente capitolo, si muovono, erodono e trasportano in soluzione **sali** minerali e altre sostanze. La quantità in grammi di sali disciolti in 1000 ml di acqua si chiama **salinità**. Le acque dolci hanno una salinità molto bassa, inferiore allo 0,2‰ (si legge *per mille*). I corsi d'acqua trasportano nei bacini marini e negli oceani i sali che contengono. Per questo le acque marine vengono anche denominate **acque salate**.
Nelle acque dei mari e degli oceani, oltre ai sali, sono disciolti *nutrienti* e *gas*.
Tra i **sali** disciolti nelle acque marine i più abbondanti sono i *cloruri*, che contengono cloro unito a metalli di vario tipo ➲ **TABELLA 1**. Il più importante tra questi è il **cloruro di sodio** (comunemente noto come *sale da cucina*) ➲ **FIGURA 1**.
La salinità delle acque marine è in **media 35‰**: ciò significa che *in 1000 ml di acqua marina sono presenti 35 g di sale.*
La salinità delle acque è importante, perché la presenza di sali disciolti ne condiziona il comportamento per quanto riguarda i **passaggi di stato**: in superficie l'acqua marina con una salinità del 35‰ non congela a 0 °C, ma a −2 °C.
I **nutrienti** sono sostanze presenti in quantità minime nelle acque marine, ma sono importanti perché contengono elementi indispensabili per la vita di molti organismi.
Particolarmente importanti sono i **composti di azoto**, **fosforo**, **silicio**, **magnesio**, **ferro** e **rame**.
I **gas** disciolti nelle acque marine derivano in massima parte dall'atmosfera. I gas più abbondanti sono **azoto**, **ossigeno** e **biossido di carbonio** e tutti intervengono nelle reazioni indispensabili alla sopravvivenza degli organismi che vivono nelle acque oceaniche. In generale i gas si sciolgono più facilmente nei mari freddi piuttosto che nelle acque calde, perciò la percentuale di gas varia in relazione alla temperatura delle acque.

➲ **FIGURA 1**

TABELLA 1 Quantità dei principali sali disciolti in 1000 ml di acqua di mare

sali	g sul totale dei sali	% sul totale dei sali
cloruro di sodio (NaCl)	27,2	77,8
cloruro di magnesio ($MgCl_2$)	3,8	10,9
altri	4	11,3
totale	**35**	**100**

PER SAPERNE DI PIÙ

La salinità di mari e oceani non è costante

Mentre la salinità nelle acque profonde è stabile nel tempo, quella delle acque superficiali può variare da luogo a luogo o nel corso dell'anno, entro valori abbastanza ampi ➲ **FIGURA 2**. In alcune parti del Mar Rosso, per esempio, la salinità raggiunge il 41-43‰, mentre nel Mar Baltico scende al 6‰. La **salinità aumenta** nelle regioni o nei periodi dell'anno in cui l'evaporazione è più intensa. L'*evaporazione*, infatti, sottrae acqua al sistema, ma non riduce il contenuto dei sali, di conseguenza la loro concentrazione aumenta. Anche la formazione dei ghiacci può causare un aumento della salinità, perché la *solidificazione* interessa quasi esclusivamente l'acqua. La **salinità diminuisce** in prossimità delle foci dei fiumi e nelle regioni o nei periodi dell'anno caratterizzati da intense precipitazioni.

carta della salinità delle acque oceaniche superficiali

➲ **FIGURA 2**

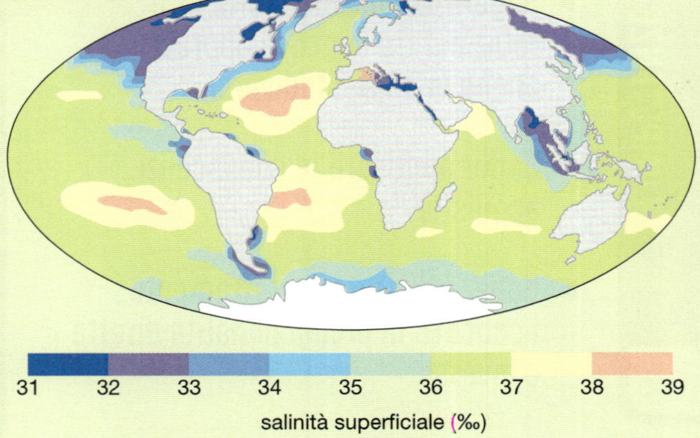

La temperatura superficiale delle acque del mare

2 La densità e la temperatura delle acque del mare

Molte **proprietà fisiche** dell'acqua marina hanno un'importanza fondamentale per gli organismi e per i movimenti delle grandi masse d'acqua. Le proprietà più significative sono *densità*, *temperatura* e *pressione*.

La **densità** delle acque oceaniche superficiali a 0 °C, con una salinità del 35‰, è pari a **1,028 kg/dm³**, ma questo valore varia in funzione della temperatura e della salinità: le acque fredde e salate sono più dense di quelle calde e poco salate.

La **pressione** è un fattore di gran lunga meno significativo rispetto alla salinità e alla temperatura nel determinare la densità delle acque oceaniche. Questo perché l'acqua è poco comprimibile: gli aumenti di pressione (1 atm ogni 10 m di profondità) producono diminuzioni di volume molto piccole e quindi minimi aumenti di densità.

La **temperatura** delle acque oceaniche varia in funzione della profondità e della latitudine.

Gli **strati superficiali** sono riscaldati dalle *radiazioni solari*, che penetrano a profondità diverse a seconda della loro lunghezza d'onda. La temperatura delle acque oceaniche superficiali diminuisce (anche se in modo irregolare) con l'aumentare della latitudine ➲ **FIGURA 3**.

FIGURA 3

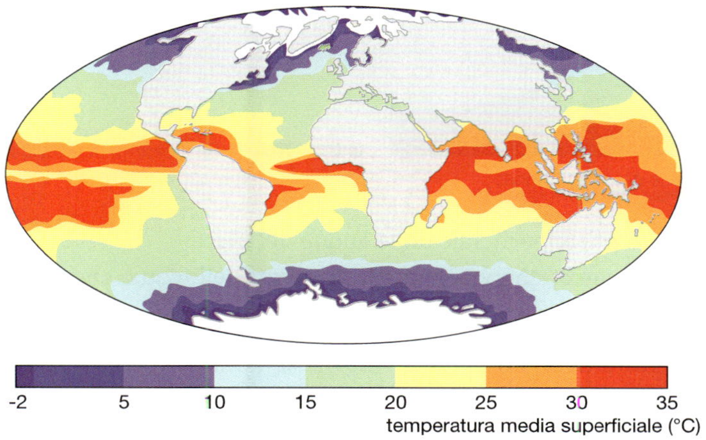

Il riscaldamento delle **acque profonde**, invece, si realizza prevalentemente attraverso *movimenti convettivi*, cioè correnti ascendenti e discendenti di masse d'acqua, causati da differenze di temperatura e densità.

In generale, si osserva che la temperatura delle acque oceaniche diminuisce con la profondità e raggiunge valori compresi tra 0 °C e −2 °C. L'acqua marina però non congela in profondità, a causa dell'aumento di pressione e densità.

In base alle variazioni di temperatura, in tutte le acque oceaniche, escluse quelle polari, è possibile riconoscere verticalmente degli strati che presentano caratteristiche fisiche differenti. In queste zone la temperatura diminuisce dalla superficie verso il fondale, mentre la densità e la salinità aumentano a mano a mano che ci si avvicina al fondale ➲ **FIGURA 4**.

GUIDA ALLO STUDIO

- Qual è la densità media delle acque del mare?
- Come si scaldano gli strati profondi di un oceano?
- In quali strati si può suddividere una massa d'acqua marina in base alla temperatura?

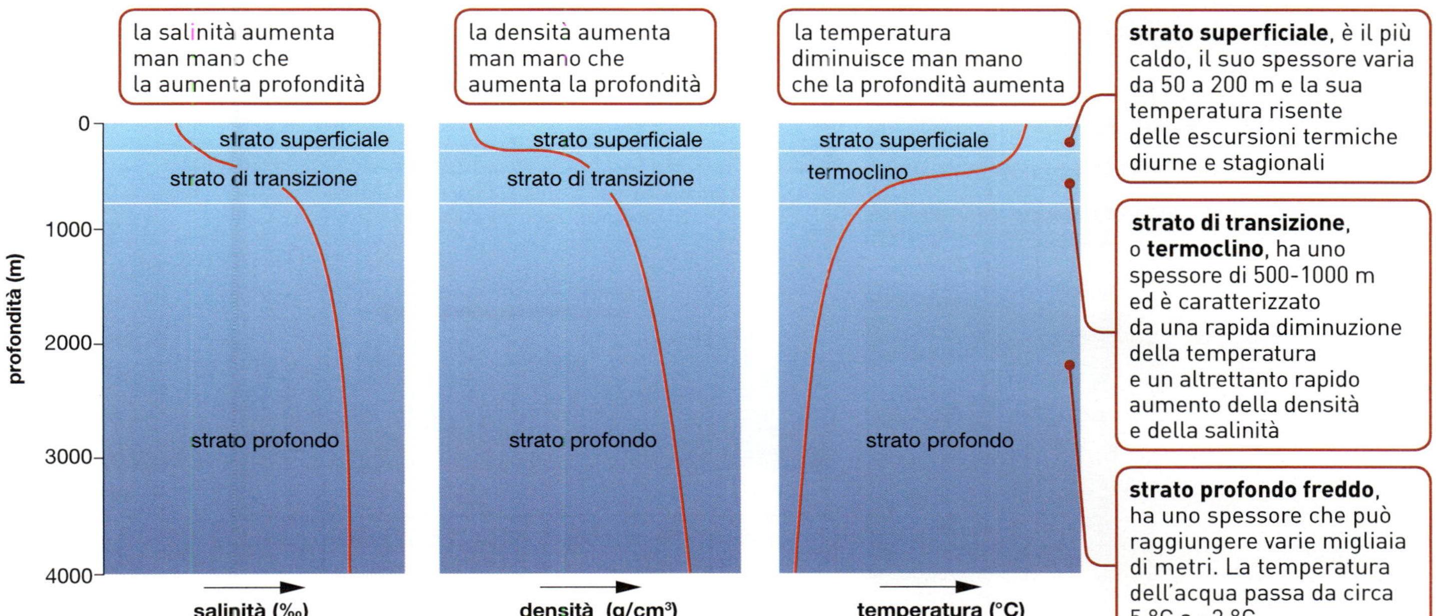

FIGURA 4

3 Le onde: movimenti irregolari

Le acque dei bacini oceanici e marini sono in continuo movimento. Si distinguono tre tipi di movimenti: **onde**, **correnti** e **maree**.

Le **onde** sono **movimenti irregolari**, prodotti dal **vento** che, a causa dell'attrito che l'aria incontra nello scorrere sull'acqua, produce increspature con formazione di dossi e avvallamenti ➲ FIGURA 5.

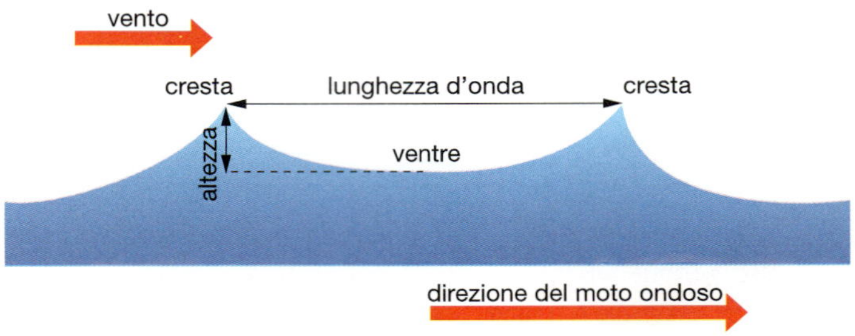

FIGURA 5 Gli elementi di un'onda.

GUIDA ALLO STUDIO

- Da che cosa sono causate le onde?
- Che cosa sono le onde di oscillazione?
- Che cosa sono i frangenti di spiaggia?

Le onde interessano soltanto lo strato più superficiale delle acque del mare.

In **mare aperto** le onde si propagano senza che vi siano spostamenti dell'acqua, che infatti *oscilla soltanto in verticale* ➲ FIGURA 6. Per questo sono dette **onde di oscillazione**.

Quando le onde giungono **in prossimità della costa**, la situazione si modifica, perché esse risentono dell'attrito con il fondale. L'attrito rallenta la parte dell'onda a contatto con il fondale, mentre la porzione superiore procede a velocità invariata. Perciò l'onda diventa sempre più alta e ripida, finché gli strati superiori si rovesciano in avanti e si rompono. Si formano così i **frangenti di spiaggia**. I frangenti, diversamente dalle onde in mare aperto, trasportano e muovono realmente l'acqua e sono perciò **onde di traslazione** ➲ FIGURA 7.

La distanza dalla linea di costa alla quale si formano i frangenti dipende dall'inclinazione del fondale: dove è molto ripido, la fascia entro cui si frangono le onde è prossima alla riva, mentre dove il fondale digrada lentamente, le onde si trasformano in frangenti molto più lontano dalla riva.

Sulla spiaggia, che è inclinata verso il mare, l'acqua che si infrange, risale e poi scorre via per azione della gravità; questo riflusso si chiama **risacca** e provoca un continuo movimento delle particelle di sabbia sul litorale.

in mare aperto le particelle d'acqua si muovono su traiettorie circolari senza modificare la loro posizione. Il moto rotatorio è causato dal vento che preme e spinge verso il basso le particelle dell'acqua

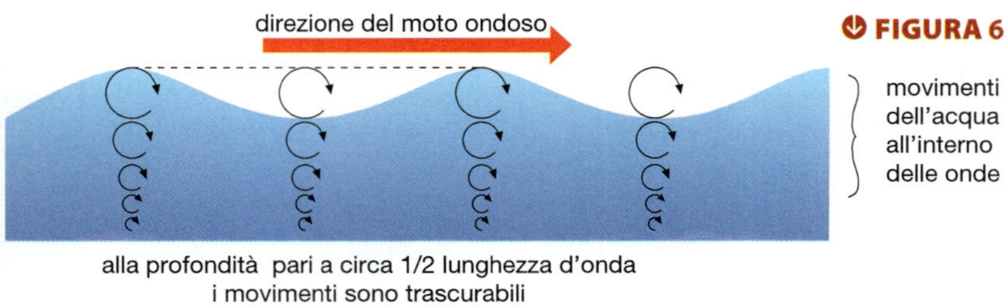

FIGURA 6

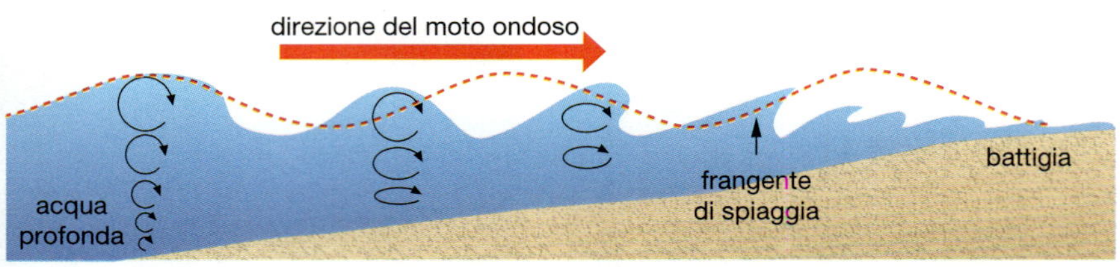

FIGURA 7

in prossimità della costa, quando la profondità si riduce per effetto dell'attrito con il fondale, il moto delle particelle d'acqua da circolare diventa ellittico e l'onda si trasforma in un frangente di spiaggia

4 Le correnti: movimenti lenti e costanti

Le **correnti marine** sono enormi masse d'acqua, diverse dalle acque circostanti per *salinità*, *temperatura*, *densità* e talvolta anche per il *colore*, che si spostano da una zona all'altra degli oceani mantenendo le loro caratteristiche.
Le correnti provocano uno **spostamento reale dell'acqua** e seguono **percorsi quasi costanti**. Si muovono lentamente, distribuendo calore, sali, gas, nutrienti e organismi del **plancton** da un bacino all'altro, su grandi distanze ➔ **FIGURA 8**.
Le correnti subiscono, come tutti i corpi che si muovono liberamente sulla superficie terrestre, l'influenza della rotazione terrestre: esse infatti, non seguono esattamente la traiettoria prevista, ma subiscono una deviazione, verso destra nel nostro emisfero, e verso sinistra nell'emisfero australe a causa della *forza di Coriolis*. In ogni bacino oceanico tendono a crearsi veri e propri circuiti chiusi, nei quali le masse d'acqua si muovono in senso orario nel nostro emisfero e in senso antiorario in quello meridionale.
La circolazione oceanica è molto complessa ➔ **FIGURA 9**.

plancton
insieme di organismi animali e vegetali microscopici o comunque molto piccoli, incapaci di movimenti attivi, che si lasciano trasportare dalle correnti.

Le correnti orizzontali superficiali

Le **correnti superficiali** interessano uno strato di spessore non superiore ai 200 m e hanno una velocità inferiore a 0,5 km/h; alcune correnti fanno eccezione: possono coinvolgere masse d'acqua più profonde e raggiungono la velocità di 3-4 km/h.
Le forze che provocano le correnti oceaniche superficiali sono:

- i **venti** che soffiano a lungo nella stessa direzione;
- le **differenze di temperatura** tra masse d'acqua.

In base alla temperatura, si distinguono **correnti calde**, che provengono dall'equatore e si muovono verso i poli, e **correnti fredde**, che provengono dalle regioni polari e si dirigono verso l'equatore.
Le correnti **influenzano** notevolmente il **clima** delle regioni che lambiscono, poiché condizionano la temperatura, l'umidità dell'aria, la limpidità del cielo, la presenza di nebbie e foschie. Le correnti calde, che dall'equatore si dirigono verso i poli, hanno un effetto mitigatore sul clima. Grazie alla **corrente del Golfo** e alla **corrente nordatlantica**, per esempio, le coste della Gran Bretagna e di gran parte dell'Europa nord-occidentale hanno climi più miti di quanto ci si aspetterebbe in base alla loro latitudine. Viceversa, le correnti fredde, che dai poli si dirigono verso l'equatore, mitigano le torride temperature delle regioni tropicali. Ne è un esempio la **corrente del Benguela**, al largo della costa occidentale dell'Africa meridionale.

Le correnti orizzontali profonde e le correnti verticali

Negli oceani e nei mari è presente anche una circolazione di **correnti orizzontali profonde**, che si generano perché le acque salate e fredde sono più dense delle acque poco salate e calde. Quando la densità di una massa d'acqua è maggiore rispetto

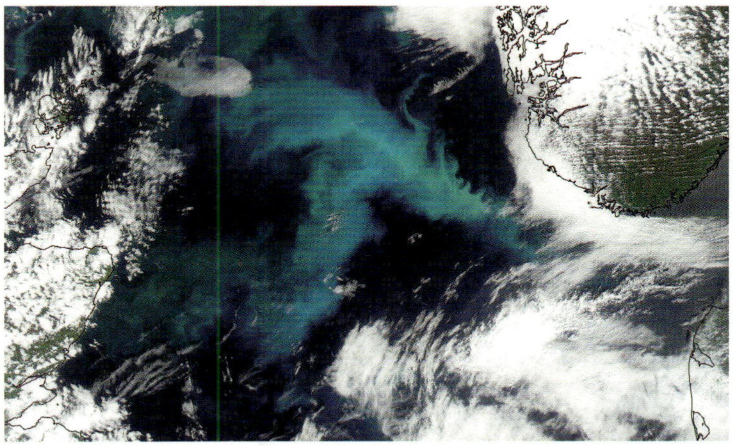

FIGURA 8 La presenza di una grande "fioritura" di alghe del plancton mette in evidenza le correnti del Mare del Nord a sud-est della Norvegia.

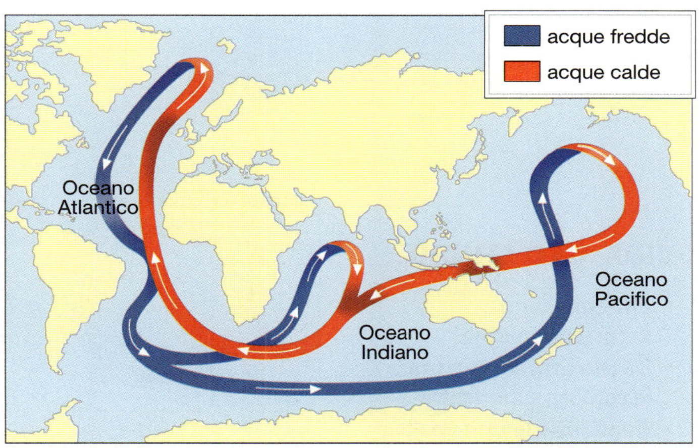

FIGURA 9 Modello della circolazione oceanica globale tra le acque profonde più fredde e le acque superficiali più calde.

a quella delle acque circostanti, essa tende a sprofondare, creando una **corrente discendente**, mentre se la densità diminuisce, si crea una **corrente ascendente**.
Le acque superficiali delle regioni polari, per esempio, sono fredde e salate, perciò più dense; tendono quindi a sprofondare e a diffondere lentamente verso le regioni equatoriali, formando una corrente profonda orizzontale. Tali movimenti creano, per compensazione, spostamenti verticali di altre masse d'acqua meno dense, dal fondale verso la superficie degli oceani.
I movimenti orizzontali profondi e i movimenti verticali sono estremamente lenti: un ciclo intero di sprofondamento e risalita richiede centinaia di anni ➲ **FIGURA 10**.

Le principali correnti oceaniche

Nell'**Ocerano Pacifico** e nell'**Oceano Atlantico** l'acqua si muove lungo circuiti più o meno circolari e distinti nei due emisferi. Nel nostro emisfero il circuito atlantico ha un andamento meno regolare di quello pacifico, a causa della presenza di masse continentali che conferiscono al bacino atlantico una forma allungata e irregolare.

Nell'**Oceano Indiano** la situazione è più semplice, poiché è compreso quasi interamente in un solo emisfero e la circolazione si muove per sei mesi in un senso e per sei mesi nel senso contrario ➲ **FIGURA 11**.

I due **circuiti atlantici** si formano sotto l'influsso di venti che spirano da nord-est e sud-est e danno origine alla **corrente nordequatoriale** e a quella **sudequatoriale**. Tali correnti trasportano masse d'acqua calda dall'equatore verso i poli e, per l'effetto Coriolis, si muovono verso ovest. Sotto le correnti equatoriali scorrono, in direzione opposta, le **controcorrenti equatoriali**, dirette verso l'equatore. Le controcorrenti si muovono in profondità e sono molto più veloci delle correnti superficiali. Inoltre, sempre per l'effetto Coriolis, sono deviate verso est.
La corrente nordequatoriale si ramifica, originandone altre due, che confluiscono poi nella corrente del Golfo. La **corrente del Golfo** si muove molto più velocemente delle correnti equatoriali e non riesce mai a uniformare la sua temperatura a quella delle acque circostanti, che si fanno sempre più fredde a mano a mano che sale in latitudine. Il calore viene ceduto lentamente all'aria, perciò la corrente del Golfo mitiga notevolmente il clima delle regioni del Nord Atlantico che lambisce. Lungo le coste dell'America del Nord, la corrente del Golfo diviene più fredda e lenta e si trasforma nella **corrente nordatlantica**, che si ramifica e in parte torna indietro, con la denominazione di **corrente delle Canarie**. La corrente del Golfo e quella nordequatoriale delimitano una regione centrale di acque relativamente calme e poco disturbate, nota come *Mare dei Sargassi*.

➲ **FIGURA 10** Formazione di correnti orizzontali profonde e di correnti ascendenti.

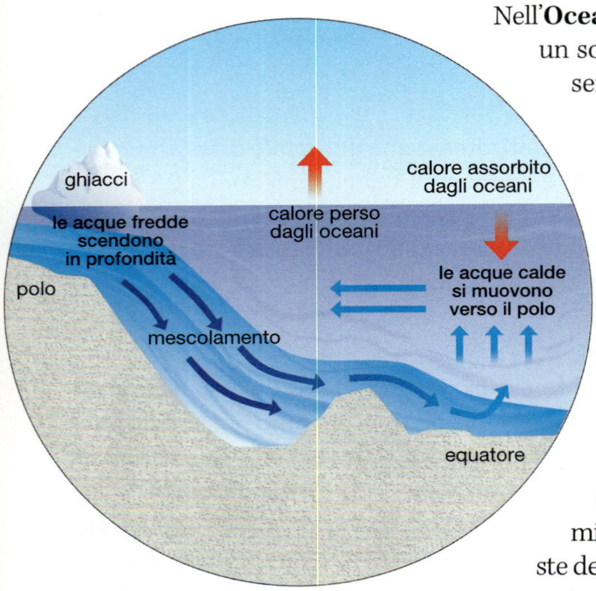

➲ **FIGURA 11** I maggiori circuiti delle correnti oceaniche.

I circuiti delle correnti oceaniche

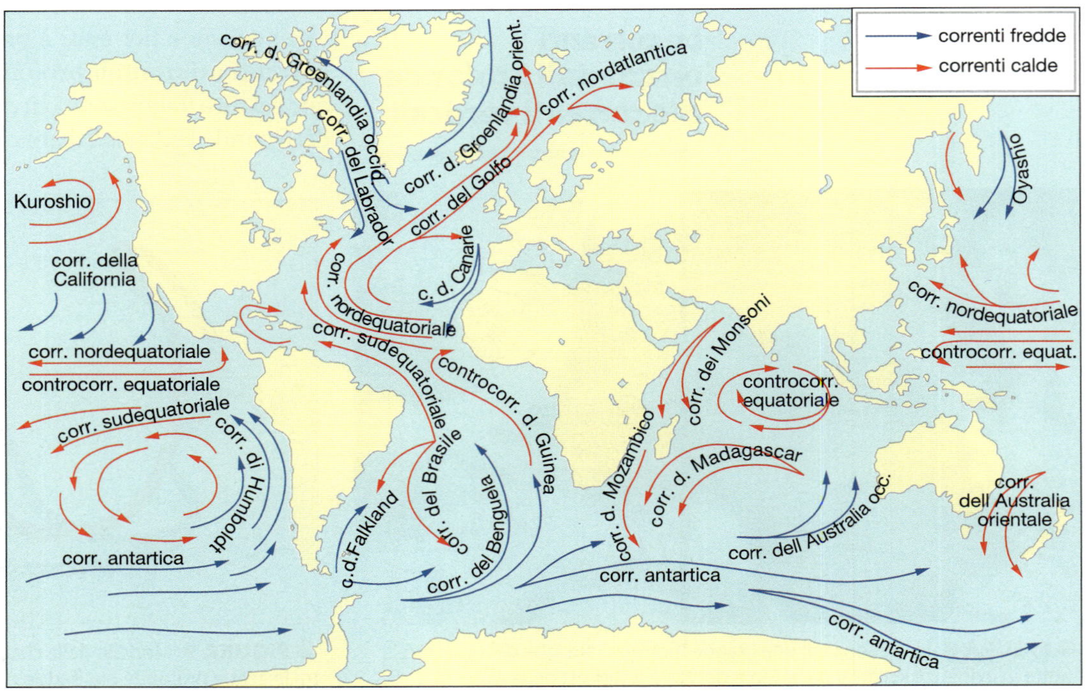

GUIDA ALLO STUDIO

- Che cosa sono le correnti marine?
- Da che cosa sono causate le correnti superficiali?
- Quali sono le principali correnti del circuito atlantico?

5 Le maree: movimenti periodici

La marea nella baia di Fundy

Le **maree** sono oscillazioni periodiche del livello della superficie dell'oceano o del mare, accompagnate da un movimento orizzontale delle acque, che durante le fasi di innalzamento avanzano sulle spiagge, mentre si ritirano durante le fasi di abbassamento. La fase di innalzamento viene denominata **alta marea**, o **flusso**, mentre il fenomeno di abbassamento è detto **bassa marea**, o **reflusso**.

Il dislivello tra l'alta e la bassa marea è detto **ampiezza della marea** e dipende in gran parte dalla morfologia e dalla posizione del bacino. In *pieno oceano* il valore medio dell'ampiezza della marea è di circa 1 m. In alcuni golfi e baie può raggiungere anche i 14-18 m, come nella baia di Fundy, nella Nuova Scozia, o a Mont Saint-Michel, in Francia, dove supera i 10 m ➔ **FIGURA 12**. Nei mari interni, come il *Mediterraneo*, maree relativamente ampie si riscontrano solo nell'alto Adriatico: a Venezia l'ampiezza può superare 1 m e determina il fenomeno dell'*acqua alta*.

Le cause delle maree

Le **fasi di marea** si ripetono seguendo con una certa regolarità i movimenti della Luna intorno alla Terra. Anche se ci sono molte eccezioni, di solito in un **giorno** si verificano **due basse maree**, alternate a **due alte maree**. Le alte maree avvengono al passaggio della Luna sul meridiano e sull'antimeridiano del luogo. Poiché la Luna impiega 24 h 50 min circa a compiere un giro apparente intorno alla Terra (il giorno civile invece dura 24 h), il ciclo delle maree si ripete con un *ritardo giornaliero di 50 min*.

FIGURA 12

alta marea a Mont Saint-Michel

bassa marea a Mont Saint-Michel

Le **forze** che generano le maree sono:

- l'**attrazione gravitazionale** esercitata dalla Luna e dal Sole su tutti i punti della superficie terrestre;
- la **forza centrifuga**, prodotta dal moto di rivoluzione del sistema Terra-Luna intorno al comune baricentro e diretta dal centro del sistema verso l'esterno.

Questa ultima forza, come abbiamo già detto, è in realtà una forza apparente ed è molto più debole rispetto alla forza di attrazione gravitazionale del sistema.
Le due forze agiscono contemporaneamente sui punti della superficie terrestre, determinando in ogni istante due massimi di marea, uno sul meridiano che passa davanti alla Luna, l'altro sul meridiano opposto ➲ **FIGURA 13**.

➲ **FIGURA 13**

GUIDA ALLO STUDIO

- Che cosa sono le maree?
- Da che cosa sono causate le maree?
- In base a quali fattori varia l'ampiezza di marea?

PER SAPERNE DI PIÙ

L'effetto del Sole sulle maree

Anche il passaggio giornaliero del **Sole** sui meridiani causa due massimi di marea, analoghi a quelli provocati dalla Luna, ma meno evidenti. Le **maree solari** però hanno un'ampiezza decisamente inferiore rispetto a quelle lunari (circa la metà). Le maree solari, inoltre, sono leggermente sfasate rispetto a quelle lunari, poiché il Sole culmina su un meridiano ogni 24 h. L'ampiezza delle maree quindi non è costante: quando il Sole e la Luna si trovano allineati con la Terra cioè in novilunio e plenilunio (*congiunzione e opposizione*), le loro azioni di attrazione gravitazionale si sommano e le maree sono molto ampie e vengono chiamate **maree vive**; quando, invece, essi si trovano in *quadratura* (primo quarto e ultimo quarto), si hanno maree di ampiezza ridotta chiamate **maree morte** ➲**FIGURA 14**.

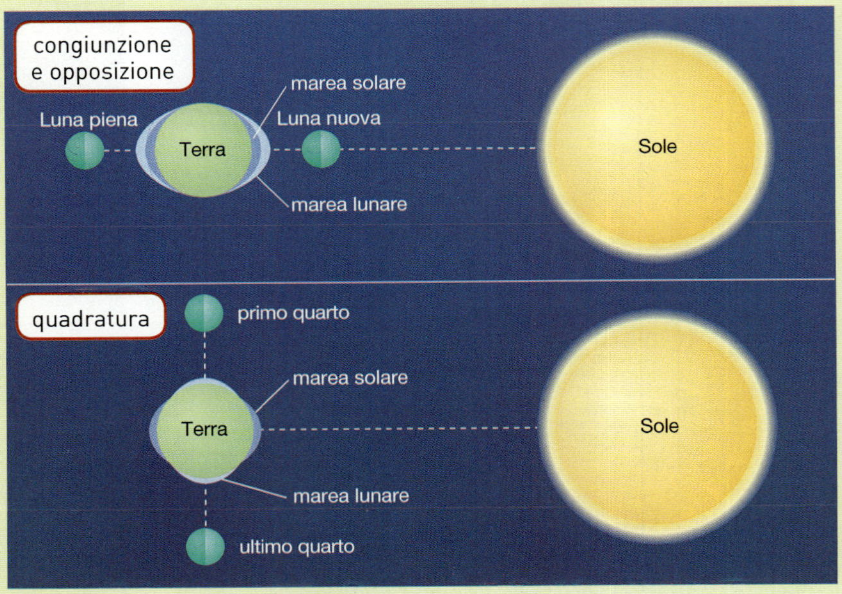

➲ **FIGURA 14** Effetti del Sole sulle maree.

6 I fondali del mare

una prateria sottomarina di *Posidonia oceanica*, una pianta acquatica che cresce sui fondali e con le sue fronde crea un ambiente in cui vivono molti organismi

FIGURA 15

I fondali marini hanno una struttura ben precisa, nella quale si riconoscono tre tipi di ambienti caratteristici, il cui aspetto ed estensione variano a seconda delle caratteristiche del bacino.

La piattaforma continentale

La **piattaforma continentale** rappresenta l'area di transizione tra le terre emerse e i fondali oceanici ed è geologicamente il prolungamento del continente. Scende con una leggera pendenza fino a una **profondità di 200 m** in media e presenta infossature e rilievi che, il più delle volte, sono la prosecuzione di quelli esistenti sulla terraferma. La sua estensione è estremamente varia.
La luce solare penetra in tutto lo spessore dello strato d'acqua che la sovrasta, per cui le piante e le alghe formano praterie sottomarine, creando habitat ideali per molti organismi ➔ FIGURA 15. Sulla piattaforma continentale, inoltre, si deposita gran parte del materiale proveniente dalla terraferma: ciottoli, sabbie, limi e argille portati dai fiumi.

La scarpata continentale

Proseguendo verso il largo, la pendenza del fondale aumenta bruscamente fino a raggiungere, a una **profondità di 3000-3500 m**, la piana abissale. Questa zona di raccordo con il fondale oceanico è la **scarpata continentale** che forma, insieme alla piattaforma, lo **zoccolo continentale**, qua e là interrotto da gole sinuose e da *canyon sottomarini*. Alcuni di questi sono il prolungamento dell'alveo di grandi fiumi, altri si sono formati in seguito al verificarsi di frane sottomarine.
La luce a queste profondità non riesce più a penetrare la grande massa d'acqua: lungo la scarpata scompare ogni organismo fotosintetico e gli esseri viventi sono rappresentati solo da organismi animali.

La pianura abissale

Ai piedi della scarpata, inizia la **pianura abissale**, il vero e proprio fondale oceanico su cui si elevano le **dorsali oceaniche**. Allontanandosi dalla dorsale, il fondale digrada lentamente e diventa sempre più regolare: i sedimenti che si depositano aumentano di spessore e costituiscono una coltre che tende a livellare il fondale. Sulla piana possono essere presenti numerosi **rilievi**, per lo più di natura vulcanica.

Le costruzioni coralline

In alcune zone sulla piattaforma continentale si osservano grandi **barriere coralline** e **atolli** ➔ **FIGURA 16**. Tali costruzioni sono costituite soprattutto da colonie di coralli, molluschi, echinodermi, foraminiferi e alghe calcaree, organismi che assorbono i sali di calcio presenti nelle acque e li fissano nei loro esoscheletri, che dopo la loro morte formano rocce calcaree.

I **coralli hermatipici**, cioè edificatori di barriere, non si trovano oltre gli 80 m di profondità, poiché vivono in simbiosi con particolari specie di alghe verdi unicellulari: le *zooxantelle*. Essi necessitano di particolari condizioni ambientali: l'acqua deve essere sempre limpida, ben aerata, con una temperatura mai inferiore ai 18 °C e con salinità costante. Tali condizioni, negli oceani attuali, si verificano solo in una stretta fascia compresa tra i 28° di latitudine nord e i 28° di latitudine sud; fanno eccezione le aree lambite da correnti fredde e quelle nelle vicinanze delle foci dei fiumi, dove apporti terrigeni intorbidano le acque.

le **barriere coralline** sorgono parallelamente alla linea di costa e a breve distanza da essa; la più estesa è la *Grande Barriera*, inserita su un rilievo sommerso, che accompagna per circa 1900 km la costa nord-orientale dell'Australia

FIGURA 16

Negli **atolli**, la **scogliera** corallina forma una scarpata e protegge la **laguna** interna dalle onde, a volte può emergere e formare isole allungate. Al centro della laguna talvolta è presente un'**isola vulcanica** ➔ **FIGURA 17**.

gli **atolli** sono costruzioni coralline con forma più o meno ad anello che racchiudono una *laguna*, profonda soltanto qualche decina di metri. L'origine degli atolli è stata oggetto di lunghe discussioni e non è stata ancora del tutto chiarita

FIGURA 17

Anche se i coralli possono vivere solo a profondità inferiori a 80 m, le scogliere degli atolli si innalzano dal fondo marino per migliaia di metri: solo la parte superiore della scogliera è quindi formata da organismi vivi, che crescono sulla colonia morta sottostante, contribuendo alla crescita verticale della barriera.

Com'è possibile dunque che gli scheletri di coralli, che un tempo vivevano in superficie, si trovino a profondità anche di 3000 m? Fu *Charles Darwin* a studiare per primo la struttura degli atolli e a fornire le indicazioni fondamentali per comprendere la loro origine ➔ **FIGURA 18**. Secondo Darwin, gli atolli si formano intorno a un vulcano, che emerge dal fondale. Quando il vulcano è estinto, i coralli colonizzano le pendici del cono, formando una barriera corallina marginale. Mentre la scogliera si accresce, il vulcano viene eroso dagli agenti esogeni, fino a essere quasi completamente smantellato nella porzione più superficiale. Se l'isola vulcanica sprofonda lentamente o si alza il livello del mare, i coralli cominciano a crescere in verticale, compensando in questo modo l'abbassamento che si sta verificando. Pian piano il nucleo centrale del vulcano viene completamente sommerso e resta una laguna circondata dalla barriera, che può emergere in alcuni punti.

FIGURA 18

GUIDA ALLO STUDIO

- Quali sono le principali caratteristiche della piattaforma continentale?
- Quali sono le principali caratteristiche della scarpata continentale?
- Quali sono le principali caratteristiche della pianura abissale?

PER SAPERNE DI PIÙ

Dolomiti: sui fondali di 250 milioni di anni fa

Le **Dolomiti** possono essere considerate come uno spettacolare "campionario fossile" degli ambienti che caratterizzano una *piattaforma continentale con clima tropicale*. Nel Triassico, infatti, la regione dolomitica era sommersa. L'ambiente era simile a quello che attualmente ritroviamo nei mari tropicali dei Caraibi e delle Bahamas, dove si sono formati atolli, banchi e scogliere coralline, che hanno raggiunto dimensioni notevoli. L'intera regione poi è stata coinvolta nella formazione delle Alpi e sollevata, così ora possiamo osservare in alta montagna i resti di questi antichi ambienti marini.

FIGURA 19

Si è formato così, per esempio, il **gruppo del Catinaccio** nella cui struttura si riconoscono i diversi ambienti che caratterizzano una piattaforma carbonatica **FIGURA 19**, mentre il **gruppo del Sella** è ciò che resta di un antico atollo **FIGURA 20**. Particolare è la struttura del **Sassopiatto**: il versante meridionale che declina con molta regolarità verso valle è ciò che resta dell'antica scarpata che raccordava la piattaforma alla piana abissale **FIGURA 21**.

FIGURA 20

FIGURA 21

7 La vita nel mare

Le acque dell'oceano sono popolate da un'infinità di specie di organismi vegetali e animali, e rappresentano un **ecosistema** molto complesso.

A seconda del loro modo di vita, gli organismi marini vengono divisi in tre gruppi.

- Il **plancton** è costituito per lo più da organismi microscopici o comunque molto piccoli, incapaci di movimenti attivi, tali da opporsi a quelli delle acque, e vivono perciò lasciandosi trasportare passivamente dalle correnti. Fanno parte del plancton vari tipi di alghe, soprattutto unicellulari, protisti, piccoli animali pluricellulari, in particolare crostacei, molte uova e forme larvali di invertebrati marini, le meduse ecc.
- Il **necton** è costituito da quegli animali marini che nuotano attivamente, vincendo i movimenti delle acque. Comprende pesci, cetacei, diversi crostacei, molluschi cefalopodi ecc.
- Gli organismi che vivono costantemente in rapporto con il fondale, come spugne, coralli, gasteropodi, bivalvi, vermi ecc. costituiscono, infine, il **benthos**.

ecosistema
porzione delimitata della biosfera. È costituito dall'insieme di tutti gli organismi che vivono in un determinato ambiente e dalle relazioni che intercorrono sia tra loro sia con l'ambiente fisico.

Tra necton, placton e benthos esistono complesse relazioni alimentari, che nell'insieme costituiscono la **rete alimentare** dell'oceano e mantengono un equilibrio biologico tra le diverse specie.

Alla base della rete alimentare dell'oceano ci sono *organismi fotosintetici*: piante e alghe uni- e pluricellulari. Essi, per compiere la fotosintesi, necessitano di luce, per cui si sviluppano non oltre i 150-200 m di profondità. Questa porzione delle acque oceaniche, per la presenza della luce, viene chiamata **zona eufotica** ed è popolata dagli organismi che costituiscono il *plancton*.

Il secondo livello è rappresentato da tutti gli organismi che si nutrono di plancton; i livelli successivi sono, invece, rappresentati dai vari ordini di predatori.

Quando poi tutti questi organismi muoiono, la sostanza organica subisce processi di putrefazione e di decomposizione, a opera soprattutto dei *batteri decompositori*, e gli elementi di cui è costituita vengono restituiti all'ambiente e possono essere di nuovo utilizzati.

I fondali oceanici rappresentano la zona in cui abbondano i sali minerali, nitrati e fosfati, che rappresentano il "concime" per le praterie di alghe degli strati superficiali. Queste riserve sono distribuite all'interno della massa oceanica dalle correnti ascensionali.

GUIDA ALLO STUDIO

- Quali sono i gruppi di organismi presenti nell'ecosistema del mare?
- Che cosa si intende con il termine zona eufotica?
- Che cos'è la zona neritica?

Gli ambienti del mare

Fra una zona e l'altra dell'oceano esiste una grande varietà di condizioni, per cui si possono distinguere diversi ambienti, ciascuno con diversi parametri chimico-fisici e diverse comunità di viventi ➔ **FIGURA 22**.

La **zona litorale**, costituita dalla fascia vicino alla costa, è popolata da organismi in grado di tollerare brusche variazioni della temperatura, della salinità, del tenore di ossigeno e di sostanze organiche presenti nelle acque; gli organismi che vivono nella zona di marea sono addirittura in grado di resistere a lunghi periodi di emersione.

La **zona neritica**, in corrispondenza della piattaforma continentale, è ricca di alghe macroscopiche e di animali; fra essi prevalgono gli organismi del benthos, ma sono ricchi di specie anche il necton e il plancton: è comunque la zona più densamente popolata.

Particolari caratteristiche presenta, infine, la **zona abissale**, profonda, fredda, illuminata soltanto dagli organi fosforescenti di alcuni animali particolarmente adattati a questo ambiente, tra i quali predominano i predatori e i decompositori. Sul fondale cadono infatti i cadaveri e i detriti degli organismi che vivono in superficie.

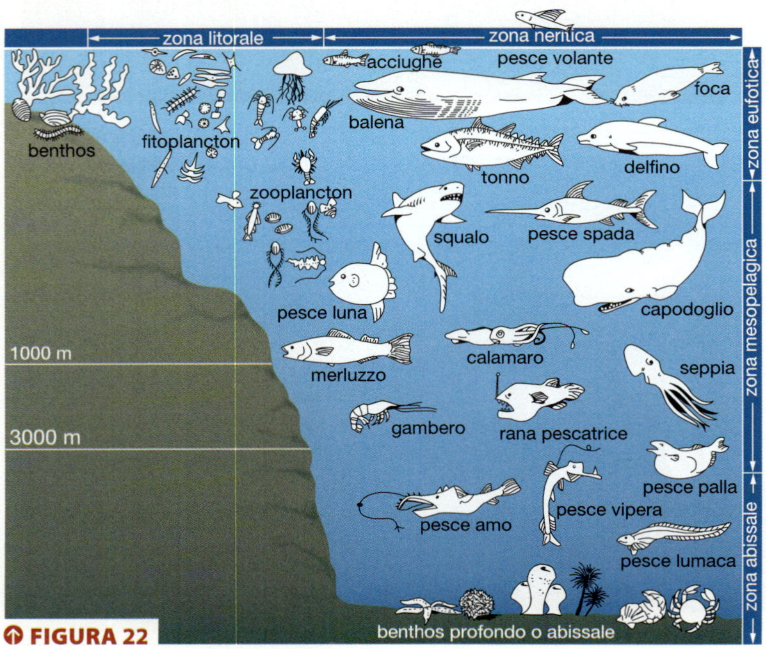

FIGURA 22

Costruisci la mappa

Studio... in sintesi

Ascolta la sintesi

1 La composizione delle acque del mare

Nelle acque dei mari e degli oceani sono disciolte varie sostanze, soprattutto *sali*, *nutrienti* e *gas*. Tra i **sali** i più abbondanti sono i *cloruri*, e in particolare il **cloruro di sodio**. La quantità totale, espressa in grammi, dei sali disciolti in 1000 ml di acqua marina, è la **salinità** ed è in **media 35‰**.
La salinità condiziona il comportamento dell'acqua per quanto riguarda i **passaggi di stato**.
I **nutrienti** sono importanti perché contengono elementi indispensabili per la vita. I **gas** più abbondanti disciolti nelle acque marine sono **azoto**, **ossigeno** e **biossido di carbonio**.

2 La densità e la temperatura delle acque del mare

Le proprietà più significative delle acque marine sono *densità*, *temperatura* e *pressione*.
La **densità** è pari a **1,028 kg/dm³**, ma questo valore varia in funzione della temperatura e della salinità.
La **pressione** è considerata un fattore poco significativo perché l'acqua è poco comprimibile.
La **temperatura** varia in funzione della profondità e della latitudine. Gli **strati superficiali** sono riscaldati dalle *radiazioni solari*, mentre il riscaldamento delle **acque profonde** si realizza prevalentemente attraverso *movimenti convettivi*.
In base alle variazioni di temperatura è possibile riconoscere una stratificazione verticale: lo **strato superficiale**, lo **strato di transizione**, o **termoclino**, e lo **strato profondo freddo**.

3 Le onde: movimenti irregolari

Le **onde** sono movimenti irregolari causati dal vento che, soffiando su uno specchio d'acqua, crea in superficie delle increspature.
Le onde interessano soltanto lo strato più superficiale delle acque del mare.
In **mare aperto** le onde si propagano senza spostamenti dell'acqua, che *oscilla soltanto in verticale*. Quando le onde giungono in **prossimità della costa**, l'attrito rallenta la parte a contatto con il fondale, quindi le onde diventano sempre più alte e ripide, finché gli strati superiori si rovesciano formando così i **frangenti di spiaggia**. L'acqua che si infrange risale e poi scorre via per azione della gravità; questo riflusso si chiama **risacca**.

4 Le correnti: movimenti lenti e costanti

Le **correnti marine** sono enormi masse d'acqua, diverse dalle acque circostanti per *salinità*, *temperatura*, *densità* e *colore*, che si spostano da una zona all'altra degli oceani mantenendo le loro caratteristiche. Le correnti provocano uno **spostamento reale dell'acqua** e sono movimenti che seguono **percorsi quasi costanti**.
La direzione delle correnti superficiali è l'influenzata dalla forza di Coriolis.
Le **correnti superficiali** interessano uno strato di spessore non superiore ai 200 m e hanno una velocità inferiore a 0,5 km/h. Sono causate dai **venti** e dalle **differenze di temperatura** tra masse d'acqua. In base alla temperatura, si distinguono **correnti calde**, che si muovono dall'equatore verso i poli, e **correnti fredde**, che si muovono dalle regioni polari verso l'equatore. Le correnti **influenzano** notevolmente il **clima** delle regioni che lambiscono.
Negli oceani e nei mari è presente anche una circolazione di **correnti orizzontali profonde** e di **correnti verticali**, che si generano a causa di differenze di densità.

5 Le maree: movimenti periodici

Le **maree** sono oscillazioni periodiche del livello della superficie dell'oceano o del mare. La fase di innalzamento viene denominata **alta marea**, o **flusso**, mentre la fase di abbassamento è detta **bassa marea**, o **reflusso**. Il dislivello tra l'alta e la bassa marea è detto **ampiezza della marea**.
Le **fasi di marea** si ripetono seguendo i movimenti della Luna intorno alla Terra: in un **giorno** si verificano due basse maree, alternate a due alte maree. Le alte maree avvengono al passaggio della Luna sul meridiano e sull'antimeridiano del luogo.
Le **forze** che generano le maree sono l'**attrazione gravitazionale** esercitata dalla Luna e dal Sole sulla superficie terrestre e la **forza centrifuga**, prodotta dal moto di rivoluzione del sistema Terra-Luna intorno al baricentro comune.

6 I fondali del mare

I fondali hanno una struttura in cui si riconoscono tre tipi di ambienti caratteristici.
La **piattaforma continentale** rappresenta l'area di transizione tra le terre emerse e i fondali oceanici, scende fino a una **profondità di 200 m** e la sua estensione è molto varia.
In alcune zone sulla piattaforma continentale si osservano grandi **barriere coralline** e **atolli**, costituiti soprattutto da colonie di coralli e altri organismi.
Proseguendo verso il largo si trova la **scarpata continentale**, che si spinge fino a una **profondità di 3000-3500 m**, in cui la pendenza del fondale aumenta. Questa zona di raccordo con il fondale oceanico forma, insieme alla piattaforma, lo **zoccolo continentale**.
Ai piedi della scarpata, inizia la **pianura abissale**, il vero e proprio fondale oceanico.

7 La vita nel mare

L'**ecosistema marino** è costituito da:

- **plancton**, organismi per lo più microscopici trasportati passivamente dalle acque;
- **necton**, organismi nuotatori o dotati di movimento proprio;
- **benthos**, organismi che vivono in stretto rapporto con il fondale.

Per quanto riguarda gli **ambienti di vita**, invece, si distinguono zone caratterizzate da condizioni chimico-fisiche diverse:

- **zona litorale**
- **zona neritica**
- **zona abissale**.

Verifica il tuo studio

FISSA I CONCETTI

1 La composizione delle acque del mare

Scegli il completamento corretto

1 La salinità delle acque marine:
- A aumenta se si formano ghiacci
- B diminuisce se aumenta la temperatura dell'aria
- C è la stessa in tutti i mari
- D aumenta in prossimità delle foci

2 La salinità:
- A influenza il colore delle acque del mare
- B nei bacini freddi è maggiore che nei bacini caldi
- C in media ha un valore di 45‰
- D nei bacini freddi è minore che nei bacini caldi

Scegli il termine corretto fra i due proposti

1 La salinità delle acque marine **diminuisce**/**aumenta** in prossimità delle foci.

2 I sali più abbondanti nelle acque del mare sono i **cloruri**/**carbonati**.

3 La salinità aumenta nelle regioni e nei periodi dell'anno in cui l'evaporazione è **meno**/**più** intensa.

4 I gas disciolti nelle acque marine derivano **dall'atmosfera**/**dalla litosfera**.

5 I gas si sciolgono più facilmente nella acque **fredde**/**calde**.

Completa le frasi

1 I sali più abbondanti disciolti nelle acque del mare sono i ....

2 I gas più abbondanti disciolti nelle acque del mare sono ...., ... e ....

3 La solubilità dei gas varia, anche in relazione alla ....: le acque più calde contengono in soluzione una quantità di gas .... di quelle fredde.

2 La densità e la temperatura delle acque del mare

Completa le frasi

1 Le acque profonde si riscaldano attraverso moti ...., causati da differenze di .... e ....

2 Nel termoclino, la temperatura ...., la densità e la salinità ....

3 Sui fondali la temperatura dell'acqua è ...., ma a causa dell'aumento di pressione e densità l'acqua ....

Scegli il completamento corretto

1 La densità delle acque marine:
- A è in media superiore a quella dell'acqua pura
- B è in media inferiore a quella dell'acqua pura
- C diminuisce se aumenta la salinità
- D diminuisce se aumenta la pressione

2 Il termoclino è una zona dell'oceano:
- A dove la densità aumenta
- B più calda di quella superficiale
- C meno salata di quella superficiale
- D che si trova ad almeno 3000 m di profondità

3 L'acqua degli oceani in profondità non congela perché:
- A la temperatura non è inferiore a 0°
- B la pressione e la densità aumentano e si abbassa la temperatura di solidificazione
- C la temperatura è variabile e l'acqua non ha tempo di congelare
- D in profondità si alza la temperatura di solidificazione dell'acqua

3 Le onde: movimenti irregolari

Vero o falso?

1 Le onde in mare aperto sono onde di traslazione. V F

2 Le onde di oscillazione non causano spostamenti d'acqua. V F

3 I frangenti di spiaggia sono onde di oscillazione. V F

Scegli il completamento corretto

1 Le onde di oscillazione:
- A sono spostamenti di masse d'acqua causati dal vento
- B consistono in una propagazione di movimento
- C sono spostamenti di materia causati dall'attrito con i fondali
- D sono provocate da differenze di densità

2 Le onde:
- A in mare aperto non provocano spostamenti di acqua
- B sono movimenti regolari causati dal vento
- C tendono a disporsi perpendicolarmente rispetto alla linea di costa
- D in prossimità della costa sono chiamate onde di oscillazione

4 Le correnti: movimenti lenti e costanti

Scegli il completamento corretto

1 Le correnti sono diverse dalle onde perché:
- A muovono l'acqua solo in verticale, mentre le onde sono movimenti orizzontali
- B non causano movimenti di acqua al contrario delle onde
- C sono movimenti lenti e costanti al contrario delle onde
- D non risentono degli effetti di temperatura e salinità, al contrario delle onde

2 Le correnti marine superficiali:
- A sono deviate verso sinistra nel nostro emisfero per l'effetto Coriolis
- B possono raggiungere la velocità massima di 10-12 km/h
- C sono prodotto dell'azione dei venti costanti e delle differenze di temperatura
- D interessano strati d'acqua dello spessore pari alla profondità del bacino

Completa le frasi

1 Le correnti marine sono enormi masse d'acqua, diverse dalle acque circostanti per ...., ..., ... e ....

2 Differenze di densità sono la causa delle correnti .... e delle correnti ....

3 Le correnti sono movimenti che seguono percorsi ....

4 Le correnti .... e .... si muovono dall'equatore verso i poli, mentre le correnti .... si muovono dalle regioni polari verso l'equatore.

Vero o falso?

1 Le correnti superficiali sono causate dai venti e dalle differenze di temperatura tra masse d'acqua. V F

2 Le correnti nordequatoriale e sudequatoriale trasportano acqua fredda dai poli verso l'equatore. V F

3 La corrente del Golfo origina da una ramificazione della corrente nordequatoriale. V F

5 Le maree: movimenti periodici

Scegli il completamento corretto

1 Il fenomeno delle maree è causato:
- A dalla forza di attrazione gravitazionale e dalla forza centrifuga
- B dalla sola forza di attrazione gravitazionale esercitata dalla Luna e dal Sole
- C dalla forza centrifuga come conseguenza della rotazione terrestre
- D dal vento solare

2 L'ampiezza di marea:
- A è particolarmente pronunciata nei mari interni
- B può arrivare fino a 30 m
- C è particolarmente marcata in pieno oceano
- D in pieno oceano ha un valore medio di 1 m

3 Le maree morte si verificano:
- A quando il Sole e la Luna sono in quadratura
- B soltanto quando il Sole e la Luna sono in opposizione
- C soltanto quando il Sole e la Luna sono in congiunzione
- D quando il Sole e la Luna sono in congiunzione o in opposizione

Completa le frasi

1 Le maree risentono dell'azione di attrazione gravitazionale di .... e ....

2 Le maree solari hanno un'ampiezza pari a .... di quelle lunari.

3 Si chiamano maree vive le maree che si verificano in .... o ....

4 Il dislivello tra l'alta e la bassa marea è detto ....

6 I fondali del mare

Vero o falso?

1 La piattaforma continentale raccorda il continente al fondale oceanico. V F

2 Barriere coralline e atolli sono formazioni tipiche della piattaforma continentale. V F

3 La piattaforma continentale scende di solito fino a una profondità di 2000 m. V F

Completa le frasi

1 In alcune zone sulla piattaforma continentale si osservano grandi .... e ....

2 I coralli .... (edificatori di barriere) vivono in simbiosi con particolari specie di ...., le zooxantelle.

3 Gli organismi edificatori di barriere coralline non si trovano oltre .... di profondità.

4 La luce non riesce a penetrare la scarpata, quindi in questo ambiente scompare ogni .... e si trovano solo organismi ....

5 La pianura abissale è il vero e proprio fondale oceanico su cui si elevano ....

7 La vita nel mare

Scegli il termine corretto fra i due proposti

1 L'insieme degli organismi marini che nuotano costituisce il **necton/plancton**.

2 L'ambiente di mare aperto identifica la zona **neritica/litorale**.

3 La zona caratterizzata dalla presenza di benthos è la zona **abissale/litorale**.

4 La zona più fredda e oscura delle acque marine è la zona **neritica/abissale**.

Completa le frasi

1 La zona di mare aperto sopra la piattaforma continentale è detta zona ....; in essa vivono organismi che appartengono al ...., al .... e al ....

2 L'ecosistema marino caratterizzato da variazioni di condizioni fisiche anche estreme è la zona ....

3 Nella zona .... sono frequenti gli organismi decompositori.

4 Organismi unicellulari e larve costituiscono il ....

5 Balene e delfini fanno parte del necton e vivono nella zona ....

6 Le diatomee sono alghe fotosintetiche unicellulari che galleggiano nelle acque marine: esse quindi fanno parte del ....

APPLICA IL TUO STUDIO

Rispondi

1 La salinità delle acque marine non è costante. Come varia e perché?

2 La temperatura delle acque del mare varia con la profondità e la latitudine. Descrivi l'andamento di tale variazione.

3 Perché gli oceani svolgono una funzione mitigatrice sul clima?

4 Quando accade che le onde di oscillazione si trasformano in onde di traslazione?

5 Come si formano le onde in mare aperto?

6 Descrivi i vari tipi di correnti oceaniche e spiega come hanno origine.

7 Quali sono le cause delle maree?

8 Descrivi i vari ambienti dei fondali marini.

9 Quali sono le condizioni perché possa formarsi una barriera corallina?

VERSO LE COMPETENZE...

Questi esercizi hanno lo scopo di condurti a sviluppare le seguenti competenze:

- **saper riconoscere e stabilire relazioni tra concetti appresi anche in contesti diversi;**
- **saper applicare le conoscenze acquisite;**
- **saper utilizzare correttamente i concetti di proporzionalità diretta e inversa.**

1 Considera il testo di pag. 184 e rispondi alle domande

a Come si chiama la forza che determina le maree solari? Quali fattori ne condizionano il valore? (se non ricordi cerca nel capitolo 3 la legge di gravitazione universale)

b Perché il Sole, pur avendo massa maggiore rispetto alla Luna, attira le acque oceaniche con minore intensità rispetto alla Luna?

c Nel disegno che cosa rappresentano le posizioni di primo quarto e ultimo quarto?

d Qual è la differenza tra maree vive e morte? Qual è la causa di questa differenza?

e Perché le maree solari sono leggermente sfalsate rispetto alle maree lunari?

2 Osserva l'immagine e rispondi alle domande

La carta illustra la distribuzione dei valori della salinità nel Mar Mediterraneo.

a Quale zona del Mediterraneo ha la salinità maggiore? Quale minore?

b Come spieghi l'aumento di salinità che si osserva da ovest verso est?

c Come spieghi il fatto che la zona settentrionale del Mare Adriatico abbia una salinità molto inferiore rispetto alle zone meridionali?

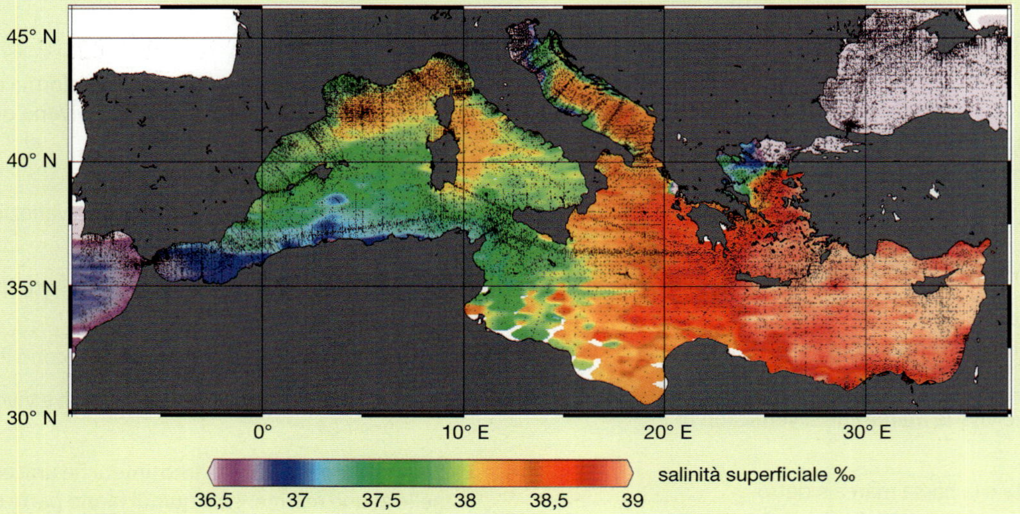

11 I paesaggi delle acque del mare

COMPETENZE

- Leggere un testo e interpretarlo correttamente
- Utilizzare le conoscenze apprese in un contesto diverso
- Stabilire nessi tra conoscenze in ambiti diversi

1 Il mare modella le coste
2 Le coste alte
3 Le coste basse
4 La varietà delle coste in Italia
5 L'erosione delle spiagge

1 Il mare modella le coste

FIGURA 1 La zona degli spruzzi è la più interessata dall'azione erosiva del mare. Nella foto, sono evidenti un antico solco di battigia e strutture vacuolari.

FIGURA 2

Le acque marine, come quelle continentali, modellano la superficie terrestre attraverso processi di erosione, trasporto e sedimentazione.
L'azione erosiva del mare è detta **abrasione** ed è causata principalmente **dal moto ondoso**, cioè dal flusso e dal reflusso delle onde lungo le coste o sui fondali in corrispondenza della *zona litorale*.
L'azione del moto ondoso ha effetti sia lungo le coste rocciose sia lungo le coste sabbiose.
Le onde si abbattono contro le **coste rocciose** con una forza che, durante le tempeste, può raggiungere il valore di diverse migliaia di kilogrammi per metro quadrato e finiscono per disgregare le rocce, grazie alla sabbia e alla ghiaia che trasportano. Le onde urtano le rocce e allargano le fratture, facilitando il distacco di detriti, o di veri e propri blocchi rocciosi ➲ **FIGURA 1**.
Lungo le **coste sabbiose** con mare profondo, invece, l'acqua si scaglia in modo turbolento lungo la costa e poi rifluisce verso il mare, creando una corrente di ritorno (*risacca*). La zona di costa che subisce gli effetti del moto alterno dei frangenti è la **battigia**, lungo la quale i frangenti asportano continuamente i sedimenti che vengono prima trasportati verso il largo e poi riportati a riva.

Il risultato dell'abrasione marina è la produzione di *ciottoli* e *detriti* che, trascinati dai movimenti dell'acqua, vengono *usurati* e *arrotondati* ➲ **FIGURA 2**.
Le acque marine non svolgono soltanto un'azione erosiva: onde e correnti trascinano i detriti, depositandoli poi sia in mare, sia lungo la costa. Le sabbie e i fanghi più fini in genere vengono trasportati al largo e si depositano in mare; i frammenti più grossolani vengono invece accumulati lungo la riva, dove formano le **spiagge**.

Tipi di costa

L'aspetto che assumono le coste per effetto dell'azione del mare varia in relazione al clima e alla natura delle rocce che caratterizzano il territorio ➲ **FIGURA 3**. Nonostante la grandissima varietà di situazioni possibili si possono classificare le coste in base al profilo orizzontale e verticale ➲ **FIGURE 4** e **5**.
In base **al profilo orizzontale** si distinguono:
- **coste** prevalentemente **lineari**;
- **coste frastagliate**.

Per quanto riguarda il **profilo verticale** è possibile distinguere:
- **coste alte**, a strapiombo sul mare;
- **coste basse**, che digradano dolcemente verso l'acqua.

FIGURA 3
I principali elementi di una costa.

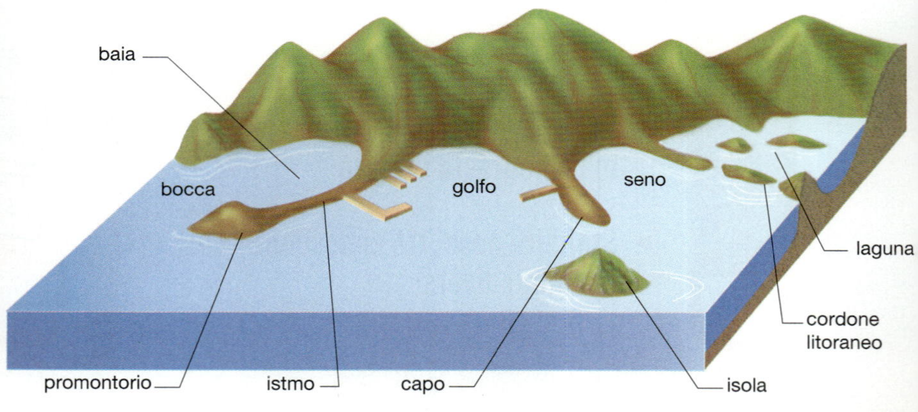

FIGURA 4

FIGURA 5

La dinamica della linea di costa

Tutte le coste sono il risultato di un **equilibrio tra erosione e sedimentazione**. Poiché questo equilibrio può modificarsi nel tempo, si può parlare di *evoluzione* **FIGURA 6**.

- Le **coste "giovani"** sono in genere più articolate e frastagliate. A causa della diversa resistenza offerta dai materiali rocciosi, l'abrasione non agisce uniformemente, ma crea insenature più o meno pronunciate e promontori. Si formano *falesie*, *solchi di battigia*, *isole* e *scogli*.
- In uno stadio di **maturità** più avanzato, l'abrasione riduce le irregolarità, che in una fase iniziale ha contribuito a formare; si generano *spiagge*, *cordoni litoranei*, *barre* e *lagune*.
- In una fase di **vecchiaia** l'erosione dei promontori e la deposizione dei sedimenti nelle baie tendono a compensarsi, e il *profilo* orizzontale *della costa* diventa quasi *rettilineo*.

Le coste sono quindi **sistemi dinamici in evoluzione** e la loro morfologia dipende da numerosi fattori che possono mutare l'equilibrio tra erosione e sedimentazione **FIGURA 7**.

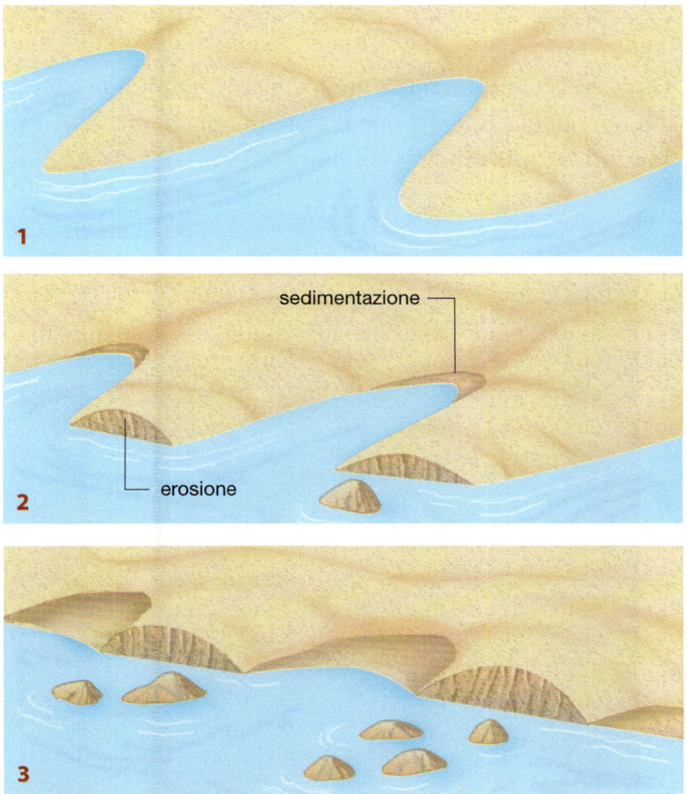

FIGURA 6 Evoluzione di una costa.

FIGURA 7

GUIDA ALLO STUDIO

- Che cos'è l'abrasione?
- Come si classificano le coste in base al profilo orizzontale?
- Come si classificano le coste in base al profilo verticale?

2 Le coste alte

Lungo le **coste alte** l'azione erosiva del mare è molto intensa.
Se l'abrasione è uniforme, nella zona al confine tra la bassa e l'alta marea si forma un solco continuo, il **solco di battigia**, che con il tempo può provocare il cedimento della roccia sovrastante e la formazione di pareti a picco sul mare. La spiaggia in queste aree è in genere assente o ridotta a una stretta fascia discontinua. I materiali franati vengono portati in profondità dai frangenti e possono accumularsi sul fondale in prossimità della costa.

Le coste alte comprendono *falesie*, *fiordi* e *rias*.

FIGURA 8

- Le coste alte caratterizzate da scarpate rocciose a picco sul mare sono chiamate **falesie**. Alla loro base, il mare produce anfratti e grotte scavando nelle rocce più tenere o nei punti più fratturati.
  Poiché in passato il livello del mare è più volte cambiato, le falesie sono spesso caratterizzate dalla presenza di solchi e grotte, che si trovano a diversi metri sopra o sotto al livello attuale del mare. L'abrasione del mare, inoltre, crea insenature più o meno pronunciate, **capi** e **promontori**, o l'isolamento di porzioni rocciose, come **scogli** e **faraglioni** **FIGURA 8**.
- Particolari coste rocciose alte sono le **coste a fiordi**; essi sono antiche valli glaciali invase dal mare. Appaiono come profonde insenature con i fianchi molto ripidi e presentano spesso varie ramificazioni. I fiordi sono tipici delle regioni del Nordeuropa e si sono formati in massima parte negli ultimi 2 milioni di anni (nel Quaternario), nel periodo in cui il livello del mare era più basso e le calotte glaciali si estendevano con lingue imponenti dai rilievi costieri fino al mare **FIGURA 9**.
- Le **coste a rias** sono alte, molto frastagliate e articolate.
  Si osservano in Corsica, Grecia e Galizia. Le rias sono insenature profonde e strette, che si allargano verso il mare; sono in realtà estuari e valli fluviali invasi dal mare, in seguito a un innalzamento del livello marino **FIGURA 10**.

GUIDA ALLO STUDIO

- Che cosa sono le falesie?
- Che cosa sono i fiordi?
- Che cosa sono le coste a rias?

FIGURA 9

FIGURA 10

3 Le coste basse

FIGURA 11

Le **coste basse** si formano nei luoghi dove la sedimentazione prevale sull'erosione. Lungo le coste basse, più protette dall'azione di correnti e maree, il materiale eroso e trasportato dal mare si deposita e si formano ampie spiagge sabbiose.
Le **spiagge** sono costituite di detriti, in genere sabbie e ghiaie trasportate dal moto ondoso, da resti di organismi (per esempio conchiglie e coralli) frantumati dall'azione del mare, oppure da sabbie di origine fluviale **FIGURA 11**. Tutti i frammenti vengono modellati dal movimento oscillante delle onde e sono levigati, appiattiti e smussati.

I cordoni litoranei

Durante le mareggiate più violente la spiaggia può essere in parte erosa e la sabbia asportata viene depositata al largo, dove forma le **barre sabbiose sottomarine**, accumuli disposti perpendicolarmente alla direzione delle onde. Se queste barre si accrescono, ostacolano il moto ondoso e ne riducono la capacità di trasporto. L'accumulo progressivo di sabbie può accrescere le barre fino a farle emergere: si formano così i **cordoni litoranei**, o **lidi**, che in genere hanno un andamento allungato e parallelo alla linea di costa. Questi cordoni si formano con facilità di fronte alle baie e alle insenature. Barre e cordoni si creano spesso anche davanti alle foci dei fiumi e contribuiscono a isolare un lembo di mare, formando così le **lagune**, o i **liman** (davanti ai fiumi) **FIGURA 12**.
Le lagune comunicano con il mare aperto attraverso stretti varchi, che nel tempo sono destinati a chiudersi. La laguna si trasforma allora in un lago o in uno stagno che, per il progressivo apporto di sedimenti, potrà poi essere interrato.
Talvolta i cordoni si formano in direzione perpendicolare alla linea di costa per la presenza di promontori e sporgenze, che ostacolano il movimento delle onde. Il rallentamento subìto dalle onde provoca la deposizione di una parte dei detriti e la formazione di una o più lingue di terra, dette **tomboli**. Se in prossimità della costa si trovano isole, i tomboli possono creare un raccordo tra queste e la terraferma. È il caso del Monte Argentario, che è collegato alla costa della Toscana da tre tomboli, che isolano in questo modo i due stagni di Orbetello **FIGURA 13**.

GUIDA ALLO STUDIO

- Che cosa sono i cordoni litoranei?
- Come si formano le lagune?
- Che cosa sono i tomboli?

FIGURA 12

FIGURA 13

I paesaggi costieri italiani

4 La varietà delle coste in Italia

L'Italia è circondata dal mare per più di metà della sua estensione e ha oltre 7500 km di coste. Oltre alla notevole estensione, le coste italiane sono caratterizzate da una grande varietà di forme e paesaggi e rappresentano per il nostro Paese una grande ricchezza dal punto di vista sia naturale sia economico.
In Italia si distinguono tre tipologie costiere principali.

Le **coste alte** e **rocciose** sono tipiche delle regioni in cui il rilievo è prossimo al mare. È il caso di Liguria e Calabria, che si trovano infatti all'inizio e alla fine degli Appennini. Anche alcune zone di Marche, Abruzzo, Campania, Sicilia e Sardegna hanno coste di questo tipo, caratterizzate da pareti a strapiombo sul mare e da promontori, che vengono costantemente erosi dalle onde. I detriti prodotti da questi processi erosivi si accumulano nelle insenature, dove troviamo piccole spiagge ciottolose ➔ **FIGURA 14**.

FIGURA 14

capo Testa

FIGURA 15

spiaggia di Follonica

Le **coste basse** e **sabbiose** sono diffuse sui litorali dell'Adriatico e del Tirreno, ma anche sullo Ionio, in Basilicata e in Sardegna, nei Golfi di Oristano e Cagliari. Tale morfologia costiera è diffusa anche in corrispondenza delle foci dei fiumi più importanti, come l'Arno in Toscana e il Tevere nel Lazio, perché i fiumi trasportano grandi quantità di sedimenti che si accumulano sulla costa formando spiagge ➔ **FIGURA 15**.

FIGURA 16

stagno di San Teodoro (Olbia)

Le **coste basse** e **lagunose** caratterizzano l'Adriatico settentrionale. Oggi le possiamo osservare nella zona del Delta del Po, a Venezia e anche in alcune zone della Sardegna, caratterizzate da stagni costieri delimitati verso il mare da cordoni di sabbia ➔ **FIGURA 16**. In passato anche in altre zone, come il litorale che si estende dalla Romagna al Friuli o parte della costa del Lazio, erano presenti lagune, paludi e acquitrini, che furono però oggetto di bonifiche e che oggi si presentano come litorali sabbiosi.

GUIDA ALLO STUDIO

- **Lungo il litorale italiano dove si concentrano le coste alte e perché?**
- **Quali sono i fattori che determinano la formazione di coste basse e lagunose?**

5 L'erosione delle spiagge

FIGURA 17

FIGURA 18

Un bilancio negativo tra erosione e sedimentazione determina il fenomeno dell'**arretramento delle spiagge**, che da alcuni decenni si verifica lungo le coste italiane. Uno studio dell'ISPRA (Istituto Superiore per la Protezione e la Ricerca Ambientale) documenta che il 25% delle coste basse italiane è interessato dall'erosione: si tratta di 1150 km di costa. Negli ultimi 50 anni, il bilancio tra accrescimento e arretramento delle coste basse è stato negativo e sono stati "persi" 5 milioni di m^2 di spiagge **FIGURA 17**.

Perché una spiaggia scompare?
Una prima causa è da ricercare nell'**innalzamento del livello medio del mare** e nei fenomeni di abbassamento delle coste, che possono essere naturali o indotti. Solo nell'ultimo secolo il livello medio del mare è aumentato di 15 cm.
La seconda causa è la **diminuzione dei sedimenti portati dai fiumi**, provocata da due fenomeni di diversa portata.
Innanzitutto il *prelievo indiscriminato di materiali dal letto dei fiumi*, per esempio ghiaie e sabbie che vengono estratte per essere impiegate nell'edilizia, ha diminuito la quantità di materiali trasportati dai corsi d'acqua fino al mare.
In seconda battuta, l'aumento delle superfici boschive, unito agli interventi di bonifica e di stabilizzazione dei versanti, ha portato in alcune zone, soprattutto di montagna, a una *diminuzione dell'erosione del suolo*, che causa una riduzione dei materiali trasportati dai fiumi. Lo stesso effetto è prodotto dalla *cementificazione delle sponde*.
Tutto questo contribuisce a rendere negativo il bilancio tra i materiali che i corsi d'acqua depositano lungo le coste e quelli che il moto ondoso e le correnti marine erodono.
Gli interventi lungo i litorali, come la creazione di porti e moli, può accentuare l'erosione e lo smantellamento delle spiagge, anche se più spesso la contrastano **FIGURA 18**.
Lungo le coste italiane l'erosione delle spiagge non è uniforme, pur avendo cause comuni, ma è ovunque allarmante in quanto gran parte dei tratti che non risultano in erosione deve la propria stabilità a massicce opere di difesa, che modificano l'ambiente e il paesaggio costiero, rendono più difficile l'uso balneare della spiaggia e inducono l'erosione nei tratti di costa adiacenti. Ne è un esempio la breve costa molisana: dei suoi 36 km, ben 25 sono difesi da scogliere e nonostante ciò su 22 km di spiagge 20 km, cioè oltre il 90% del totale, sono in erosione. Anche in Basilicata si raggiungono valori estremi, con il 78%; seguono la Puglia con il 65%, l'Abruzzo con il 61% e le Marche e il Lazio, a pari merito, con il 54%. I valori più bassi si riscontrano in Friuli (13%), in Veneto (18%) e in Emilia-Romagna (25%), regioni in cui sono stati realizzati importanti interventi di difesa dei litorali. Le altre regioni si collocano fra il 33% della Liguria e il 43% della Calabria.

GUIDA ALLO STUDIO

- In che stato si trovano le spiagge italiane, per quanto riguarda l'erosione?
- A quali fenomeni è dovuto l'arretramento delle spiagge?
- Che cos'è il rinascimento?

Come si contrasta l'erosione delle spiagge?

Contrastare l'erosione è possibile e anche conveniente. A prescindere dai vantaggi offerti da un ambiente in equilibrio, la salvaguardia delle spiagge è anche auspicabile dal punto di vista economico. Si pensi, infatti, a quanto si spende per difendere le costruzioni e le vie di comunicazione che si snodano lungo la fascia costiera e all'importanza economica del turismo balneare.

In che modo arrestare allora l'erosione e il degrado delle spiagge italiane?

Molti tratti di litorale sono in erosione nonostante siano stati difesi con scogliere di ogni tipo, che hanno determinato un degrado del paesaggio e una riduzione del valore economico della spiaggia.

Negli ultimi anni anche in Italia si è cominciato a utilizzare protezioni "morbide" nella difesa dei litorali: **scogliere sommerse** e **ripascimento artificiale** delle spiagge.

Il ripascimento artificiale, che consiste nell'aumentare la quantità dei sedimenti di una spiaggia con materiali provenienti dal fondale marino o da cave a terra, è oggi la tecnica privilegiata nella difesa dei litorali. Negli ultimi anni, alcuni tratti della costa italiana sono stati oggetto di importanti interventi di questo tipo, che hanno portato a un'espansione delle spiagge di svariate decine di kilometri, spesso consentendo una drastica riduzione delle difese tradizionali. Sui litorali del Veneto, dell'Emilia Romagna e del Lazio sono stati riversati più di 20 milioni di metri cubi di sedimenti. Anche in Europa la tendenza è quella di un aumento dei ripascimenti artificiali e attualmente si valuta che ogni anno vengano portati sulle spiagge circa 28 milioni di metri cubi di nuovi materiali, in gran parte dragati in mare ➲ **FIGURA 19**.

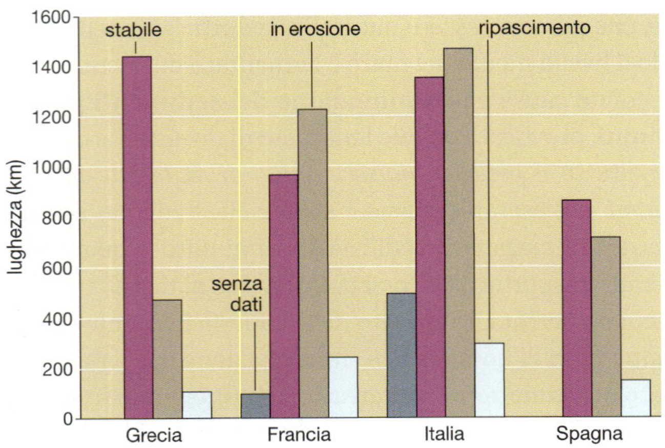

FIGURA 19 Stabilità delle spiagge dell'Europa mediterranea.

Anche se oggi si utilizzano queste nuove tecniche, si pone sempre il problema della sostituzione delle vecchie scogliere artificiali, che peggiorano l'aspetto del paesaggio e rendono pericoloso l'accesso al mare.

Alcune esperienze recenti dimostrano che in molti casi è possibile un ritorno alla spiaggia, ossia una graduale riduzione delle scogliere senza pregiudicare la stabilità della costa e delle infrastrutture in essa presenti. Per esempio, a sud di Marina di Pisa è stata recentemente costruita una spiaggia in ghiaia davanti a una scogliera artificiale, che dovrebbe permettere alla spiaggia di espandersi.

L'aspetto più problematico di questo tipo di interventi "morbidi" è il ritorno della spiaggia a condizioni più naturali, che richiede di adattare gradualmente le strutture costruite nei pressi delle spiagge alle nuove condizioni.

Anche dove le difese costruite nei decenni passati hanno protetto la spiaggia, come sulla riviera romagnola ➲ **FIGURA 20**, si cerca di ridurre la presenza delle scogliere, per esempio cercando di bloccare l'erosione con tubi drenanti, in modo da ridurre la quantità di acqua che torna verso il mare e contribuisce all'erosione della spiaggia. Questo sistema, brevettato dall'Istituto geotermico danese, ha già riscosso notevole successo nel Nord Europa.

FIGURA 20 La spiaggia di Rimini, presso la foce del Marecchia, si è ampliata negli ultimi 50 anni grazie agli interventi di protezione delle spiagge.

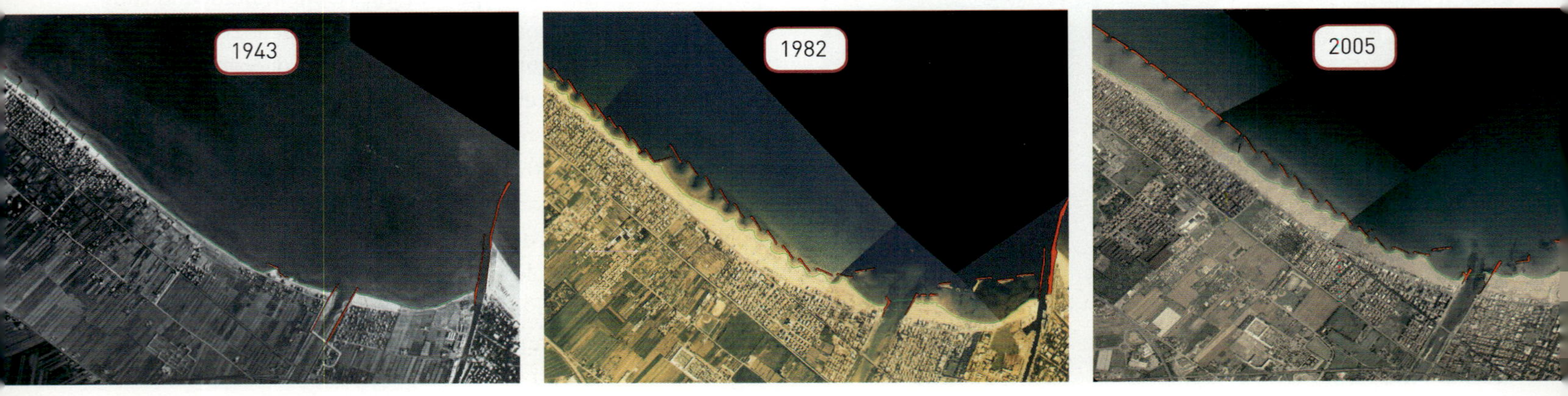

Costruisci la mappa

Studio... in sintesi

Ascolta la sintesi

1 Il mare modella le coste

Il mare modella la superficie terrestre attraverso processi di erosione, trasporto e sedimentazione. L'azione erosiva del mare è detta **abrasione** ed è causata principalmente **dal moto ondoso**, che ha effetti sia lungo le coste rocciose, dove le onde urtano le rocce e allargano le fratture, facilitando il distacco di detriti e blocchi rocciosi, sia lungo le coste sabbiose, dove le onde asportano continuamente i sedimenti. Inoltre onde e correnti trascinano i detriti, depositandoli sia in mare sia lungo la costa.

La morfologia che assumono le coste per effetto dell'azione del mare può essere classificata in base al **profilo orizzontale**, grazie a cui distinguiamo **coste** prevalentemente **lineari** e **coste frastagliate** o in base al **profilo verticale**, grazie a cui distinguiamo **coste alte**, a strapiombo sul mare e **coste basse**, che digradano dolcemente verso l'acqua.

Le coste sono **sistemi dinamici** in evoluzione. Le **coste "giovani"** sono articolate e frastagliate; in uno stadio di **maturità** l'abrasione riduce le irregolarità; in una fase di **vecchiaia** il *profilo* orizzontale *della costa* diventa quasi *rettilineo*.

2 Le coste alte

Lungo le **coste alte** l'azione erosiva del mare è determinata dal moto ondoso e dall'azione meccanica di ciottoli e sabbia scagliati contro le rocce. Se l'abrasione è uniforme si forma un solco continuo, il **solco di battigia**. La spiaggia in queste aree è in genere assente o ridotta. Le coste alte comprendono *falesie*, *fiordi* e *rias*.

Le coste alte caratterizzate da scarpate rocciose a picco sul mare sono chiamate **falesie**. L'abrasione del mare, inoltre, crea insenature più o meno pronunciate, *capi* e *promontori*, o l'isolamento di porzioni rocciose, come *scogli* e *faraglioni*.

Particolari coste rocciose alte sono le **coste a fiordi**; essi sono antiche valli glaciali invase dal mare e appaiono come profonde insenature con i fianchi molto ripidi.

Le **coste a rias** sono alte, molto frastagliate e articolate e sono estuari e valli fluviali invasi dal mare.

3 Le coste basse

Le **coste basse** si formano nei luoghi dove la sedimentazione prevale sull'erosione. Le spiagge sono costituite di sabbie e ghiaie trasportate dal moto ondoso o da resti di organismi. Durante le mareggiate più violente la spiaggia può essere in parte erosa e la sabbia asportata viene depositata al largo, dove forma le *barre sabbiose sottomarine*. L'accumulo di sabbie può accrescere le barre fino a farle emergere: si formano così i **cordoni litoranei**, o *lidi*, che contribuiscono a isolare un lembo di mare, formando così le *lagune*, o i *liman*. Talvolta i cordoni si formano in direzione perpendicolare alla linea di costa e si formano una o più lingue di terra, dette *tomboli*.

4 La varietà delle coste italiane

Le coste italiane hanno uno sviluppo di 7500 km e sono caratterizzate da una grande variabilità di forme e paesaggi. Tale diversità è legata alla vicinanza del rilievo e al tipo di rocce presenti.

5 L'erosione delle spiagge

Un bilancio negativo tra erosione e sedimentazione determina il fenomeno dell'**arretramento delle spiagge**, che da alcuni decenni si verifica lungo le coste italiane. Le cause di tale fenomeno sono l'**innalzamento del livello medio del mare** e la **diminuzione dei sedimenti portati dai fiumi**, provocata a sua volta dal *prelievo indiscriminato di materiali dal letto dei fiumi* e dalla *diminuzione dell'erosione del suolo*, che causano una riduzione dei materiali trasportati dai fiumi.

Anche gli interventi lungo i litorali, come la creazione di porti e moli, possono accentuare l'erosione.

Per contrastare l'erosione negli ultimi anni, anche in Italia, si è cominciato a utilizzare protezioni "morbide" nella difesa dei litorali: **scogliere sommerse** e **ripascimento artificiale** delle spiagge. Il ripascimento artificiale, che consiste nell'aumentare la quantità dei sedimenti di una spiaggia con materiali provenienti dal fondale marino o da cave a terra, si è rivelato molto utile nella sostituzione delle vecchie scogliere artificiali, che deturpano il paesaggio e rendono pericoloso l'accesso al mare.

Verifica il tuo studio

FISSA I CONCETTI

1 Il mare modella le coste

Completa le frasi

1 Il mare modella la superficie terrestre attraverso .... e ....

2 L'azione erosiva del mare si chiama ....

3 La classificazione in coste lineari e frastagliate si basa sul profilo ....

4 La classificazione in coste alte e basse si basa sul profilo ....

5 Le coste sono sistemi .... e la loro morfologia dipende dal rapporto tra .... e ....

6 Sulle coste giovani si formano ...., ..., ... e ....

7 In uno stadio di maturità si generano ...., ..., ..., ... e ....

8 In una fase di vecchiaia il .... della costa diventa quasi ....

Vero o falso?

1 L'azione erosiva del mare è detta corrasione. V F

2 L'azione erosiva del mare è causata principalmente dal moto ondoso. V F

3 L'erosione marina produce ciottoli e detriti di forma arrotondata. V F

4 Il moto ondoso ha gli stessi effetti sulle coste alte e sulle coste basse. V F

5 Con il tempo, a causa dell'erosione, le falesie avanzano verso il largo. V F

6 Il profilo orizzontale di una costa in stadio di maturità tende a essere frastagliato. V F

7 Una spiaggia rettilinea probabilmente è una spiaggia vecchia. V F

2 Le coste alte

Vero o falso?

1 In Corsica sono presenti coste a rias. V F

2 La falesia evolve perché il mare erode la costa alla base. V F

3 Rias e fiordi sono coste alte. V F

4 Le coste a rias sono antiche valli glaciali invase dal mare. V F

Scegli il completamento corretto

1 Le falesie sono coste alte:
- A e frastagliate, caratterizzate da valli fluviali invase dal mare.
- B caratterizzate da valli glaciali invase dal mare.
- C caratterizzate da valli fluviali invase dal mare.
- D caratterizzate da una scarpata rocciosa a strapiombo sul mare.

2 I fiordi:
- A sono coste basse
- B sono valli di escavazione fluviale
- C sono valli glaciali
- D si osservano in Corsica, Grecia e Galizia

3 Le coste a rias:
- A sono coste basse di origine glaciale
- B sono valli fluviali invase dal mare
- C sono coste basse dove abbondano i depositi fluviali
- D sono coste con evidenti promontori

Individua il completamento sbagliato e correggilo

1 Le coste a rias sono:
- A coste alte, frastagliate e articolate
- B valli di escavazione glaciale invase dal mare
- C legate a un innalzamento del livello del mare
- D estuari e valli fluviali invasi dal mare

2 Sono classificabili come coste alte:
- A le falesie
- B le coste a fiordi
- C le spiagge
- D le coste a rias

3 Le coste basse

Scegli il termine corretto fra i due proposti

1 I tomboli sono **cordoni/insenature** tipici delle coste **alte/basse**.

2 Le coste basse si formano nei tratti di costa dove **la sedimentazione/l'erosione** prevale **sulla sedimentazione/sull'erosione**.

3 I cordoni litoranei sono **paralleli/perpendicolari** alla costa.

4 I cordoni litoranei sono **coste/barre** sabbiose emerse davanti alla linea di costa.

Completa le frasi

1 Barre e cordoni sabbiosi possono isolare lembi di mare, formando ....

2 Le spiagge sono costituite di .... e ....

3 Le spiagge sono costituite di detriti trasportati .... o ....

4 Durante le mareggiate la sabbia asportata viene depositata al largo e forma le ....

5 L'erosione delle spiagge

Completa le frasi

1 Un bilancio negativo tra erosione e sedimentazione determina il fenomeno .... delle spiagge.

2 Le cause dell'erosione delle spiagge sono .... e ....

3 La diminuzione dei sedimenti portati dai fiumi è provocata da .... e da ....

4 La tecnica oggi privilegiata per la difesa delle spiagge è il ...., con sedimenti provenienti dal fondale marino e da cave a terra.

Vero o falso?

1 Quasi la metà delle spiagge italiane è intaccata dell'erosione. V F

2 La cementificazione delle sponde dei fiumi porta a un aumento dell'erosione del suolo. V F

3 La creazione di porti e moli accentua sempre l'erosione delle spiagge. V F

4 Il ripascimento consiste nell'aumentare la quantità dei sedimenti di una spiaggia. V F

APPLICA IL TUO STUDIO

Rispondi

1 Quali sono i principali agenti del modellamento delle coste?

2 Descrivi le caratteristiche dei vari tipi di costa e spiega come si formano.

3 Perché le coste ad andamento sinuoso tendono con il tempo a diventare rettilinee?

4 Illustra la situazione delle coste italiane per quanto riguarda l'arretramento delle spiagge, spiega perché avviene questo fenomeno e come può essere contrastato.

Completa lo schema della classificazione delle coste

IN BASE AL PROFILO ORIZZONTALE

....	....

IN BASE AL PROFILO VERTICALE

....	....

Osserva le immagini, indica su ciascuna gli elementi della morfologia costiera che riconosci e stabilisci di che tipo di costa si tratta

a

....

b

....

c

....

VERSO LE COMPETENZE...

Questo esercizio ha lo scopo di condurti a sviluppare le seguenti competenze:

- **leggere un testo e interpretarlo correttamente;**
- **utilizzare le conoscenze apprese in un contesto diverso;**
- **stabilire nessi tra conoscenze in ambiti diversi.**

Leggi il testo, osserva le figure e rispondi

La **duna di Pilat**, il cui aspetto ricorda quello di un rettangolo lungo circa 2,7 km e largo 500 m si trova sull'Oceano Atlantico nella Francia sudoccidentale. Alta 110 m, con 60 milioni di metri cubi di sabbia, è la duna più grande d'Europa e si muove a una velocità di 5 m l'anno verso l'entroterra.
La duna di Pilat si è formata nell'XIX (nel 1855 era alta solo 35 m), probabilmente in seguito all'azione del vento su un enorme banco di sabbia i cui resti ridotti sono ancora visibili davanti alla costa. Oggi, pur non aumentando in modo significativo, la duna continua a evolvere a causa delle maree e dei venti che costantemente spirano dall'Atlantico che muovono la sabbia finissima che la costituisce: la duna quindi cambia forma e "migra".
Le dune che si comportano come la duna di Pilat sono chiamate *dune vive* e si formano soltanto se i venti spirano costantemente nella stessa direzione.

a Come si forma la sabbia?
b Che cosa sono le dune? Come si formano?
c In che senso si parla di "evoluzione" e di "migrazione" della duna di Pilat?
d Qual è la differenza tra il lato controvento e il lato sottovento della duna?
e Perché le maree possono contribuire alla formazione e ai movimenti della duna?
f Che cosa sono le "dune vive"?
g Fai una ricerca sul territorio italiano per verificare dove si trovano sistemi di dune estesi e per capire se si tratta di sistemi in evoluzione.

Indice analitico

I termini in **nero** indicano le voci di glossario

A

ablazione, 147, 149
abrasione, 164
  marina, 194
accelerazione di gravità (*g*), 56
acqua, 2
  molecola, 137
acque
  continentali, 158
  marine, 178, 179
  meteoriche, 158
afelio, 45, 58
affluente, 142
alba, 69
alimentazione, 149
alluvioni, 167
altezza (*h*), 21, **61**
altopiano
  carsico, 162
  lunare, 80
alveo, 142
ampiezza di marea, 183
anfiteatro, 147
  morenico, 171
anno, 45
  bisestile, 69
  civile, 66, 69
  sidereo, 58
  solare, 59, 66, 69
  tropico, 59, 66
anno luce (al), 17, 26
anticiclone, 124
antimeridiano, 6
apogeo, 81
argine, 167
aria, 116
  secca, 116
  temperatura, 120
ascensione retta (α), 20
asportazione, 164
asse del mondo, 20
asse terrestre, 3
  inclinazione, 58
astenosfera, 95
asterisma, 19
asteroide, 36, 37
atmosfera, 2, 116
  composizione, 116
  struttura, 117
atmosfera (atm), 123
atollo, 186
attrazione gravitazionale, 36
aurora polare, 43, 117
autunno, 61, 62

B

bacino
  ablatore, 147
  collettore, 147
  idrografico, 142
banchisa, 148
baricentro, **38**
barriera corallina, 186
battigia, 194
benthos, 188
bicarbonato di calcio, 159
biomi, 125
  distribuzione, 126
biosfera, 2
brillamenti, 43
brina, 122
buco nero, 29

C

calanchi, 158
calcare, **158**
calendario, 69
  gregoriano, 69
calotta, 148
campi carreggiati, 161
canyon, 166
carbonato di calcio, 159
carsismo, 159
  in Italia, 162
carte geografiche, 10
cella convettiva, **42**, 96
ciclo
  biogeochimico, 118
  idrogeologico, 138
  solare, 43
ciclone, 124
circo glaciale, 169
circolo
  di illuminazione, 54
  polare antartico, 6, 59
  polare artico, 6, 59
clima, 65, 125
  distribuzione, 126
collasso gravitazionale, 27
cometa, 36, 37
concrezioni calcaree, 161
congiunzione, 81, 83, 184
cono, 98
conoide alluvionale, 168
continenti, 4
contrazione gravitazionale, **27**
convezione, **42**, **96**
coordinate geografiche, 7
  Italia, 10, 11
coralli hermatipici, 186
cordone litoraneo, 197
corona solare, 42
corrasione, 130
corrente del Golfo, 181
correnti
  convettive, 42
  marine, 181
costante di gravitazione universale (*G*), 38, 56
coste, 194
  alte, 196
  basse, 197
  evoluzione, 195
costellazioni, 18, 19, 60
  circumpolari, 23
cratere, 98
  lunare, 80
crepaccio, 149
crepuscolo, 54
  civile, 69
crioclastismo, 128
cromosfera, 42
crosta, 95

D

datazione
- assoluta, 108
- relativa, 108

declinazione (δ), 20
deflazione, 130
degradazione meteorica, 128
delta, 168
depositi
- alluvionali, 167
- eolici, 130
- fluvioglaciali, 171
- glaciali, 170

deserti, 130
dì, 54
diffusione, 54
dinamica
- endogena, 96
- esogena, 102

disfacimento, 128
displuvio, 142
dissesto idrogeologico, 106
dissoluzione, 159, 164
distanza angolare, 7
dolina, 160
Dolomiti, 185
dorsale oceanica, 98, 185
dune, 130

E

eclissi, 84
- di Luna, 84, 85
- di Sole, 84, 85

eclittica, 58
ecosistema, 188
effetto serra naturale, 119
elementi del clima, 125
ellisse, 45
emisfero, 3
epicentro, 98
equatore, 3, 6
- celeste, 20

equinozio, 58
erg, 130
erosione, 102
- eolica, 129
- fluviale, 164
- glaciale, 169
- marina, 194
- trasversale, 166
- verticale, 166

esarazione, 169
escursione termica, 119
esosfera, 117
estate, 61, 62
estrazione, 169
estuario, 168
evaporiti, 158, 163

F

faglia, 99
falde acquifere, 139
- inquinamento, 141

falesia, 196
faraglione, 196
fascia
- degli asteroidi, 37
- di Kuiper, 37

fasi lunari, 83, 184
fattori del clima, 125
fiordo, 196
firn, 147
fiume, 144
flusso, 183
foce, 142, 168
fontanile, 140
forme di accumolo, 102
forme di erosione, 102
forra, 166
forza
- apparente, 55
- centrifuga, 55, 184
- di Coriolis, 55, 181
- di gravità, 36, 38, 56, 57, 184

forze di marea, 78
fossile, 108
fotosfera, 42
fotosintesi clorofilliana, 118
Foucault Jean Bernard, 57
frangenti, 180
fronte, 147
fusi orari, 68

G

galassia, 17
geoide, 3
geologia, 94
geomorfologia, 94
ghiacciai
- classificazione, 148
- italiani, 150

ghiacciaio, 137, 147
- bilancio annuale, 149

ghiaccio, 137, 147
gigante rossa, 28
giorno, 45, 54
- civile, 68
- sidereo, 53, 60
- solare, 60, 68

gola, 166
gradi Celsius (°C), 26
Grande Carro, 18
grandine, 122
granuli, 42
gravina, 162, 163
grotte, 160
- italiane, 162, 163

Gulgielmini Giovanni Battista, 57

H

hammada, 130
hertz (Hz), 40

I

iceberg, 148
idrosfera, 2, 136
- caratteristiche, 136

inghiottitoio, 160, 162
inlandsis, 148
inverno, 61, 63
ipocentro, 98
irraggiamento, 41

K

kelvin (K), 26
Keplero, leggi, 45, 46

L

lago, 145
- caratteristiche, 146
- classificazione, 145
- di circo, 169

laguna, 186, 197
lame, 162
latitudine, 7
lava, 97
legge di gravitazione universale, 38, 46, 56
leggi di Keplero, 45
letto, 142
lido, 197
liman, 197
limite delle nevi persistenti, 147
limite di saturazione, 121
limo, 147

linea
- degli apsidi, 45
- dei nodi, 81
- delle vette, 142
- dell'orizzonte, 8
- di costa, 195

lingua glaciale, 147
litosfera, 2, 95
longitudine, 7
luce, 40
Luna, 78
- caratteristiche, 79
- moti, 81, 82

M

macchie solari, 39, 42
magma, 97
mantello, 95
mappe del cielo, 23, 24
marcita, 140
mare, 5, 178
maree, 78, 183
- morte, 184
- solari, 184
- vive, 184

mari lunari, 80
massa, 56, 57
massa relativa, 78
masso erratico, 171
meandri, 167
media, 119
meridiano, 6
- celeste, 20
- di Grenwich, 6

mese
- lunare, 82
- sidereo, 82
- sinodico, 82

mesosfera, 117
meridiano, 6
- celeste, 20

meteora, 37
meteorite, 37
mezzanotte, 68
mezzogiorno, 68
minerali, 2
mineralogia, 94
modellamento del paesaggio, 102
morena, 170
morfologia periglaciale, 171
moti millenari, 52, 66
moto
- apparente del Sole, 60
- apparente delle stelle, 22
- conico dell'asse, 66
- di rivoluzione, 37, 45
- di rivoluzione (della Luna), 81
- di rivoluzione (della Terra), 52, 57, 58
- di rotazione, 37, 45
- di rotazione (del Sole), 36
- di rotazione (della Luna), 81
- di rotazione (della Terra), 52, 53
- di traslazione, 82

movimenti convettivi, 96

N

nadir, 21
nana bianca, 29
nebbia, 122
nebulosa, 16, 27
- planetaria, 29

necton, 188
neve, 122, 147
Newton Isaac, 38
nòcciolo, 25, 41
notte, 54
novilunio, 83
nube di Oort, 37
nubi, 121
nucleo,
- del Sole, 41
- della Terra, 95
- delle stelle, 25

O

oceano, 5, 178
onde
- marine, 180
- sismiche, 98

opposizione, 81, 83, 184
ora
- astronomica, 68
- civile, 68

orbita, 45
Orione, 19
orizzonte
- apparente, 8
- visivo, 8

ozono, 118
ozonosfera, 117, 118

P

pack, 148
palude, 167
parallelo, 6
- celeste, 20

pascal (Pa), 123
pavimento del deserto, 130
Pelmetto, 109
pendenza, 143
perielio, 58
perigeo, 81
permafrost, 171
peso (*P*), 56, 57
petrografia, 94
pianeti, 36
- nani, 36
- gioviani, 44
- terrestri, 44

piano dell'orizzonte
- apparente, 9
- astronomico, 21

pianura
- alluvionale, 167
- abissale, 185

piattaforma continentale, 185
piena, 144
piogge acide, 129
pioggia, 122
piramidi di terra, 158
plancton, 181, 188
plasma, 25, 41
plenilunio, 83
poli
- celesti, 20, 24
- geografici, 3

polje, 161
polle, 140
portata, 143
pozzi, 139
precessione degli equinozi, 66
precipitazione, 159
precipitazioni, 122
pressione, 123
- atmosferica, 123

primavera, 61, 63
primo quarto, 83
processi geodinamici, 94
- endogeni, 94, 95, 96, 97
- esogeni, 94, 102

profilo
- di costa, 194
- di un fiume, 165

protostella, 27
pulo, 162
punti cardinali, 9, 21, 24
punto
- di stazione, 9
- γ, 20

Q

quadratura, 81, 83, 184

R

radiazioni elettromagnetiche, 40
rarefatto, 116
reazioni di fusione dell'idrogeno, 25, 28, 41
reflusso, 183
regime, 143
respirazione cellulare, 118
rete alimentare, 188
reticolato geografico, 7
reticolo idrografico, 142
rias, 196
rifrazione, 69
rigonfiamento equatoriale, 55
rilievi lunari, 80
rimozione, 169
ripascimento delle spiagge, 200
risacca, 180
rischio idrogeologico, 107
risorgenza, 160
risorgiva, 140
rivoluzione, 17
rocce, 2
    montonate, 169
rotolamento, 164
rugiada, 122
ruscellamento, 142

S

sale, 178
salinità, 178
saltazione, 164
satellite, 36
scala
    Celsius, 26
    geocronologica, 109
    kelvin, 26
scarpata continentale, 185
schiacciamento polare, 55
scogliere sommerse, 200
sedimentazione, 102, 165
sedimenti gradati, 165
seracchi, 149
serir, 130
sesse, 146
sfera celeste, 18, 20
sisma, 98
sistema orario convenzionale, 68
Sistema Solare, 16, 36, 37
SOHO, 43
Solar & Eliospheric Observatory, 43
Sole, 16, 36, 39
    energia, 39
    moto apparente, 60
    moto di rotazione, 39
    struttura, 41
solstizio, 59
sorgenti, 140, 142
sostanze radioattive, 95
sovraescavazione, 169
spartiacque, 142
spiagge, 197
    erosione, 199
stagioni
    astronomiche, 61, 62, 64
    meteorologiche, 64
stalagmite, 161
stalattite, 161
stella, 28
    a neutroni, 29
    fase instabile, 28
    fase stabile, 28
Stella Polare, 20, 22
stelle, 25
    circumpolari, 23
    evoluzione, 27
    moto apparente, 22, 23, 60
    occidue, 23
    parametri fisici, 26, 27, 28
stratosfera, 117
strutture primarie, 97
superficie freatica, 139
supergigante rossa, 28
supernovae, 29

T

telescopio spaziale Hubble, 29
temperatura assoluta (*T*), 26
tempeste magnetiche, 43
tempo
    geologico, 108
    meteorologico, 65, 125
termoclastismo, 128
termoclino, 179
termosfera, 117
Terra,
    calore interno, 95
    caratteristiche, 92
    dati, 2, 3
    età, 92
    moti, 52, 53, 58, 66
    struttura interna, 95
terrazzi fluviali, 167
terremoto, 98
tettonica, 94
tombolo, 197
torrente, 144
    glaciale, 147
tramonto, 69
trascinamento, 164
trasporto, 102
tropico
    del Cancro, 6, 59
    del Capricorno, 6, 59
troposfera, 117, 118

U

ultimo quarto, 83
umidità assoluta, 121
unità astronomica (UA), 17, **36**
Universo, 16
    dimensioni, 17
uvala, 160

V

valle
    a U, 169
    a V, 166
    di deposito, 167
    fluviale, 166
    glaciale, 169
velocità di rotazione
    angolare, 53
    lineare, 53
vena del gesso, 163
vento, 124
    erosione, 129
    solare, 42
verticale del luogo, 9, 21
Via Lattea, 17
vulcano, 97

Z

zenit, 21, **58**
zoccolo continentale, 185
zodiaco, 60
zolle litosferiche, 96
zona
    abissale, 188
    convettiva, 42
    eufotica, 188
    litorale, 188
    neritica, 188
    radiativa, 41
    temperata, 10
zone
    astronomiche, 64, 119
    termiche, 64, 119